AF452855

EXERCICES

DE

MATHÉMATIQUES,

PAR M. AUGUSTIN-LOUIS CAUCHY.

INGÉNIEUR EN CHEF DES PONTS ET CHAUSSÉES, PROFESSEUR A L'ÉCOLE ROYALE POLYTECHNIQUE, PROFESSEUR ADJOINT A LA FACULTÉ DES SCIENCES, MEMBRE DE L'ACADÉMIE DES SCIENCES, CHEVALIER DE LA LÉGION D'HONNEUR.

SECONDE ANNÉE.

À PARIS,

CHEZ DE BURE FRÈRES, LIBRAIRES DU ROI ET DE LA BIBLIOTHÈQUE DU ROI,
RUE SERPENTE, N.º 7.

1827.

IMPRIMERIE DE BÉTHUNE, HOTEL PALATIN, PRÈS SAINT-SULPICE.

EXERCICES

DE MATHÉMATIQUES,

PAR M. AUGUSTIN-LOUIS CAUCHY.

AVERTISSEMENT.

L'ACCUEIL favorable que les douze livraisons des Exercices, publiées en 1826, ont reçu des Géomètres, détermine l'auteur à en faire paraître de nouvelles. Il y développera les diverses théories dont il a posé les bases dans les premières livraisons, et traitera plusieurs objets que le défaut d'espace l'avait obligé de passer sous silence. Il s'occupera particulièrement des applications de l'analyse à la physique, et montrera les facilités que présente à cet égard le calcul des résidus. Le premier volume des Exercices faisait déjà connaître une partie des avantages que l'on peut retirer de ce calcul pour la détermination des intégrales définies, pour la sommation des suites, et pour l'intégration des équations différentielles linéaires. On verra maintenant le même calcul fournir des méthodes générales pour la solution des problêmes de physique mathématique, et acquérir ainsi une importance qu'on aurait pu ne pas soupçonner au premier abord. Ces méthodes contribueront d'ailleurs aux progrès de l'analyse infinitésimale, et serviront non-seulement à intégrer des équations linéaires aux différences partielles, mais encore à déterminer les fonctions arbitraires introduites par l'intégration, d'après des conditions données, à développer des fonctions quelconques en séries d'exponentielles dont les exposants soient respectivement proportionnels aux diverses racines d'une équation transcendante, et à fixer des limites entre lesquelles se trouvent renfermés les restes propres à compléter ces mêmes séries.

RECHERCHE DES ÉQUATIONS GÉNÉRALES D'ÉQUILIBRE

POUR UN SYSTÈME DE POINTS MATÉRIELS

ASSUJETTIS A DES LIAISONS QUELCONQUES.

§ 1.er *Considérations générales.*

On peut arriver par deux routes différentes aux équations d'équilibre de plusieurs forces dont les points d'application sont assujettis à des liaisons quelconques. Le plus souvent on déduit ces équations du principe des vitesses virtuelles. Mais on peut aussi les établir directement à l'aide de diverses méthodes, entre lesquelles je vais en signaler une qui, à cause de sa simplicité, paraît digne de fixer un moment l'attention des géomètres.

Considérons un système de points matériels A, A', A'', etc...., sollicités par certaines forces. Si ces points matériels sont libres et indépendants les uns des autres, il sera nécessaire pour l'équilibre qu'après avoir réduit à une résultante unique toutes les forces appliquées à chaque point, on trouve chaque résultante égale à zéro. Mais, si les mêmes points sont assujettis à certaines liaisons, comme ces liaisons opposeront au mouvement du système certaines résistances, il ne sera plus nécessaire pour l'équilibre que la résultante des forces appliquées à chaque point s'évanouisse.

Il s'agit maintenant de faire voir comment on peut déduire les formules d'équilibre de la nature des liaisons supposées connues. Nous commencerons par examiner le cas particulier où il n'existe qu'une seule liaison, représentée par une seule équation entre les coordonnées des différents points. Nous traiterons ensuite le cas général où les liaisons sont en nombre quelconque.

§ 2.e *Équilibre de plusieurs points assujettis à une seule liaison.*

Supposons d'abord que les différents points se trouvent assujettis à une seule liaison. Soient dans cette hypothèse

$$x, y, z; \qquad x', y', z'; \qquad \text{etc....},$$

les coordonnées rectangulaires des différents points A, A', A'', etc. ...;

$$P, P', \text{etc.} ...$$

les forces qui leur sont appliquées, réduites pour chaque point à une résultante unique, et

$$L = 0$$

l'équation de condition qui exprime la liaison donnée, L étant une fonction des variables x, y, z, x', y', z', etc. Je dis que l'équilibre pourra s'établir au moyen de la liaison, sans que la force P s'évanouisse, et même en général, quelle que soit l'intensité de cette force. Pour le démontrer, commençons par imaginer que l'on fixe tous les points du système à l'exception du point A qui a pour coordonnées x, y, z, et qu'en même temps on supprime les forces P', P'', etc., appliquées aux points A', A'', etc. ... Les coordonnées x, y, z demeurant seules variables dans l'équation $L = 0$, la liaison exprimée par cette équation n'aura plus d'autre effet que d'assujettir le point A à rester constamment sur une certaine surface courbe; et, si cette surface présente une résistance indéfinie, comme cette résistance a lieu suivant la normale, il suffira, pour que la force P ne trouble pas l'équilibre, qu'elle soit elle-même dirigée perpendiculairement à la surface. Supposons maintenant que l'on restitue au second point A' sa mobilité primitive. L'équilibre sera troublé en général, et le système des deux points mobiles se mettra en mouvement. Mais il est clair qu'on pourra toujours empêcher ce mouvement par le moyen d'une nouvelle force P' appliquée au point A' dans une certaine direction. La force P' étant choisie comme on vient de le dire, restituons encore au point A'' sa mobilité primitive. Pour retenir ce troisième point à sa place, il suffira évidemment de lui appliquer une troisième force P'' dans une direction déterminée. En continuant de même, on conclura définitivement que tous les points redevenus mobiles, et liés seulement par l'équation $L = 0$, pourront être maintenus en équilibre à l'aide de certaines forces P, P', P''... appliquées à ces mêmes points suivant des directions données. Dans ce cas, la direction de chaque force sera perpendiculaire à la surface, que son point d'application est obligé de dé ire, en vertu de l'équation $L = 0$, lorsqu'on fixe tous les autres points du système. De plus, l'intensité d'une force P pourra être choisie arbitrairement. Mais les intensités de toutes les autres forces dépendront nécessairement de l'intensité de la première.

Pour appliquer ces principes à un exemple, concevons que le système donné se compose seulement de deux points A, A' sollicités par les forces P, P', et liés par une droite $\overline{A A'}$ de longueur invariable; auquel cas l'équation $L = 0$ sera de la forme

$$(x - x')^2 + (y - y')^2 + (z - z')^2 = \text{constante}.$$

Alors, si l'on vient à fixer le point A', le point A ne pourra plus se mouvoir que sur la surface d'une sphère décrite du point A' comme centre avec la longueur $\overline{A\,A'}$ pour rayon; et par suite, pour que le point A demeure en repos, la force P devra être perpendiculaire à la surface de la sphère, par conséquent dirigée suivant le rayon $\overline{A\,A'}$, ou suivant son prolongement. Comme on peut faire un raisonnement semblable à l'égard de la force P', il est permis de conclure que, dans le cas d'équilibre, chacune des forces P, P' agira suivant la droite $\overline{A\,A'}$ prolongée dans un sens ou dans un autre. De plus, afin que la tendance de cette droite au mouvement reste la même dans les deux sens, il sera évidemment nécessaire que les forces P, P' aient les mêmes intensités et agissent en sens contraires. Réciproquement, si les forces P, P' sont égales et agissent en sens contraires suivant la droite $\overline{A\,A'}$, il est clair qu'elles se feront équilibre aux extrémités de cette droite.

Revenons maintenant au cas où plusieurs points A, A', A'', ... se trouvent assujettis à une liaison représentée par l'équation

$$(1) \qquad\qquad L = 0.$$

Soient toujours x, y, z; x', y', z'; etc......, les coordonnées de ces points; P, P', P'', ... les forces qui leur sont appliquées; et désignons par

$$X,\ Y,\ Z;\quad X'\ Y'\ Z';\quad \text{etc....}$$

les projections algébriques des forces P, P' P'', ... sur les axes des x, des y et des z. Chaque force devant être perpendiculaire à la surface que son point d'application est assujetti à décrire, en vertu de la liaison $L = 0$, lorsque tous les autres points deviennent fixes; on aura nécessairement

$$(2) \qquad \begin{cases} \dfrac{X}{\left(\dfrac{dL}{dx}\right)} = \dfrac{Y}{\left(\dfrac{dL}{dy}\right)} = \dfrac{Z}{\left(\dfrac{dL}{dz}\right)} \\[4ex] \dfrac{X'}{\left(\dfrac{dL}{dx'}\right)} = \dfrac{Y'}{\left(\dfrac{dL}{dy'}\right)} = \dfrac{Z'}{\left(\dfrac{dL}{dz'}\right)}, \\[3ex] \text{etc.....;} \end{cases}$$

et par suite

(4)

$$(3) \quad \begin{cases} X = \lambda \dfrac{dL}{dx}\,, & Y = \lambda \dfrac{dL}{dy}\,, & Z = \lambda \dfrac{dL}{dz}\,; \\[2mm] X' = \lambda' \dfrac{dL}{dx'}\,, & Y' = \lambda' \dfrac{dL}{dy'}\,, & Z' = \lambda' \dfrac{dL}{dz'}\,; \\[2mm] \text{etc.} \dots\,, \end{cases}$$

λ, λ' etc.... désignant des coëfficients dont le premier dépendra de l'intensité de la force P, le second de l'intensité de la force P', etc.... De plus, comme l'intensité de la force P est une quantité arbitraire, mais de laquelle dépendent nécessairement les intensités des forces P', P'', etc....; il est clair qu'on pourra choisir à volonté la valeur du coëfficient λ, mais que, la valeur de λ étant donnée, celles de λ', λ'', etc......, devront s'en déduire immédiatement. Pour découvrir la relation qui existe entre λ' et λ, supposons que tous les points deviennent fixes à l'exception des deux points A, A'. Alors ces deux derniers points restant seuls mobiles, si la liaison $L = o$ a pour effet de les maintenir constamment à la même distance l'un de l'autre, il faudra que les forces P, P' soient égales et dirigées en sens contraires, ou, en d'autres termes, que l'on ait

$$(4) \qquad X' = -X, \quad Y' = -Y, \quad Z' = -Z.$$

Or, dans la même hypothèse, l'équation $L = o$ se réduisant à la forme

$$(x - x')^2 + (y - y')^2 + (z - z')^2 = \text{constante}\,,$$

on en conclura

$$(5) \qquad \frac{dL}{dx'} = -\frac{dL}{dx}\,, \quad \frac{dL}{dy'} = -\frac{dL}{dy}\,, \quad \frac{dL}{dz'} = -\frac{dL}{dz}\,.$$

Par suite les formules (3) donneront

$$(6) \quad \begin{cases} X = \lambda \dfrac{dL}{dx}\,, & Y = \lambda \dfrac{dL}{dy}\,, & Z = \lambda \dfrac{dL}{dz}\,, \\[2mm] X' = -\lambda' \dfrac{dL}{dx}\,, & Y' = -\lambda' \dfrac{dL}{dy}\,, & Z' = -\lambda' \dfrac{dL}{dz}\,; \end{cases}$$

et les valeurs de X, Y, Z, X', Y', Z' satisferont aux équations (4), si l'on a

$$(7) \qquad \lambda' = \lambda.$$

(5)

Supposons maintenant que, dans le cas où les points A, A' restent seuls mobiles, la liaison

$$(8) \qquad L = 0$$

n'oblige plus ces deux points à rester constamment à la même distance l'un de l'autre. On pourra joindre à la liaison $L = 0$, celles qu'on établit entre les deux points, en les unissant par une droite invariable, et fixant le milieu de celte droite. Cela posé, si l'on désigne par a, b, c les coordonnées du point milieu, et par $\mathscr{D}$ la longueur de la droite, on aura entre les six variables

$$x, y, z; \quad x', y', z',$$

les cinq équations

$$(9) \qquad \left\{ \begin{aligned} & L = 0; \\ & x + x' = 2a, \quad y + y' = 2b, \quad z + z' = 2c; \\ & (x - x')^2 + (y - y')^2 + (z - z')^2 = \mathscr{D}^2; \end{aligned} \right.$$

dont la dernière peut être remplacée par la suivante

$$(10) \qquad (a - x)^2 + (b - y)^2 + (c - z)^2 = \frac{\mathscr{D}^2}{4}.$$

En vertu des cinq équations (9), les positions des points A, A' ne seront pas complètement déterminées; mais ils pourront décrire deux courbes correspondantes tracées sur la surface d'une même sphère, de manière à se trouver toujours situés aux extrémités d'un même diamètre. Dans ces courbes, les cordes correspondantes, et par suite les tangentes menées par des points correspondants seront évidemment parallèles. Si l'on suppose

$$L = f(x, y, z, x', y', z' \ldots),$$

la courbe décrite par le point A en particulier sera déterminée par le système des deux équations

$$(11) \qquad \left\{ \begin{aligned} & f(x, y, z, \ 2a - x, \ 2b - y, \ 2c - z, \ldots) = 0, \\ & (a - x)^2 + (b - y)^2 + (c - z)^2 = \frac{\mathscr{D}^2}{4}. \end{aligned} \right.$$

De plus, si l'on décompose la force P en deux autres, l'une perpendiculaire à la courbe que peut décrire le point A, l'autre dirigée suivant la tangente à cette courbe, la force perpendiculaire étant incapable de produire aucun effet, on pourra en faire abstraction, et ne considérer que la force dirigée suivant la tangente. On pourra de même remplacer la force P' par sa composante suivant la tangente à la courbe que peut décrire le point A'. Cela posé, comme les points A, A' sont situés à l'extrémité d'une droite invariable dont le milieu est fixe, et que les tangentes menées par ces points aux courbes qu'ils peuvent décrire sont parallèles, il est clair que les forces dirigées suivant ces tangentes, pour maintenir en équilibre les points A, A', devront être égales et agir dans le même sens; ce qui exige que les forces P, P', respectivement multipliées par les cosinus des angles que forment leurs directions avec la direction de l'une des tangentes prolongée dans un sens déterminé, fournissent des produits égaux et de même signe. Or la tangente à la courbe que peut décrire le point A, prolongée dans un certain sens, forme avec les axes des angles qui ont pour cosinus

$$\frac{dx}{\sqrt{(dx^2+dy^2+dz^2)}}\;,\qquad \frac{dy}{\sqrt{(dx^2+dy^2+dz^2)}}\;,\qquad \frac{dz}{\sqrt{(dx^2+dy^2+dz^2)}}\;;$$

tandis que les cosinus des angles formés avec les mêmes axes par les directions des forces P, P' sont respectivement

$$\frac{X}{P}\;,\qquad \frac{Y}{P}\;,\qquad \frac{Z}{P}\;,$$

$$\frac{X'}{P'}\;,\qquad \frac{Y'}{P'}\;,\qquad \frac{Z'}{P'}\;.$$

Par suite les cosinus des angles compris entre la direction de la tangente et celles des forces P, P' seront respectivement égaux, le premier à

$$\frac{X\,dx+Y\,dy+Z\,dz}{P\sqrt{(dx^2+dy^2+dz^2)}}\;,$$

et le second à

$$\frac{X'\,dx+Y'\,dy+Z'\,dz}{P'\sqrt{(dx^2+dy^2+dz^2)}}\;.$$

En multipliant le premier par la force P, le second par la force P', et égalant les produits, on trouvera

$$\frac{X\,dx+Y\,dy+Z\,dz}{\sqrt{(dx^2+dy^2+dz^2)}} = \frac{X'\,dx+Y'\,dy+Z'\,dz}{\sqrt{(dx^2+dy^2+dz^2)}}\;,$$

ou, ce qui revient au même,

$$(12)\qquad X\,dx + Y\,dy + Z\,dz = X'\,dx + Y'\,dy + Z'\,dz.$$

(7)

Si dans cette dernière équation on remet pour X, Y, Z, X', Y', Z' leurs valeurs tirées des formules (3), elle deviendra

$$(13) \qquad \lambda \left\{ \frac{dL}{dx}\, dx + \frac{dL}{dy}\, dy + \frac{dL}{dz}\, dz \right\} = \lambda' \left\{ \frac{dL}{dx'}\, dx + \frac{dL}{dy'}\, dy + \frac{dL}{dz'}\, dz \right\}.$$

D'ailleurs, en différenciant la première des équations (11), on en conclut

$$(14) \qquad \frac{dL}{dx}\, dx + \frac{dL}{dy}\, dy + \frac{dL}{dz}\, dz = \frac{dL}{dx'}\, dx + \frac{dL}{dy'}\, dy + \frac{dL}{dz'}\, dz.$$

Donc par suite on aura généralement

$$(15) \qquad\qquad\qquad \lambda = \lambda';$$

on trouvera de même $\lambda = \lambda''$, $\lambda = \lambda'''$, etc.... Cela posé, les équations (3) prendront la forme

$$(16) \qquad \left\{ \begin{array}{lll} X = \lambda \dfrac{dL}{dx}, & Y = \lambda \dfrac{dL}{dy}, & Z = \lambda \dfrac{dL}{dz}, \\[2ex] X' = \lambda \dfrac{dL}{dx'}, & Y' = \lambda \dfrac{dL}{dy'}, & Z' = \lambda \dfrac{dL}{dz'}, \\[2ex] \text{etc.....}; \end{array} \right.$$

et l'on en conclura

$$(17) \qquad \frac{X}{\left(\dfrac{dL}{dx}\right)} = \frac{Y}{\left(\dfrac{dL}{dy}\right)} = \frac{Z}{\left(\dfrac{dL}{dz}\right)} = \frac{X'}{\left(\dfrac{dL}{dx'}\right)} = \frac{Y'}{\left(\dfrac{dL}{dy'}\right)} = \frac{Z'}{\left(\dfrac{dL}{dz'}\right)} = \text{etc.}\ldots$$

Donc, pour qu'il y ait équilibre entre les forces P, P', $P''\ldots$, dans le cas où leurs points d'application A, A', A'',... se trouvent assujettis à la seule liaison $L = 0$, il est nécessaire et il suffit que les projections algébriques de ces forces sur les axes coordonnés soient respectivement proportionnelles aux dérivées de la fonction L prises par rapport aux variables x, y, z; x', y', z'; etc..... Alors, si l'on désigne par n le nombre des points A, A', A'',... la formule (17) fournira $3n - 1$ équations distinctes qui seront précisément les équations d'équilibre. Ajoutons que les résistances opposées par la liaison $L = 0$ aux mouvements des points A, A', A'',... seront employées à détruire les forces P, P'.... Donc ces résistances seront égales et directement opposées aux forces dont il s'agit. Donc les projections algébriques de ces résistances sur les axes coordonnés seront respectivement égales aux seconds membres des équations (16), pris avec le signe $-$, c'est-à-dire aux quantités

$$(18) \quad \begin{cases} -\lambda\dfrac{dL}{dx}, \qquad -\lambda\dfrac{dL}{dy}, \qquad -\lambda\dfrac{dL}{dz}, \\[2mm] -\lambda\dfrac{dL}{dx'}, \qquad -\lambda\dfrac{dL}{dy'}, \qquad -\lambda\dfrac{dL}{dz'}, \\[2mm] \text{etc.}\dots \end{cases}$$

Pour montrer une application des principes que nous venons d'établir, supposons qu'en vertu de l'équation $L = 0$, la somme des distances $\overline{A\,A'}$, $\overline{A'\,A''}$, $\overline{A''\,A'''}$, etc...., respectivement comprises entre les points A, A', A''... rangés dans un certain ordre, doive demeurer constante. Dans cette hypothèse, l'équation $L = 0$ pourra être présentée sous la forme

$$(19) \quad \sqrt{[(x'-x)^2+(y'-y)^2+(z'-z)^2]}+\sqrt{[(x''-x')^2+(y''-y')^2+(z''-z')^2]}+\text{etc.}=\text{constante};$$

et si l'on fait, pour abréger,

$$(20) \quad r'=\sqrt{[(x'-x)^2+(y'-y)^2+(z'-z)^2]}, \quad r''=\sqrt{[(x''-x')^2+(y''-y')^2+(z''-z')^2]}, \text{ etc...}$$

la formule (17) donnera

$$(21) \quad \frac{X}{\left(\dfrac{x-x'}{r'}\right)}=\frac{Y}{\left(\dfrac{y-y'}{r'}\right)}=\frac{Z}{\left(\dfrac{z-z'}{r'}\right)}=\frac{X'}{\dfrac{x'-x}{r'}+\dfrac{x'-x''}{r''}}=\frac{Y'}{\dfrac{y'-y}{r'}+\dfrac{y'-y''}{r''}}=\frac{Z'}{\dfrac{z'-z}{r'}+\dfrac{z'-z''}{r''}}=\text{etc...}$$

En égalant les trois premières fractions entre elles, on trouve

$$(22) \qquad \frac{X}{x-x'}=\frac{Y}{y-y'}=\frac{Z}{z-z'},$$

et l'on en conclut que, dans le cas d'équilibre, la force P est nécessairement dirigée suivant la droite $\overline{A\,A'}$. En égalant les trois fractions suivantes, on trouve

$$(23) \quad \begin{cases} \dfrac{X'}{\dfrac{x'-x}{r'}+\dfrac{x'-x''}{r''}}=\dfrac{Y'}{\dfrac{y'-y}{r'}+\dfrac{y'-y''}{r''}}=\dfrac{Z'}{\dfrac{z'-z}{r'}+\dfrac{z'-z''}{r''}} \\[6mm] =\dfrac{X'\left(\dfrac{x'-x}{r'}-\dfrac{x'-x''}{r''}\right)+Y'\left(\dfrac{y'-y}{r'}-\dfrac{y'-y''}{r''}\right)+Z'\left(\dfrac{z'-z}{r'}-\dfrac{z'-z''}{r''}\right)}{\dfrac{(x'-x)^2+(y'-y)^2+(z'-z)^2}{r'^2}-\dfrac{(x''-x')^2+(y''-y')^2+(z''-z')^2}{r''^2}}; \end{cases}$$

et comme on a , en vertu des équations (20) ,

$$\frac{(x'-x)^2+(y'-y)^2+(z'-z)^2}{r'^2} - \frac{(x''-x')^2-(y''-y')^2+(z''-z')^2}{r''^2} = 0 ,$$

on tire évidemment de la formule (23)

$$X'\left(\frac{x'-x}{r'} - \frac{x''-x'}{r''}\right) + Y'\left(\frac{y'-y}{r'} - \frac{y''-y'}{r''}\right) + Z'\left(\frac{z'-z}{r'} - \frac{z''-z'}{r''}\right) = 0 ,$$

ou , ce qui revient au même ,

$$(24)\quad \frac{X'}{P'}\frac{x'-x}{r'} + \frac{X'}{P'}\frac{y'-y}{r'} + \frac{Z'}{P'}\frac{z'-z}{r'} = \frac{X'}{P'}\frac{x''-x'}{r''} + \frac{Y'}{P'}\frac{y''-y'}{r''} + \frac{Z'}{P'}\frac{z''-z'}{r''} .$$

Cette dernière équation exprime que la force P' forme avec les deux droites $\overline{A\,A'}$, $\overline{A'\,A''}$ des angles égaux. De plus, comme, en prenant pour plan des x, y celui qui renferme ces deux droites, on a

$$z = 0 , \quad z' = 0 , \quad z'' = 0 ,$$

et qu'alors on tire de la formule (21)

$$Z' = 0 ;$$

il est clair que la direction de la force P' est comprise dans le plan de ces mêmes droites. Par suite, elle est dirigée de manière à diviser l'angle des droites $A\,A'$, $A'\,A''$ en parties égales.

On se trouverait conduit aux mêmes conclusions par la géométrie, en observant que la force P' doit être perpendiculaire à la surface que le point A' est obligé de décrire quand il demeure seul mobile. Or, dans cette hypothèse, il ne reste de variables que les longueurs $\overline{A\,A'}$, $\overline{A'\,A''}$ dont la somme doit être constante. Le point A' décrit donc alors un ellipsoïde de révolution engendré par une ellipse dont les points fixes A', A'' sont précisément les deux foyers; et la force P', devant être normale à l'ellipsoïde, par conséquent à l'ellipse génératrice, divisera nécessairement l'angle formé par les rayons vecteurs menés aux foyers, en deux parties égales.

§ 3.ᵉ *Équilibre de plusieurs points assujettis à diverses liaisons.*

Considérons maintenant des forces P, P', P'',.... dont les points d'application A, A', A''... soient assujettis à des liaisons quelconques. Soient toujours x, y, z; x', y', z',... les coordonnées des différents points; X, Y, Z; X', Y', Z',... les projections algébriques des forces P, P',... sur les axes coordonnés; et supposons que les diverses liaisons soient exprimées par les équations

$$(1) \qquad L = 0, \qquad M = 0, \qquad N = 0, \qquad \text{etc.} \ldots,$$

L, M, N,... désignant des fonctions des variables x, y, z; x', y', z'; etc.... Si l'équilibre a lieu, en vertu des liaisons données, entre les forces P, P', P'',... on pourra, sans troubler cet équilibre, substituer à la première liaison $L = 0$, le système des résistances qu'elle oppose aux mouvements des différents points, c'est-à-dire, un système de forces dont les projections algébriques sur les axes seraient des quantités de la forme

$$(2) \quad \begin{cases} -\lambda \dfrac{dL}{dx}, & -\lambda \dfrac{dL}{dy}, & -\lambda \dfrac{dL}{dz}, \\[2ex] -\lambda \dfrac{dL}{dx'}, & -\lambda \dfrac{dL}{dy'}, & -\lambda \dfrac{dL}{dz'}, \\[2ex] -\text{etc.} \ldots \end{cases}$$

On pourra ensuite supprimer la seconde liaison, pourvu qu'on la remplace par un système équivalent de forces dont les projections algébriques sur les axes seraient de la forme

$$(3) \quad \begin{cases} -\mu \dfrac{dM}{dx}, & -\mu \dfrac{dM}{dy}, & -\mu \dfrac{dM}{dz}, \\[2ex] -\mu \dfrac{dM}{dx'}, & -\mu \dfrac{dM}{dy'}, & -\mu \dfrac{dM}{dz'}, \\[2ex] -\text{etc.} \ldots \end{cases}$$

En continuant de même, on finira par supprimer toutes les liaisons, dont chacune se trouvera remplacée par le système des résistances qu'elle oppose aux mouvements des différents points. Alors, ces points étant redevenus libres et indépendants les uns des autres, il devra y avoir séparément équilibre entre la force et les résistances appliquées à chacun d'eux. Cela posé, l'équilibre entre la force et les résistances appliquées au point A fournira les équations

$$X - \lambda \frac{dL}{dx} - \mu \frac{dM}{dx} - \nu \frac{dN}{dx} - \text{etc.} = 0 ,$$

$$Y - \lambda \frac{dL}{dy} - \mu \frac{dM}{dy} - \nu \frac{dN}{dy} - \text{etc.} = 0 ,$$

$$Z - \lambda \frac{dL}{dz} - \mu \frac{dM}{dz} - \nu \frac{dN}{dz} - \text{etc.} = 0 ;$$

ou , ce qui revient au même, les suivantes

$$(4) \quad \left\{ \begin{aligned} X &= \lambda \frac{dL}{dx} + \mu \frac{dM}{dx} + \nu \frac{dN}{dx} + \text{etc.} \dots , \\[1em] Y &= \lambda \frac{dL}{dy} + \mu \frac{dM}{dy} + \nu \frac{dN}{dy} + \text{etc.} \dots , \\[1em] Z &= \lambda \frac{dL}{dz} + \mu \frac{dM}{dz} + \nu \frac{dN}{dz} + \text{etc.} \dots \end{aligned} \right.$$

On trouvera pareillement, en considérant l'équilibre des forces appliquées au point A',

$$(5) \quad \left\{ \begin{aligned} X' &= \lambda \frac{dL}{dx'} + \mu \frac{dM}{dx'} + \nu \frac{dN}{dx'} + \text{etc.} \dots , \\[1em] Y' &= \lambda \frac{dL}{dy'} + \mu \frac{dM}{dy'} + \nu \frac{dN}{dy'} + \text{etc.} \dots , \\[1em] Z' &= \lambda \frac{dL}{dz'} + \mu \frac{dM}{dz'} + \nu \frac{dN}{dz'} + \text{etc.} \dots , \end{aligned} \right.$$

$$\text{etc.} \dots \dots$$

Si n désigne le nombre des points A, A', A'', etc. …, et m le nombre des liaisons $L = 0$, $M = 0$, $N = 0$, etc. …; $3n$ sera le nombre des équations (4), (5), etc. …; et, lorsqu'on aura éliminé entre ces équations les inconnues λ, μ, ν, etc. …, il restera $3n - m$ équations d'équilibre. Les variables x, y, z; x', y', z', etc. …, étant elles-mêmes au nombre de $3n$, et liées par m équations, $3n - m$ sera encore le nombre des variables indépendantes.

Les $3n - m$ équations que nous venons d'indiquer, et qui sont nécessaires dans le cas d'équilibre, suffisent évidemment pour l'assurer. En effet, ces $3n - m$ équations expriment qu'on peut satisfaire simultanément par des valeurs convenables de λ, μ, ν, etc. …, aux formules (4), (5), etc. … Or, dans cette hypothèse, la force P pourra être remplacée par des forces Q, R, etc. …, dont les projections algébriques sur les axes soient respectivement

$$\lambda \frac{dL}{dx}, \quad \lambda \frac{dL}{dy}, \quad \lambda \frac{dL}{dz}; \qquad \mu \frac{dM}{dx}, \quad \mu \frac{dM}{dy}, \quad \mu \frac{dM}{dz}; \quad \text{etc...,}$$

la force P' par des forces Q', R', etc...., dont les projections algébriques sur les axes soient respectivement

$$\lambda \frac{dL}{dx'}, \quad \lambda \frac{dL}{dy'}, \quad \lambda \frac{dL}{dz'}; \qquad \mu \frac{dM}{dx'}, \quad \mu \frac{dM}{dy'}, \quad \mu \frac{dM}{dz'}; \quad \text{etc...;}$$

etc... En conséquence, au système des forces P, P', etc...., on pourra en substituer plusieurs autres, savoir, 1.° le système des forces Q, Q', etc...., qui seront détruites par la liaison $L = 0$; 2.° le système des forces R, R', etc........., qui seront détruites par la liaison $M = 0$, etc... Donc le système des points A, A', etc.,... sera dans le même cas que s'il n'était sollicité par aucune force. Donc il y aura équilibre.

Nous avons remarqué ci-dessus que le nombre des équations d'équilibre était toujours égal au nombre des variables indépendantes. On vérifie cette proposition dans le cas d'équilibre d'un polygone dont les côtés sont invariables. Il est également facile de s'assurer qu'elle est vraie pour un point libre, ou assujetti à rester sur une surface ou sur une courbe, et pour un système invariable libre dans l'espace, ou assujetti à tourner autour d'un point fixe; etc.... Lorsqu'il n'y a qu'une seule liaison entre n points, le nombre des équations d'équilibre se réduit, ainsi que le nombre des variables indépendantes, à $3n - 1$; et ces équations coïncident avec les formules (3) du § 2.

§ 4.° *Principe des vitesses virtuelles.*

La recherche des équations d'équilibre de plusieurs forces P, P', P'',... dont les points d'application (x, y, z), (x', y', z'), etc...., sont assujettis à des liaisons représentées par les formules $L = 0$, $M = 0$, etc...., peut être réduite, comme on l'a vu dans le paragraphe précédent, à l'élimination des inconnues λ, μ, ν,......... entre les équations (4), (5), etc..... Or, un moyen fort simple d'effectuer cette élimination est de recourir à la considération des vitesses virtuelles, en opérant comme l'a fait M. Poinsot dans le 13.° cahier du journal de l'École polytechnique. Je vais rappeler en peu de mots les résultats auxquels on parvient de cette manière.

Lorsqu'un point matériel se meut sur un plan ou dans l'espace, les coordonnées x, y, z, ainsi que l'arc s de la courbe décrite, varient avec le temps t; et, si l'on suppose cet arc compté de manière à prendre un accroissement positif Δs, dans le cas où l'on attribue au temps t un accroissement positif Δt, la limite vers laquelle convergera le rapport $\dfrac{\Delta s}{\Delta t}$, tandis que ses deux termes recevront des valeurs de plus en plus petites, ou, ce qui revient au même, le rapport entre les accroissements infiniment petits et simultanés de l'arc s et du temps t, sera ce qu'on nomme la *vitesse* du point matériel à la fin du temps t. Donc, si l'on désigne par ω cette vitesse, on aura

$$(1) \qquad \omega = \frac{ds}{dt} = \frac{\sqrt{(dx^2 + dy^2 + dz^2)}}{dt} \, .$$

De plus, la *direction* de cette vitesse ne sera autre chose que la direction de la tangente menée par l'extrémité de l'arc s à la courbe décrite, et prolongée dans le sens du mouvement; d'où il résulte que les cosinus des angles α, β, γ, formés par cette direction avec les demi-axes des coordonnées positives, seront respectivement

$$(2) \qquad \cos \alpha = \frac{dx}{ds} \, , \qquad \cos \beta = \frac{dy}{ds} \, , \qquad \cos \gamma = \frac{dz}{ds} \, .$$

Cela posé, si l'on imagine que la vitesse ω soit représentée par une longueur portée sur sa direction à partir de l'extrémité de l'arc s, les trois produits

$$\omega \cos \alpha , \qquad \omega \cos \beta , \qquad \omega \cos \gamma ,$$

exprimeront ce qu'on doit appeler les *projections algébriques* de la vitesse sur les axes des x, y, et z [voy. le 1.er volume, page 59], et se trouveront déterminés par les équations

$$(3) \qquad \omega \cos \alpha = \frac{dx}{dt} \, , \qquad \omega \cos \beta = \frac{dy}{dt} \, , \qquad \omega \cos \gamma = \frac{dz}{dt} \, .$$

Supposons maintenant que plusieurs points A, A', A'', ... soient assujettis à certaines liaisons

$$(4) \qquad L = 0 , \qquad N = 0 , \qquad M = 0 , \qquad \text{etc.} \dots ,$$

L, M, N étant fonctions des coordonnées x, y, z; x', y', z', etc.... Tous les mouvements que le système de ces points pourra prendre par l'effet d'une cause quelconque, sans que les liaisons soient troublées, seront ce qu'on appelle des *mouvements virtuels*, et les vitesses des différents points dans un *mouvement virtuel* quelconque seront ce qu'on nomme des *vitesses virtuelles*. Or, comme il suffira de connaître les valeurs de x, y, z; x', y', z', etc...., exprimées en fonction de t, pour en déduire immédiatement celles des quantités

$$(5) \qquad \frac{dx}{dt}, \qquad \frac{dy}{dt}, \qquad \frac{dz}{dt}; \qquad \frac{dx'}{dt}, \qquad \frac{dy'}{dt}, \qquad \frac{dz'}{dt}; \qquad \text{etc.} ...,$$

il est clair que les projections algébriques des vitesses virtuelles seront liées entre elles par autant d'équations que les coordonnées des différents points. En effet, on aura, dans tout mouvement compatible avec les liaisons données,

$$(6) \quad \begin{cases} \dfrac{dL}{dx}\dfrac{dx}{dt} + \dfrac{dL}{dy}\dfrac{dy}{dt} + \dfrac{dL}{dz}\dfrac{dz}{dt} + \dfrac{dL}{dx'}\dfrac{dx'}{dt} + \text{etc.} ... = 0, \\[2ex] \dfrac{dM}{dx}\dfrac{dx}{dt} + \dfrac{dM}{dy}\dfrac{dy}{dt} + \dfrac{dM}{dz}\dfrac{dz}{dt} + \dfrac{dM}{dx'}\dfrac{dx'}{dt} + \text{etc.} ... = 0, \\[2ex] \text{etc.} ...... \end{cases}$$

Cela posé, concevons que les différents points, étant parvenus au bout du temps t dans de certaines positions, puissent y être maintenus en équilibre par le moyen de forces

$$P, \quad P', \quad P'', \dots$$

dont les projections algébriques sur les axes des x, y, z soient respectivement X, Y, Z; X', Y', Z'; etc..... Alors, pour obtenir les équations d'équilibre, il suffira d'éliminer les inconnues λ, μ, ν,... entre les formules (4), (5) du § 3. Or on y parviendra évidemment, si l'on ajoute ces formules, après avoir multiplié la première par $\frac{dx}{dt}$, la seconde par $\frac{dy}{dt}$, la troisième par $\frac{dz}{dt}$, la quatrième par $\frac{dx'}{dt}$, etc... On trouvera de cette manière

$$(7) \qquad X\frac{dx}{dt} + Y\frac{dy}{dt} + Z\frac{dz}{dt} + X'\frac{dx'}{dt} + \text{etc.} ... = 0.$$

Par conséquent, lorsqu'il y a équilibre, l'équation (7) subsiste dans un mouvement virtuel quelconque.

Réciproquement, si l'équation (7) subsiste dans un mouvement virtuel quelconque, je dis qu'il y aura équilibre. En effet, dans cette hypothèse, la formule (7) sera satisfaite pour tous les systèmes de valeurs des quantités

(15)

$$(8) \qquad \frac{dx}{dt}, \qquad \frac{dy}{dt}, \qquad \frac{dz}{dt}, \qquad \frac{dx'}{dt}, \qquad \text{etc}\ldots,$$

qui seront propres à vérifier les équations (6). Par suite, si, au moyen des équations (6), on élimine de la formule (7) m de ces quantités, toutes les autres pouvant être choisies arbitrairement, leurs coëfficients devront se réduire à zéro. Or, pour effectuer l'élimination, il suffira d'ajouter à la formule (7), les équations (6) respectivement multipliées par des facteurs indéterminés

$$-\lambda, \quad -\mu, \quad -\nu, \quad \text{etc}\ldots;$$

et d'égaler ensuite à zéro les m premiers coëfficients de

$$\frac{dx}{dt}, \qquad \frac{dy}{dt}, \qquad \frac{dz}{dt}, \qquad \text{etc}\ldots.$$

Les facteurs $\lambda, \mu, \nu \ldots$ étant choisis de manière à remplir ces conditions, c'est à-dire, de manière à faire disparaître les m premiers termes de la formule:

$$(9) \quad \left\{ \begin{aligned}
&\left(X - \lambda \frac{dL}{dx} - \mu \frac{dM}{dx} - \nu \frac{dN}{dx} - \text{etc}\ldots \right) \frac{dx}{dt} \\
&+ \left(Y - \lambda \frac{dL}{dy} - \mu \frac{dM}{dy} - \nu \frac{dN}{dy} - \text{etc}\ldots \right) \frac{dy}{dt} \\
&+ \left(Z - \lambda \frac{dL}{dz} - \mu \frac{dM}{dz} - \nu \frac{dN}{dz} - \text{etc}\ldots \right) \frac{dz}{dt} \\
&+ \left(X' - \lambda \frac{dL}{dx'} - \mu \frac{dM}{dx'} - \nu \frac{dN}{dx'} + \text{etc}\ldots \right) \frac{dx'}{dt} \\
&+ \text{etc}\ldots\ldots\ldots\ldots\ldots\ldots\ldots\ldots\ldots\ldots = 0,
\end{aligned} \right.$$

les coëfficients des $3n - m$ derniers termes devront encore être séparément nuls. En conséquence on pourra réduire à zéro les coëfficients de tous les termes, c'est-à-dire, satisfaire aux équations (4), (5)… du § 3.e par des valeurs convenables des facteurs $\lambda, \mu, \nu\ldots$; d'où il résulte qu'il y aura équilibre dans le système des points $A, A', A'',$ etc. …

L'équation (7), qui subsiste, lorsqu'il y a équilibre, pour tous les mouvements virtuels, renferme ce qu'on appelle le principe des vitesses virtuelles. Elle peut être présentée sous une autre forme qu'il est utile de connaître, et que nous allons rappeler ici.

Soit ω la vitesse virtuelle du point matériel A, et $\widehat{P,\omega}$ l'angle compris entre la direction de cette vitesse virtuelle et la direction de la force P. Comme les cosinus des angles formés par ces deux directions avec les axes sont respectivement

$$(10) \qquad \begin{cases} \dfrac{\left(\dfrac{dx}{dt}\right)}{\omega}, & \dfrac{\left(\dfrac{dy}{dt}\right)}{\omega}, & \dfrac{\left(\dfrac{dz}{dt}\right)}{\omega}, \\[2em] \dfrac{X}{P}, & \dfrac{Y}{P}, & \dfrac{Z}{P}; \end{cases}$$

on aura évidemment

$$(11) \qquad \cos\left(\widehat{P,\omega}\right) = \frac{X\dfrac{dx}{dt} + Y\dfrac{dy}{dt} + Z\dfrac{dz}{dt}}{P.\omega},$$

$$(12) \qquad X\frac{dx}{dt} + Y\frac{dy}{dt} + Z\frac{dz}{dt} = P\,\omega\cos\left(\widehat{P,\omega}\right).$$

On trouvera de même, en désignant par ω' la vitesse virtuelle du point A',

$$(13) \qquad X'\frac{dx'}{dt} + Y'\frac{dy'}{dt} + Z'\frac{dz'}{dt} = P'\omega'\cos\left(\widehat{P',\omega'}\right),$$

etc.... Par conséquent l'équation (7) pourra s'écrire ainsi qu'il suit

$$(14) \qquad P\omega\cos\left(\widehat{P,\omega}\right) + P'\omega'\cos\left(\widehat{P',\omega'}\right) + \text{etc.}... = 0.$$

Dans cette dernière, chaque terme représente le produit d'une force par la vitesse virtuelle de son point d'application et par le cosinus de l'angle compris entre la direction de la force et la direction de la vitesse virtuelle. Un semblable produit est ce que nous nommerons le *moment virtuel* de la force. On peut l'obtenir en multipliant la force par la vitesse virtuelle projetée sur la direction de la force, ou la vitesse virtuelle par la projection de la force sur la direction de cette vitesse. Cela posé, on peut énoncer le principe des vitesses virtuelles de la manière suivante.

Pour que l'équilibre ait lieu entre plusieurs forces dont les points d'application sont assujettis à des liaisons quelconques, il est nécessaire, et il suffit que la somme des moments virtuels de ces différentes forces soit égale à zéro, dans tous les mouvements virtuels possibles, c'est-à-dire, dans tous les mouvements compatibles avec les liaisons données.

Lorsqu'on veut déduire du principe des vitesses virtuelles toutes les équations d'équilibre relatives à un système donné, il suffit de considérer successivement autant de mouvements virtuels distincts les uns des autres qu'il y a de variables indépendantes parmi les coordonnées

$$x, y, z; \quad x', y', z'; \quad \text{etc.} \ldots$$

Le nombre de ces mouvements virtuels sera donc $3n - m$, si n désigne le nombre des points donnés, et m le nombre des liaisons auxquelles on les suppose assujettis.

Pour montrer une application de la formule (7), concevons que les liaisons établies entre différents points A, A', $A''\ldots$ permettent d'imprimer à ces mêmes points un mouvement commun de translation parallèlement à l'axe des x. Ce mouvement de translation sera un mouvement virtuel, dans lequel les vitesses virtuelles ω, ω', $\omega''\ldots$ seront égales entre elles; et, si, pour fixer les idées, on suppose le mouvement dirigé dans le sens des x positives, on aura évidemment

$$(15) \quad \begin{cases} \dfrac{dx}{dt} = \dfrac{dx'}{dt} = \dfrac{dx''}{dt} = \ldots\ldots = \omega, \\[2ex] \dfrac{dy}{dt} = \dfrac{dy'}{dt} = \dfrac{dy''}{dt} = \ldots\ldots = 0, \\[2ex] \dfrac{dz}{dt} = \dfrac{dz'}{dt} = \dfrac{dz''}{dt} = \ldots\ldots = 0. \end{cases}$$

Par suite, la formule (7) donnera

$$(16) \quad (X + X' + X'' + \ldots)\,\omega = 0 ;$$

et comme, par hypothèse, la quantité ω n'est pas nulle, on tirera de l'équation (16)

$$(17) \quad X + X' + X'' + \ldots\ldots = 0 .$$

De même, si un mouvement commun de translation, en vertu duquel les différents points acquerraient simultanément des vitesses égales et parallèles à l'axe des y, ou à l'axe des z, est virtuel, c'est-à-dire compatible avec les liaisons données, la formule (7) entraînera l'équation

$$(18) \quad Y + Y' + Y'' + \ldots\ldots = 0 ,$$

ou la suivante :

$$(19) \quad Z + Z' + Z'' + \ldots\ldots = 0 .$$

Concevons encore que, sans troubler les liaisons établies, on puisse imprimer au système des points A, A', A'', etc....., un mouvement général de rotation autour de l'axe des x; et supposons, pour fixer les idées, que ce mouvement de rotation soit direct, la courbe décrite par le point (x, y, z), dans le mouvement virtuel dont il s'agit, sera un cercle dont nous désignerons le rayon par r, et dont les équations seront de la forme

$$(20) \qquad x = \text{constante}, \qquad y^2 + z^2 = r^2.$$

Or, si l'on différencie ces équations par rapport au temps, on trouvera

$$(21) \qquad \frac{dx}{dt} = 0, \qquad y\frac{dy}{dt} + z\frac{dz}{dt} = 0.$$

D'ailleurs, dans un mouvement de rotation direct autour de l'axe des x, le point (x, y, z) sera porté du côté des z positives ou du côté des z négatives, suivant que l'ordonnée y sera elle-même positive ou négative; et par conséquent le coefficient différentiel $\frac{dz}{dt}$ sera une quantité de même signe que y. Cela posé, on tirera de l'équation (21)

$$(22) \qquad \frac{\left(\frac{dz}{dt}\right)}{y} = \frac{\left(\frac{dy}{dt}\right)}{-z} = \frac{\sqrt{\left\{\left(\frac{dy}{dt}\right)^2 + \left(\frac{dz}{dt}\right)^2\right\}}}{\sqrt{(y^2+z^2)}} = \frac{\omega}{r}.$$

Ajoutons que, si l'on nomme s, s'... les arcs de cercle décrits par les différents points à la fin du temps t; r, r'... les rayons de ces mêmes cercles, et Δs, $\Delta s'$... les accroissements infiniment petits que prennent les arcs s, s'... pendant l'instant Δt, on aura évidemment

$$\frac{\Delta s}{r} = \frac{\Delta s'}{r'} = \text{etc}...., \qquad \text{ou} \qquad \frac{1}{r}\frac{\Delta s}{\Delta t} = \frac{1}{r'}\frac{\Delta s'}{\Delta t} = \text{etc}....,$$

et par suite

$$\frac{1}{r}\frac{ds}{dt} = \frac{1}{r'}\frac{ds'}{dt} = \text{etc}....,$$

ou plus simplement

$$(25) \qquad \frac{\omega}{r} = \frac{\omega'}{r'} = \frac{\omega''}{r''} = \text{etc}.....$$

Donc les vitesses virtuelles des différents points seront proportionnelles aux rayons des cercles décrits; et si l'on appelle ϖ la vitesse angulaire du système, c'est-à-dire la vitesse d'un point situé à l'unité de distance de l'axe des x, on aura

$$(24) \qquad \frac{\omega}{r} = \frac{\omega'}{r'} = \frac{\omega''}{r''} = \ldots = \varpi$$

$$(25) \qquad \omega = \varpi r, \qquad \omega' = \varpi r', \qquad \omega'' = \varpi r'', \qquad \text{etc.} \ldots$$

Cela posé, les équations (21) et (22) donneront

$$(26) \qquad \frac{dx}{dt} = 0, \qquad \frac{dy}{dt} = -\varpi z, \qquad \frac{dz}{dt} = \varpi y,$$

On trouvera pareillement

$$(27) \qquad \frac{dx'}{dt} = 0, \qquad \frac{dy'}{dt} = -\varpi z', \qquad \frac{dz'}{dt} = \varpi y',$$

etc. ...; puis l'on tirera de la formule (7)

$$(28) \qquad (yZ - zY + y'Z' - z'Y' + \ldots)\varpi = 0;$$

et, comme par hypothèse la quantité ϖ n'est pas nulle, on trouvera définitivement

$$(29) \qquad yZ - zY + y'Z' - z'Y' + \text{etc.} \ldots = 0.$$

De même, si un mouvement général de rotation en vertu duquel chacun des points A, A', A''... décrirait autour de l'axe des y ou des z un arc de cercle proportionnel à sa distance à cet axe, était virtuel, c'est-à-dire compatible avec les liaisons données, la formule (7) entraînerait l'équation

$$(30) \qquad zX - xZ + z'X' - x'Z' + \text{etc.} \ldots = 0,$$

ou la suivante :

$$(31) \qquad xY - yX + x'Y' - y'X' + \text{etc.} \ldots = 0.$$

Il est bon d'observer que les équations (17), (18) et (19), ou (29), (30) et (31) sont précisément celles qu'on obtient en égalant à zéro les sommes des projections algébriques des forces P, P', P''..., ou de leurs moments linéaires sur les axes des x, y, z. Ajoutons que chacune des sommes ainsi calculées coïncide avec l'une des projections algébriques de la force principale ou du moment linéaire principal.

Lorsque les points A, A', A''... composent un système invariable de forme, mais entièrement libre dans l'espace, les six mouvements généraux de translation parallèlement aux axes coordonnés et de rotation autour de ces axes sont compatibles avec les liaisons de ce système. Par suite, la formule (7) entraîne les six équations (17), (18), (19), (29), (30) et (31). D'ailleurs, dans la même hypothèse, celles des variables

$$x, y, z; \ x', y', z'; \ x'', y'', z''; \ x''', y''', z'''; \ \text{etc.} ...$$

que l'on peut considérer comme indépendantes, se réduisent évidemment à six. En effet, puisqu'on suppose les points A, A', A'', A'''... liés invariablement les uns aux autres, la position de chacun d'eux sera complètement déterminée dans l'espace, si l'on connaît la position des trois premiers, c'est-à-dire les neuf coordonnées x, y, z; x', y', z'; x'', y'', z''. De plus, les trois points A, A', A'' étant liés eux-mêmes par trois droites invariables, les neuf coordonnées dont il s'agit seront assujetties à trois équations de condition, en vertu desquelles trois de ces coordonnées deviendront fonctions des six autres. Donc il n'y aura effectivement que six variables indépendantes, et les six équations qu'on obtient en égalant à zéro les sommes des projections algébriques des forces données ou de leurs moments linéaires sur les axes des x, y et z, suffiront pour assurer l'équilibre. En d'autres termes, il suffira, pour l'équilibre, que la force principale et le moment linéaire principal s'évanouissent.

Si un système invariable de forme était retenu par un point fixe, les mouvements de translation dirigés parallèlement aux axes cesseraient d'être des mouvements virtuels, puisqu'ils ne pourraient avoir lieu sans rompre les liaisons établies. Mais, en prenant le point fixe pour origine des coordonnées, on pourrait encore imprimer au système des points A, A', A''..... un mouvement de rotation autour de l'un quelconque des axes coordonnés. Par suite la formule (7) entraînerait toujours les trois équations (29), (30), (31); et ces équations, dont le nombre serait précisément égal à celui des variables indépendantes, suffiraient pour assurer l'équilibre.

Si le système invariable était retenu par deux points fixes, un mouvement virtuel ne pourrait être qu'un mouvement de rotation autour de l'axe fixe passant par ces deux points; et la formule (7) ne fournirait plus qu'une seule équation d'équilibre, relative à ce mouvement virtuel. Si l'on prenait l'axe fixe pour axe des z, l'équation unique d'équilibre serait celle qu'on obtient en ajoutant les projections algébriques des moments linéaires des forces sur cet axe, et égalant la somme à zéro, c'est-à-dire l'équation (31). Il est d'ailleurs facile de voir qu'il n'existe dans le cas présent qu'une seule variable indépendante.

Si le système invariable pouvait recevoir, non-seulement un mouvement de rotation autour de l'axe des z, mais encore un mouvement de translation dirigé parallèlement à cet axe, ces deux mouvements virtuels fourniraient les équations (19) et (31) qui suffiraient pour assurer l'équilibre.

Enfin, si les points renfermés dans le plan des x, y sont assujettis à n'en jamais sortir, le mouvement de rotation autour de l'axe des z, et les mouvements de translation dirigés parallèlement aux axes des x et y fourniront pour le système invariable trois équations d'équilibre, savoir, les formules (17), (18) et (31). Comme, dans la même hypothèse, le nombre des variables indépendantes sera égal à trois, les équations dont il s'agit suffiront pour exprimer les conditions d'équilibre.

Les conséquences que nous venons de déduire du principe des vitesses virtuelles s'accordent évidemment avec les résultats auxquels nous étions parvenus, dans le premier volume, par la considération directe des projections algébriques des forces et de leurs moments linéaires.

Concevons maintenant que, les points A, A', A'',... étant assujettis à des liaisons quelconques, les forces P, P', P'',... qui sollicitent ces mêmes points, se réduisent à des poids. Admettons en outre que l'axe des x soit vertical, et que les x positives se comptent dans le sens de la pesanteur, on aura, dans ce cas,

$$(52) \qquad \begin{cases} X = P, & X' = P', & X'' = P'', & \text{etc.} \dots \\ Y = 0, & Y' = 0, & Y'' = 0, & \text{etc.} \dots, \\ Z = 0, & Z' = 0, & Z'' = 0, & \text{etc.} \dots \end{cases}$$

et la formule (7) donnera

$$(53) \qquad P \frac{dx}{dt} + P' \frac{dx'}{dt} + P'' \frac{dx''}{dt} + \text{etc.} \dots = 0.$$

D'ailleurs, si l'on nomme ξ l'abscisse du centre des forces parallèles P, P', P'',... respectivement appliquées aux points A, A', A'',........ c'est-à-dire, en d'autres termes, l'abscisse du centre de gravité du système, on aura

$$(54) \qquad Px + P'x' + P''x'' + \dots = (P + P' + P'' + \dots)\xi,$$

et par suite

$$(55) \qquad P \frac{dx}{dt} + P' \frac{dx'}{dt} + P'' \frac{dx''}{dt} + \dots = (P + P' + P'' + \dots)\frac{d\xi}{dt}$$

Donc la formule (53) pourra être réduite à

$$(56) \qquad \frac{d\xi}{dt} = 0 \, .$$

Or, il résulte de cette dernière équation que, dans tout mouvement compatible avec les liaisons du système, la vitesse virtuelle du centre de gravité, étant projetée sur l'axe des x, donnera une projection nulle. Donc, pour qu'il y ait équilibre entre différents poids, il est nécessaire et il suffit que, dans chaque mouvement virtuel, la direction primitive de la vitesse du centre de gravité soit horizontale.

Dans ce qui précède, nous avons admis que les résistances opposées aux mouvements de différents points par des liaisons établies entre eux pouvaient croître indéfiniment et au-delà de toute limite. Concevons maintenant que ces résistances ne puissent dépasser certaines limites sans que les liaisons se trouvent rompues, alors il ne suffira plus pour l'équilibre que l'on puisse déterminer les coefficients $\lambda, \mu, \nu, \dots$ de manière à vérifier les équations (4), (5), etc.... du § 3.e Il faudra encore que les valeurs de $\lambda, \mu, \nu, \dots$ tirées de ces équations, et substituées dans les produits

$$\lambda^2 \left\{ \left(\frac{dL}{dx}\right)^2 + \left(\frac{dL}{dy}\right)^2 + \left(\frac{dL}{dz}\right)^2 \right\}, \quad \mu^2 \left\{ \left(\frac{dM}{dx}\right)^2 + \left(\frac{dM}{dy}\right)^2 + \left(\frac{dM}{dz}\right)^2 \right\}, \quad \nu^2 \left\{ \left(\frac{dN}{dx}\right)^2 + \left(\frac{dN}{dy}\right)^2 + \left(\frac{dN}{dz}\right)^2 \right\} \dots$$

fournissent des nombres dont les racines carrées ne dépassent pas les limites des résistances que la première, la seconde, la troisième .... liaison peuvent opposer, sans se rompre, au mouvement du premier point. Il sera de même nécessaire que les racines carrées des produits

$$\lambda^2 \left\{ \left(\frac{dL}{dx'}\right)^2 + \left(\frac{dL}{dy'}\right)^2 + \left(\frac{dL}{dz'}\right)^2 \right\}, \quad \mu^2 \left\{ \left(\frac{dM}{dx'}\right)^2 + \left(\frac{dM}{dy'}\right)^2 + \left(\frac{dM}{dz'}\right)^2 \right\}, \quad \nu^2 \left\{ \left(\frac{dN}{dx'}\right)^2 + \left(\frac{dN}{dy'}\right)^2 + \left(\frac{dN}{dz'}\right)^2 \right\} \dots$$

ne dépassent les limites des résistances que les diverses liaisons peuvent opposer au mouvement du second point; et ainsi de suite.

DE LA PRESSION DANS LES FLUIDES.

Dans les traités de mécanique où les équations d'équilibre des fluides ne sont pas immédiatement déduites de la formule des vitesses virtuelles, on a recours, pour démontrer ces équations, au principe de *l'égalité de pression en tout sens*. Or, ce principe lui-même peut être facilement établi à l'aide des considérations suivantes.

Soient x, y, z les coordonnées rectangulaires d'un point pris au hasard dans une masse fluide en équilibre, dont chaque molécule est sollicitée par une certaine force accélératrice, et X, Y, Z les projections algébriques de cette force sur les axes coordonnés pour le point (x, y, z). Si l'on fait passer par ce même point une surface s plane, rigide et infiniment petite, cette surface devra rester en équilibre, et par conséquent les pressions exercées contre elles par les couches de fluide qui l'avoisinent de part et d'autre, devront se réduire à des forces égales et directement opposées. De plus, chacune de ces pressions devra être perpendiculaire au plan de la surface s. Car, si cette condition n'était pas remplie, les molécules fluides qui touchent la surface ne pourraient demeurer en repos. Cela posé, si l'on désigne par ps chacune des deux pressions dont il s'agit, le rapport $\frac{ps}{s}$ ou la quantité p sera ce qu'on nomme la *pression hydrostatique*, exercée au point (x, y, z) contre le plan de la surface s.

Considérons maintenant dans la masse fluide un second point qui ait pour coordonnées x_0, y et z. Faisons passer par ce point un nouveau plan, et traçons dans ce nouveau plan une surface infiniment petite s_0, dont la projection sur le plan des y, z se confonde avec celle de la surface s. Enfin, soit a cette projection, et p_0 la pression hydrostatique exercée au point (x_0, y, z) contre le plan de la surface s_0. L'équilibre qui a lieu dans la masse fluide ne sera pas troublé, si l'on vient à solidifier une portion de cette masse. Or, admettons que la partie solidifiée soit comprise dans le cylindre qui aurait pour génératrice une droite parallèle à l'axe des x, et pour bases les surfaces infiniment petites s_0, s. Soit d'ailleurs ρ la densité du liquide au point x, y, z, et supposons $x > x_0$. Si l'on projette sur l'axe des x les forces motrices qui sollicitent les diverses molécules du cylindre, et les pressions supportées par les deux bases, on trouvera $a \int_{x_0}^{x} \rho X \, dx$ pour la somme des projections algébriques des forces motrices appliquées aux diverses molécules, $p_0 s_0 \times \frac{a}{s_0}$, ou $p_0 a$ pour la pro

jection algébrique de la pression $p_0 s_0$ supportée par la surface s_0, enfin $ps \times -\dfrac{a}{s_0}$,
ou $-pa$ pour la projection algébrique de la pression ps supportée par la sur-
face s. Quant aux pressions supportées par la surface latérale, elles seront, en chaque
point de cette surface, perpendiculaires à la génératrice du cylindre, et par conséquent
à l'axe des x; d'où il résulte que leurs projections algébriques sur cet axe s'évanouiront. D'ailleurs le cylindre, devenu solide, doit rester encore en équilibre au milieu
de la masse fluide. Donc la somme des projections algébriques des forces appliquées à
ses molécules et aux surfaces qui le terminent doit se réduire à zéro. On aura donc nécessairement

$$a \int_{x_0}^{x} \rho X \, dx + p_0 a - pa = 0 \, ,$$

et par suite

$$(1) \qquad p = p_0 + \int_{x_0}^{x} \rho X \, dx .$$

Or, si l'on vient à faire tourner le plan de la surface s autour du point (x, y, z),
sans changer la position du plan qui renferme la surface s_0, la pression p, exercée
contre la première surface, et déterminée par l'équation (1), ne variera pas. Donc
cette pression conserve la même valeur, quel que soit le plan contre lequel elle s'exerce,
ou, en d'autres termes, il y a, au point (x, y, z) choisi arbitrairement dans la masse
fluide, égalité de pression en tout sens. Ajoutons que de l'équation (1) différenciée par
rapport à x, on tire immédiatement

$$(2) \qquad \left\{ \begin{aligned} \frac{dp}{dx} &= \rho X . \qquad \text{On trouvera de même} \\[2mm] \frac{dp}{dy} &= \rho Y, \\[2mm] \frac{dp}{dz} &= \rho Z ; \end{aligned} \right.$$

et par suite

$$(3) \qquad dp = \rho (X \, dx + Y \, dy + Z \, dz).$$

Ces dernières formules sont les équations connues, à l'aide desquelles on fixe les conditions d'équilibre d'une masse fluide, et la valeur de la pression hydrostatique en chaque
point.

SUR LA DÉTERMINATION

DES CONSTANTES ARBITRAIRES

RENFERMÉES DANS LES INTÉGRALES DES ÉQUATIONS DIFFÉRENTIELLES LINÉAIRES.

J'ai fait voir, dans le premier volume des Exercices de mathématiques, avec quelle facilité l'on déduit du calcul des résidus les intégrales générales des équations différentielles linéaires à coëfficients constants, et même, dans plusieurs cas, à coëfficients variables. Mais les intégrales dont il s'agit renferment des fonctions arbitraires ; et de ces fonctions dérivent, après l'extraction des résidus, des constantes arbitraires, qui, dans chaque problême, doivent être déterminées de manière à vérifier des conditions particulières. Or, dans la plupart des questions qui conduisent à des équations différentielles de l'ordre n entre deux variables $x, y,$ on connaît *a priori* les valeurs des fonctions

$$y, \qquad y' = \frac{dy}{dx}, \qquad y'' = \frac{d^2y}{dx^2}, \ldots \ldots y^{(n-1)} = \frac{d^{n-1}y}{dx^{n-1}},$$

correspondantes à une valeur donnée x_0 de la variable x. Alors on peut fixer complètement la forme de la fonction arbitraire comprise sous le signe $\mathcal{E}$, et l'on y parvient en effet, quand l'équation est linéaire, en suivant les méthodes que nous allons indiquer.

Considérons en premier lieu l'équation différentielle linéaire

$$(1) \qquad \frac{d^ny}{dx^n} + a_1\frac{d^{n-1}y}{dx^{n-1}} + a_2\frac{d^{n-2}y}{dx^{n-2}} + \ldots + a_{n-1}\frac{dy}{dx} + a_ny = 0,$$

dans laquelle $a_1, a_2, \ldots a_{n-1}, a_n$ désignent des coëfficients constants ; et faisons, pour abréger,

$$(2) \qquad F(r) = r^n + a_1 r^{n-1} + a_2 r^{n-2} + \ldots + a_{n-1} r + a_n.$$

L'intégrale générale de l'équation (1) sera [voyez la page 202 du premier volume]

4

(26)

$$(3) \qquad y = \mathcal{E}\, \frac{e^{rx}\varphi(r)}{((\,\mathrm{F}(r)\,))}\,,$$

le signe $\mathcal{E}$ étant relatif à la lettre r, et $\varphi(r)$ représentant une fonction de r assujettie à conserver une valeur finie pour toutes les valeurs de r propres à vérifier la formule

$$(4) \qquad \mathrm{F}(r) = 0\,.$$

Cela posé, concevons d'abord que les valeurs des fonctions

$$(5) \qquad y,\ y',\ y'',\dots y^{(n-1)},$$

correspondantes à $x = x_0$, doivent se réduire aux différents termes de la progression géométrique

$$(6) \qquad \eta^0 = 1,\ \ \eta^1,\ \ \eta^2,\dots \eta^{n-1},$$

η désignant une quantité constante. Comme, en nommant m un nombre entier quelconque, on tirera de la formule (3)

$$(7) \qquad y^{(m)} = \mathcal{E}\, \frac{r^m e^{rx}\varphi(r)}{((\,\mathrm{F}(r)\,))}\,,$$

il suffira évidemment d'assigner à la fonction $\varphi(r)$ une valeur telle que la condition

$$(8) \qquad \mathcal{E}\, \frac{r^m e^{rx_0}\varphi(r)}{((\,\mathrm{F}(r)\,))} = \eta^m = \mathcal{E}\, \frac{r^m}{((\,r - \eta\,))}$$

se trouve remplie pour toutes les valeurs de m inférieures à n. En d'autres termes, il suffira que l'on ait, pour $m < n$,

$$\mathcal{E}\, \frac{r^m e^{rx_0}\varphi(r)}{((\,\mathrm{F}(r)\,))} - \mathcal{E}\, \frac{r^m}{((\,r - \eta\,))} = 0\,,$$

ou, ce qui revient au même,

$$(9) \qquad \mathcal{E}\, r^m\, \frac{(r - \eta)\,e^{rx_0}\varphi(r) - \mathrm{F}(r)}{((\,(r - \eta)\,\mathrm{F}(r)\,))} = 0\,.$$

Or, le produit $(r - \eta)\,\mathrm{F}(r)$ étant, par rapport à r, du degré $n - 1$, on aura généralement, en vertu de la formule (64) de la page 23 du premier volume,

$$(10) \qquad \mathcal{L}\, \frac{r^m}{((\,(r-n)\,\mathrm{F}(r)\,))} = 0\,;$$

et par conséquent la condition (9) sera vérifiée, si l'on prend

$$(11) \qquad (r-n)\,e^{r x_0}\varphi(r) - \mathrm{F}(r) = \mathrm{C}\,,$$

ou, ce qui revient au même,

$$(12) \qquad \varphi(r) = \frac{\mathrm{F}(r)+\mathrm{C}}{r-n}\,e^{-r x_0}\,,$$

C désignant une quantité constante, c'est-à-dire indépendante de r. De plus, si l'on veut que, dans l'équation (1), la fonction $\varphi(r)$ conserve une valeur finie pour toutes les valeurs finies de r, et en particulier pour $r = n$, il est clair que le numérateur de la fraction

$$\frac{\mathrm{F}(r)+\mathrm{C}}{r-n}$$

devra s'évanouir avec son dénominateur. Il faudra donc que l'on ait

$$\mathrm{F}(n)+\mathrm{C}=0\,, \qquad \text{ou} \qquad \mathrm{C}=-\mathrm{F}(n)\,;$$

et par suite la formule (12) donnera

$$(13) \qquad \varphi(r) = \frac{\mathrm{F}(r)-\mathrm{F}(n)}{r-n}\,e^{-r x_0}\,.$$

En substituant cette dernière valeur de $\varphi(r)$ dans l'équation (5), on trouvera

$$(14) \qquad y = \mathcal{L}\, \frac{\mathrm{F}(r)-\mathrm{F}(n)}{r-n}\, \frac{e^{r(x-x_0)}}{((\,\mathrm{F}(r)\,))}\,.$$

On peut donc énoncer la proposition suivante.

1.er Théorème. *Si l'on intègre l'équation (1) de manière que la fonction y et ses dérivées d'un ordre inférieur à n, c'est-à-dire, les quantités*

$$(5) \qquad y,\ y',\ y'',\ \ldots y^{(n-3)},\ y^{(n-2)},\ y^{(n-1)}$$

se réduisent, en vertu de la supposition $x = x_0$, aux différents termes de la progression géométrique

$$(6) \qquad n^0, \quad n^1, \quad n^2, \ldots \quad n^{n-3}, \quad n^{n-2}, \quad n^{n-1};$$

la valeur générale de y sera celle que détermine la formule (14).

Si, dans le second membre de l'équation (14), on développe la fonction $\dfrac{F(r) - F(n)}{r - n}$ en un polynome ordonné suivant les puissances ascendantes de n, on en conclura

$$(15) \qquad y = P + Qn + Rn^2 + \ldots + Un^{n-3} + Vn^{n-2} + Wn^{n-1},$$

P, Q, R, ... U, V, W désignant des quantités indépendantes de n, et qui renfermeront la seule variable x. Or, la valeur précédente de y devant satisfaire aux conditions énoncées dans le 1.er théorême, quelle que soit la valeur attribuée à la constante arbitraire n, il en résulte évidemment, 1.º que chacune des fonctions

$$P, \quad Q, \quad R, \ldots U, \quad V, \quad W,$$

substituée à la place de y dans l'équation (1), vérifiera cette même équation ; 2.º que l'on aura, pour la valeur particulière x_0 de la variable x,

$$(16) \quad \left\{ \begin{aligned}
&P = 1, && Q = 0, && R = 0, \ldots\ldots W = 0; \\
&P' = 0, && Q' = 1, && R' = 0, \ldots\ldots W' = 0; \\
&P'' = 0, && Q'' = 0, && R'' = 1, \ldots\ldots W'' = 0; \\
&\text{etc.} \ldots\ldots \\
&P^{(n-1)} = 0, \; Q^{(n-1)} = 0, \; R^{(n-1)} = 0, \ldots W^{(n-1)} = 1;
\end{aligned} \right.$$

Concevons maintenant que les valeurs des fonctions (5), correspondantes à $x = x_0$, doivent se réduire, non plus aux différents termes de la progression (6), mais à des quantités quelconques désignées par

$$(17) \qquad n_0, \quad n_2, \quad n_2, \quad \ldots \quad n_{n-3}, \quad n_{n-2}, \quad n_{n-1}.$$

Pour obtenir la valeur générale de y, il suffira évidemment de recourir à l'équation (15) présentée sous la forme

$$(18) \qquad y = Pn^0 + Qn^1 + Rn^2 + \ldots + Un^{n-3} + Vn^{n-2} + Wn^{n-1},$$

et de remplacer dans cette équation les exposants placés à la droite de la lettre n par des indices. En d'autres termes, on aura

$$(19) \qquad y = P\, \eta_0 + Q\, \eta_1 + R\, \eta_2 + \ldots + U\, \eta_{n-3} + V\, \eta_{n-2} + W\, \eta_{n-1}.$$

Il est clair en effet que cette dernière valeur de y vérifiera l'équation (1) avec les conditions prescrites. Or, le second membre de la formule (19) est précisément ce que devient le second membre de l'équation (14) développé suivant les puissances entières de η, quand on substitue des indices aux exposants de ces puissances. On peut donc énoncer encore le théorème suivant.

2.ᵉ Théorème. *Si l'on intègre l'équation* (1) *de manière que la fonction* y *et ses dérivées d'un ordre inférieur à* n, *se réduisent, en vertu de la supposition* $x = x_0$, *à des quantités données* $\eta_0, \eta_1, \ldots \eta_{n-1}$, *la valeur générale de* y *sera celle que fournit l'équation* (14), *lorsque, dans la fonction entière de* η *équivalente au rapport*
$$\frac{F(r) - F(\eta)}{r - \eta},$$
on remplace les exposants des puissances de η *par des indices.*

Exemple. Proposons-nous d'intégrer l'équation différentielle

$$(20) \qquad \frac{d^2 y}{dx^2} + a^2 y = 0 ,$$

de manière que l'on ait, pour $x = 0$, $y = 1$ et $y' = 0$. On trouvera, dans ce cas particulier,

$$F(r) = r^2 + a^2, \quad \frac{F(r) - F(\eta)}{r - \eta} = \frac{r^2 - \eta^2}{r - \eta} = r\, \eta^0 + \eta^1 , \quad \eta_0 = 1 , \quad \eta_1 = 0 , \quad x_0 = 0 ;$$

et l'on tirera de la formule (14), en remplaçant les exposants de η par des indices,

$$(21) \qquad y = \mathcal{L}\, (r\, \eta_0 + \eta_1)\, \frac{e^{rx}}{((r^2 + a^2))} = \mathcal{L}\, \frac{r\, e^{rx}}{((r^2 + a^2))} ,$$

ou, ce qui revient au même,

$$(22) \qquad y = \frac{1}{2} \left(e^{a x \sqrt{-1}} + e^{- a x \sqrt{-1}} \right) = \cos a x .$$

Considérons à présent l'équation différentielle

$$(23) \qquad \frac{d^n y}{dx^n} + a_1 \frac{d^{n-1} y}{dx^{n-1}} + a_2 \frac{d^{n-2} y}{dx^{n-2}} + \ldots + a_{n-1} \frac{dy}{dx} + a_n y = f(x) .$$

L'intégrale générale de cette équation sera [voyez la page 204 du premier volume]

$$(24) \qquad y = \mathcal{E}\, \frac{e^{rx}\varphi(r)}{((\mathrm{F}(r)))} + \mathcal{E}\, \frac{\int_{x_0}^{x} e^{r(x-z)} f(z)\, dz}{((\mathrm{F}(r)))},$$

$\varphi(r)$ désignant toujours une fonction de r, assujettie à conserver une valeur finie pour toutes les valeurs de r qui vérifient la formule (4). En d'autres termes, on aura

$$(25) \qquad y = u + v,$$

u, v étant deux fonctions de x déterminées par les formules

$$(26) \qquad u = \mathcal{E}\, \frac{e^{rx}\varphi(r)}{((\mathrm{F}(r)))}, \qquad\qquad (27) \qquad v = \mathcal{E}\, \frac{\int_{x_0}^{x} e^{r(x-z)} f(z)\, dz}{((\mathrm{F}(r)))}.$$

Ajoutons que la fonction y, réduite à

$$y = u,$$

vérifiera l'équation (1), si l'on suppose $f(x) = 0$, tandis que la même fonction, réduite à

$$y = v,$$

continuera de vérifier l'équation (8), si l'on prend $\varphi(r) = 0$.

Concevons maintenant que les valeurs des fonctions

$$y,\ y',\ y'',\dots y^{(n-1)},$$

correspondantes à $x = x_0$, doivent coïncider avec les différents termes de la suite

$$n_0,\ n_1,\ n_2,\dots n_{n-1}.$$

Comme, en désignant par m un nombre entier inférieur à n, et ayant égard à la formule (10) de la page (2o5) du premier volume, on tirera des équations (25) et (27)

$$(28) \qquad y^{(m)} = u^{(m)} + v^{(m)},$$

$$(29) \qquad v^{(m)} = \mathcal{E}\, r^m\, \frac{\int_{x_0}^{x} e^{r(x-z)} f(z)\, dz}{((\mathrm{F}(r)))},$$

et que la valeur de $v^{(m)}$, donnée par la formule (29), s'évanouira toujours pour $x = x_0$; il suffira évidemment d'assujettir les fonctions

$$u, \quad u', \quad u'', \dots u^{(n-1)},$$

dont la première vérifie l'équation (1), à prendre, pour $x = x_0$, des valeurs respectivement égales aux quantités

$$n_0, \quad n_1, \quad n_2, \dots n_{(n-1)}.$$

On aura donc, en vertu du 2.ᵉ théorème,

$$(30) \qquad u = \mathcal{E} \frac{F(r) - F(n)}{r - n} \frac{e^{r(x - x_0)}}{((\,F(r)\,))},$$

pourvu que, dans la fonction entière de n équivalente au rapport $\dfrac{F(r) - F(n)}{r - n}$, on remplace les exposants de la lettre n par des indices; et l'on tirera de l'équation (25), mais sous la même condition,

$$(31) \qquad y = \mathcal{E} \frac{F(r) - F(n)}{r - n} \frac{e^{r(x - x_0)}}{((\,F(r)\,))} + \mathcal{E} \frac{\int_{x_0}^{x} e^{r(x - z)} f(z)\,dz}{((\,F(r)\,))},$$

ou, ce qui revient au même,

$$(32) \qquad y = \mathcal{E} \left\{ \frac{F(r) - F(n)}{r - n} e^{r(x - x_0)} + \int_{x_0}^{x} e^{r(x - z)} f(z)\,dz \right\} \frac{1}{((\,F(r)\,))}.$$

Si à l'équation (23) on substituait celle-ci

$$(33) \qquad a_0 \frac{d^n y}{dx^n} + a_1 \frac{d^{n-1} y}{dx^{n-1}} + a_2 \frac{d^{n-2} y}{dx^{n-2}} + \dots + a_{n-1} \frac{dy}{dx} + a_n y = f(x),$$

la valeur de y conserverait la forme que lui assigne l'équation (32). Seulement la fonction $F(r)$ deviendrait

$$(34) \qquad F(r) = a_0 r^n + a_1 r^{n-1} + a_2 r^{n-2} + \dots + a_{n-1} r + a_n.$$

On peut donc énoncer la proposition suivante.

5.ᵉ Théorème. *Si l'on intègre l'équation* (33) *de manière que la fonction* y, *et ses dérivées d'un ordre inférieur à* n, *se réduisent, en vertu de la supposition* $x = x_0$, *à des quantités données* $n_0, n_1, n_2, \dots n_{n-1}$; *la valeur générale de* y

sera celle que fournit l'équation (32) *jointe à la formule* (34)*, lorsque, dans le déve-loppement du rapport* $\dfrac{F(r) - F(\eta)}{r - \eta}$*, suivant les puissances entières de* η*, on transforme en indices les exposants de ces puissances.*

Exemple. Proposons-nous d'intégrer l'équation

$$(35) \qquad \frac{d^2 y}{dx^2} + y = f(x),$$

de manière que l'on ait, pour une valeur nulle de x, $y = \eta_0$ et $y' = \eta_1$. On trouvera, dans ce cas particulier,

$$F(r) = r^2 + 1, \qquad \frac{F(r) - F(\eta)}{r - \eta} = r\eta^0 + \eta^1, \qquad x_0 = 0;$$

et l'on tirera de la formule (32), en remplaçant les exposants de η par des indices,

$$(36) \qquad y = \mathcal{E}\left\{(r\eta_0 + \eta_1)\,e^{rx} + \int_0^x e^{r(x-z)} f(z)\,dz\right\}\frac{1}{((r^2+1))}$$

$$= \frac{1}{2\sqrt{-1}}\left\{(\eta_1 + \eta_0\sqrt{-1})\,e^{x\sqrt{-1}} + \int_0^x e^{(x-z)\sqrt{-1}} f(z)\,dz\right\}$$

$$- \frac{1}{2\sqrt{-1}}\left\{(\eta_1 - \eta_0\sqrt{-1})\,e^{-x\sqrt{-1}} + \int_0^x e^{-(x-z)\sqrt{-1}} f(z)\,dz\right\},$$

ou, ce qui revient au même,

$$(37) \qquad y = \eta_0 \cos x + \eta_1 \sin x + \int_0^x \sin(x - z).f(z)\,dz.$$

2.ᵉ *Exemple.* Proposons-nous encore d'intégrer l'équation

$$(38) \qquad \frac{d^2 y}{dx^2} - 2\frac{dy}{dx} + y = f(x),$$

de manière que l'on ait, pour une valeur nulle de x, $y = \eta_0$ et $y' = \eta_1$. On trouvera, dans ce cas particulier,

$$F(r) = r^2 - 2r + 1 = (r-1)^2, \qquad \frac{F(r) - F(\eta)}{r - \eta} = \frac{(r-1)^2 - (\eta-1)^2}{r - \eta} = (r-2)\eta^0 + \eta^1, \qquad x_0 = 0;$$

et l'on tirera de la formule (51)

$$(39) \qquad y = \mathcal{E} \left\{ [(r-2)x_0 + x_1]e^{rx} + \int_0^x e^{r(x-z)} f(z)\,dz \right\} \frac{1}{(((r-1)^2))},$$

ou, ce qui revient au même,

$$(40) \qquad y = [x_0 + (x_1 - x_0)x]e^x + \int_0^x (x-z)e^{x-z} f(z)\,dz.$$

Considérons encore l'équation différentielle

$$(41) \quad \frac{d^n y}{dx^n} + \frac{a_1}{Ax+B}\frac{d^{n-1}y}{dx^{n-1}} + \frac{a_2}{(Ax+B)^2}\frac{d^{n-2}y}{dx^{n-2}} + \cdots + \frac{a_{n-1}}{(Ax+B)^{n-1}}\frac{dy}{dx} + \frac{a_n}{(Ax+B)^n}y = 0,$$

dans laquelle A, B, a_1, a_2, ... a_{n-1}, a_n désignent des quantités constantes. Si l'on fait, pour abréger,

$$(42) \quad F(r) = A^n r(r-1)..(r-n+1) + a_1 A^{n-1} r(r-1)..(r-n+2) + .. + a_{n-1} Ar + a_n,$$

l'intégrale générale de l'équation (41) sera [voyez la page 261 du premier volume]

$$(43) \qquad y = \mathcal{E}\,\frac{\varphi(r).(Ax+B)^r}{((F(r)))},$$

$\varphi(r)$ désignant une onction arbitraire de r, qui ne devienne pas infinie pour des valeurs de r propres à vérifier la formule

$$(44) \qquad\qquad F(r) = 0.$$

Cela posé, concevons d'abord que les valeurs des fonctions (5), correspondantes à $x = x_0$, doivent se réduire aux différents termes de la suite

$$(45) \qquad n^0 = 1 , \quad \frac{An}{Ax_0+B} , \quad \frac{A^2 n(n-1)}{(Ax_0+B)^2} , \cdots \frac{A^{n-1} n(n-1)...(n-n+2)}{(Ax_0+B)^{n-1}} ,$$

Comme, en représentant par m un nombre entier inférieur à n, on tirera de la formule (45)

$$(46) \qquad y^{(m)} = A^m \mathcal{E}\,\frac{r(r-1)...(r-m+1).\varphi(r).(Ax+B)^{r-m}}{((F(r)))} ,$$

II.ᵉ ANNÉE.

il suffira évidemment d'assigner à la fonction $\varphi(r)$ une valeur telle que l'on ait, pour $m < n$,

$$(47) \quad \mathcal{E} \frac{r(r-1)..(r-m+1)\varphi(r)(A x_0 + B)^r}{((F(r)))} = n(n-1)..(n-m+1) = \mathcal{E} \frac{r(r-1)..(r-m+1)}{((r-n))},$$

ou, ce qui revient au même,

$$(48) \quad \mathcal{E} \frac{r(r-1)...(r-m+1)[(r-n)(A x_0 + B)^r \varphi(r) - F(r)]}{(((r-n) F(r)))} = 0.$$

Or, en vertu de la formule (64) de la page 25 du premier volume, la condition (48) sera vérifiée, si l'on prend

$$(49) \quad (r-n)(A x_0 + B)^r \varphi(r) - F(r) = C,$$

ou

$$(50) \quad \varphi(r) = \frac{F(r) + C}{r-n} (A x_0 + B)^{-r},$$

C désignant une quantité constante que l'on devra réduire à $-F(n)$, si l'on veut que $\varphi(r)$ conserve une valeur finie pour $r = n$. On pourra donc supposer

$$(51) \quad \varphi(r) = \frac{F(r) - F(n)}{r-n} (A x_0 + B)^r$$

En substituant cette dernière valeur de $\varphi(r)$ dans la formule (43), l'on trouvera

$$(52) \quad y = \mathcal{E} \frac{F(r) - F(n)}{r-n} \left(\frac{A x + B}{A x_0 + B} \right)^r \frac{1}{((F(r)))}.$$

Par conséquent on peut énoncer la proposition suivante.

4.ᵉ Théorème. *Si l'on intègre l'équation* (41) *de manière que la fonction* y *et ses dérivées d'un ordre inférieur à* n *se réduisent, pour* $x = x_0$, *aux différents termes de la suite* (45), *la valeur de* y *sera celle que détermine la formule* (52).

Concevons maintenant que la fonction y, et ses dérivées d'un ordre inférieur à n, doivent se réduire, pour $x = x_0$, non plus aux différents termes de la suite (45), mais à des quantités quelconques désignées par

$$(17) \quad n_0, \quad n_1, \quad n_2, \quad ... \quad n_{n-1}.$$

Alors, par des raisonnements semblables à ceux dont nous avons fait usage pour établir le théorème 2, on prouvera sans peine que la valeur de y coïncide encore avec celle que fournit l'équation (52), quand, après avoir développé la fraction

$$(53) \qquad \frac{F(r) - F(n)}{r - n} \, ,$$

en une série de termes proportionnels aux différents produits

$$(54) \qquad n^0 = 1 \, , \quad n \, , \quad n(n-1) \, , \quad \ldots \quad n(n-1)\ldots(n-n+2) \, ,$$

on remplace respectivement ces mêmes produits par les quantités

$$(55) \qquad n_0 \, , \quad n_1 \left(x_0 + \frac{B}{A} \right) , \quad n_2 \left(x_0 + \frac{B}{A} \right)^2 , \ldots \quad n_{n-1} \left(x_0 + \frac{B}{A} \right)^{n-1} .$$

Ajoutons que, pour effectuer le développement en question, il suffira d'avoir égard aux observations suivantes.

Si l'on désigne par $f(x)$ une fonction entière de le variable x, du degré m, et par n un nombre entier quelconque, on aura généralement, en supposant $\Delta x = 1$,

$$(56) \quad f(x + n) = f(x) + \frac{n}{1} \Delta f(x) + \frac{n(n-1)}{1.2} \Delta^2 f(x) + \ldots + \frac{n(n-1)\ldots(n-m+1)}{1.2.3\ldots m} \Delta^n f(x) ,$$

puis on en conclura, en réduisant x à zéro,

$$(57) \qquad\qquad f(n) =$$
$$f(0) + \frac{f(1)-f(0)}{1} n + \frac{f(2)-2f(1)+f(0)}{1.2} n(n-1) + \ldots + \frac{f(m)-mf(m-1)+\ldots \pm f(0)}{1.2.3\ldots m} n(n-1)\ldots(n-m+1).$$

Or, les deux membres de la formule (57), étant des fonctions entières de n, qui demeurent égales toutes les fois qu'on prend pour n un nombre entier, ne cesseront pas d'être égaux, si l'on y remplace n par x [voyez le chap. IV de l'Analyse algébrique]. On aura donc, quel que soit x,

$$(58) \qquad\qquad f(x) =$$
$$f(0) + \frac{f(1)-f(0)}{1} x + \frac{f(2)-2f(1)+f(0)}{1.2} x(x-1) + \ldots + \frac{f(m)-mf(m-1)+\ldots \pm f(0)}{1.2.3\ldots m} x(x-1)\ldots(x-m+1).$$

Si, dans la formule (58), on substitue la lettre n à la lettre x, le rapport $\dfrac{F(r) - F(n)}{r - n}$ à la fonction $f(x)$, et le nombre $n-1$ au nombre m, on obtiendra immédiatement le développement demandé.

Considérons enfin l'équation différentielle

$$(59) \quad \frac{d^n y}{dx^n} + \frac{a_1}{Ax+B}\frac{d^{n-1}y}{dx^{n-1}} + \frac{a_2}{(Ax+B)^2}\frac{d^{n-2}y}{dx^{n-2}} + \ldots + \frac{a_{n-1}}{(Ax+B)^{n-1}}\frac{dy}{dx} + \frac{a_n}{(Ax+B)^n}y = f(x).$$

L'intégrale générale de cette équation sera [voyez la page 265 du premier volume]

$$(60) \quad y = \mathcal{E}\,\frac{\varphi(r).(Ax+B)^r}{((\,F(r)\,))} + A\,\mathcal{E}\,\frac{\int_{x_0}^{x}\left(\frac{Ax+B}{Az+B}\right)^r (Az+B)^{n-1}f(z)\,dz}{((\,F(r)\,))},$$

les fonctions $\varphi(r)$, $F(r)$ ayant les mêmes valeurs que dans la formule (45); et, si l'on a recours aux raisonnements à l'aide desquels nous avons établi le théorème 5, on obtiendra immédiatement la proposition suivante.

5.ᵉ Théorème. *Si l'on intègre l'équation (59) de manière que la fonction* y *et ses dérivées d'un ordre inférieur à* n, *se réduisent, pour* $x = x_0$, *à des quantités données*

$$z_0, \quad z_1, \quad z_2, \ldots z_{n-1},$$

la valeur générale de y *sera celle que fournit l'équation*

$$(61) \quad y = \mathcal{E}\left\{\frac{F(r)-F(z)}{r-n}\left(\frac{Ax+B}{Ax_0+B}\right)^r + A\int_{x_0}^{x}\left(\frac{Ax+B}{Az+B}\right)^r (Az+B)^{n-1}f(z)\,dz\right\}\frac{1}{((\,F(r)\,))},$$

quand, après avoir développé la fraction (55) *en une série de termes proportionnels aux produits* (54), *on remplace ces mêmes produits par les quantités* (55).

Si à l'équation (1) on substituait celle-ci

$$(62) \quad a_0\frac{d^n y}{dx^n} + \frac{a_1}{Ax+B}\frac{d^{n-1}y}{dx^{n-1}} + \frac{a_2}{(Ax+B)^2}\frac{d^{n-2}y}{dx^{n-2}} + \ldots + \frac{a_{n-1}}{(Ax+B)^{n-1}}\frac{dy}{dx} + \frac{a_n}{(Ax+B)^n}y = f(x),$$

la valeur de y conserverait la forme que lui assigne l'équation (61). Seulement la valeur de $F(r)$ deviendrait

$$(63) \quad F(r) = a_0 A^n r(r-1)..(r-n+1) + a_1 A^{n-1} r(r-1)..(r-n+2) + ..+ a_{n-1}Ar + a_n,$$

et par conséquent on se trouverait conduit au théorème que nous allons énoncer.

6.ᵉ Théorème. *Si l'on intègre l'équation (62) de manière que la fonction* y *et ses dérivées d'un ordre inférieur à* n *se réduisent, pour* $x = x_0$, *à des quantités données*

$$z_0, \quad z_1, \quad z_2, \dots z_{n-1},$$

la valeur générale de y *sera celle que fournit l'équation* (61) *jointe à la formule* (63), *pourvu qu'après avoir développé la fraction* (53) *en une série de termes proportionnels aux produits* (54), *on remplace ces mêmes produits par les quantités* (55).

1.er *Exemple.* Proposons-nous d'intégrer l'équation

$$(64) \qquad \frac{d^2 y}{dx^2} + \frac{1}{x}\frac{dy}{dx} - \frac{y}{x^2} = 1,$$

de manière que l'on ait $y = z_0$ et $y' = z_1$ pour $x = 1$. On trouvera, dans ce cas particulier,

$$\mathrm{F}(r) = r^2 - 1, \qquad \frac{\mathrm{F}(r) - \mathrm{F}(z)}{r - z} = r z^0 + z^1, \qquad x_0 = 1, \qquad A = 1, \qquad B = 0,$$

et l'on tirera de la formule (61), en remplaçant les exposants de z par des indices,

$$(65) \qquad y = \mathcal{L} \left\{ (r z_0 + z_1) x^r + \int_1^x \left(\frac{x}{z}\right)^r z\, dz \right\} \frac{1}{((r^2 - 1))},$$

ou, ce qui revient au même,

$$(66) \qquad y = \frac{1}{2} z_0 \left(x + \frac{1}{x} \right) + \frac{1}{2} z_1 \left(x - \frac{1}{x} \right) + \frac{(x-1)^2 (2x+1)}{6x}.$$

2.e *Exemple.* Proposons-nous d'intégrer l'équation

$$(67) \qquad \frac{d^2 y}{dx^2} + \frac{1}{x}\frac{dy}{dx} + \frac{y}{x^2} = f(x),$$

de manière que l'on ait $y = z_0$ et $y' = z_1$ pour $x = 1$. On trouvera, dans ce cas, $\mathrm{F}(r) = r^2 + 1$,

$$(68) \qquad y = \mathcal{L} \left\{ (r z_0 + z_1) x^r + \int_1^x \left(\frac{x}{z}\right)^r z f(z)\, dz \right\} \frac{1}{((r^2 + 1))},$$

et par conséquent

$$(69) \qquad y = z_0 \cos l(x) + z_1 \sin l(x) + \int_1^x z f(z) . \cos l\left(\frac{x}{z}\right) . dz.$$

SUR QUELQUES PROPRIÉTÉS DES POLYÈDRES.

Rapportons tous les points de l'espace à trois axes rectangulaires des x, y, z; et désignons par s, s', s'',... les faces d'un polyèdre quelconque. Soient d'ailleurs α, β, γ; α', β', γ'; $\alpha'', \beta'', \gamma''$; etc. ... les angles que des perpendiculaires élevées sur les plans de ces faces, et prolongées en dehors du polyèdre, forment avec les demi-axes des coordonnées positives. Le produit $s \cos \alpha$ représentera évidemment la projection de la face s sur le plan des y, z perpendiculaire à l'axe des x, cette projection étant prise avec le signe $+$ ou avec le signe $-$, suivant que la face s sera située par rapport au polyèdre, du côté des x positives, ou du côté des x négatives. De même le produit $s \cos \beta$, ou $s \cos \gamma$ représentera la projection de la face s sur le plan des z, x ou des x, y, prise avec le signe $+$, si la face s se trouve située, par rapport au polyèdre, du côté des y ou des z positives, et avec le signe $-$ dans le cas contraire. Cela posé, si l'on nomme *projections algébriques* de la face s sur les plans coordonnés les trois produits $s \cos \alpha$, $s \cos \beta$, $s \cos \gamma$, on établira sans peine les propositions suivantes.

1.er Théorème. *La somme des projections algébriques des faces d'un polyèdre quelconque sur chacun des plans coordonnés se réduit à zéro.*

Ce théorème, qui était déjà connu, se trouve renfermé dans les trois équations

$$(1) \quad \begin{cases} s \cos \alpha + s' \cos \alpha' + s'' \cos \alpha'' + \ldots = 0, \\ s \cos \beta + s' \cos \beta' + s'' \cos \beta'' + \ldots = 0, \\ s \cos \gamma + s' \cos \gamma' + s'' \cos \gamma'' + \ldots = 0. \end{cases}$$

Pour démontrer ces équations, quand le polyèdre est supposé convexe, il suffit d'observer que la projection de ce polyèdre sur le plan des y, z, par exemple, est tout à la fois équivalente à la somme des termes positifs du polynome

$$(2) \quad s \cos \alpha + s' \cos \alpha' + s'' \cos \alpha'' + \ldots,$$

et à la somme des termes négatifs pris en signe contraire. Donc ce polynome aura toujours, dans l'hypothèse dont il s'agit, une valeur nulle. On doit en dire autant des deux polynomes

$$(3) \qquad s\cos\beta + s'\cos\beta' + s''\cos\beta'' + \dots ,$$

$$(4) \qquad s\cos\gamma + s'\cos\gamma' + s''\cos\gamma'' + \dots .$$

Le théorème 1.er étant ainsi démontré, dans le cas où le polyèdre est convexe, il est facile de reconnaître qu'il s'étend au cas même où cette condition ne serait pas remplie.

2.e Théorème. *Supposons qu'après avoir projeté les différentes faces d'un polyèdre sur les plans coordonnés, on multiplie la projection algébrique de chaque face sur l'un de ces plans par l'une des coordonnées du centre de gravité de la face que l'on considère, puis, que l'on ajoute au produit ainsi formé tous les produits de même espèce. La somme qui en résultera sera équivalente au volume du polyèdre, si l'on a employé dans chaque multiplication la coordonnée perpendiculaire au plan sur lequel les différentes faces étaient projetées. Cette somme sera nulle dans le cas contraire.*

Si l'on nomme v le volume du polyèdre, et $\xi, \eta, \zeta; \xi', \eta', \zeta'; \xi'', \eta'', \zeta''$; etc.... les coordonnées des centres de gravité des différentes faces, le théorème 2 sera renfermé dans les neuf équations

$$(5) \quad \begin{cases} s\xi\cos\alpha + s'\xi'\cos\alpha' + \dots = v, \quad s\eta\cos\alpha + s'\eta'\cos\alpha' + \dots = 0, \quad s\zeta\cos\alpha + s'\zeta'\cos\alpha' + \dots = 0, \\[4pt] s\xi\cos\beta + s'\xi'\cos\beta' + \dots = 0, \quad s\eta\cos\beta + s'\eta'\cos\beta' + \dots = v, \quad s\zeta\cos\beta + s'\zeta'\cos\beta' + \dots = 0, \\[4pt] s\xi\cos\gamma + s'\xi'\cos\gamma' + \dots = 0, \quad s\eta\cos\gamma + s'\eta'\cos\gamma' + \dots = 0, \quad s\zeta\cos\gamma + s'\zeta'\cos\gamma' + \dots = v. \end{cases}$$

Pour démontrer la première des équations (5), projetons les différentes faces du polyèdre sur un plan perpendiculaire à l'axe des x, et qui soit situé tout entier, par rapport au polyèdre, du côté des x négatives. Soit $x = a$ l'équation de ce dernier plan. La projection de la surface s sur le plan $x = a$ sera représentée, au signe près, par le produit $s\cos\alpha$, tandis que le volume compris entre cette surface et sa projection sera équivalent au produit

$$(6) \qquad s(\xi - a)\cos\alpha$$

pris avec le signe $+$ ou avec le signe $-$, suivant que la surface s sera située, par rapport au polyèdre, du côté des x positives, ou du côté des x négatives. Cela posé, pour obtenir le volume v, il suffira évidemment, si le polyèdre est convexe, de former les produits semblables à l'expression (6), puis d'ajouter, parmi ces produits, 1.° ceux qui seront positifs, 2.° ceux qui seront négatifs, et de retrancher de la première somme la valeur numérique de la seconde, ce qui revient à réunir les deux sommes en laissant chaque produit affecté du signe qu'il présente. On aura donc

$$(7) \qquad s(\xi - a)\cos\varkappa + s'(\xi' - a)\cos\varkappa' + s''(\xi'' - a)\cos\varkappa'' + \ldots = v,$$

puis, on en conclura, en ayant égard à la première des formules (1),

$$(8) \qquad s\xi + s'\xi' + s''\xi'' + \ldots = v.$$

On établira de la même manière, si le polyèdre est convexe, les deux équations

$$(9) \qquad s\eta + s'\eta' + s''\eta'' + \ldots = v,$$

$$(10) \qquad s\zeta + s'\zeta' + s''\zeta'' + \ldots = v;$$

et l'on reconnaîtra ensuite que les équations (8), (9), (10) peuvent être facilement étendues au cas où il s'agit d'un polyèdre quelconque.

Pour démontrer l'équation

$$(11) \qquad s\xi \cos\beta + s'\xi' \cos\beta' + s''\xi'' \cos\beta'' + \ldots = 0,$$

il suffit d'observer que le polyèdre, s'il est convexe, donnera pour projection sur le plan des x, z une surface telle qu'en multipliant l'abscisse du centre de gravité de cette surface par la somme des termes positifs ou par la somme des termes négatifs du polynome (3), on reproduira la somme des termes correspondants à des cosinus positifs, ou la somme des termes correspondants à des cosinus négatifs dans le polynome

$$(12) \qquad s\xi \cos\beta + s'\xi' \cos\beta' + s''\xi'' \cos\beta'' + \ldots\ldots$$

Il est aisé d'en conclure que les deux dernières sommes seront égales, au signe près, comme les deux premières. Donc, en réunissant les deux dernières sommes avec les signes qui leur conviennent, on obtiendra zéro pour résultat, ensorte que la formule (11) se trouvera vérifiée. Le même raisonnement s'applique en général à celles des formules (5) dont le second membre est nul, et peut être facilement étendu au cas même où le polyèdre proposé, cessant d'être convexe, présenterait des angles rentrants en nombre quelconque.

Aux propriétés des polyèdres, énoncées dans les théorèmes 1 et 2, correspondent des propriétés analogues que présentent les polygones renfermés dans des plans, et que nous allons indiquer en peu de mots.

Considérons un polygone quelconque renfermé dans le plan des x, y, et dont les côtés soient désignés par $r, r', r'' \ldots$. Nommons $\varkappa, \beta; \varkappa', \beta'; \varkappa'', \beta'' \ldots$ les angles que forment, avec les demi-axes des coordonnées positives, des perpendiculaires élevées sur ces côtés, et prolongées en dehors du polygone. Soit enfin s la surface du polygone, et ξ, n; ξ', n'; ξ'', n''... les coordonnées des milieux des côtés $r, r', r'', \ldots$ On aura

$$(13) \qquad r \cos\alpha + r' \cos\alpha' + \text{etc.} = 0, \qquad r \cos\beta + r' \cos\beta' + \text{etc.} = 0,$$

et de plus

$$(14) \quad \begin{cases} r\xi \cos\alpha + r'\xi' \cos\alpha' + \ldots = s, & r n \cos\alpha + r' n' \cos\alpha' + \ldots = 0, \\ r\xi \cos\beta + r'\xi' \cos\beta' + \ldots = 0, & r n \cos\beta + r' n' \cos\beta' + \ldots = s. \end{cases}$$

Si, pour plus de commodité, on nomme *projections algébriques* des côtés du polygone sur les axes des y et x les produits

$$r \cos\alpha, \qquad r' \cos\alpha', \qquad r'' \cos\alpha'', \ldots$$

et

$$r \cos\beta, \qquad r' \cos\beta', \qquad r'' \cos\beta'', \ldots$$

les équations (13) et (14) fourniront les théorêmes suivants dont le premier était déjà connu.

3.° Théorême. *Si l'on projette sur l'axe des x ou sur l'axe des y les divers côtés d'un polygone tracé dans le plan des x, y, la somme de leurs projections algébriques sera équivalente à zéro.*

4.° Théorême. *Supposons qu'après avoir projeté sur l'axe des x ou sur l'axe des y les divers côtés d'un polygone renfermé dans le plan des x, y, on multiplie la projection algébrique de l'un de ces côtés par l'abscisse ou l'ordonnée du point qui le divise en deux parties égales, puis qu'on ajoute au produit ainsi formé tous les produits de même espèce. La somme qui en résultera sera équivalente à la surface du polygone, si l'on a employé dans chaque multiplication la coordonnée perpendiculaire à l'axe sur lequel on projetait les différents côtés. Elle sera nulle dans le cas contraire.*

DE LA PRESSION OU TENSION

DANS UN CORPS SOLIDE.

Les géomètres qui ont recherché les équations d'équilibre ou de mouvement des lames ou des surfaces élastiques ou non élastiques, ont distingué deux espèces de forces produites les unes par la dilatation ou la contraction, les autres par la flexion de ces mêmes surfaces. De plus, ils ont généralement supposé, dans leurs calculs, que les forces de la première espèce, nommées tensions, restent perpendiculaires aux lignes contre lesquelles elles s'exercent. Il m'a semblé que ces deux espèces de forces pouvaient être réduites à une seule, qui doit constamment s'appeler *tension* ou *pression*, qui agit sur chaque élément d'une section faite à volonté, non-seulement dans une surface flexible, mais encore dans un solide élastique ou non élastique, et qui est de la même nature que la pression hydrostatique exercée par un fluide en repos contre la surface extérieure d'un corps. Seulement la nouvelle pression ne demeure pas toujours perpendiculaire aux faces qui lui sont soumises, ni la même dans tous les sens en un point donné. En développant cette idée, je suis parvenu à reconnaître que la pression ou tension exercée contre un plan quelconque en un point donné d'un corps solide se déduit très-aisément, tant en grandeur qu'en direction, des pressions ou tensions exercées contre trois plans rectangulaires menés par le même point. Cette proposition, que j'ai déjà indiquée dans le Bulletin de la Société philomatique de janvier 1823, peut être établie à l'aide des considérations suivantes.

Si, dans un corps solide élastique ou non élastique, on vient à rendre rigide et invariable un petit élément de volume terminé par des faces quelconques, ce petit élément éprouvera sur ses différentes faces, et en chaque point de chacune d'elles une pression ou tension déterminée. Cette pression ou tension sera semblable à la pression qu'un fluide exerce contre un élément de l'enveloppe d'un corps solide, avec cette seule différence que la pression exercée par un fluide en repos contre la surface d'un corps solide, est dirigée perpendiculairement à cette surface de dehors en dedans, et indépendante en chaque point de l'inclinaison de la surface par rapport aux plans coordonnés, tandis que la pression ou tension exercée en un point donné d'un corps solide contre un très-petit élément de surface passant par ce point, peut être dirigée perpendiculairement ou obliquement à cette surface, tantôt de dehors en dedans, s'il y a condensation, tantôt de dedans en dehors, s'il y a dilatation, et peut dépendre de l'inclinaison de la surface par rapport aux plans dont il s'agit. Cela posé, soit v le volume d'une portion du corps devenue rigide, $s, s', s'', \ldots.$ les aires des surfaces planes ou courbes qui recouvrent le volume v; x, y, z les coordonnées rectangulaires d'un point pris au hasard dans la surface s; p la pression ou tension exercée en ce point contre la surface; α, β, γ les angles que la perpendiculaire à la surface forme avec les demi-axes des coordonnées positives; enfin λ, μ, ν les angles formés avec les mêmes demi-axes par la direction de la force p. Si l'on projette sur les axes des x, y et z les pressions ou tensions diverses auxquelles la surface sera soumise, les sommes de leurs projections algébriques sur ces trois axes seront représentées par les intégrales

$$(1) \qquad \iint p \cos\lambda . \cos\gamma \, dy \, dx, \qquad \iint p \cos\mu . \cos\gamma \, dy \, dx, \qquad \iint p \cos\nu . \cos\gamma \, dy \, dx,$$

tandis que les sommes des projections algébriques de leurs moments linéaires seront respectivement, si l'on prend pour centre des moments l'origine des coordonnées,

$$(2) \quad \iint p\,(y\cos\nu - z\cos\mu)\cos\gamma\,dy\,dx, \iint p(z\cos\lambda - x\cos\nu)\cos\gamma\,dy\,dx, \iint p(x\cos\mu - y\cos\lambda)\cos\gamma\,dy\,dx;$$

ou, si l'on transporte le centre des moments au point qui a pour coordonnées x_0, y_0, z_0,

$$(3) \quad \left\{ \begin{array}{l} \iint p[(y-y_0)\cos\nu - (z-z_0)\cos\mu]\cos\gamma\,dy\,dx, \\[2ex] \iint p[(z-z_0)\cos\lambda - (x-x_0)\cos\nu]\cos\gamma\,dy\,dx, \\[2ex] \iint p[(x-x_0)\cos\mu - (y-y_0)\cos\lambda]\cos\gamma\,dy\,dx. \end{array} \right.$$

Dans ces diverses intégrales, les limites des intégrations relatives aux variables x, y devront être déterminées d'après la forme du contour de la surface s, de manière qu'on ait entre ces limites

$$(4) \qquad \iint \cos\gamma \, dy \, dx = s.$$

Si la surface s devient plane, et le volume v très-petit, en sorte que chacune de ses dimensions soit considérée comme une quantité infiniment petite du premier ordre, alors les variations, que les trois produits

$$(5) \qquad p\cos\lambda, \qquad p\cos\mu, \qquad p\cos\nu,$$

éprouveront, dans le passage d'un point à un autre de la surface s, seront encore infiniment petites du premier ordre; et, en négligeant les infiniment petits du troisième ordre dans les valeurs des intégrales (1), on réduira ces intégrales aux quantités

$$(6) \qquad p\,s\cos\lambda, \qquad p\,s\cos\mu, \qquad p\,s\cos\nu.$$

Si d'ailleurs on fait coïncider le centre des moments avec un point du volume v, les intégrales (3) seront des quantités infiniment petites du troisième ordre, et il suffira de négliger, dans ces intégrales, les infiniment petits du quatrième ordre, pour qu'elles se réduisent aux produits

$$(7) \quad p\,s[(\eta-y_0)\cos\nu-(\zeta-z_0)\cos\mu], \quad p\,s[(\zeta-z_0)\cos\lambda-(\xi-x_0)\cos\nu], \quad p\,s[(\xi-x_0)\cos\mu-(\eta-y_0)\cos\lambda],$$

ξ, η, ζ désignant les rapports

$$(8) \qquad \frac{\iint x\cos\gamma\,dy\,dx}{s}, \qquad \frac{\iint y\cos\gamma\,dy\,dx}{s}, \qquad \frac{\iint z\cos\gamma\,dy\,dx}{s},$$

c'est-à-dire les coordonnées du centre de gravité de la surface s.

Soit maintenant m la masse infiniment petite comprise sous le volume v. Concevons en outre que la lettre φ représente la force accélératrice appliquée à cette masse, si le corps solide est en équilibre, et dans le cas contraire, l'excès de la force accélératrice appliquée sur celle qui serait capable de produire le mouvement observé de la masse m. Enfin nommons X, Y, Z les projections algébriques de la force φ, et ξ_0, η_0, ζ_0 les coordonnées du centre de gravité de la masse m. Si l'on suppose que la force accélératrice φ reste la même en grandeur et en direction dans tous les points de la masse m, il devra y avoir équilibre entre la force motrice $m\varphi$ appliquée au point (ξ_0, η_0, ζ_0), et les forces auxquelles se réduisent les pressions ou tensions exercées sur les surfaces $s, s', \ldots$ Donc les sommes des projections algébriques de toutes ces forces et de leurs moments linéaires sur les axes des x, y, z devront se réduire à zéro. Donc, si l'on se contente de placer un ou plusieurs accents à la suite des lettres $p, \lambda, \mu, \nu, \xi, \eta, \zeta$, comprises dans les expressions (6) et (7), pour indiquer les nouvelles valeurs que prennent ces expressions, quand on passe de la surface s à la surface s', ou s'', ou s''', etc...., on trouvera, en négligeant, dans les sommes des forces projetées, les infiniment petits du troisième ordre, et dans les sommes des moments linéaires projetés, les infiniment petits du quatrième ordre,

$$(9) \quad \begin{cases} p\,s\cos\lambda+p'\,s'\cos\lambda'+\ldots+m\,X=0, \\ p\,s\cos\mu+p'\,s'\cos\mu'+\ldots+m\,Y=0, \\ p\,s\cos\nu+p'\,s'\cos\nu'+\ldots+m\,Z=0; \end{cases}$$

$$\begin{cases}
p s[(\eta-y_0)\cos\nu-(\zeta-z_0)\cos\mu]+p's'[(\eta'-y_0)\cos\nu'-(\zeta'-z_0)\cos\mu']+..+m[(\eta_0-y_0)Z-(\zeta_0-z_0)X]=0, \\[4pt]
p s[(\zeta-z_0)\cos\lambda-(\xi-x_0)\cos\nu]+p's'[(\zeta'-z_0)\cos\lambda'-(\xi'-x_0)\cos\nu']+..+m[(\zeta_0-z_0)X-(\xi_0-x_0)Z]=0, \\[4pt]
p s[(\xi-x_0)\cos\mu-(\eta-y_0)\cos\lambda]+p's'[(\xi'-x_0)\cos\mu'-(\eta'-y_0)\cos\lambda']+..+m[(\xi_0-x_0)Y-(\eta_0-y_0)X]=0.
\end{cases} \tag{10}$$

Or, la masse m étant elle-même infiniment petite du troisième ordre, les termes qui la renferment seront du troisième ordre dans les formules (9), du quatrième ordre dans les formules (10). On pourra donc négliger ces termes, et remplacer les formules dont il s'agit par les suivantes

$$\begin{cases}
p s\cos\lambda+p's'\cos\lambda'+p''s''\cos\lambda''+p'''s'''\cos\lambda'''+\dots\dots\dots\dots\dots=0, \\[4pt]
p s\cos\mu+p's'\cos\mu'+p''s''\cos\mu''+p'''s'''\cos\mu'''+\dots\dots\dots\dots\dots=0, \\[4pt]
p s\cos\nu+p's'\cos\nu'+p''s''\cos\nu''+p'''s'''\cos\nu'''+\dots\dots\dots\dots\dots=0.
\end{cases} \tag{11}$$

$$\begin{cases}
p s[(\eta-y_0)\cos\nu-(\zeta-z_0)\cos\mu]+p's'[(\eta'-y_0)\cos\nu'-(\zeta'-z_0)\cos\mu']+\dots\dots\dots=0, \\[4pt]
p s[(\zeta-z_0)\cos\lambda-(\xi-x_0)\cos\nu]+p's'[(\zeta'-z_0)\cos\lambda'-(\xi'-x_0)\cos\nu']+\dots\dots\dots=0, \\[4pt]
p s[(\xi-x_0)\cos\mu-(\eta-y_0)\cos\lambda]+p's'[(\xi'-x_0)\cos\mu'-(\eta'-y_0)\cos\lambda']+\dots\dots\dots=0.
\end{cases} \tag{12}$$

Si l'on voulait tenir compte des variations que peuvent éprouver la force accélératrice φ et ses projections algébriques X, Y, Z, quand on passe d'un point à un autre de la masse m, il faudrait remplacer, dans les équations (9) et (10), les six quantités

$$m X, \qquad m Y, \qquad m Z;$$

$$m[(\eta_0-y_0)Z-(\zeta_0-z_0)Y], \qquad m[(\zeta_0-z_0)X-(\xi_0-x_0)Z], \qquad m[(\xi_0-x_0)Y-(\eta_0-y_0)X]$$

par six intégrales de la forme

$$\iiint \rho X\,dz\,dy\,dx, \qquad \iiint \rho Y\,dz\,dy\,dx, \qquad \iiint \rho Z\,dz\,dy\,dx;$$

$$\iiint \rho[(y-y_0)Z-(z-z_0)Y]\,dz\,dy\,dx, \qquad \iiint \rho[(z-z_0)X-(x-x_0)Z]\,dz\,dy\,dx.$$

$$\iiint \rho[(x-x_0)Y-(y-y_0)X]\,dz\,dy\,dx;$$

ρ désignant la densité du corps solide au point (x, y, z), et les limites des intégrations étant relatives aux limites du volume v. Mais, comme les trois premières intégrales seraient des infiniment petits du troisième ordre, et les trois dernières des infiniment petits du quatrième ordre, on se trouverait encore ramené aux formules (11) et (12). Il reste à faire voir comment, à l'aide de ces formules, on peut découvrir les relations qui existent entre les pressions ou tensions exercées en un point donné d'un corps solide contre divers plans menés successivement par le même point.

Concevons d'abord que le volume v prenne la forme d'un prisme droit, dont les deux bases soient représentées par s et par s'. On aura $s' = s$; et, si, les dimensions de chaque base étant considérées comme infiniment petites du premier ordre, la hauteur du prisme devient une quantité infiniment petite d'un ordre supérieur au premier, alors, en négligeant, dans les formules (11), les infiniment petits d'un ordre supérieur au second, l'on trouvera

$$(p\cos\lambda + p'\cos\lambda')s = 0, \quad (p\cos\mu + p'\cos\mu')s = 0, \quad (p\cos\nu + p'\cos\nu')s = 0;$$

ou, ce qui revient au même,

$$p'\cos\lambda' = -p\cos\lambda, \qquad p'\cos\mu' = -p\cos\mu, \qquad p'\cos\nu' = -p\cos\nu;$$

et l'on en conclura

$$p' = p$$

$$\cos\lambda' = -\cos\lambda, \qquad \cos\mu' = -\cos\mu, \qquad \cos\nu' = -\cos\nu.$$

Ces dernières équations ont rigoureusement lieu dans le cas où la hauteur du prisme s'évanouit, et comprennent un théorème dont voici l'énoncé.

1.ᵉʳ Théorème. *Les pressions ou tensions exercées, en un point donné d'un corps solide contre les deux faces d'un plan quelconque mené par ce point, sont des forces égales et directement opposées;* ce qu'il était facile de prévoir.

Soient maintenant

$$(13) \qquad\qquad p, \quad p', \quad p''$$

les pressions ou tensions exercées au point (x, y, z) et du côté des coordonnées positives contre trois plans menés par ce point parallèlement aux plans coordonnés des y, z, des z, x et des x, y. Soient de plus $\lambda', \mu', \nu'; \lambda'', \mu'', \nu''; \lambda''', \mu''', \nu'''$ les angles formés par les directions des forces p', p'', p'' avec les demi-axes des coordonnées positives. Enfin concevons que le volume v, prenant la forme d'un parallélipipède rectangle, soit renfermé entre les trois plans menés par le point (x, y, z), et trois plans parallèles menés par un point très-voisin $(x + \Delta x, y + \Delta y), z + \Delta z)$. Les pressions ou tensions, supportées par les faces du parallélipipède qui aboutiront à ce dernier point, seront à très-peu près

$$(14) \qquad p'\Delta y\Delta z, \qquad p''\Delta z\Delta x, \qquad p'''\Delta x\Delta y,$$

tandis que leurs projections algébriques sur les axes des x, y et z se réduiront sensiblement aux quantités

$$(15) \quad \left\{ \begin{array}{lll} p'\cos\lambda'.\Delta y\Delta z, & p''\cos\lambda''.\Delta z\Delta x, & p'''\cos\lambda'''.\Delta x\Delta y, \\[2mm] p'\cos\mu'.\Delta y\Delta z, & p''\cos\mu''.\Delta z\Delta x, & p'''\cos\mu'''.\Delta x\Delta y, \\[2mm] p'\cos\nu'.\Delta y\Delta z, & p''\cos\nu''.\Delta z\Delta x, & p'''\cos\nu'''.\Delta x\Delta y, \end{array} \right.$$

Quant aux pressions ou tensions supportées par les faces qui aboutissent au point (x,y,z), elles seront, en vertu du 1.er théorême, respectivement égales, mais directement opposées à celles qui agissent sur les faces parallèles aboutissant au point $(x+\Delta x,\ y+\Delta y,\ z+\Delta z)$. Donc les projections algébriques de ces nouvelles tensions seront numériquement égales aux projections algébriques des trois autres, mais affectées de signes contraires, ensorte que chacune des formules (11) deviendra identique. Ajoutons que les centres de gravité des six faces du parallélipipède se confondront avec leurs centres de figure, et seront situés sur trois droites menées parallèlement aux axes des x, y, z par le centre du parallélipipède, c'est-à-dire, par le point qui a pour coordonnées

$$x+\frac{1}{2}\Delta x, \qquad y+\frac{1}{2}\Delta y, \qquad z+\frac{1}{2}\Delta z.$$

Cela posé, il est clair que, si l'on prend ce dernier point pour centre des moments, la première des formules (12) donnera

$$p''\cos\nu''\Delta z\Delta x\,\frac{\Delta y}{2} - p'''\cos\mu'''\Delta x\Delta y\,\frac{\Delta z}{2} - (-p''\cos\nu'')\Delta z\Delta x\,\frac{\Delta y}{2} + (-p'''\cos\mu''')\Delta x\Delta y\,\frac{\Delta z}{2}$$
$$= 0,$$

et par conséquent

$$(16) \quad \left\{ \begin{array}{ll} p''\cos\nu'' = p'''\cos\mu''', & \text{On trouvera de même} \\[2mm] p'''\cos\lambda''' = p'\cos\nu', & \\[2mm] p'\cos\mu' = p''\cos\lambda''. & \end{array} \right.$$

Comme les axes des x, y, z sont entièrement arbitraires, les équations (16) comprennent évidemment le théorême que nous allons énoncer.

2.ᵉ **Théorème.** *Si par un point quelconque d'un corps solide on mène deux axes qui se coupent à angles droits, et si l'on projette sur l'un de ces axes la pression ou tension supportée par un plan perpendiculaire à l'autre au point dont il s'agit, la projection ainsi obtenue ne variera pas quand on échangera entre eux ces mêmes axes.*

Concevons à présent que le volume v prenne la forme d'un tétraèdre dont trois arêtes coïncident avec trois longueurs infiniment petites portées à partir du point (x, y, z) sur des droites parallèles aux axes coordonnés. Considérons le point (x, y, z) comme étant le sommet de ce tétraèdre; désignons sa base par s, et soient α, β, γ les angles que forme, avec les demi-axes des coordonnées positives, une perpendiculaire élevée par un point de cette base, mais prolongée en dehors du tétraèdre. Les trois faces qui aboutissent au sommet du tétraèdre seront mesurées par les valeurs numériques des produits

$$(17) \qquad s\cos\alpha, \qquad s\cos\beta, \qquad s\cos\gamma.$$

Cela posé, si l'on nomme p la pression ou tension supportée par la base du tétraèdre, et si l'on continue d'attribuer aux quantités p', p'', p''' les valeurs qu'elles ont reçues dans les équations (16), la première des formules (11) donnera évidemment

$$p s \cos\lambda - p'\cos\lambda'.\, s\cos\alpha - p''\cos\lambda''.\, s\cos\beta - p'''\cos\lambda'''.\, s\cos\gamma = 0,$$

et par suite

$$(18) \begin{cases} p\cos\lambda = p'\cos\lambda'.\cos\alpha + p''\cos\lambda''.\cos\beta + p'''\cos\lambda'''.\cos\gamma, & \text{On trouvera de même} \\ p\cos\mu = p'\cos\mu'.\cos\alpha + p''\cos\mu''.\cos\beta + p'''\cos\mu'''.\cos\gamma, \\ p\cos\nu = p'\cos\nu'.\cos\alpha + p''\cos\nu''.\cos\beta + p'''\cos\nu'''.\cos\gamma. \end{cases}$$

Donc, si l'on fait, pour abréger,

$$(19) \begin{cases} A = p'\cos\lambda', & B = p''\cos\mu'', & C = p'''\cos\nu''', \\ D = p''\cos\nu'' = p'''\cos\mu''', & E = p'''\cos\lambda''' = p'\cos\nu', & F = p'\cos\mu' = p''\cos\lambda'', \end{cases}$$

on aura simplement

$$(20) \begin{cases} p\cos\lambda = A\cos\alpha + F\cos\beta + E\cos\gamma, \\ p\cos\mu = F\cos\alpha + B\cos\beta + D\cos\gamma, \\ p\cos\nu = E\cos\alpha + D\cos\beta + C\cos\gamma. \end{cases}$$

Ces dernières équations font connaître les relations qui subsistent, pour le point (x, y, z), entre les projections algébriques

$$(21) \quad \begin{cases} A, & F, & E; \\ F, & B, & D; \\ E, & D, & C; \end{cases}$$

des pressions p', p'', p''' exercées en ce point, du côté des coordonnées positives, contre trois plans parallèles aux plans coordonnés, et les projections algébriques

$$(5) \quad p\cos\lambda, \quad p\cos\mu, \quad p\cos\nu$$

de la pression ou tension p exercée au même point contre un plan quelconque perpendiculaire à une droite, qui, prolongée du côté où la force p se manifeste, forme, avec les demi-axes des coordonnées positives, les angles α, β, γ.

En partant des équations (20), il est facile de reconnaître que, si le volume v, au lieu de présenter la forme d'un tétraèdre, est terminé par un nombre quelconque de faces planes, les formules (11) et (12) seront toujours vérifiées. En effet, ces différentes faces étant représentées par $s, s',\ldots$ nommons α, β, γ; $\alpha, \beta' \gamma'$, etc.... les angles que des droites perpendiculaires aux plans de ces mêmes faces, et prolongées en dehors du volume v, forment avec les demi-axes des coordonnées positives. Il suffira, pour obtenir la première des formules (11), d'ajouter les équations (1) de la page 58, après les avoir multipliées respectivement par A, F, E, puis d'avoir égard à la première des formules (20), ainsi qu'aux formules analogues. On établirait de même la seconde et la troisième des formules (11), en ajoutant les équations (1) [page 58], après les avoir respectivement multipliées par les coefficients F, B, D, ou par les coefficients E, D, C. Enfin, si l'on combine les formules (20) et autres du même genre, non-seulement avec les équations (1) de la page 58, mais encore avec les équations (3) de la page 39, on parviendra sans difficulté aux formules (12).

On déduit aisément des formules (20), 1.° l'intensité de la force p, 2.° l'angle compris entre la direction de cette force et la perpendiculaire au plan contre lequel elle s'exerce. En effet, si l'on ajoute ces formules, après avoir élevé au carré chacun de leurs membres, on trouvera

$$(22) \quad p^2 = (A\cos\alpha + F\cos\beta + E\cos\gamma)^2 + (F\cos\alpha + B\cos\beta + D\cos\gamma)^2 + (E\cos\alpha + D\cos\beta + C\cos\gamma)^2.$$

De plus, si l'on nomme δ l'angle dont nous venons de parler, on aura évidemment

$$(23) \quad \cos\delta = \cos\alpha\cos\lambda + \cos\beta\cos\mu + \cos\gamma\cos\nu,$$

II.ᵉ ANNÉE.

et par suite

$$(24) \qquad \cos\delta = \frac{A\cos^2\alpha + B\cos^2\beta + C\cos^2\gamma + 2D\cos\beta\cos\gamma + 2E\cos\gamma\cos\alpha + 2F\cos\alpha\cos\beta}{p}.$$

Ajoutons que, si l'on remplace la force p par deux composantes, dont l'une soit comprise dans le plan que l'on considère, et l'autre perpendiculaire à ce plan, la seconde composante sera représentée, au signe près, par le produit

$$(25) \qquad p\cos\delta = A\cos^2\alpha + B\cos^2\beta + C\cos^2\gamma + 2D\cos\beta\cos\gamma + 2E\cos\gamma\cos\alpha + 2F\cos\alpha\cos\beta.$$

Observons enfin que cette seconde composante sera une tension ou une pression suivant que la formule (25) aura pour second membre une quantité positive ou négative.

Supposons maintenant qu'à partir du point (x, y, z) on porte, sur la perpendiculaire au plan contre lequel agit la force p, une longueur r dont le carré représente la valeur numérique du rapport

$$(26) \qquad \frac{1}{p\cos\delta} ;$$

et désignons par $x + \mathrm{x}$, $y + \mathrm{y}$, $z + \mathrm{z}$ les coordonnées de l'extrémité de cette même longueur. On aura

$$(27) \qquad \frac{\mathrm{x}}{\cos\alpha} = \frac{\mathrm{y}}{\cos\beta} = \frac{\mathrm{z}}{\cos\gamma} = \pm\sqrt{(\mathrm{x}^2 + \mathrm{y}^2 + \mathrm{z}^2)} = \pm r,$$

$$(28) \qquad \frac{1}{p\cos\delta} = \pm r^2 ;$$

et par conséquent la formule (25) donnera

$$(29) \qquad A\mathrm{x}^2 + B\mathrm{y}^2 + C\mathrm{z}^2 + 2D\mathrm{yz} + 2E\mathrm{zx} + 2F\mathrm{xy} = \pm 1.$$

Les variables $\mathrm{x}, \mathrm{y}, \mathrm{z}$, comprises dans l'équation (29), sont les coordonnées de l'extrémité de la longueur r, comptées à partir du point (x, y, z) sur trois axes rectangulaires; et cette équation elle-même appartient à une surface du second degré qui a pour centre le point (x, y, z). Lorsque le polynome

$$(30) \qquad A\cos^2\alpha + B\cos^2\beta + C\cos^2\gamma + 2D\cos\beta\cos\gamma + 2E\cos\gamma\cos\alpha + 2F\cos\alpha\cos\beta$$

conserve le même signe, quelles que soient les valeurs attribuées aux angles α, β, γ; alors l'équation (29), réduite à l'une des suivantes

$$(31) \qquad A\mathrm{x}^2 + B\mathrm{y}^2 + C\mathrm{z}^2 + 2D\mathrm{yz} + 2E\mathrm{zx} + 2F\mathrm{xy} = 1,$$

$$(32) \qquad A x^2 + B y^2 + C z^2 + 2 D y z + 2 E z x + 2 F x y = - 1 ,$$

représente un ellipsoïde. Mais, si le polynome (30) change de signe, tandis que les angles α, β, γ varient, l'ellipsoïde dont il s'agit fera place au système de deux hyperboloïdes, dont l'un sera représenté par l'équation (31), l'autre par l'équation (32); et ces deux hyperboloïdes, dont l'un offrira une seule nappe, l'autre deux nappes distinctes, seront conjugués * entre eux, de sorte qu'ils auront le même centre avec les mêmes axes, et seront touchés à l'infini par une même surface conique du second degré. Ajoutons que, dans le premier cas, la force

$$(33) \qquad \pm p \cos \delta = \frac{1}{r^2}$$

sera toujours une tension, si le polynome (30) est positif, une pression, s'il est négatif. Dans le second cas, au contraire, la force dont il s'agit sera tantôt une pression, tantôt une tension, selon que l'extrémité du rayon vecteur r se trouvera située sur la surface de l'un ou de l'autre hyperboloïde; et la même force s'évanouira toutes les fois que ce rayon vecteur sera dirigé suivant une génératrice de la surface conique ci-dessus mentionnée.

On démontre aisément que la normale, menée par l'extrémité du rayon vecteur r à la surface (31) ou (32), forme, avec les demi-axes des coordonnées positives, des angles dont les cosinus sont proportionnels aux trois polynomes

$$A \cos \alpha + F \cos \beta + E \cos \gamma , \qquad F \cos \alpha + B \cos \beta + D \cos \gamma , \qquad E \cos \alpha + D \cos \beta + C \cos \gamma .$$

Donc cette normale sera dirigée suivant la même droite que le rayon vecteur, si l'on a

$$(34) \qquad \frac{A \cos \alpha + F \cos \beta + E \cos \gamma}{\cos \alpha} = \frac{F \cos \alpha + B \cos \beta + D \cos \gamma}{\cos \beta} = \frac{E \cos \alpha + D \cos \beta + C \cos \gamma}{\cos \gamma} .$$

La formule (34) se vérifie en effet, lorsque le rayon vecteur coïncide avec l'un des axes de la surface (31) ou (32). Alors aussi on tire des équations (20), combinées avec la formule (34),

$$(35) \qquad \frac{\cos \lambda}{\cos \alpha} = \frac{\cos \mu}{\cos \beta} = \frac{\cos \nu}{\cos \gamma} = \pm \frac{\sqrt{(\cos^2 \lambda + \cos^2 \mu + \cos^2 \nu)}}{\sqrt{(\cos^2 \alpha + \cos^2 \beta + \cos^2 \gamma)}} ,$$

et il en résulte que la force p est elle-même dirigée suivant le rayon vecteur r, ou

---

* Voyez, relativement aux propriétés des hyperboloïdes conjugués, les Leçons sur les applications du calcul infinitésimal à la géométrie [page 275].

suivant son prolongement. Par conséquent aux trois axes de la surface (31) ou (32) correspondent trois pressions ou tensions, dont chacune est perpendiculaire au plan contre lequel elle s'exerce. Nous les nommerons pressions ou tensions *principales*. Il est d'ailleurs facile de s'assurer qu'on trouve parmi elles la pression ou tension *maximum* et la pression ou tension *minimum*. Car, si l'on égale à zéro la valeur de dp tirée de la formule (22), et si l'on a égard à l'équation

$$(56) \qquad \cos^2 \alpha + \cos^2 \beta + \cos^2 \gamma = 1,$$

en vertu de laquelle une des trois variables α, β, γ devient fonction des deux autres considérées comme indépendantes, on sera immédiatement ramené à la formule (54).

Si, à partir du point (x, y, z) on portait, sur la perpendiculaire au plan contre lequel agit la force p, une longueur équivalente non plus à la racine carrée du rapport $\pm \dfrac{1}{p \cos \delta}$, mais à la fraction $\dfrac{1}{p}$; en désignant par $x + \mathrm{x}, y + \mathrm{y}, z + \mathrm{z}$ les coordonnées de l'extrémité de cette longueur, on trouverait

$$(27) \qquad \frac{\mathrm{x}}{\cos \alpha} = \frac{\mathrm{y}}{\cos \beta} = \frac{\mathrm{z}}{\cos \gamma} = \pm \sqrt{(\mathrm{x}^2 + \mathrm{y}^2 + \mathrm{z}^2)} = \pm r,$$

$$(57) \qquad \frac{1}{p} = r;$$

et par suite la formule (22) donnerait

$$(58) \qquad (A\mathrm{x} + F\mathrm{y} + E\mathrm{z})^2 + (F\mathrm{x} + B\mathrm{y} + D\mathrm{z})^2 + (E\mathrm{x} + D\mathrm{y} + C\mathrm{z})^2 = 1.$$

L'équation (58) appartient à un ellipsoïde dont les axes correspondent aux valeurs de α, β, γ déterminées par la formule

$$(59) \quad
\begin{cases}
= \dfrac{A(A\cos\alpha + F\cos\beta + E\cos\gamma) + F(F\cos\alpha + B\cos\beta + D\cos\gamma) + E(E\cos\alpha + D\cos\beta + C\cos\gamma)}{\cos\alpha} \\[2ex]
= \dfrac{F(A\cos\alpha + F\cos\beta + E\cos\gamma) + B(F\cos\alpha + B\cos\beta + D\cos\gamma) + D(E\cos\alpha + D\cos\beta + C\cos\gamma)}{\cos\beta} \\[2ex]
= \dfrac{E(A\cos\alpha + F\cos\beta + E\cos\gamma) + D(F\cos\alpha + B\cos\beta + D\cos\gamma) + C(E\cos\alpha + D\cos\beta + C\cos\gamma)}{\cos\gamma}.
\end{cases}$$

Or, celle-ci étant évidemment vérifiée par les valeurs de α, β, γ qui satisfont à la formule (54), on peut affirmer que les axes du nouvel ellipsoïde sont dirigés suivant les mêmes droites que les pressions ou tensions principales. On arriverait à la même con clusion en observant que les valeurs *maximum* et *minimum* du rayon vecteur, c'est-à-dire le grand axe et le petit axe de l'ellipsoïde, correspondent nécessairement, en vertu de l'équation (57), le premier à la pression ou tension *minimum*, le second à la pression ou tension *maximum*.

En résumant les diverses propositions que nous venons d'établir, on obtiendra le théorème suivant.

3.ᵉ Théorème. *Si, après avoir fait passer par un point donné d'un corps solide un plan quelconque, on porte, à partir de ce point, et sur chacun des demi-axes perpendiculaires au plan, deux longueurs équivalentes, la première à l'unité divisée par la pression ou tension exercée contre le plan, la seconde à l'unité divisée par la racine carrée de cette force projetée sur l'un des demi-axes que l'on considère, ces deux longueurs seront les rayons vecteurs de deux ellipsoïdes, dont les axes seront dirigés suivant les mêmes droites. A ces axes correspondront les pressions ou tensions principales dont chacune sera normale au plan qui la supportera, et parmi lesquelles on rencontrera toujours la pression ou tension maximum, ainsi que la pression ou tension minimum. Quant aux autres pressions ou tensions, elles seront distribuées symétriquement autour des axes des deux ellipsoïdes. Ajoutons que, dans certains cas, le second ellipsoïde se trouvera remplacé par deux hyperboloïdes conjugués. Ces cas sont ceux dans lesquels le système des pressions ou tensions principales se compose d'une tension et de deux pressions, ou d'une pression et de deux tensions. Alors, si l'on substitue à la force qui agit contre chaque plan deux composantes rectangulaires, dont l'une soit normale au plan, cette dernière composante sera une tension ou une pression, suivant que le rayon vecteur perpendiculaire au plan appartiendra à l'un ou à l'autre des deux hyperboloïdes, et elle s'évanouira quand le rayon vecteur sera dirigé suivant une des génératrices de la surface conique du second degré qui touche les deux hyperboloïdes à l'infini.*

Concevons à présent que du centre du premier ellipsoïde on mène arbitrairement à la surface trois rayons vecteurs qui se coupent à angles droits. On prouvera sans peine que, si l'on divise l'unité par chacun de ces rayons vecteurs, la somme des carrés des quotients sera une quantité constante, égale à la somme qu'on obtiendrait en faisant coïncider les trois rayons vecteurs avec les trois demi-axes de l'ellipsoïde. [Voyez les Leçons sur les applications du calcul infinitésimal à la géométrie, pages 274 et 275]. De cette remarque, jointe au troisième théorème, on déduit immédiatement la proposition suivante.

4.ᵉ Théorème. *Si par un point donné d'un corps solide on fait passer trois plans rectangulaires entre eux, la somme des carrés des pressions ou tensions supportées par ces mêmes plans sera une quantité constante, égale à la somme des carrés des pressions ou tensions principales.*

Il peut arriver que les trois pressions ou tensions principales, ou au moins deux d'entre elles deviennent équivalentes. Lorsque ces forces se réduisent à trois pressions égales , ou à trois tensions égales , les deux ellipsoïdes dont nous avons parlé se réduisent à deux sphères. Alors il y a égalité de pression ou de tension en tous sens, et chaque pression ou tension est perpendiculaire au plan qui la supporte. Il importe d'ailleurs d'observer que de ces deux dernières conditions la seconde ne peut être remplie qu'autant que la première l'est pareillement. En effet, l'on suppose la force p constamment dirigée suivant la droite qui forme , avec les demi-axes des coordonnées positives, les angles α , β , γ, la formule (34) ou (35) subsistera pour une position quelconque de cette droite , et par conséquent pour toutes les valeurs de α , β , γ propres à vérifier l'équation (36). Or, on tire de la formule (34) , 1.° en supposant deux des quantités

$$\cos\alpha , \qquad \cos\beta , \qquad \cos\gamma$$

réduites à zéro , et la troisième à l'unité ,

$$(40) \qquad\qquad D = 0 , \quad E = 0 , \quad F = 0 ;$$

2.° en ayant égard aux équations (40) ,

$$(41) \qquad\qquad A = B = C .$$

Par conséquent, dans l'hypothèse admise , les formules (20) deviendront

$$(42) \qquad p\cos\lambda = A\cos\alpha , \qquad p\cos\mu = A\cos\beta , \qquad p\cos\nu = A\cos\gamma ;$$

et , comme on tirera de ces dernières

$$(43) \qquad \frac{p}{A} = \frac{\cos\alpha}{\cos\lambda} = \frac{\cos\beta}{\cos\mu} = \frac{\cos\gamma}{\cos\nu} = \pm \frac{\sqrt{(\cos^2\alpha + \cos^2\beta + \cos^2\gamma)}}{\sqrt{(\cos^2\lambda + \cos^2\mu + \cos^2\nu)}} = \pm 1 ,$$

$$(44) \qquad\qquad p = \pm A ,$$

il est clair que la pression ou tension, désignée par p, restera la même dans tous les sens. C'est précisément ce qui a lieu, quand on considère une masse fluide en équilibre.

Si deux pressions ou deux tensions principales devenaient égales entre elles , les deux ellipsoïdes mentionnés dans le 5.° théorème se réduiraient à deux ellipsoïdes de révolution, dont le second se trouverait remplacé, dans certains cas, par un système de deux hyperboloïdes de révolution conjugués l'une à l'autre. Alors tous les plans menés par l'axe de révolution de ces ellipsoïdes ou hyperboloïdes, supporteraient des pressions ou tensions équivalentes, dont chacune, étant perpendiculaire au plan qui lui serait soumis , pourrait être considérée comme une pression ou tension principale.

La supposition que nous venons de faire comprend le cas où les trois forces, qui composent le système des pressions ou tensions principales, seraient équivalentes, et se réduiraient à une pression et à deux tensions, ou bien encore à deux pressions et à une tension. Seulement il importe d'observer que, dans le dernier cas, le premier ellipsoïde serait remplacé par une sphère, et qu'en conséquence tous les plans menés par le point (x, y, z) supporteraient des pressions ou tensions équivalentes, mais dirigées, les unes suivant des droites perpendiculaires, et les autres suivant des droites obliques à ces mêmes plans.

Généralement, toutes les fois qu'une tension principale deviendra équivalente à une pression principale, les plans menés par l'axe perpendiculaire aux directions de ces deux forces supporteront des pressions ou tensions équivalentes, mais qui resteront obliques aux plans dont il s'agit, tant qu'elles seront distinctes de ces mêmes forces.

On peut encore supposer qu'une ou deux des tensions ou pressions principales se réduisent à zéro, ou qu'elles s'évanouissent toutes. Dans le premier cas, les ellipsoïdes ou hyperboloïdes, mentionnés dans le troisième théorème, se transformeront en cylindres droits qui auront pour bases des ellipses ou des hyperboles conjuguées. Dans le second cas, chacun de ces cylindres se trouvera remplacé par deux plans parallèles. Dans le troisième cas, la pression ou tension, exercée contre un plan quelconque mené par le point (x, y, z), se réduira toujours à zéro.

Les formules précédemment obtenues se simplifient, lorsqu'on prend pour axes coordonnés des droites parallèles aux directions des pressions ou tensions principales correspondantes au point (x, y, z). Alors, en effet, la surface, que représente l'équation (29), doit être une surface du second degré rapportée, non-seulement à son centre, mais encore à ses axes; et l'on doit avoir en conséquence

$$(40) \qquad D = 0, \qquad E = 0, \qquad F = 0.$$

Cela posé, les valeurs numériques des quantités A, B, C représenteront évidemment les pressions ou tensions principales, et les formules (20), (22), (23) se réduiront à

$$(45) \qquad p \cos \lambda = A \cos \alpha, \qquad p \cos \mu = B \cos \beta, \qquad p \cos \nu = C \cos \gamma.$$

$$(46) \qquad p^2 = A^2 \cos^2 \alpha + B^2 \cos^2 \beta + C^2 \cos^2 \gamma,$$

$$(47) \qquad p \cos \delta = A \cos^2 \alpha + B \cos^2 \beta + C \cos^2 \gamma,$$

tandis que les équations (29) et (38) deviendront

$$(48) \qquad A x^2 + B y^2 + C z^2 = \pm 1,$$

$$(49) \qquad A^2 x^2 + B^2 y^2 + C^2 z^2 = 1.$$

Les équations (46) et (47) font connaître les relations qui existent, 1.º entre les pressions ou tensions principales, et la pression ou tension p supportée par un plan quelconque; 2.º entre les trois premières forces et les projections de la dernière sur une droite perpendiculaire au plan dont il s'agit. Les angles α, β, γ compris dans ces mêmes équations sont précisément les angles que forme la perpendiculaire au plan avec les axes suivant lesquels sont dirigées les pressions ou tensions principales.

Dans le cas particulier où l'on considère uniquement des points situés dans le plan des x, y, et où l'on fait abstraction de l'une des dimensions du corps solide, les formules (45), (46), (47), (48), (49) peuvent être remplacées par les suivantes

$$(50) \qquad p \cos \lambda = A \cos \alpha, \qquad p \sin \lambda = B \sin \alpha,$$

$$(51) \qquad p^2 = A^2 \cos^2 \alpha + B^2 \sin^2 \alpha,$$

$$(52) \qquad p \cos \delta = A \cos^2 \alpha + B \sin^2 \alpha,$$

$$(53) \qquad A x^2 + B y^2 = \pm 1,$$

$$(54) \qquad A^2 x^2 + B^2 y^2 = 1.$$

Alors aussi les ellipsoïdes ou hyperboloïdes, mentionnés dans les théorêmes 2 et 3, se réduisent à des ellipses ou à des hyperboles conjuguées, représentées par les équations (53) et (54).

Dans d'autres articles je ferai voir comment on peut déduire des principes ci-dessus établis les équations qui expriment l'état d'équilibre ou le mouvement intérieur d'un corps solide élastique ou non élastique.

ADDITION A L'ARTICLE PRÉCÉDENT.

Les valeurs de $p\cos\lambda$, $p\cos\mu$, $p\cos\nu$, données par les formules (20) de l'article précédent sont entièrement semblables aux valeurs des composantes rectangulaires de la force qui solliciterait un point matériel placé en présence de plusieurs centres fixes d'attraction ou de répulsion, et très-peu écarté d'une position dans laquelle il restait en équilibre au milieu des centres dont il s'agit. En effet, concevons que le point matériel, après avoir coïncidé, dans la position d'équilibre, avec l'origine des coordonnées, ait été transporté à une distance très-petite et désignée par p. Soient d'ailleurs r, r',... les rayons vecteurs menés de l'origine aux divers centres fixes, R, R',... les forces d'attraction ou de répulsion qui, émanant des mêmes centres, sollicitaient le point matériel dans la position d'équilibre, et P la résultante de celles auxquelles ce point est soumis après son déplacement. Soient enfin

$$\alpha,\ \beta,\ \gamma;\qquad a,\ b,\ c;\quad a',\ b',\ c';\ \text{etc.}\ \dots\ \lambda,\ \mu,\ \nu$$

les angles que forme, avec les demi-axes des coordonnées positives, 1.° le rayon vecteur p, 2.° les rayons vecteurs r, r',....., 3.° la direction de la force P. En supposant le point matériel ramené à la position d'équilibre, on établira sans peine les équations

$$(1)\qquad \Sigma(\pm R\cos\alpha) = 0\ ,\qquad \Sigma(\pm R\cos\beta) = 0\ ,\qquad \Sigma(\pm R\cos\gamma) = 0\ ,$$

la lettre Σ indiquant une somme de termes semblables, mais relatifs aux divers centres fixes, et le signe $\pm$ devant être réduit, tantôt au signe $-$, tantôt au signe $+$, suivant que la force R sera répulsive ou attractive. Soit maintenant $f(r)$ la fonction de la distance r qui mesure la force R. Tandis que le point matériel sera transporté de l'origine à l'extrémité du rayon p, les quantités r, R, a, b, c prendront des accroissements correspondants que nous désignerons à l'aide de la caractéristique Δ, et l'on aura évidemment

$$(2)\qquad
\begin{cases}
(r+\Delta r)\cos(a+\Delta a) = r\cos a - p\cos\alpha\ , \\[4pt]
(r+\Delta r)\cos(b+\Delta b) = r\cos b - p\cos\beta\ , \\[4pt]
(r+\Delta r)\cos(c+\Delta c) = r\cos c - p\cos\gamma\ ;
\end{cases}$$

II.ᵉ ANNÉE.

$$(3) \qquad R + \Delta R = f(r + \Delta r) ;$$

$$(4) \qquad \begin{cases} P\cos\lambda = \Sigma[\pm (R + \Delta R)\cos(a + \Delta a)] , \\[4pt] P\cos\mu = \Sigma[\pm (R + \Delta R)\cos(b + \Delta b)] , \\[4pt] P\cos\nu = \Sigma[\pm (R + \Delta R)\cos(c + \Delta c)] . \end{cases}$$

On trouvera par suite

$$(5) \qquad (r + \Delta r)^2 = (r\cos a - \rho\cos\alpha)^2 + (r\cos b - \rho\cos\beta)^2 + (r\cos c - \rho\cos\gamma)^2$$

$$= r^2 - 2\,r\rho\,(\cos a\cos\alpha + \cos b\cos\beta + \cos c\cos\gamma) + \rho^2 ;$$

puis, en considérant la quantité ρ comme infiniment petite du premier ordre, et négligeant les infiniment petits du second ordre, on conclura des formules (2), (3), (5),

$$(6) \qquad \Delta r = -\rho\,(\cos a\cos\alpha + \cos b\cos\beta + \cos c\cos\gamma) ;$$

$$(7) \qquad R + \Delta R = f(r) + f'(r).\Delta r = R + f'(r).\Delta r ;$$

$$(8) \qquad \begin{cases} \cos(a + \Delta a) = \dfrac{r\cos a - \rho\cos\alpha}{r + \Delta r} = \cos a - \rho\,\dfrac{\cos\alpha}{r} - \dfrac{\cos a}{r}\Delta r , \\[10pt] \cos(b + \Delta b) = \dfrac{r\cos b - \rho\cos\beta}{r + \Delta r} = \cos b - \rho\,\dfrac{\cos\beta}{r} - \dfrac{\cos b}{r}\Delta r , \\[10pt] \cos(c + \Delta c) = \dfrac{r\cos c - \rho\cos\gamma}{r + \Delta r} = \cos c - \rho\,\dfrac{\cos\gamma}{r} - \dfrac{\cos c}{r}\Delta r . \end{cases}$$

Cela posé, en ayant égard aux équations (1), on reconnaîtra que les formules (4) peuvent être réduites à

$$(9) \qquad \begin{cases} P\cos\lambda = \Sigma\left\{ \pm\left[f'(r) - \dfrac{f(r)}{r}\right]\cos a.\Delta r \mp \dfrac{f(r)}{r}\,\rho\cos\alpha \right\} , \\[12pt] P\cos\mu = \Sigma\left\{ \pm\left[f'(r) - \dfrac{f(r)}{r}\right]\cos b.\Delta r \mp \dfrac{f(r)}{r}\,\rho\cos\beta \right\} , \\[12pt] P\cos\nu = \Sigma\left\{ \pm\left[f'(r) - \dfrac{f(r)}{r}\right]\cos c.\Delta r \mp \dfrac{f(r)}{r}\,\rho\cos\gamma \right\} ; \end{cases}$$

puis, en remettant pour Δr sa valeur tirée de la formule (6), et faisant, pour abréger,

$$(10) \quad \begin{cases} A = \rho \Sigma \left\{ \mp \left[f'(r) - \dfrac{f(r)}{r} \right] \cos^2 a \mp \dfrac{f(r)}{r} \right\}, \\[2ex] B = \rho \Sigma \left\{ \mp \left[f'(r) - \dfrac{f(r)}{r} \right] \cos^2 b \mp \dfrac{f(r)}{r} \right\}, \\[2ex] C = \rho \Sigma \left\{ \mp \left[f'(r) - \dfrac{f(r)}{r} \right] \cos^2 c \mp \dfrac{f(r)}{r} \right\}; \end{cases}$$

$$(11) \quad \begin{cases} D = \rho \Sigma \left\{ \mp \left[f'(r) + \dfrac{f(r)}{r} \right] \cos b \cos c \right\}, \\[2ex] E = \rho \Sigma \left\{ \mp \left[f'(r) + \dfrac{f(r)}{r} \right] \cos c \cos a \right\}, \\[2ex] F = \rho \Delta \left\{ \mp \left[f'(r) + \dfrac{f(r)}{r} \right] \cos a \cos b \right\}; \end{cases}$$

on trouvera définitivement

$$(12) \quad \begin{cases} P \cos \lambda = A \cos \alpha + F \cos \beta + B \cos \gamma, \\[1ex] P \cos \mu = F \cos \alpha + B \cos \beta + D \cos \gamma, \\[1ex] P \cos \nu = E \cos \alpha + C \cos \beta + C \cos \gamma. \end{cases}$$

Les formules (12), ainsi que plusieurs propositions qui s'en déduisent, et qui sont analogues aux théorèmes 1, 2, 3 du précédent article, sont dues à M. Fresnel, qui les a données dans ses Recherches sur la double réfraction.

SUR LA CONDENSATION ET LA DILATATION

DES CORPS SOLIDES.

Lorsqu'un corps solide vient à changer de forme, et que, par l'effet d'une cause quelconque, il passe d'un premier état naturel ou artificiel à un second état distinct du premier, chaque élément du volume se condense ou se dilate, et les divers éléments offrent en général des condensations ou dilatations diverses. Il y a plus, la condensation ou dilatation du corps en un point donné peut n'être pas le même dans tous les sens. Nous allons entrer, à ce sujet, dans quelques détails qui, plus tard, nous seront fort utiles pour la solution de quelques problèmes de mécanique.

Rapportons tous les points de l'espace à trois axes rectangulaires, et supposons que le point matériel, correspondant aux coordonnées x, y, z dans le dernier état du corps solide, soit précisément celui qui, dans le premier état du même corps, avait pour coordonnées les trois différences

$$(1) \qquad x - \xi, \qquad y - \eta, \qquad z - \zeta.$$

Si l'on prend x, y, z pour variables indépendantes, ξ, η, ζ seront des fonctions de x, y, z qui serviront à mesurer les déplacements du point que l'on considère parallèlement aux axes des coordonnées. Soit d'ailleurs r la distance qui, dans le second état du corps solide, sépare deux molécules m, m', correspondantes aux coordonnées x, y, z, et $x + \Delta x$, $y + \Delta y$, $z + \Delta z$, en sorte qu'on ait

$$(2) \qquad r^2 = \Delta x^2 + \Delta y^2 + \Delta z^2.$$

Comme ces deux molécules seront celles qui, dans le premier état, avaient pour coordonnées

$$x - \xi, \qquad y - \eta, \qquad z - \zeta,$$

et

$$x + \Delta x - \left(\xi + \frac{d\xi}{dx} \Delta x + \frac{d\xi}{dy} \Delta y + \frac{d\xi}{dz} \Delta z + \dots \right), \qquad y + \Delta y - \left(\eta + \frac{d\eta}{dx} \Delta x + \frac{d\eta}{dy} \Delta y + \frac{d\eta}{dz} \Delta z + \dots \right),$$

$$z + \Delta z - \left(\zeta + \frac{d\zeta}{dx} \Delta x + \frac{d\zeta}{dy} \Delta y + \frac{d\zeta}{dz} \Delta z + \dots \right).$$

il est clair que, si l'on désigne leur distance primitive par

$$(3) \qquad \frac{r}{1+\varepsilon},$$

on trouvera

$$
\begin{aligned}
(4) \qquad \left(\frac{r}{1+\varepsilon}\right)^{2} ={}& \left(\Delta x - \frac{d\xi}{dx}\Delta x - \frac{d\xi}{dy}\Delta y - \frac{d\xi}{dz}\Delta z - \ldots\right)^{2} \\
&+ \left(\Delta y - \frac{d\eta}{dx}\Delta x - \frac{d\eta}{dy}\Delta y - \frac{d\eta}{dz}\Delta z - \ldots\right)^{2} \\
&+ \left(\Delta z - \frac{d\zeta}{dx}\Delta x - \frac{d\zeta}{dy}\Delta y - \frac{d\zeta}{dz}\Delta z - \ldots\right)^{2}.
\end{aligned}
$$

Soient maintenant α, β, γ les angles que forme, avec les demi-axes des coordonnées positives, le rayon vecteur r mené de la molécule m à la molécule m'. On aura évidemment

$$(5) \qquad \Delta x = r\cos\alpha, \qquad \Delta y = r\cos\beta, \qquad \Delta z = r\cos\gamma;$$

et, en supposant la distance r infiniment petite, on tirera de l'équation (4) divisée par r^{2}

$$
\begin{aligned}
(6) \qquad \left(\frac{1}{1+\varepsilon}\right)^{2} ={}& \left(\cos\alpha - \frac{d\xi}{dx}\cos\alpha - \frac{d\xi}{dy}\cos\beta - \frac{d\xi}{dz}\cos\gamma\right)^{2} \\
&+ \left(\cos\beta - \frac{d\eta}{dx}\cos\alpha - \frac{d\eta}{dy}\cos\beta - \frac{d\eta}{dz}\cos\gamma\right)^{2} \\
&+ \left(\cos\gamma - \frac{d\zeta}{dx}\cos\alpha - \frac{d\zeta}{dy}\cos\beta - \frac{d\zeta}{dz}\cos\gamma\right)^{2}.
\end{aligned}
$$

La quantité $1+\varepsilon$, déterminée par la formule (6), n'est autre chose que le rapport du rayon vecteur r à l'expression (3), c'est-à-dire le rapport entre les distances qui séparent les deux molécules infiniment voisines m et m', dans les deux états du corps solide. Par suite, la valeur numérique de ε servira de mesure à ce qu'on peut nommer la dilatation ou la condensation *linéaire* du corps suivant la direction du rayon vecteur r, savoir à la dilatation linéaire, si ε est une quantité positive, et à la condensation ou contraction linéaire, dans le cas contraire.

Concevons à présent qu'à partir du point (x, y, z) on porte sur la droite qui forme, avec les demi-axes des coordonnées positives, les angles α, β, γ, une longueur équivalente à $1+\varepsilon$; et désignons par

$$x + \mathbf{x}, \qquad y + \mathbf{y}, \qquad z + \mathbf{z}$$

les coordonnées de l'extrémité de cette longueur. On aura

$$(7) \qquad \frac{\mathbf{x}}{\cos\alpha} = \frac{\mathbf{y}}{\cos\beta} = \frac{\mathbf{z}}{\cos\gamma} = \pm\,(1 + \varepsilon)\,;$$

et la formule (6) donnera

$$(8) \quad \left(\mathbf{x} - \frac{d\xi}{dx}\mathbf{x} - \frac{d\xi}{dy}\mathbf{y} - \frac{d\xi}{dz}\mathbf{z}\right)^{2} + \left(\mathbf{y} - \frac{d\eta}{dx}\mathbf{x} - \frac{d\eta}{dy}\mathbf{y} - \frac{d\eta}{dz}\mathbf{z}\right)^{2} + \left(\mathbf{z} - \frac{d\zeta}{dx}\mathbf{x} - \frac{d\zeta}{dy}\mathbf{y} - \frac{d\zeta}{dz}\mathbf{z}\right)^{2} = 1\,.$$

Cette dernière équation représente une ellipsoïde dont la construction suffit pour indiquer les rapports qui existent entre les dilatations ou condensations linéaires dans les différentes directions autour du point (x, y, z). Nous appellerons *dilatations ou condensations principales* celles qui correspondent aux trois axes de l'ellipsoïde, et parmi lesquelles on rencontre toujours les dilatations ou condensations *maximum* ou *minimum*. Les autres se trouvent symétriquement distribuées autour des trois axes de ce même ellipsoïde.

On peut aisément déduire des équations (6) et (8) les valeurs des variables ε et α, β, γ qui correspondent aux condensations et dilatations linéaires principales. En effet, si l'on pose, pour abréger,

$$(9) \qquad \left(\frac{1}{1+\varepsilon}\right)^{2} = \theta\,;$$

et de plus

$$(10)\quad\left\{\begin{aligned}
A &= \left(\frac{d\xi}{dx} - 1\right)^{2} + \left(\frac{d\eta}{dx}\right)^{2} + \left(\frac{d\zeta}{dx}\right)^{2},\\[4pt]
B &= \left(\frac{d\xi}{dy}\right)^{2} + \left(\frac{d\eta}{dy} - 1\right)^{2} + \left(\frac{d\zeta}{dy}\right)^{2},\\[4pt]
C &= \left(\frac{d\xi}{dz}\right)^{2} + \left(\frac{d\eta}{dz}\right)^{2} + \left(\frac{d\zeta}{dz} - 1\right)^{2};
\end{aligned}\right.$$

$$(11)\quad\left\{\begin{aligned}
D &= \frac{d\xi}{dy}\frac{d\xi}{dz} + \left(\frac{d\eta}{dy} - 1\right)\frac{d\eta}{dz} + \frac{d\zeta}{dy}\left(\frac{d\zeta}{dz} - 1\right),\\[4pt]
E &= \frac{d\xi}{dz}\left(\frac{d\xi}{dx} - 1\right) + \frac{d\eta}{dz}\frac{d\eta}{dx} + \left(\frac{d\zeta}{dz} - 1\right)\frac{d\zeta}{dx},\\[4pt]
F &= \left(\frac{d\xi}{dx} - 1\right)\frac{d\xi}{dy} + \frac{d\eta}{dx}\left(\frac{d\eta}{dy} - 1\right) + \frac{d\zeta}{dx}\frac{d\zeta}{dy};
\end{aligned}\right.$$

(65)

les formules (6) et (8) se réduiront aux suivantes

$$(12) \quad 0 = A\cos^2\alpha + B\cos^2\beta + C\cos^2\gamma + 2D\cos\beta\cos\gamma + 2E\cos\gamma\cos\alpha + 2F\cos\alpha\cos\beta,$$

$$(13) \quad A x^2 + B y^2 + C z^2 + 2D y z + 2E z x + 2F x y = 1.$$

Or, dans l'ellipsoïde représenté par l'équation (13), le rayon vecteur mené du centre à un point de la surface sera normal à cette surface, si les angles α, β, γ, formés par le même rayon vecteur avec les demi-axes des coordonnées positives, vérifient la formule

$$(14) \quad \frac{A\cos\alpha + F\cos\beta + E\cos\gamma}{\cos\alpha} = \frac{F\cos\alpha + B\cos\beta + D\cos\gamma}{\cos\beta} = \frac{E\cos\alpha + D\cos\beta + C\cos\gamma}{\cos\gamma} :$$

et, comme les trois fractions qui précèdent, quand elles deviennent égales entre elles, sont en même temps équivalentes au rapport

$$\frac{(A\cos\alpha + F\cos\beta + E\cos\gamma)\cos\alpha + (F\cos\alpha + B\cos\beta + C\cos\gamma)\cos\beta + (E\cos\alpha + D\cos\beta + C\cos\gamma)\cos\gamma}{\cos^2\alpha + \cos^2\beta + \cos^2\gamma} = 0.$$

il est clair que les valeurs de 0, α, β, γ correspondantes aux dilatations ou condensations principales seront déterminées par la formule

$$(15) \quad \frac{A\cos\alpha + F\cos\beta + E\cos\gamma}{\cos\alpha} = \frac{F\cos\alpha + B\cos\beta + D\cos\gamma}{\cos\beta} = \frac{E\cos\alpha + D\cos\beta + C\cos\gamma}{\cos\gamma} = 0$$

jointe à l'équation

$$(16) \quad \cos^2\alpha + \cos^2\beta + \cos^2\gamma = 1.$$

D'ailleurs on conclura de la formule (15)

$$(17) \quad \begin{cases} (A - 0)\cos\alpha + F\cos\beta + E\cos\gamma = 0, \\ F\cos\alpha + (B - 0)\cos\beta + D\cos\gamma = 0, \\ E\cos\alpha + D\cos\beta + (C - 0)\cos\gamma = 0, \end{cases}$$

et par suite

$$(18) \quad (A - 0)(B - 0)(C - 0) - D^2(A - 0) - E^2(B - 0) - F^2(C - 0) + 2DEF = 0.$$

Soient $0'$, $0''$, $0'''$ les trois racines de cette dernière équation, et ε', ε'', ε''' les valeurs correspondantes de ε, en sorte qu'on ait

$$(19) \qquad \varepsilon' = \frac{1}{\sqrt{\theta'}} - 1 \,, \qquad \varepsilon'' = \frac{1}{\sqrt{\theta''}} - 1 \,, \qquad \varepsilon''' = \frac{1}{\sqrt{\theta'''}} - 1 \,.$$

Chacune des trois quantités ε', ε'', ε''' représentera toujours, lorsqu'elle sera positive, une dilatation principale, et lorsqu'elle sera négative, une condensation principale prise avec le signe —. De plus, on aura évidemment, en vertu de l'équation (18),

$$(20) \quad \left\{ \begin{aligned} &\theta' + \theta'' + \theta''' = A + B + C \,, \\[4pt] &\theta''\theta''' + \theta'''\theta' + \theta'\theta'' = BC + CA + AB - D^2 - E^2 - F^2 \,, \\[4pt] &\theta'\theta''\theta''' = ABC - AD^2 - BE^2 - CF^2 + 2\,DEF \,. \end{aligned} \right.$$

Si l'on supposait les axes coordonnés parallèles aux droites menées par le point (x, y, z), et correspondantes aux dilatations ou condensations linéaires principales, l'équation (15) représenterait un ellipsoïde rapporté, non-seulement à son centre, mais encore à ses axes. On aurait donc alors

$$(21) \qquad\qquad D = 0\,, \qquad E = 0\,, \qquad F = 0\,,$$

ou, ce qui revient au même,

$$(22) \quad \left\{ \begin{aligned} &\frac{d\eta}{dz} + \frac{d\zeta}{dy} = \frac{d\xi}{dy}\frac{d\xi}{dz} + \frac{d\eta}{dy}\frac{d\eta}{dz} + \frac{d\zeta}{dy}\frac{d\zeta}{dz} \,, \\[6pt] &\frac{d\zeta}{dx} + \frac{d\xi}{dz} = \frac{d\xi}{dz}\frac{d\xi}{dx} + \frac{d\eta}{dz}\frac{d\eta}{dx} + \frac{d\zeta}{dz}\frac{d\zeta}{dx} \,, \\[6pt] &\frac{d\xi}{dy} + \frac{d\eta}{dx} = \frac{d\xi}{dx}\frac{d\xi}{dy} + \frac{d\eta}{dx}\frac{d\eta}{dy} + \frac{d\zeta}{dx}\frac{d\zeta}{dy} \,; \end{aligned} \right.$$

et comme l'équation (18) se réduirait à

$$(23) \qquad\qquad (A - \theta)(B - \theta)(C - \theta) = 0 \,,$$

on pourrait prendre

$$(24) \qquad\qquad \theta' = A\,, \qquad \theta'' = B\,, \qquad \theta''' = C\,.$$

Par suite la formule (12) donnerait

$$(25) \qquad\qquad \theta = \theta'\cos^2\alpha + \theta''\cos^2\beta + \theta'''\cos^2\gamma \,,$$

ou, ce qui revient au même,

$$(26) \qquad \left(\frac{1}{1+\varepsilon}\right)^2 = \left(\frac{\cos\alpha}{1+\varepsilon'}\right)^2 + \left(\frac{\cos\beta}{1+\varepsilon''}\right)^2 + \left(\frac{\cos\gamma}{1+\varepsilon'''}\right)^2 .$$

L'équation (26) sert à déduire la dilatation ou condensation, mesurée suivant un axe quelconque, des condensations ou dilatations principales, mesurées suivant trois axes qui se coupent à angles droits, quand on connaît les angles α, β, γ que forme le premier axe prolongé dans un certain sens avec les trois autres.

Outre les condensations et dilatations linéaires dont nous venons de parler, il peut être utile de considérer la condensation ou dilatation d'un très-petit élément de volume qui renferme le point (x, y, z). Or, supposons qu'en vertu du changement d'état du corps solide, ce petit élément ait varié dans le rapport de 1 à $1+\upsilon$. La valeur numérique de υ servira précisément à mesurer ce qu'on peut appeler la *dilatation* ou la *condensation du volume* au point (x, y, z), savoir la dilatation du volume, si la quantité υ est positive, et à la condensation du volume dans le cas contraire. Ajoutons qu'il suffira, pour déterminer la quantité υ, de connaître les condensations ou dilatations linéaires principales, c'est à-dire, en d'autres termes, les valeurs de ε', ε'', ε'''. En effet, concevons, pour fixer les idées, que le petit élément de volume ait été renfermé, dans le premier état du corps solide, sous une surface sphérique décrite avec un rayon infiniment petit désigné par ρ. Ce petit élément, qui avait alors pour mesure le produit

$$\frac{4}{3}\pi\rho^3,$$

prendra évidemment, après le changement d'état, la forme d'un ellipsoïde, dont les trois axes seront

$$\rho(1+\varepsilon'), \qquad \rho(1+\varepsilon''), \qquad \rho(1+\varepsilon'''),$$

et en conséquence il deviendra équivalent au produit

$$\frac{4}{3}\pi\rho^3(1+\varepsilon')(1+\varepsilon'')(1+\varepsilon''').$$

On aura donc

$$1+\upsilon = \frac{\frac{4}{3}\pi\rho^3(1+\varepsilon')(1+\varepsilon'')(1+\varepsilon''')}{\frac{4}{3}\pi\rho^3},$$

ou, ce qui revient au même,

$$(27) \qquad 1+\upsilon = (1+\varepsilon')(1+\varepsilon'')(1+\varepsilon''') = \frac{1}{\sqrt{(\vartheta'\vartheta''\vartheta''')}} .$$

II.ᵉ ANNÉE.

En combinant cette dernière équation avec la troisième des formules (20), on trouvera

$$(28) \qquad \left(\frac{1}{1+\upsilon}\right)^2 = ABC - AD^2 - BE^2 - CF^2 + 2DEF.$$

Les équations (10), (11), (12), (17), (27) et (28) se simplifient, quand la forme du corps solide varie très-peu dans le passage du premier état au second. En effet, si l'on considère les quantités

$$\xi, \quad \eta, \quad \zeta, \quad \varepsilon, \quad \upsilon, \quad \varepsilon', \quad \varepsilon'', \quad \varepsilon'''$$

comme infiniment petites du premier ordre, on tirera des équations dont il s'agit, en remplaçant θ par $(1+\varepsilon)^{-2}$, et négligeant les infiniment petits du second ordre ou d'un ordre plus élevé,

$$(29) \qquad A = 1 - 2\frac{d\xi}{dx}, \qquad B = 1 - 2\frac{d\eta}{dy}, \qquad C = 1 - 2\frac{d\zeta}{dz},$$

$$(30) \qquad D = -\left(\frac{d\eta}{dz} + \frac{d\zeta}{dy}\right), \quad E = -\left(\frac{d\zeta}{dx} + \frac{d\xi}{dz}\right), \quad F = -\left(\frac{d\xi}{dy} + \frac{d\eta}{dx}\right);$$

$$(31) \quad \left\{ \begin{aligned} \varepsilon &= \frac{d\xi}{dx}\cos^2\alpha + \frac{d\eta}{dy}\cos^2\beta + \frac{d\zeta}{dz}\cos^2\gamma \\ &+ \left(\frac{d\eta}{dz} + \frac{d\zeta}{dy}\right)\cos\beta\cos\gamma + \left(\frac{d\zeta}{dx} + \frac{d\xi}{dz}\right)\cos\gamma\cos\alpha + \left(\frac{d\xi}{dy} + \frac{d\eta}{dx}\right)\cos\gamma\cos\alpha; \end{aligned} \right.$$

$$(32) \quad \left\{ \begin{aligned} 2\left(\frac{d\xi}{dx} - \varepsilon\right)\cos\alpha + \left(\frac{d\xi}{dy} + \frac{d\eta}{dx}\right)\cos\beta + \left(\frac{d\xi}{dz} + \frac{d\zeta}{dx}\right)\cos\gamma = 0, \\ \left(\frac{d\eta}{dx} + \frac{d\xi}{dy}\right)\cos\alpha + 2\left(\frac{d\eta}{dy} - \varepsilon\right)\cos\beta + \left(\frac{d\eta}{dz} + \frac{d\zeta}{dy}\right)\cos\gamma = 0, \\ \left(\frac{d\zeta}{dx} + \frac{d\xi}{dz}\right)\cos\alpha + \left(\frac{d\zeta}{dy} + \frac{d\eta}{dz}\right)\cos\beta + 2\left(\frac{d\zeta}{dz} - \varepsilon\right)\cos\gamma = 0: \end{aligned} \right.$$

$$(33) \qquad \upsilon = \varepsilon' + \varepsilon'' + \varepsilon''' = \frac{d\xi}{dx} + \frac{d\eta}{dy} + \frac{d\zeta}{dz}.$$

Alors aussi l'élimination des angles α, β, γ entre les formules (32) produira l'équation

$$(34) \quad \begin{cases} 4\left(\frac{d\xi}{dx} - \varepsilon\right)\left(\frac{d\eta}{dy} - \varepsilon\right)\left(\frac{d\zeta}{dz} - \varepsilon\right) + \left(\frac{d\eta}{dz} + \frac{d\zeta}{dy}\right)\left(\frac{d\zeta}{dx} + \frac{d\xi}{dz}\right)\left(\frac{d\xi}{dy} + \frac{d\eta}{dx}\right) \\[2ex] - \left(\frac{d\eta}{dz} + \frac{d\zeta}{dy}\right)^2\left(\frac{d\xi}{dx} - \varepsilon\right) - \left(\frac{d\zeta}{dx} + \frac{d\xi}{dz}\right)^2\left(\frac{d\eta}{dy} - \varepsilon\right) - \left(\frac{d\xi}{dy} + \frac{d\eta}{dx}\right)^2\left(\frac{d\zeta}{dz} - \varepsilon\right) = 0, \end{cases}$$

qui aura pour racines les quantités ε', ε'', ε''', et de laquelle on conclura

$$(35) \quad \begin{cases} \varepsilon' + \varepsilon'' + \varepsilon''' = \dfrac{d\xi}{dx} + \dfrac{d\eta}{dy} + \dfrac{d\zeta}{dz}, \\[3ex] \varepsilon''\varepsilon''' + \varepsilon'''\varepsilon' + \varepsilon'\varepsilon'' = \\[2ex] \dfrac{d\eta}{dy}\dfrac{d\zeta}{dz} + \dfrac{d\zeta}{dz}\dfrac{d\xi}{dx} + \dfrac{d\xi}{dx}\dfrac{d\eta}{dy} - \dfrac{1}{4}\left(\dfrac{d\eta}{dz} + \dfrac{d\zeta}{dy}\right)^2 - \dfrac{1}{4}\left(\dfrac{d\zeta}{dx} + \dfrac{d\xi}{dz}\right)^2 - \dfrac{1}{4}\left(\dfrac{d\xi}{dy} + \dfrac{d\eta}{dx}\right)^2, \\[3ex] \varepsilon'\varepsilon''\varepsilon''' = \\[2ex] \dfrac{d\xi}{dx}\dfrac{d\eta}{dy}\dfrac{d\zeta}{dz} - \dfrac{1}{4}\dfrac{d\xi}{dx}\left(\dfrac{d\eta}{dz} + \dfrac{d\zeta}{dy}\right)^2 - \dfrac{1}{4}\dfrac{d\eta}{dy}\left(\dfrac{d\zeta}{dx} + \dfrac{d\xi}{dz}\right)^2 - \dfrac{1}{4}\dfrac{d\zeta}{dz}\left(\dfrac{d\xi}{dy} + \dfrac{d\eta}{dx}\right)^2 + \dfrac{1}{4}\left(\dfrac{d\eta}{dz} + \dfrac{d\zeta}{dy}\right)\left(\dfrac{d\zeta}{dx} + \dfrac{d\xi}{dz}\right)\left(\dfrac{d\xi}{dy} + \dfrac{d\eta}{dx}\right) \end{cases}$$

Si l'on supposait les axes coordonnés parallèles aux droites suivant lesquelles se mesurent les dilatations et condensations principales relatives au point (x, y, z), les conditions (21) ou (22) seraient vérifiées. On aurait donc, en négligeant les infiniment petits du second ordre, ou d'un ordre plus élevé,

$$(36) \quad \frac{d\eta}{dz} + \frac{d\zeta}{dy} = 0, \qquad \frac{d\zeta}{dx} + \frac{d\xi}{dz} = 0, \qquad \frac{d\xi}{dy} + \frac{d\eta}{dx} = 0;$$

et, comme par suite l'équation (34) se réduirait à

$$(37) \quad \left(\frac{d\xi}{dx} - \varepsilon\right)\left(\frac{d\eta}{dy} - \varepsilon\right)\left(\frac{d\zeta}{dz} - \varepsilon\right) = 0,$$

on pourrait prendre

$$(38) \quad \varepsilon' = \frac{d\xi}{dx}, \qquad \varepsilon'' = \frac{d\eta}{dy}, \qquad \varepsilon''' = \frac{d\zeta}{dz}.$$

Dans la même supposition, la formule (31) donnerait

$$(39) \quad \varepsilon = \frac{d\xi}{dx}\cos^2\alpha + \frac{d\eta}{dy}\cos^2\beta + \frac{d\zeta}{dz}\cos^2\gamma,$$

ou, ce qui revient au même,

$$(40) \quad \varepsilon = \varepsilon'\cos^2\alpha + \varepsilon''\cos^2\beta + \varepsilon'''\cos^2\gamma.$$

Cette dernière se déduit immédiatement de l'équation (26), quand on considère ε', ε'', ε''' comme des quantités infiniment petites.

Revenons au cas où les axes coordonnés sont dirigés suivant des droites quelconques. Alors, si l'on fait, pour abréger,

$$(41) \quad \begin{cases} \mathcal{A} = \dfrac{d\xi}{dx}, \qquad \mathcal{B} = \dfrac{d\eta}{dy}, \qquad \mathcal{C} = \dfrac{d\zeta}{dz}, \\[2ex] 2\,\mathcal{D} = \dfrac{d\eta}{dz} + \dfrac{d\zeta}{dy}, \quad 2\,\mathcal{E} = \dfrac{d\zeta}{dx} + \dfrac{d\xi}{dz}, \quad 2\,\mathcal{F} = \dfrac{d\xi}{dy} + \dfrac{d\eta}{dx}, \end{cases}$$

la formule (51) donnera

$$(42) \quad s = \mathcal{A}\cos^2\alpha + \mathcal{B}\cos^2\beta + \mathcal{C}\cos^2\gamma + 2\,\mathcal{D}\cos\beta\cos\gamma + 2\,\mathcal{E}\cos\gamma\cos\alpha + 2\,\mathcal{F}\cos\alpha\cos\beta.$$

Concevons maintenant qu'à partir du point (x, y, z) on porte, sur la droite qui forme avec les demi-axes des coordonnées positives les angles α, β, γ, une longueur dont le carré représente la valeur numérique du rapport $\dfrac{1}{s}$; et désignons par $x + \mathrm{x}$, $y + \mathrm{y}$, $z + \mathrm{z}$ les coordonnées de l'extrémité de cette longueur. On aura

$$(43) \quad \frac{\mathrm{x}}{\cos\alpha} = \frac{\mathrm{y}}{\cos\beta} = \frac{\mathrm{z}}{\cos\gamma} = \pm\sqrt{\left(\pm\frac{1}{s}\right)},$$

et l'on tirera de la formule (42)

$$(44) \quad \mathcal{A}\mathrm{x}^2 + \mathcal{B}\mathrm{y}^2 + \mathcal{C}\mathrm{z}^2 + 2\,\mathcal{D}\mathrm{y}\mathrm{z} + 2\,\mathcal{E}\mathrm{z}\mathrm{x} + 2\,\mathcal{F}\mathrm{x}\mathrm{y} = \pm 1.$$

L'équation (44), semblable à la formule (29) de la page (50), appartient à une surface du second degré, dont le centre coïncide avec le point (x, y, z). Cette même équation représente une ellipsoïde, dans le cas où s ne change pas de signe tandis que l'on fait varier les angles α, β, γ; et se réduit alors à

$$(45) \quad \mathcal{A}\mathrm{x}^2 + \mathcal{B}\mathrm{y}^2 + \mathcal{C}\mathrm{z}^2 + 2\,\mathcal{D}\mathrm{y}\mathrm{z} + 2\,\mathcal{E}\mathrm{z}\mathrm{x} + 2\,\mathcal{F}\mathrm{x}\mathrm{y} = 1,$$

ou bien à

$$(46) \quad \mathcal{A}\mathrm{x}^2 + \mathcal{B}\mathrm{y}^2 + \mathcal{C}\mathrm{z}^2 + 2\,\mathcal{D}\mathrm{y}\mathrm{z} + 2\,\mathcal{E}\mathrm{z}\mathrm{x} + 2\,\mathcal{F}\mathrm{x}\mathrm{y} = -1,$$

selon que l'on suppose s constamment positif ou constamment négatif. Dans ce cas, il n'y aura, autour du point (x, y, z), que des dilatations linéaires, si s est positif, et des condensations linéaires, si s est négatif. Dans le cas contraire, l'ellipsoïde se trouvera remplacé par le système de deux hyperboloïdes conjugués, dont l'un, représenté par l'équation (45), comprendra les extrémités des rayons vecteurs dirigés dans les directions suivant lesquels le corps solide se sera dilaté, tandis que l'autre, représenté par l'équation (46), comprendra les extrémités des rayons vecteurs, dirigés dans les divers sens suivant lesquels le corps solide se sera condensé. Ajoutons que, dans tous les cas possibles, les condensations ou dilatations *maximum* ou *minimum* correspondront évidemment à deux axes de l'ellipsoïde ou des deux hyperboloïdes. Cela posé, on pourra énoncer la proposition suivante.

Théorème. *Supposons que, par l'effet d'une cause quelconque, un corps solide ait passé d'un premier état naturel ou artificiel à un second état très-peu différent du premier, et qu'à partir d'un point donné de ce corps solide, on porte, sur chacun des demi-axes aboutissants au même point, une longueur équivalente à l'unité divisée par la racine carrée de la condensation ou dilatation linéaire mesurée suivant le demi-axe que l'on considère. Cette longueur sera le rayon vecteur d'un ellipsoïde qui aura pour centre le point* (x, y, z), *et dont les trois axes correspondront à trois dilatations ou condensations principales. Quant aux autres dilatations ou condensations, elles seront symétriquement distribuées autour de ces trois axes. Dans certains cas, l'ellipsoïde dont il s'agit se trouvera remplacé par deux hyperboloïdes à une nappe et à deux nappes, qui, étant conjugués l'un à l'autre, auront le même centre avec les mêmes axes, et seront touchés à l'infini par une même surface conique du second degré. Ces cas sont ceux où il y aura, autour du point donné, dilatation dans un sens, condensation dans un autre. Alors la surface conique dont nous venons de parler séparera la région dilatée, qui correspondra au premier hyperboloïde, de la région condensée qui correspondra au second, et les génératrices de cette surface conique indiqueront les directions suivant lesquelles il n'y aura ni dilatation ni condensation. Ajoutons que, parmi les condensations ou dilatations principales, on rencontrera toujours, si le corps est dilaté dans tous les sens, ou condensé dans tous les sens autour du point* (x, y, z), *un maximum et un minimum de dilatation, ou bien un maximum et un minimum de condensation; et, si le contraire arrive, une dilatation maximum avec une condensation maximum.*

Il peut arriver que les trois condensations ou dilatations principales, ou au moins deux d'entre elles, deviennent équivalentes ou se réduisent à zéro. Alors l'ellipsoïde et les hyperboloïdes mentionnés dans le théorème précédent deviennent des surfaces de révolution ou des cylindres, et peuvent même se réduire à une sphère, ou à un système de deux plans parallèles. Ainsi, en particulier, lorsque le corps solide est dilaté dans tous les sens, ou condensé dans tous les sens, et que les condensations ou dilatations principales sont équivalentes, l'ellipsoïde se change en une sphère, et la condensation ou dilatation linéaire a une valeur constante, qui reste la même, dans toutes les directions autour du point (x, y, z). Dans ce cas, la condensation ou dilatation du volume est évidemment le triple de la condensation ou dilatation linéaire.

SUR LES MOUVEMENTS QUE PEUT PRENDRE

UN SYSTÈME INVARIABLE, LIBRE,

OU ASSUJETTI A CERTAINES CONDITIONS.

§ 1.ᵉʳ CONSIDÉRATIONS GÉNÉRALES.

Lorsqu'un système invariable, libre ou assujetti à certaines conditions, se meut dans l'espace, il existe entre les vitesses des différents points certaines relations qui, dans beaucoup de cas, s'expriment très-simplement, et que l'on déduit des formules relatives à la transformation des coordonnées. Je vais montrer, dans cet article, que les mêmes relations peuvent être tirées du principe de vitesses virtuelles. Ordinairement on se sert de ce principe pour déterminer les forces capables de maintenir en équilibre un système de points matériels assujetti à des liaisons données, en supposant connues les vitesses que ces points peuvent acquérir dans un ou plusieurs mouvements virtuels du système, c'est-à-dire dans des mouvements compatibles avec les liaisons dont il s'agit. Mais il est clair qu'on peut renverser la question, et qu'après avoir établi les conditions d'équilibre par une méthode quelconque, ou même, si l'on veut, par la considération de quelques-uns des mouvements virtuels, on pourra se servir, pour déterminer la nature de tous les autres, du principe que nous venons de rappeler. Ajoutons qu'il est utile, dans cette détermination, de substituer au principe des vitesses virtuelles un autre principe que l'on tire immédiatement du premier, et qui se trouve renfermé dans la proposition suivante.

THÉORÊME. *Supposons que deux systèmes de forces soient successivement appliqués à des points assujettis à des liaisons quelconques. Pour que ces deux systèmes de forces soient équivalents, il sera nécessaire, et il suffira que, dans un mouvement virtuel quelconque, la somme des moments virtuels des forces du premier système soit égale à la somme des moments virtuels des forces du second système.*

Démonstration. Supposons que les deux systèmes de forces donnés se composent, le premier des forces P, P', P'',.... le second des forces Q, Q', Q''.... Ces deux systèmes seront équivalents, si un troisième système, choisi de manière à faire équilibre au premier, fait en même temps équilibre au second. Or, soient R, R', R''.... les forces qui composeront ce troisième système. Pour que le principe des vitesses virtuelles soit vérifié, il sera nécessaire, et il suffira que, dans un mouvement virtuel quelconque, la somme des moments virtuels des forces R, R', R'', prise en signe contraire, devienne équivalente non-seulement à la somme des moments virtuels des forces P, P', P'', ... mais encore à la somme des moments virtuels des forces Q, Q', Q''.... Donc ces deux dernières sommes devront être égales et affectées du même signe.

Nous allons maintenant appliquer le théorême qui précède à la détermination des mouvements que peut prendre un système de points matériels liés invariablement les uns aux autres. Nous commencerons par examiner le cas où tous ces points sont compris dans un plan fixe dont ils ne doivent jamais sortir. Nous passerons ensuite au cas général où on les suppose disposés arbitrairement dans l'espace.

---

§ 2. *Sur le mouvement d'un système de points matériels qui, étant liés invariablement les uns aux autres, et compris dans un plan fixe, se meuvent sans sortir de ce plan.*

Considérons un système de points matériels qui, étant liés invariablement les uns aux autres, et compris dans un plan fixe, se meuvent sans sortir de ce plan. Le mouvement du système étant compatible avec les liaisons données sera un mouvement virtuel. Cela posé, on déduira sans peine du théorême établi dans le § 1.ᵉʳ les propositions suivantes.

1.ᵉʳ Théorême. *Si, à une époque quelconque du mouvement, deux points du système invariable ont des vitesses nulles, les vitesses de tous les autres points se réduiront à zéro.*

Démonstration. Ce théorême, qui est évident par lui-même, quand les deux points donnés ont des vitesses constamment nulles, c'est-à-dire quand ils demeurent en repos, peut être démontré, dans tous les cas, à l'aide des raisonnements que nous allons indiquer.

Soient A', A'' les points dont les vitesses sont nulles, et ω la vitesse d'un troisième point A choisi arbitrairement. Si l'on applique à ce dernier point une force P comprise dans le plan fixe, et dirigée d'une manière quelconque, on pourra généralement la décomposer en deux autres forces P', P'' dirigées suivant les droites $\overline{A\,A'}$, $\overline{A\,A''}$. D'ailleurs, ces droites étant invariables, on pourra supposer la force P' appliquée au point A', la force P'' au point A'', et alors la somme des moments virtuels de ces deux forces s'évanouira. Donc, la force P, équivalente au système des deux autres, devra elle-même fournir, en vertu du théorême établi dans le premier paragraphe, un moment virtuel égal à zéro. On aura donc nécessairement

$$(1) \qquad P\omega\cos(\widehat{P,\omega}) = 0,$$

quels que soient l'angle $(\widehat{P,\omega})$ et l'intensité de la force P; c'est-à-dire, en d'autres termes,

$$(2) \qquad \omega = 0.$$

Les raisonnements qui précèdent ne seraient plus applicables, si le point A était situé sur la droite $\overline{A'A''}$. Mais, alors, en remplaçant la force P par deux forces parallèles P', P'' respectivement appliquées aux points $A'A''$, on démontrerait, comme on vient de le faire, les formules (1) et (2); et l'on reconnaîtrait encore que, dans l'hypothèse admise, la vitesse du produit A se réduit à zéro.

2.° Théorème. *Si, à une époque quelconque du mouvement, les vitesses de tous les points du système invariable sont différentes de zéro, ces vitesses seront toutes égales et dirigées suivant des droites parallèles.*

Démonstration. En effet, soient ω', ω'' les vitesses de deux points quelconques A' A''. Si ces vitesses ne sont pas dirigées suivant des droites parallèles, les perpendiculaires élevées sur leurs directions, et dans le plan donné, par les deux points A', A'', se couperont en un troisième point A. Or, si l'on applique à ce dernier une force P comprise dans le plan fixe et dirigée d'une manière quelconque, la force P sera équivalente au système de deux autres forces P', P'' dirigées suivant les droites $\overline{AA'}$, $\overline{AA''}$, et respectivement appliquées aux points A', A''. Cela posé, si l'on nomme ω la vitesse du point A, on aura nécessairement, en vertu du théorême énoncé dans le premier paragraphe,

$$(3) \qquad P\omega\cos(\widehat{P,\omega}) = P'\omega'\cos(\widehat{P',\omega'}) + P''\omega''\cos(\widehat{P'',\omega''}).$$

D'ailleurs, les droites $\overline{AA'}$, $\overline{AA''}$ étant perpendiculaires aux directions des vitesses ω', ω'', on aura encore

$$(4) \qquad \cos(\widehat{P',\omega'}) = 0, \qquad \cos(\widehat{P'',\omega''}) = 0.$$

Donc, la formule (3) donnera

$$(1) \qquad P\omega\cos(\widehat{P,\omega}) = 0,$$

quelles que soient les valeurs des quantités P, $(\widehat{P,\omega})$, et par conséquent

$$(2) \qquad \omega = 0,$$

Cette conclusion étant contraire à l'hypothèse admise dans l'énoncé du théorème 2, il est clair que le point A ne saurait exister. Donc les vitesses de deux points quelconques A', A'' sont dirigées suivant des droites parallèles.

Il reste à faire voir que les vitesses ω', ω'' sont égales. Or, considérons d'abord le cas où la droite $\overline{A'A''}$ n'est pas perpendiculaire aux directions de ces vitesses. Le point d'application d'une force P, dirigée suivant cette droite, pourra être transporté soit en A', soit en A''. On aura donc

$$(5) \qquad P\omega'\cos(\widehat{P,\omega'}) = P\omega''\cos(\widehat{P,\omega''})$$

et, puisque les angles $(\widehat{P,\omega'})$, $(\widehat{P,\omega''})$ seront égaux, sans être droits, on tirera de la formule (5)

$$(6) \qquad \omega' = \omega''.$$

Si la droite $\overline{A'A''}$ était perpendiculaire aux directions de toutes les vitesses, on choisirait hors de cette droite un point quelconque A dont on désignerait la vitesse par ω; puis, en raisonnant comme on vient de le faire, on établirait les équations $\omega' = \omega$, $\omega'' = \omega$, desquelles on tirerait encore $\omega' = \omega''$.

3.ᵉ **Théorème.** *Si, à une époque quelconque du mouvement, un seul point du système invariable a une vitesse nulle, la vitesse d'un second point choisi arbitrairement sera perpendiculaire au rayon vecteur mené du premier point au second, et proportionnelle à ce rayon vecteur.*

Démonstration. Soit O le point unique dont la vitesse est nulle, et ω la vitesse d'un autre point A choisi arbitrairement. Si l'on applique au point O une force P dirigée suivant $\overline{OA}$, son moment virtuel sera nul; et, comme on pourra transporter le point d'application de la force P de O en A, on aura encore, en vertu du théorème établi dans le premier paragraphe,

$$(1) \qquad P\omega\cos(\widehat{P,\omega}) = 0 ;$$

puis l'on en conclura, en observant que les quantités P, ω ne sont pas nulles,

$$(7) \qquad \cos(\widehat{P,\omega}) = 0 , \qquad (\widehat{P,\omega}) = \frac{\pi}{2} .$$

Donc l'angle $(\widehat{P,\omega})$ sera droit, et la vitesse ω perpendiculaire au rayon vecteur $\overline{OA}$.

Soit maintenant ω' la vitesse d'un troisième point A'. Cette vitesse sera elle-même perpendiculaire au rayon vecteur $\overline{OA'}$. Cela posé, appliquons aux points A et O deux forces égales à Q, et formant un couple, dont la première soit dirigée suivant la même droite et dans le même sens que la vitesse ω. La somme des moments virtuels des deux forces du couple se réduira au moment virtuel de la première, et par conséquent au produit

$$Q\omega.$$

Concevons en outre qu'on applique aux points A' et O deux nouvelles forces Q' qui forment un second couple équivalent au premier, et qui soient dirigées suivant des droites perpendiculaires au rayon vecteur $\overline{OA'}$. Les moments linéaires des deux couples devant être égaux, si l'on désigne, pour abréger, par r, r' les rayons vecteurs $\overline{OA}$, $\overline{OA'}$, on aura nécessairement

$$(8) \qquad Q'r' = Qr.$$

D'ailleurs la somme des moments virtuels des forces du second couple, savoir

$$Q'\omega'\cos(\widehat{Q', \omega'}) = \pm Q'\omega'$$

devra être égale à la somme des moments virtuels des forces du premier. On aura donc aussi

$$(9) \qquad Q'\omega'\cos(\widehat{Q', \omega'}) = \pm Q'\omega' = Q\omega,$$

et par suite

$$(10) \qquad \cos(\widehat{Q', \omega'}) = 1, \qquad \text{ou} \qquad (\widehat{Q', \omega'}) = 0,$$

$$(11) \qquad Q'\omega' = Q\omega.$$

Or, il résulte de l'équation (10) que la vitesse ω' est dirigée dans le sens de la force Q'. Donc les vitesses ω, ω' sont dirigées, ainsi que les forces Q et Q', de manière à faire tourner dans le même sens, autour du centre O, les deux points A et A'; ce qu'il était aisé de prévoir. Quant à la formule (11), si on la combine avec la formule (8), on en tirera immédiatement

$$(12) \qquad \frac{\omega'}{r'} = \frac{\omega}{r}.$$

Donc les vitesses des points A et A' sont, non-seulement perpendiculaires aux rayons vecteurs r, r', mais encore proportionnelles à ces rayons vecteurs.

Dans le mouvement que nous venons de considérer, la vitesse d'un point placé à l'unité de distance du centre O, est ce qu'on nomme la *vitesse angulaire* du système invariable autour de ce même centre. Si l'on désigne la vitesse angulaire par $\varkappa$, la vitesse du point A, situé à l'extrémité du rayon vecteur r, sera déterminée par la formule $\dfrac{\omega}{r} = \varkappa$, ou

$$(13) \qquad\qquad \omega = r\varkappa.$$

Les théorêmes 1, 2 et 3 indiquent toutes les relations qui peuvent exister entre les vitesses de points matériels liés invariablement les uns aux autres, et compris dans un plan fixe dont ils ne doivent jamais sortir. Ces théorêmes prouvent que les vitesses dont il s'agit sont toujours celles que présenterait le système pris dans l'état de repos, ou transporté parallèlement à un axe fixe, ou tournant autour d'un centre fixe. Ajoutons 1.° que le mouvement de translation parallèlement à un axe fixe, se déduit du mouvement de rotation autour d'un centre fixe, quand ce centre s'éloigne à une distance infinie de l'origine des coordonnées, 2.° que le centre de rotation est un point dont la position, déterminée à chaque instant, varie en général d'un moment à l'autre dans le plan que l'on considère. C'est pour cette raison que nous désignerons le point dont il s'agit sous le nom de *centre instantané* de rotation.

Nous terminerons ce paragraphe en indiquant quelques propriétés remarquables du centre instantané de rotation d'une surface plane d'une étendue indéfinie, et dont les points, liés invariablement les uns aux autres, se meuvent sans sortir d'un certain plan. Nous observerons d'abord qu'à la fin d'un temps désigné par t, les différents points de la surface mobile occuperont dans l'espace des positions déterminées, et que l'un d'eux, le point O, par exemple, sera le centre instantané de rotation. De plus, il est clair qu'à cette époque on pourra faire passer par le point O deux courbes distinctes tracées de manière à comprendre la première tous les points de la surface mobile, et la seconde tous les points de l'espace, qui deviendront plus tard des centres instantanés de rotation. Cela posé, soit A le point de la première courbe qui deviendra centre de rotation à la fin du temps $t + \Delta t$, en s'appliquant sur un point correspondant de la seconde courbe désigné par B. Soit d'ailleurs Δs l'arc OA mesuré sur la première courbe, et regardé comme l'accroissement d'un arc fini s aboutissant au point A. Si l'on considère la quantité Δt comme infiniment petite du premier ordre, l'arc AB que le point A aura parcouru, pendant l'instant Δt, pour arriver à la position B, sera évidemment une quantité infiniment petite d'un ordre supérieur au premier. En effet, pour le démontrer, il suffira de faire voir que le rapport de ce dernier arc à Δt est une quantité infiniment petite. Or, ce rapport représente précisément une moyenne entre les diverses valeurs que prend la vitesse du point A pendant l'instant Δt; et par conséquent il a pour mesure le produit qu'on obtient en multipliant une valeur moyenne de la vitesse angulaire par une valeur moyenne de la distance infiniment petite qui, à cette époque du mouvement, sépare le point A du centre de rotation. L'arc AB sera donc une quantité infiniment petite d'un ordre supérieur au premier, tandis que l'arc OA ou Δs sera en général une quantité infiniment petite du premier ordre. Il est aisé d'en conclure que les arcs OA, OB, comptés à partir du point O sur les deux courbes ci-dessus mentionnées, auront pour différence une quantité infiniment petite d'un ordre supérieur au premier. Donc ces deux courbes seront tangentes l'une à l'autre [voyez le tome I.ᵉʳ, pag. 177 et suiv.], et le rapport $\dfrac{\Delta s}{\Delta t}$ ne variera pas sensiblement quand on y remplacera l'arc OA ou Δs par l'arc OB. Donc, si l'on désigne par v la limite du rapport $\dfrac{\Delta s}{\Delta t}$, c'est-à-dire, si l'on fait

$$(14) \qquad v = \frac{ds}{dt},$$

v exprimera tout à-la-fois la vitesse avec laquelle le centre instantané de rotation se déplace, en passant d'un point à un autre, sur la surface mobile, et la vitesse avec laquelle le même centre change de position dans l'espace. Ajoutons que la première courbe, entraînée par le mouvement de la surface sur laquelle elle est tracée, parcourra une portion de l'espace qui aura pour enveloppe la seconde courbe; et que, si l'instant Δt acquiert une valeur finie, les arcs correspondants OA, OB, mesurés sur les deux courbes, offriront pour différence une longueur infiniment petite, non plus du second ordre, mais du premier, c'est-à-dire qu'ils seront égaux entre eux.

Dans le cas particulier où l'une des courbes que l'on vient de considérer se réduit à un point, on doit en dire autant de l'autre. Alors la quantité ci-dessus désignée par v s'évanouit, et le centre instantané de rotation conserve toujours la même position non-seulement dans l'espace, mais encore sur la surface mobile.

---

§ 5. *Sur le mouvement d'un système de points matériels, placés arbitrairement dans l'espace, et liés invariablement les uns aux autres.*

Considérons un système invariable de points matériels qui, au lieu d'être renfermés dans un plan, soient distribués arbitrairement dans l'espace, et se meuvent d'une manière quelconque. Alors, à la place des théorèmes 1 et 3 du § 2, on obtiendra immédiatement les propositions que nous allons énoncer.

1.ᵉʳ THÉORÊME. *Si, à une époque quelconque du mouvement, trois points du système invariable, non situés sur une même droite, ont des vitesses nulles, les vitesses de tous les autres points se réduiront à zéro.*

Démonstration. Ce théorème, qui est évident par lui-même, quand les trois points donnés ont des vitesses constamment nulles, c'est-à-dire quand ils demeurent en repos, peut être démontré dans tous les cas à l'aide des considérations suivantes.

Soient A', A'', A''' les points non situés en ligne droite, dont on suppose les vitesses nulles, et ω la vitesse d'un quatrième point A choisi arbitrairement. Si l'on applique à ce dernier point une force P dirigée d'une manière quelconque, on pourra généralement la décomposer en trois autres forces P', P'', P''' dirigées suivant les droites $\overline{AA'}$, $\overline{AA''}$, $\overline{AA'''}$. D'ailleurs, ces droites étant invariables, on pourra supposer la force P' appliquée au point A', la force P'' au point A'', la force P''' au point A''', et alors la somme des moments virtuels de ces trois forces s'évanouira. Donc la force P, équivalente au système des trois autres, devra elle-même fournir un moment virtuel égal à zéro. On aura donc

$$(1) \qquad P\omega\cos(\widehat{P,\omega}) = 0 ,$$

quelles que soient les valeurs des quantités P, $(\widehat{P,\omega})$, et par conséquent

$$(2) \qquad \omega = 0 .$$

La démonstration précédente ne serait plus applicable, si le point A était situé dans le plan du triangle $A'A''A'''$. Mais alors il suffirait de remplacer la force P par trois forces parallèles P', P'', P''' respectivement appliquées aux points A', A'', A''' pour démontrer, comme on vient de le faire, les équations (1) et (2), et l'on reconnaîtrait encore par ce moyen que, dans l'hypothèse admise, la vitesse du point A se réduit à zéro.

2.ᵉ *Théorême. Supposons qu'à une époque quelconque du mouvement deux points du système invariable aient des vitesses nulles, et que tous les points situés hors de la droite qui joint les deux premiers aient des vitesses différentes de zéro. On pourra dès lors affirmer, 1.º que les vitesses des divers points situés sur la droite dont il s'agit se réduisent à zéro; 2.º que la vitesse d'un point choisi arbitrairement hors de la même droite est non-seulement perpendiculaire au plan qui renferme tout à-la-fois le point et la droite, et par conséquent à leur plus courte distance r, mais encore proportionnelle à la longueur r.*

Démonstration. Soient O', O'' les deux points dont on suppose les vitesses nulles, et ω la vitesse d'un troisième point O choisi arbitrairement sur la droite $\overline{O'O''}$. Il suffira d'appliquer à ce troisième point une force P dirigée d'une manière quelconque, puis de remplacer la force P par deux forces parallèles appliquées aux points

O', O'', et d'avoir égard au théorème énoncé dans le premier paragraphe, pour établir les équations (1) et (2), dont la seconde exprime que la vitesse du point O se réduit à zéro.

Concevons à présent que l'on désigne par ω, non plus la vitesse d'un point situé sur la droite $\overline{O'O''}$, mais la vitesse d'un point A situé hors de cette droite. Si l'on applique à ce point une force P dont la direction soit comprise dans le plan $O'O''A$, on pourra décomposer la force P en deux autres forces P', P'' dirigées suivant les droites $\overline{AO'}$, $\overline{AO''}$. D'ailleurs, ces droites étant invariables, on pourra supposer la force P' appliquée au point O', la force P'' au point O'', et alors la somme des moments virtuels de ces deux forces s'évanouira. Donc la force P, équivalente au système des deux autres, devra elle-même fournir un moment virtuel égal à zéro, en sorte qu'on aura

$$(1) \qquad P\,\omega\cos(\widehat{P,\omega}) = 0 .$$

Donc, puisque les quantités ω, P sont, par hypothèse, différentes de zéro, l'on aura encore

$$(3) \qquad \cos(\widehat{P,\omega}) = 0 , \qquad \text{ou} \qquad (\widehat{P,\omega}) = \frac{\pi}{2} .$$

Cette dernière condition devant être remplie, quelle que soit la droite comprise dans le plan $AO'O''$ et suivant laquelle on suppose dirigée la force P, on peut affirmer que la direction de la vitesse ω sera perpendiculaire à toutes les droites renfermées dans ce plan, et par conséquent au plan lui-même.

Soit maintenant ω' la vitesse d'un nouveau point A', situé, comme le point A, hors de la droite $\overline{O'O''}$. La vitesse ω' sera perpendiculaire au plan $A'O'O''$. Soient d'ailleurs B, B' les points où la droite $\overline{O'O''}$ est rencontrée par les perpendiculaires abaissées sur elle des points A, A'; et désignons par r, r' les longueurs $\overline{AB}$, $\overline{A'B'}$, qui mesurent les plus courtes de ces points à la droite $\overline{O'O''}$. Enfin, appliquons aux extrémités de la droite $\overline{AB}$ deux forces égales à Q, et formant un couple, dont la première soit dirigée suivant la même droite et dans le même sens que la vitesse ω; puis aux extrémités de la droite $\overline{A'B'}$ deux forces égales à Q. et formant un autre couple, dont la première soit dirigée suivant la même droite que la vitesse ω'. Si les deux couples deviennent équivalents, leurs moments linéaires seront égaux, ainsi que les moments virtuels des forces Q et Q' respectivement appliquées aux points A et A'. On aura donc alors

$$(4) \qquad Q'r' = Qr ,$$

$$(5) \qquad Q'\omega' \cos(\widehat{Q'\omega'}) = \pm Q'\omega' = Q\omega ;$$

et par suite

$$(6) \qquad \cos(\widehat{Q',\omega'}) = 1 , \qquad \text{ou} \qquad (\widehat{Q'\omega'}) = 0 .$$

$$(7) \qquad Q'\omega' = Q\omega ,$$

$$(8) \qquad \frac{\omega'}{r'} = \frac{\omega}{r} .$$

Il résulte de l'équation (6) que la vitesse ω' est dirigée dans le même sens que la force Q'. Donc les vitesses ω, ω' sont dirigées, ainsi que les forces Q et Q', de manière à faire tourner dans le même sens, autour du centre O, les deux points A et A'; ce qu'il était aisé de prévoir. Quant à la formule (8), elle exprime que les vitesses des points A, A' sont proportionnelles aux plus courtes distances de ces points à la droite $\overline{O'O''}$.

Dans le mouvement que nous venons de considérer, les vitesses des différents points du système invariable ont entre elles les mêmes relations que si, la droite $\overline{OO'}$ étant fixe, le système tournait autour de cette droite. On désigne pour cette raison la droite $\overline{OO'}$ sous le nom d'*axe instantané de rotation*, et l'on nomme *vitesse angulaire* du système la vitesse d'un point placé à l'unité de distance de cet axe. Si l'on représente par s cette vitesse angulaire, la vitesse d'un autre point A, situé à la distance r de l'axe $\overline{OO'}$, sera déterminée par la formule

$$(9) \qquad \omega = rs .$$

Si nous n'avons pas examiné dans ce paragraphe le cas où un seul point du système invariable aurait une vitesse nulle, c'est que ce cas ne peut jamais se présenter quand le système invariable a plus de deux dimensions. Supposons en effet que le point O ait une vitesse nulle; soit ω la vitesse d'un autre point A choisi arbitrairement, et appliquons à ce dernier point une force P dirigée suivant la droite $\overline{AO}$. Le moment virtuel ce cette force devra conserver la même valeur quand on transportera le point d'application de A en O. On aura en conséquence

$$(1) \qquad P\omega \cos(\widehat{P,\omega}) = 0 ,$$

et l'on en conclura

$$(2) \qquad \omega = 0 ,$$

$$\cos(\widehat{P,\omega}) = 0, \qquad (\widehat{P,\omega}) = \frac{\pi}{2}. \tag{5}$$

Donc la vitesse du point A sera nulle ou perpendiculaire au rayon vecteur $\overline{OA}$. Cela posé, soient A', A'' deux nouveaux points du système invariable tellement choisis que le plan $A\,A'\,A''$ ne renferme pas le point O; et désignons par ω', ω'' les vitesses des points A', A''. Si les trois vitesses ω, ω', ω'' diffèrent de zéro, elles seront respectivement perpendiculaires aux trois rayons vecteurs $\overline{OA}$, $\overline{OA'}$, $\overline{OA''}$; et la vitesse ω ne pourra être parallèle aux deux autres, puisque les trois rayons vecteurs ne sont pas compris dans un même plan. Admettons, pour fixer les idées, que des deux vitesses ω', ω'' la première ω' ne soit pas parallèle à ω. Les plans menés par les points A, A' perpendiculairement aux directions de ces vitesses se couperont suivant un axe qui passera par le point O; et, si l'on nomme C un second point de cet axe, une force R appliquée au point C pourra être décomposée en trois autres forces Q, Q', Q'' respectivement dirigées suivant les droites $\overline{CA}$, $\overline{CA'}$, $\overline{CO}$. D'ailleurs, ces droites étant invariables, on pourra supposer la force Q appliquée au point A, la force Q' au point A', la force Q''' au point O dont la vitesse est nulle, et alors la somme des moments virtuels de ces trois dernières forces se trouvera réduite au binome

$$Q\omega\cos(\widehat{Q,\omega}) + Q'\omega'\cos(\widehat{Q',\omega'}),$$

c'est-à-dire à zéro, puisque $(\widehat{Q,\omega})$, $(\widehat{Q',\omega'})$ seront évidemment deux angles droits. Donc la force R, équivalente au système des trois autres, devra elle-même fournir un moment virtuel nul; et, comme cette force est arbitraire en grandeur ainsi qu'en direction, il faudra nécessairement que la vitesse du point C auquel on la suppose appliquée se réduise à zéro.

On peut donc affirmer que, dans le mouvement d'un système invariable, quand la vitesse d'un point se réduit à zéro, d'autres points ont pareillement des vitesses nulles. Dans ce cas, les relations qui existent entre les différentes vitesses sont celles qu'indique le théorème 2. Alors aussi la vitesse d'un point pourra être complètement déterminée, non-seulement en grandeur, mais encore en direction, si l'on connaît les coordonnées de ce point, la direction de l'axe instantané de rotation, et le sens dans lequel le corps tourne autour de cet axe, avec la vitesse angulaire. En effet, soient, pour un instant donné, ω cette dernière vitesse, ξ, η, ζ les coordonnées d'un point O situé sur l'axe instantané de rotation, x, y, z les coordonnées d'un point A placé à la distance r du même axe, ω la vitesse du point A, enfin α, β, γ et λ, μ, ν les angles que forment avec les demi-axes des coordonnées positives, 1.° la direction de la vitesse ω, 2.° l'axe instantané de rotation prolongé, à partir du point O, dans une direction $\overline{OO'}$ telle que la vitesse ω produise autour de $\overline{OO'}$ un mouvement de rotation de droite à gauche. Concevons d'ailleurs que la vitesse ω soit représentée par une longueur $\overline{AB}$ portée sur sa direction à partir du point A, et la vitesse angulaire $\varkappa$ par une autre longueur $\overline{OC}$ comptée à partir du point O dans la direction $\overline{OO'}$. On pourra, en prenant un point quelconque de l'espace pour centre des moments, construire ce que nous nommerons les *moments linéaires des vitesses* ω *et* $\varkappa$, c'est-à-dire, les moments linéaires de deux forces $\overline{AB}$, $\overline{OC}$ qui seraient représentées par les mêmes droites que ces vitesses. Cela posé, il est clair que, si l'on place le centre des moments au point A, la vitesse ω, mesurée par le produit $r\varkappa$, et dirigée suivant un demi-axe perpendiculaire au plan AOO' coïncidera en grandeur et en direction avec le moment linéaire de la vitesse angulaire $\varkappa$. Donc les projections algébriques de la vitesse $\varkappa$ sur les axes coordonnés seront équivalentes aux projections algébriques du moment linéaire de la vitesse $\varkappa$, c'est-à-dire, aux trois produits

$$\varkappa[(\eta-y)\cos\nu-(\zeta-z)\cos\mu], \qquad \varkappa[(\zeta-z)\cos\lambda-(\xi-x)\cos\nu], \qquad \varkappa[(\xi-x)\cos\mu-(\eta-y)\cos\lambda],$$

de sorte qu'on aura

$$(10) \quad \begin{cases} \omega\cos\alpha = \varkappa[(\eta-y)\cos\nu-(\zeta-z)\cos\mu], \\ \omega\cos\beta = \varkappa[(\zeta-z)\cos\lambda-(\xi-x)\cos\nu], \\ \omega\cos\gamma = \varkappa[(\xi-x)\cos\mu-(\eta-y)\cos\lambda]. \end{cases}$$

Si le point O était l'origine même des coordonnées, les formules (10) se réduiraient aux suivantes

$$(11) \quad \omega\cos\alpha = -\varkappa(y\cos\nu-z\cos\mu), \quad \omega\cos\beta = -\varkappa(z\cos\lambda-x\cos\nu), \quad \omega\cos\gamma = -\varkappa(x\cos\mu-y\cos\lambda).$$

Lorsqu'un corps solide, retenu par un point fixe O, vient à se mouvoir, la vitesse de ce point étant toujours nulle, le corps, en vertu de ce qui précède, ne peut que tourner à chaque instant autour d'un certain axe passant par le point dont il s'agit. Mais la position de cet axe varie en général d'un instant à l'autre dans le corps et dans l'espace. Cela posé, concevons qu'au bout du temps t, l'axe instantané de rotation rencontre aux points C et D la surface décrite du point O comme centre avec un rayon équivalent à l'unité. A cette époque, les points C, D, situés aux deux extrémités d'un même diamètre, seront les *centres instantanés de rotation* de la surface sphérique; et il est clair que par chacun de ces points on pourra faire passer deux courbes tracées sur la surface sphérique de manière à comprendre, la première tous les points du corps, et la seconde tous les points de l'espace, qui deviendront plus tard, à la place du point C ou D, des centres instantanés de rotation de la même surface. Or, désignons par A le point du corps qui, au bout du temps $t + \Delta t$, deviendra centre de rotation de la surface sphérique, à la place du point C; et nommons B le point de l'espace sur lequel, à cette époque, le point A viendra s'appliquer. Si l'on considère Δt comme un infiniment petit du premier ordre, les arcs CA, CB, mesurés à partir du point C sur les deux courbes qui passent par ce point, seront en général des infiniment petits du même ordre; mais l'arc AB, que le point A sera obligé de parcourir avant de s'appliquer sur le point B, sera une quantité infiniment petite d'un ordre plus élevé. Car le rapport de ce dernier arc à l'instant Δt, ou la vitesse moyenne du point A pendant cet instant, sera une quantité très-petite, attendu que le point A restera très-voisin du centre instantané de rotation depuis la fin du temps t jusqu'à la fin du temps $t + \Delta t$. Donc, à plus raison, la distance $\overline{AB}$, comprise entre les extrémités des arcs CA, CB, sera une quantité infiniment petite d'un ordre supérieur au premier. Il en résulte immédiatement, 1.º que les deux courbes menées par le point C seront tangentes l'un à l'autre, 2.º que des arcs correspondants, mesurés sur ces deux courbes à partir du point C, donneront pour différence, s'ils sont infiniment petits du premier ordre, une quantité infiniment petite d'un ordre plus élevé; et, s'ils sont finis, une quantité infiniment petite, c'est-à-dire nulle. Soit Δs l'un de ces mêmes arcs, considéré comme accroissement d'un arc fini s aboutissant au point C. Si l'on désigne par v la limite du rapport $\dfrac{\Delta s}{\Delta t}$, c'est-à-dire, si l'on fait

$$(12) \qquad\qquad v = \frac{ds}{dt}.$$

v exprimera tout à-la-fois la vitesse avec laquelle chacun des centres instantanés de rotation se déplace sur la surface sphérique, et la vitesse avec laquelle il se déplace dans l'espace. Ajoutons que la courbe CA, entraînée par le mouvement de la surface sphérique sur laquelle elle est tracée, prendra successivement diverses positions, dans lesquelles elle se trouvera enveloppée par la courbe CB.

On serait encore parvenu à des résultats du même genre, si la surface sphérique, au lieu d'avoir pour rayon l'unité de longueur, avait été décrite, du point O comme centre, avec un rayon quelconque. Cela posé, on déduira sans peine des principes ci-dessus établis la proposition suivante.

5.ᵉ **Théorème.** *Concevons qu'un corps solide, retenu par un point fixe, se meuve d'une manière quelconque autour de ce point. Supposons d'ailleurs qu'à un instant* *donné on trace, 1.º dans le corps, 2.º dans l'espace, les différentes droites avec lesquelles coïncidera successivement l'axe instantané de rotation. Tandis que la surface conique, qui aura pour génératrices les droites tracées dans le corps solide, sera entraînée par le mouvement du corps, elle touchera constamment la surface conique qui aura pour génératrices les droites tracées dans l'espace, et par conséquent la seconde surface ne sera autre chose que l'enveloppe de la portion de l'espace parcourue par la première.*

Admettons maintenant qu'une droite mobile, assujettie à passer par le point O, suive l'axe instantané de rotation dans ses positions successives. La quantité υ, déterminée par la formule (12), représentera évidemment la vitesse angulaire avec laquelle cette droite tournera autour du point O en changeant de position, soit dans le corps, soit dans l'espace.

Lorsqu'une des surfaces coniques mentionnées dans le théorème 3 se réduit à une droite, on doit en dire autant de l'autre surface. Alors la quantité υ s'évanouit, et l'axe instantané de rotation conserve toujours la même position, non-seulement dans l'espace, mais encore dans le corps solide. On peut donc énoncer le théorème suivant.

4.ᵉ **Théorème.** *Les mêmes choses étant posées que dans le théorème 3, si l'axe instantané de rotation devient fixe de position dans le corps solide, il sera fixe dans l'espace, et réciproquement.*

On peut remarquer que la première partie du 4.ᵉ théorème est évidente par elle même. Car, lorsque les mêmes points du corps se trouvent constamment sur l'axe de rotation, chacun de ces points a constamment une vitesse nulle, et demeure en conséquence immobile dans l'espace.

Il reste maintenant à faire connaître les relations qui peuvent exister entre les vitesses des différents points d'un système invariable ou d'un corps solide, quand toutes ces vitesses diffèrent de zéro. Pour y parvenir, nous commencerons par établir une proposition auxiliaire dont voici l'énoncé.

5.ᵉ **Théorème.** *Supposons que deux points matériels A, A' se meuvent dans l'espace d'une manière quelconque, et qu'un observateur, placé sur le point A', détermine, pour un instant donné, la vitesse apparente du point A. La vitesse absolue de celui-ci sera représentée, non-seulement en grandeur, mais encore en direction, par la diagonale du parallélogramme construit sur la vitesse apparente, et sur une longueur égale et parallèle à la vitesse absolue du point A'.*

Démonstration. Rapportons les positions de tous les points de l'espace à trois axes fixes qui se coupent à angles droits; et désignons, au bout du temps t, par x, y, z les coordonnées du point A, par x', y', z' celles du point A'. Soient, à la même époque,

$$(13) \qquad r = \sqrt{[(x-x')^2 + (y-y')^2 + (z-z')^2]}$$

la distance des points A, A'; ω, ω' leurs vitesses absolues, représentées par des longueurs $\overline{AB}$, $\overline{A'B'}$ portées sur les directions de ces vitesses; et α, β, γ; α', β', γ' les angles que forment ces directions avec les demi-axes des coordonnées positives. Les projections algébriques des vitesses absolues ω, ω' seront

$$(14) \qquad \omega\cos\alpha = \frac{dx}{dt}, \qquad \omega\cos\beta = \frac{dy}{dt}, \qquad \omega\cos\gamma = \frac{dz}{dt},$$

et

$$(15) \qquad \omega'\cos\alpha' = \frac{dx'}{dt}, \qquad \omega'\cos\beta' = \frac{dy'}{dt}, \qquad \omega'\cos\gamma' = \frac{dz'}{dt}.$$

Concevons d'ailleurs qu'un observateur, placé sur le point A', mesure à chaque instant le rayon vecteur r mené du point A' au point A, et les angles formés par ce rayon vecteur avec les demi-axes des coordonnées positives, ou plutôt avec trois demi-axes parallèles menés par le point A'. Les angles dont il s'agit seront ceux dont les cosinus sont équivalents aux trois fractions

$$(16) \qquad \frac{x-x'}{r}, \qquad \frac{y-y'}{r}, \qquad \frac{z-z'}{r};$$

et l'observateur aura tous les éléments nécessaires pour déterminer, non pas le mouvement absolu du point A dans l'espace, mais le mouvement relatif ou apparent de ce point autour du point A' considéré comme immobile, c'est-à-dire, 1.° la courbe que le point A, vu du point A', semblera décrire, 2.° l'intensité et la direction de la vitesse apparente du point A, ou, ce qui revient au même, les trois quantités

$$(17) \qquad \frac{d(x-x')}{dt}, \qquad \frac{d(y-y')}{dt}, \qquad \frac{d(z-z')}{dt},$$

qui représenteront les projections algébriques de la vitesse apparente. Cela posé, admettons que l'on porte à partir du point A, et sur la direction de sa vitesse apparente, une longueur $\overline{AE}$ propre à représenter cette même vitesse; puis, sur un demi-axe parallèle à $\overline{A'B'}$, une longueur $\overline{AF} = \overline{A'B'}$. Les trois longueurs $\overline{AB}$, $\overline{AE}$, $\overline{AF}$, étant projetées sur les axes des x, y et z, donneront pour projections algébriques les quantités (14), (15), (17); et, comme les équations

$$(18) \quad \frac{dx}{dt} = \frac{dx'}{dt} + \frac{d(x-x')}{dt}, \quad \frac{dy}{dt} = \frac{dy'}{dt} + \frac{d(y-y')}{dt}, \quad \frac{dz}{dt} = \frac{dz'}{dt} + \frac{d(z-z')}{dt},$$

qui subsistent évidemment entre ces quantités, sont entièrement semblables aux équations qui ont lieu entre les projections algébriques de deux forces appliquées à un point unique et de leur résultante, on peut affirmer que la première longueur sera la diagonale du parallélogramme construit sur les deux autres.

Ces principes étant établis, considérons un système invariable ou un corps solide qui se meuve d'une manière quelconque dans l'espace. Soient, au bout du temps t, Ω la vitesse d'un point O choisi arbitrairement dans le corps solide, et a, b, c les angles formés par la direction de la vitesse Ω avec les demi-axes des coordonnées positives. Concevons de plus qu'un observateur, placé au point O, détermine le mouvement apparent du corps autour de ce point regardé comme immobile. Ce mouvement apparent ne pourra être, en vertu de ce qui a été dit ci-dessus, qu'un mouvement de rotation autour d'un axe instantané passant par le point O. Soient λ, μ, ν les angles que forme cet axe, prolongé à partir du point O dans une direction telle que le corps tourne autour de lui de droite à gauche, avec les demi-axes des coordonnées positives; et désignons par $\varkappa$ la vitesse angulaire du corps solide dans le mouvement de rotation apparent. Enfin, représentons toujours par x, y, z les coordonnées d'un point quelconque A de ce même corps. Pour l'observateur placé au point O, les projections algébriques de la vitesse apparente du point A seront respectivement

$$(19) \quad \varkappa[(\eta-y)\cos\nu-(\zeta-z)\cos\mu], \quad \varkappa[(\zeta-z)\cos\lambda-(\xi-x)\cos\nu], \quad \varkappa[(\xi-x)\cos\mu-(\eta-y)\cos\lambda],$$

Donc, en vertu du théorème 5, la vitesse absolue ω du point A, et les angles α, β, γ, que formera la direction de cette vitesse avec les demi-axes des coordonnées positives, seront déterminés par les équations

$$(20) \quad \begin{cases} \omega\cos\alpha = \Omega\cos a + \varkappa(\eta\cos\nu - \zeta\cos\mu) - \varkappa y\cos\nu + \varkappa z\cos\mu, \\[4pt] \omega\cos\beta = \Omega\cos b + \varkappa(\zeta\cos\lambda - \xi\cos\nu) - \varkappa z\cos\lambda + \varkappa x\cos\nu, \\[4pt] \omega\cos\gamma = \Omega\cos c + \varkappa(\xi\cos\mu - \eta\cos\lambda) - \varkappa x\cos\mu + \varkappa y\cos\lambda. \end{cases}$$

Les valeurs précédentes de $\omega\cos\alpha$, $\omega\cos\beta$, $\omega\cos\gamma$, c'est-à-dire, les projections algébriques de la vitesse absolue du point A sont nécessairement indépendantes de la position du point O. Elles devront donc rester invariables, tandis qu'on fera varier le point O, quelles que soient d'ailleurs les valeurs attribuées aux coordonnées x, y, z. Il en résulte que les coefficients de x, y, z, dans les seconds membres des équations (20), et par conséquent les trois produits

$$(21) \quad \varkappa\cos\lambda, \quad \varkappa\cos\mu, \quad \varkappa\cos\nu$$

ne changeront pas de valeurs, si l'on remplace le point O par un autre. Donc, au bout d'un temps quelconque t, *la vitesse angulaire* $\varkappa$, *et les angles* λ, μ, ν,

*qui déterminent la direction de l'axe instantané dans le mouvement de rotation appa-
rent, sont des quantités indépendantes de la position de l'observateur.* La première de
ces quantités est ce que nous nommerons la *vitesse instantanée de rotation* du corps
solide.

Supposons à présent que le point O coïncide, au bout du temps t, avec l'origine
même des coordonnées. On aura, dans ce cas, $\xi = 0$, $\eta = 0$, $\zeta = 0$, et les formules
(20) se réduiront à

$$(22) \quad \begin{cases} \omega\cos\alpha = \Omega\cos a - \varkappa\,(y\cos\nu - z\cos\mu)\,, \\[6pt] \omega\cos\beta = \Omega\cos b - \varkappa\,(z\cos\lambda - x\cos\nu)\,, \\[6pt] \omega\cos\gamma = \Omega\cos c - \varkappa\,(x\cos\mu - y\cos\lambda)\,. \end{cases}$$

Soient d'ailleurs ∂, Δ les angles que forment les directions des vitesses ω, Ω avec
la direction de l'axe instantané de rotation. On aura évidemment

$$(23) \qquad \cos\partial = \cos\alpha\cos\lambda + \cos\beta\cos\mu + \cos\gamma\cos\nu\,,$$

$$(24) \qquad \cos\Delta = \cos a\cos\lambda + \cos b\cos\mu + \cos c\cos\nu\,,$$

et l'on tirera des formules (22), respectivement multipliées par $\cos\lambda$, $\cos\mu$, $\cos\nu$,

$$(25) \qquad \omega\cos\partial = \Omega\cos\Delta\,.$$

Cette dernière équation prouve que *la vitesse absolue d'un point quelconque A du corps
solide, étant projetée sur la direction d'un axe instantané de rotation, fournit une projection constante, c'est-à-dire indépendante de la position du point A.* On en conclut que la vitesse ω obtiendra la plus petite valeur possible, lorsque sa direction
sera parallèle à celle des axes de rotation. Or, cette condition sera remplie, quand les
coordonnées x, y, z vérifieront la formule

$$(26) \quad \frac{\Omega\cos a - \varkappa\,(y\cos\nu - z\cos\mu)}{\cos\lambda} = \frac{\Omega\cos b - \varkappa\,(z\cos\lambda - x\cos\nu)}{\cos\mu} = \frac{\Omega\cos c - \varkappa\,(x\cos\mu - y\cos\lambda)}{\cos\nu}\,,$$

que l'on peut remplacer par les équations

$$(27) \quad \begin{cases} \Omega\cos a - \varkappa\,(y\cos\nu - z\cos\mu) = \Omega\cos\Delta\,.\cos\lambda\,, \\[6pt] \Omega\cos b - \varkappa\,(z\cos\lambda - x\cos\nu) = \Omega\cos\Delta\,.\cos\mu\,, \\[6pt] \Omega\cos c - \varkappa\,(x\cos\mu - y\cos\lambda) = \Omega\cos\Delta\,.\cos\nu\,, \end{cases}$$

et qui représente une droite dont chaque point est animé d'une vitesse dirigée suivant l'axe instantané de rotation que fournirait le mouvement apparent autour de ce point. La droite dont il s'agit ici est ce que nous appellerons *l'axe instantané de rotation du corps solide*, et la vitesse de chacun des points situés sur cet axe sera *la vitesse instantanée de translation du même corps.* Dorénavant nous désignerons par ν cette dernière vitesse. Si l'axe instantané de rotation du corps solide passait, non par le point (x, y, z), mais par le point (ξ, η, ζ), on aurait nécessairement, dans la formule (25),

$$(28) \qquad\qquad \Omega = \nu, \qquad\qquad \cos\Delta = \pm 1 ;$$

et la vitesse ω d'un point (x, y, z), situé hors de l'axe instantané, vérifierait l'équation

$$(29) \qquad\qquad \omega\cos\delta = \pm\nu,$$

le double signe $\pm$ devant être réduit tantôt au signe $+$, tantôt au signe $-$, selon que le mouvement de rotation s'exécuterait de droite à gauche, ou de gauche à droite, autour de l'axe instantané prolongé dans le sens de la vitesse ν.

On pourrait au reste établir, sans calcul, la plupart des résultats que nous venons d'énoncer, à l'aide des considérations suivantes.

Soient $\overline{OO'}$ l'axe instantané de rotation que fournit, au bout du temps t, le mouvement apparent du corps autour d'un point donné O. Pour déterminer en grandeur et en direction la vitesse absolue d'un point A situé hors de cet axe, il suffira [voyez le théorème 5] de chercher la diagonale du parallélogramme construit sur la vitesse apparente du point A, et sur une droite égale et parallèle à la vitesse du point O. Il en résulte, 1.º que tous les points situés sur une droite parallèle à l'axe $\overline{OO'}$ seront animés de la même vitesse absolue, 2.º que la direction de cette vitesse absolue sera parallèle à l'axe $\overline{OO'}$, et dirigée suivant la droite elle-même, si cette droite a été choisie de manière que la vitesse apparente de chacun de ses points soit égale et parallèle à la projection de la vitesse absolue du point O sur un plan perpendiculaire à l'axe $\overline{OO'}$, mais dirigée en sens inverse.

Il suit encore de ces considérations que les vitesses absolues de tous les points du corps solide, au bout du temps t, seront complètement déterminées, quand on connaîtra la position de l'axe instantané de rotation de ce même corps, ainsi que les deux vitesses instantanées de rotation et de translation. Cette remarque entraîne évidemment la proposition suivante.

6.ᵉ Théorème. *Quelle que soit la nature du mouvement d'un corps solide, les relations existantes entre les différents points seront toujours celles qui auraient lieu, si le corps était retenu de manière à pouvoir seulement tourner autour d'un axe fixe, et glisser le long de cet axe.*

Si, pour fixer les idées, on suppose que l'axe instantané de rotation passe, au bout du temps t, par le point dont les coordonnées sont ξ, η, ζ, on déduira facilement des équations (20) la grandeur et la direction de la vitesse ω d'un autre point choisi arbitrairement dans le corps solide, et correspondant aux coordonnées x, y, z. En effet, pour y parvenir, il suffira de poser, dans les formules (20), $\Omega = \upsilon$, et de plus

$$(30) \qquad \cos a = \cos\lambda, \qquad \cos b = \cos\mu, \qquad \cos c = \cos\nu,$$

ou bien

$$(31) \qquad \cos a = -\cos\lambda, \qquad \cos b = -\cos\mu, \qquad \cos c = -\cos\nu,$$

suivant que le mouvement de rotation du corps solide s'effectuera de droite à gauche, ou de gauche à droite, autour de l'axe instantané de rotation prolongé dans la direction de la vitesse υ. Par conséquent on trouvera, dans la première supposition,

$$(32) \quad \left\{ \begin{aligned} \omega\cos\alpha &= \upsilon\cos\lambda + \varpi[(\eta-y)\cos\nu - (\zeta-z)\cos\mu], \\ \omega\cos\beta &= \upsilon\cos\mu + \varpi[(\zeta-z)\cos\lambda - (\xi-x)\cos\nu], \\ \omega\cos\gamma &= \upsilon\cos\nu + \varpi[(\xi-x)\cos\mu - (\eta-y)\cos\lambda]; \end{aligned} \right.$$

et dans la seconde

$$(33) \quad \left\{ \begin{aligned} \omega\cos\alpha &= -\upsilon\cos\lambda + \varpi[(\eta-y)\cos\nu - (\zeta-z)\cos\mu], \\ \omega\cos\beta &= -\upsilon\cos\mu + \varpi[(\zeta-z)\cos\lambda - (\xi-x)\cos\nu], \\ \omega\cos\gamma &= -\upsilon\cos\nu + \varpi[(\xi-x)\cos\mu - (\eta-y)\cos\lambda]. \end{aligned} \right.$$

Lorsque l'axe instantané de rotation du corps solide passe par l'origine même des coordonnées, on peut remplacer par zéro chacune des trois quantités ξ, η, ζ, dans les formules (32) ou (33), dont les trois premières se réduisent à

$$(34) \quad \left\{ \begin{aligned} \omega\cos\alpha &= \upsilon\cos\lambda - \varpi y\cos\nu + \varpi z\cos\mu, \\ \omega\cos\beta &= \upsilon\cos\mu - \varpi z\cos\lambda + \varpi x\cos\nu, \\ \omega\cos\gamma &= \upsilon\cos\nu - \varpi x\cos\mu + \varpi y\cos\lambda; \end{aligned} \right.$$

et les trois dernières à

$$(35) \quad \left\{ \begin{aligned} \omega\cos\alpha &= -\upsilon\cos\lambda - \varpi y\cos\nu + \varpi z\cos\mu, \\ \omega\cos\beta &= -\upsilon\cos\mu - \varpi z\cos\lambda + \varpi x\cos\nu, \\ \omega\cos\gamma &= -\upsilon\cos\nu - \varpi x\cos\mu + \varpi y\cos\lambda. \end{aligned} \right.$$

Dans les équations (34) et (35), ainsi que dans les formules (29), (32) et (33), υ signe la vitesse instantanée de translation du corps solide.

Lorsque la quantité ω, c'est-à-dire, la vitesse instantanée de rotation du corps solide se réduit à zéro, on tire des formules (32) ou (33)

$$(36) \qquad\qquad \omega = \upsilon \, ,$$

$$(37) \qquad\qquad \frac{\cos\alpha}{\cos\lambda} = \frac{\cos\beta}{\cos\mu} = \frac{\cos\gamma}{\cos\nu} = \pm 1 \, .$$

Donc alors tous les points du corps solide ont des vitesses égales et parallèles, comme si le corps était assujetti de manière à pouvoir seulement glisser le long d'un axe fixe, sans tourner autour de cet axe.

Nous terminerons cet article en indiquant quelques propriétés remarquables de l'axe instantané de rotation d'un corps solide. Soit $\overline{OO'}$ la direction de cet axe au bout du temps t. Il est clair qu'à cette époque on pourra faire passer par l'axe $\overline{OO'}$ deux surfaces réglées construites de manière à comprendre toutes les droites, tracées dans le corps ou dans l'espace, qui deviendront plus tard des axes instantanés de rotation. Cela posé, soient $\overline{AA'}$, $\overline{BB'}$ deux droites correspondantes, comprises dans les deux surfaces, en sorte que la droite $\overline{AA'}$ doive s'appliquer sur la droite $\overline{BB'}$, en devenant un axe de rotation du corps solide, à la fin du temps $t + \Delta t$. Admettons d'ailleurs, 1.° qu'un plan mené par le point O perpendiculairement à l'axe $\overline{OO'}$ rencontre la droite $\overline{AA'}$ au point A, et la droite $\overline{BB'}$ au point B', 2.° que B soit le point de la seconde droite avec lequel le point A coïncidera, quand la première droite s'appliquera sur la seconde. Enfin soit D la projection du point B sur le plan OAB'. Si l'on considère Δt comme un infiniment petit du premier ordre, la distance $\overline{BB'}$ et les arcs $\overline{OA}$, $\overline{OB'}$, mesurés à partir du point O sur les deux courbes d'intersection du plan OAB' avec les deux surfaces réglées, seront en général des infiniment petits du même ordre. Mais la distance $\overline{DB'}$, et l'arc AD que la projection du point A sur le plan OAB' sera obligée de parcourir avant de s'appliquer sur le point D, seront des quantités infiniment petites d'un ordre plus élevé. En effet, comme la longueur $\overline{BB'}$ sera mesurée sur une droite sensiblement perpendiculaire au plan dont il s'agit, le rapport de la projection $\overline{DB'}$ à $\overline{BB'}$ sera très-petit; et l'on pourra en dire autant du rapport entre l'arc AD et l'instant Δt, attendu que ce dernier rapport représente une moyenne entre les diverses valeurs que reçoit la projection de la vitesse du point A sur le plan OAB', depuis la fin du temps t jusqu'à la fin du temps $t + \Delta t$, et que cette projection reste évidemment très-petite pendant l'instant Δt. Si l'on conservait quelques doutes à cet égard, il suffirait d'observer que la projection de la vitesse du point A est la diagonale d'un parallélogramme construit sur deux côtés, qui restent très-petits l'un et l'autre pendant l'instant Δt, et qui représentent, 1.° la projection de la vitesse de translation du corps solide sur le plan OAB' sensiblement perpendiculaire à la direction de cette vitesse, 2.° la projection sur le même plan de la vitesse apparente qu'attribuerait au point A un observateur placé en un point de l'axe instantané de rotation. Donc l'arc AD, la distance $\overline{DB'}$, la somme des longueurs AD, $\overline{DB'}$, et, à plus forte raison, la distance $\overline{AB'}$ seront des quantités infiniment petites d'un ordre supérieur au premier. Il est aisé d'en conclure, 1.° que les deux arcs de courbes OA, OB' seront tangents l'un à l'autre, 2.° que les deux surfaces réglées se toucheront suivant la droite $\overline{OO'}$, et que la première surface, entraînée par le mouvement du corps, prendra successivement diverses positions dans lesquelles elle se trouvera enveloppée par la seconde. On peut donc énoncer la proposition suivante.

7.° Théorème. *Concevons qu'un corps solide se meuve d'une manière quelconque dans l'espace, et qu'à un instant donné on trace, 1.° dans le corps, 2.° dans l'espace, les différentes droites avec lesquelles coïncidera successivement l'axe instantané de rotation de ce corps solide. Tandis que la surface réglée, qui aura pour génératrices les droites tracées dans le corps, sera entraînée par le mouvement de celui-ci, elle touchera constamment la surface réglée qui aura pour génératrices les droites tracées dans l'espace, et par conséquent la seconde surface ne sera autre chose que l'enveloppe de la portion de l'espace parcourue par la première.*

Lorsqu'une des surfaces réglées se réduit à une droite, on doit en dire autant de l'autre surface. Alors l'axe instantané conserve toujours la même position, non-seulement dans l'espace, mais aussi dans le corps solide. On peut donc énoncer encore le théorême suivant.

8.° Théorème. *Les mêmes choses étant posées que dans le 7.° théorème, si l'axe instantané de rotation du corps solide devient fixe de position dans le corps, il sera fixe dans l'espace; et réciproquement.*

Il importe d'observer que la première partie du 8.° théorème est évidente. Car, si l'axe instantané de rotation coïncide, pendant toute la durée du moment, avec une seule des droites que l'on peut tracer dans le corps; cette droite, étant constamment animée en ses divers points de vitesses dirigées suivant elle-même, occupera toujours dans l'espace la même place.

SUR LES DIVERSES PROPRIÉTÉS DE LA FONCTION

$$\Gamma(x) = \int_0^\infty z^{x-1} e^{-z}\, dz.$$

L'intégrale définie

$$(1) \qquad \int_0^\infty z^{x-1} e^{-z}\, dz,$$

que M. Legendre a désignée par la notation $\Gamma(x)$, et qu'il a nommée intégrale Eulérienne de seconde espèce, jouit, comme l'on sait, de plusieurs propriétés remarquables. Ainsi, par exemple, en désignant par n un nombre entier, et par x une quantité positive, on a généralement

$$(2) \quad \Gamma(n) = 1.2.3\ldots(n-1), \qquad (3) \quad \Gamma(x+n) = x(x+1)\ldots(x+n-1)\Gamma(x),$$

et, en supposant $x < 1$,

$$(4) \qquad \Gamma(x)\,\Gamma(1-x) = \frac{\pi}{\sin \pi x}\,.$$

A ces formules, que j'ai rappelées dans le résumé des Leçons données à l'École royale polytechnique, et dont les deux dernières entraînent les équations

$$(5) \quad \Gamma(x+1) = x\,\Gamma(x), \qquad (6) \quad \Gamma\left(\frac{1}{2}\right) = \pi^{\frac{1}{2}}, \qquad (7) \quad \Gamma\left(n+\frac{1}{2}\right) = \frac{1}{2}\,\frac{3}{2}\,\frac{5}{2}\ldots\frac{2n-1}{2}\,\pi^{\frac{1}{2}},$$

on doit joindre encore les suivantes

$$(8) \qquad \Gamma(x) = (2\pi)^{\frac{1}{2}} x^{\,x-\frac{1}{2}}\, e^{-x}\,(1+\varepsilon),$$

et

$$(9) \qquad n^{nx}\,\frac{\Gamma(x)\,\Gamma\left(\dfrac{1}{n}+x\right)\Gamma\left(\dfrac{2}{n}+x\right)\ldots\Gamma\left(\dfrac{n-1}{n}+x\right)}{\Gamma(nx)} = (2\pi)^{\frac{n-1}{2}}\, n^{\frac{1}{2}}\,.$$

Dans l'équation (8), qui a été donnée par M. Laplace, et qui coïncide, pour des valeurs entières de x, avec la formule (152) du Mémoire sur les intégrales définies prises entre des limites imaginaires, ε désigne un nombre d'autant plus petit que la valeur de x est plus considérable. Quant à la formule (9), M. Legendre l'a établie, dans ses Exercices de calcul intégral, à l'aide d'une intégration double, et en s'appuyant sur les propriétés de la fonction

$$\frac{d^2 \, \mathrm{l}\,\Gamma(1+x)}{dx^2}.$$

J'observerai ici que la même formule pourrait être déduite des équations (5) et (8). En effet, il résulte évidemment de l'équation (5) que le premier membre de la formule (9) ne varie pas quand on fait croître la valeur de x de l'unité. Donc ce premier membre ne variera pas non plus, si l'on ajoute à la valeur de x autant d'unités que l'on voudra, et si l'on fait croître x par ce moyen au-delà de toute limite. Or, quand la variable x devient infinie, ε s'évanouit dans l'équation (8), en vertu de laquelle le premier membre de la formule (9) se réduit à

$$(10) \quad (2\pi)^{\frac{n-1}{2}} \, n^{\frac{1}{2}} \, e^{-\frac{n-1}{2}} \left(1+\frac{1}{nx}\right)^{x+\frac{1}{n}-\frac{1}{2}} \left(1+\frac{2}{nx}\right)^{x+\frac{2}{n}-\frac{1}{2}} \dots \left(1+\frac{n-1}{nx}\right)^{x+\frac{n-1}{n}-\frac{1}{2}}.$$

D'ailleurs, si l'on fait, pour abréger,

$$(11) \qquad P = \left(1+\frac{1}{nx}\right)^{x+\frac{1}{n}-\frac{1}{2}} \left(1+\frac{2}{nx}\right)^{x+\frac{2}{n}-\frac{1}{2}} \dots \left(1+\frac{n-1}{nx}\right)^{x+\frac{n-1}{n}-\frac{1}{2}},$$

et, si l'on a égard à la formule

$$(12) \qquad \mathrm{l}\left(1+\frac{m}{nx}\right) = \frac{m}{nx} - \text{etc.},$$

on trouvera, pour des valeurs infinies de x,

$$(13) \qquad \mathrm{l}(P) = \frac{1}{n} + \frac{2}{n} + \dots + \frac{n-1}{n} = \frac{n-1}{2}, \qquad\qquad (14) \qquad P = e^{\frac{n-1}{2}}.$$

En substituant la valeur précédente de P dans l'expression (10), on obtiendra pour résultat le second membre de la formule (9).

Nous terminerons cet article en faisant observer que, pour étendre les équations (3), (4), etc..., au cas où la variable x prend une valeur quelconque, positive ou négative, il suffit de remplacer la formule $\Gamma(x) = \int_0^\infty z^{x-1} e^{-z} dx$ par la formule (16) de la page 60 du premier volume. Alors, si l'on pose successivement

$$x = -r, \qquad x = -r-1, \qquad x = -r-2, \dots \qquad x = -r-n,$$

r désignant une quantité positive et plus petite que l'unité, on aura

$$(14) \quad \Gamma(-r) = \int_0^\infty \frac{e^{-x}-1}{x^{r+1}} dx, \qquad\qquad \Gamma(-r-1) = \int_0^\infty \frac{e^{-x}-1+x}{x^{r+2}} dx, \quad \text{etc,}$$

et généralement

$$(15) \quad \Gamma(-r-n) = \int_0^\infty \left\{ e^{-x} - \left(1 - \frac{x}{1} + \frac{x^2}{1.2} - \dots \pm \frac{x^n}{1.2.3\dots n}\right) \right\} \frac{dx}{x^{r+n+1}}.$$

SUR LES MOMENTS D'INERTIE.

Considérons un système de points matériels dont les masses soient respectivement m, m', m'', ... et représentons par r, r', r''.... les distances de ces points à un certain axe $\overline{OO'}$. La somme

$$m r^2 + m'r'^2 + m''r''^2 + \text{etc...} ,$$

que nous désignerons, pour abréger, par la notation

$$\Sigma m r^2,$$

sera ce qu'on nomme le *moment d'inertie* du système par rapport à l'axe $\overline{OO'}$. M. Binet a proposé d'étendre la même dénomination au cas où l'on suppose que r, r', r''.... représentent les distances des points matériels à un plan fixe, et d'admettre que, dans cette supposition, $\Sigma m r^2$ est le moment d'inertie du système par rapport au plan dont il s'agit. De plus, il a prouvé qu'on peut toujours construire, autour d'un point donné, un ellipsoïde dont ce point soit le centre, et dont chaque diamètre soit équivalent au au double de la racine carrée du moment d'inertie du système par rapport au plan conjugué à ce diamètre. Nous allons faire voir, dans cet article, que les moments d'inertie du système, par rapport à différents axes menés par un même point, peuvent être facilement déterminés, à l'aide d'un second ellipsoïde dont la construction fournit le moyen le plus simple de comparer entre eux ces moments d'inertie, et d'établir l'existence des trois droites désignées sous le nom d'*axes principaux*.

Soient A, A', etc... les différents points matériels dont les masses ont été représentées par m, m', m''...; et

$$(1) \qquad K = \Sigma m r^2$$

le moment d'inertie du système des points A, A', A''... par rapport à l'axe $\overline{OO'}$ passant par le point O. Prenons ce dernier point pour origine des coordonnées, et désignons par x, y, z les coordonnées rectangulaires de la masse m. Soient enfin s le rayon vecteur $\overline{OA}$, δ que forme ce rayon vecteur avec l'axe $\overline{OO'}$ prolongé dans une certaine direction, et λ, μ, ν les angles formés par celui-ci avec les demi-axes des coordonnées positives. On aura évidemment

$$(2) \qquad r = s \sin \delta , \qquad\qquad (3) \qquad s^2 = x^2 + y^2 + z^2 .$$

De plus, comme les angles compris entre le rayon vecteur s et les demi-axes des coordonnées positives auront pour cosinus les rapports

$$\frac{x}{s}, \qquad \frac{y}{s}, \qquad \frac{z}{s},$$

on trouvera encore

$$(4) \qquad \cos \delta = \frac{x}{s} \cos \lambda + \frac{y}{s} \cos \mu + \frac{z}{s} \cos \nu ,$$

et par suite

$$(5) \qquad s \cos \delta = x \cos \lambda + y \cos \mu + z \cos \nu ;$$

puis l'on en conclura

$$(6) \qquad r^2 = s^2 \sin^2 \delta = s^2 - s^2 \cos^2 \delta = x^2 + y^2 + z^2 - (x \cos\lambda + y \cos\mu + z \cos\nu)^2$$
$$= (y \cos\nu - z \cos\mu)^2 + (z \cos\lambda - x \cos\nu)^2 + (x \cos\nu - y \cos\lambda)^2 .$$

Il est bon d'observer que l'équation (6) peut être remplacée par l'une quelconque des deux suivantes

$$(7) \qquad r^2 = x^2 \sin^2\lambda + y^2 \sin^2\mu + z^2 \sin^2\nu - 2yz \cos\mu\cos\nu - 2zx \cos\nu\cos\lambda - 2xy \cos\lambda\cos\mu ,$$

$$(8) \quad r^2 = (y^2 + z^2) \cos^2\lambda + (z^2 + x^2) \cos^2\mu + (x^2 + y^2) \cos^2\nu - 2yz \cos\mu\cos\nu - 2zx \cos\nu\cos\lambda - 2xy \cos\lambda\cos\mu .$$

Cela posé, si l'on fait, pour abréger,

$$(9) \qquad A = \Sigma m (y^2 + z^2) , \qquad B = \Sigma m (z^2 + x^2) , \qquad C = \Sigma m (x^2 + y^2) ;$$

$$(10) \qquad D = \Sigma m yz , \qquad E = \Sigma m zx , \qquad F = \Sigma m xy ;$$

$$(11) \qquad G = \Sigma m x^2 , \qquad H = \Sigma m y^2 , \qquad I = \Sigma m z^2 ;$$

on tirera de la formule (1), combinée avec l'équation (7) ou (8),

$$(12) \qquad K = A \cos^2\lambda + B \cos^2\mu + C \cos^2\nu - 2 D \cos\mu\cos\nu - 2 E \cos\nu\cos\lambda - 2 F \cos\lambda\cos\mu ,$$

ou

$$(13) \qquad K = G \sin^2\lambda + H \sin^2\mu + I \sin^2\nu - 2 D \cos\mu\cos\nu - 2 E \cos\nu\cos\lambda - 2 F \cos\lambda\cos\mu .$$

Ajoutons que les quantités A, B, C, déterminées par les formules (9), sont précisément les moments d'inertie relatifs aux axes des x, y et z.

(95)

Concevons à présent que l'on désigne par x, y, z les coordonnées d'un point O' choisi arbitrairement sur l'axe $\overline{OO'}$, et par k la longueur $\overline{OO'}$. On aura évidemment

$$(14) \qquad k = \sqrt{(x^2 + y^2 + z^2)},$$

$$(15) \qquad \frac{x}{\cos \lambda} = \frac{y}{\cos \mu} = \frac{z}{\cos \nu} = \pm k;$$

et, en substituant dans l'équation (12) les valeurs de $\cos \lambda$, $\cos \mu$, $\cos \nu$ tirées de la formule (15), on trouvera

$$(16) \qquad Ax^2 + By^2 + Cz^2 - 2Dyz - 2Ezx - 2Fxy = Kk^2.$$

Supposons de plus que l'axe $\overline{OO'}$ vienne à se mouvoir, en tournant autour du point O, et que, pendant ce mouvement, la longueur $\overline{OO'} = k$ varie de manière à être constamment représentée par une certaine fonction du moment d'inertie K. Ce moment d'inertie pourra lui-même s'exprimer en fonction de la distance

$$k = \sqrt{(x^2 + y^2 + z^2)},$$

et le point O' décrira évidemment une surface courbe, dont la construction fera connaître la dépendance qui existe entre la valeur de K et la direction de l'axe $\overline{OO'}$. Observons d'ailleurs que cette surface courbe sera représentée par l'équation (16), quand on y considèrera k et K comme des fonctions des coordonnées x, y, z devenues variables.

Parmi les différentes relations qu'on peut établir entre les quantités k et K, l'une de celles qui ramènent l'équation (16) aux formes les plus simples consiste à supposer la longueur k réciproquement proportionnelle à la racine carrée du moment d'inertie K. En effet, si, pour fixer les idées, on prend

$$(17) \qquad k = \frac{1}{\sqrt{K}}, \qquad \text{ou} \qquad Kk^2 = 1,$$

l'équation (16) deviendra

$$(18) \qquad Ax^2 + By^2 + Cz^2 - 2Dyz - 2Ezx - 2Fxy = 1.$$

La surface, représentée par cette dernière équation, est évidemment une surface du second degré, qui a pour centre l'origine même des coordonnées. De plus, comme le moment d'inertie K, uniquement composé de termes positifs, ne s'évanouira jamais, à moins que tous les points matériels donnés ne soient situés sur une même droite, et qu'en conséquence la longueur k conservera généralement, pour toutes les positions de l'axe $\overline{OO'}$, une valeur finie; il est clair que la surface (18) sera un ellipsoïde. On peut donc énoncer la proposition suivante.

1.er Théorème. *Considérons un système quelconque de points matériels A, A', etc., et supposons qu'après avoir mené par un point O pris à volonté dans l'espace une infinité d'axes, on détermine les divers moments d'inertie du système par rapport à ces mêmes axes. Si, à partir du point O, l'on porte sur chaque axe une longueur numériquement équivalente à l'unité divisée par la racine carrée du moment d'inertie correspondant, les extrémités des diverses longueurs seront comprises dans la surface d'un ellipsoïde dont le point O sera le centre.*

Si tous les points matériels du système que l'on considère étaient situés sur un même axe, le moment d'inertie relatif à cet axe deviendrait nul, et la longueur correspondante serait infinie; d'où il résulte que l'ellipsoïde se transformerait en une surface cylindrique.

Observons maintenant que, la direction des axes coordonnés étant arbitraire, on pourra toujours faire coïncider ces axes avec ceux de l'ellipsoïde représenté par l'équation (18). Alors les produits yz, zx, xy devront disparaître, ou, en d'autres termes, les coëfficients D, E, F devront s'évanouir. On peut donc faire passer par le point O trois axes rectangulaires et tellement choisis qu'en les prenant pour axes coordonnés on ait à-la-fois

$$(19) \qquad \Sigma m y z = 0, \qquad \Sigma m z x = 0, \qquad \Sigma m x y = 0.$$

Ces trois axes sont ceux qu'on a nommés les *axes principaux* du système relatifs au point O. On appelle *moments d'inertie principaux* ceux qui se rapportent à ces mêmes axes. Comme, en vertu de l'équation (17), la valeur de K augmente, tandis que la longueur k diminue, et réciproquement, il est clair que l'un des moments d'inertie, savoir, celui qui correspondra au grand axe de l'ellipsoïde, sera le moment d'inertie *minimum*, tandis qu'un autre, savoir, celui qui correspondra au petit axe de l'ellipsoïde, sera le moment d'inertie *maximum*.

Lorsque l'ellipsoïde est de révolution, il existe une infinité de systèmes d'axes rectangulaires pour lesquels les conditions (19) se trouvent vérifiées. En d'autres termes, il existe une infinité de systèmes d'axes principaux. Chacun de ces systèmes se compose 1.° de l'axe de révolution, 2.° de deux autres axes qui passent par le centre de l'ellipsode et se coupent à angles droits dans le plan de son équateur. Alors aussi deux moments d'inertie relatifs à des droites qui forment le même angle avec l'axe de révolution sont nécessairement égaux entre eux.

Lorsque l'ellipsoïde se transforme en une surface cylindrique, cette dernière est toujours une surface de révolution, et l'on rentre dans le cas que nous venons d'examiner. Seulement l'un des moments d'inertie principaux s'évanouit.

Lorsque l'ellipsoïde se réduit à une sphère, les conditions (19) se trouvent vérifiées pour tout système de trois axes rectangulaires passant par l'origine. Trois axes de cette espèce, pris au hasard, forment donc alors un système d'axes principaux. De plus, tous les moments d'inertie deviennent égaux entre eux.

En faisant coïncider les axes coordonnés avec les axes principaux, on simplifie les équations (12), (13), (18), puisqu'alors les coefficients D, E, F s'évanouissent; et l'on obtient immédiatement les formules

$$(20) \qquad K = A\cos^2\lambda + B\cos^2\mu + C\cos^2\nu,$$

$$(21) \qquad K = G\sin^2\lambda + H\sin^2\mu + I\sin^2\nu,$$

$$(22) \qquad Ax^2 + By^2 + Cz^2 = 1,$$

dans lesquelles A, B, C désignent les trois moments d'inertie principaux. La formule (20) sert à exprimer le moment d'inertie relatif à un axe quelconque passant par un point donné O, en fonction des moments d'inertie principaux, et des angles λ, μ, ν que forme l'axe dont il s'agit avec les axes principaux.

Dans le cas où les axes principaux ne coïncident pas avec ceux des x, y et z, leurs directions, ainsi que les valeurs des moments d'inertie principaux, peuvent être facilement déterminées. En effet, dans l'ellipsoïde représenté par l'équation (18), le rayon vecteur, mené du centre au point (x, y, z), devient normal à la surface, quand les coordonnées x, y, z vérifient la formule

$$(23) \qquad \frac{Ax - Fy - Ez}{x} = \frac{By - Dz - Fx}{y} = \frac{Cz - Ex - Dy}{z}.$$

D'ailleurs on tire de cette formule combinée avec les équations (15) et (12)

$$(24) \qquad \frac{A\cos\lambda - F\cos\mu - E\cos\nu}{\cos\lambda} = \frac{B\cos\mu - D\cos\nu - F\cos\lambda}{\cos\mu} = \frac{C\cos\nu - E\cos\lambda - D\cos\mu}{\cos\nu} = K.$$

ou, ce qui revient au même,

$$(25) \qquad \left\{ \begin{array}{l} (K - A)\cos\lambda + F\cos\mu + E\cos\nu = 0, \\[6pt] F\cos\lambda + (K - B)\cos\mu + D\cos\nu = 0, \\[6pt] E\cos\lambda + D\cos\mu + (K - C)\cos\nu = 0; \end{array} \right.$$

et par suite

$$(26)\quad (K-A)(K-B)(K-C) - D^2(K-A) - E^2(K-B) - F^2(K-C) + 2DEF = 0.$$

Cela posé, les trois valeurs de K, propres à vérifier l'équation (26), seront évidemment les trois moments d'inertie relatifs aux axes de l'ellipsoïde (18), c'est-à-dire, les moments d'inertie principaux. De plus, à chacun de ces moments correspondront deux systèmes de valeurs des angles λ, μ, ν, déterminés par les équations (25) réunies à la suivante

$$(27)\quad \cos^2\lambda + \cos^2\mu + \cos^2\nu = 1,$$

ou, ce qui revient au même, pour la formule

$$(28)\quad \frac{\cos\lambda}{(K-B)(K-C)-D^2} = \frac{\cos\mu}{(K-C)(K-A)-E^2} = \frac{\cos\nu}{(K-A)(K-B)-F^2} = $$
$$\pm \frac{1}{\sqrt{[(K-B)(K-C)-D^2]^2 + [(K-C)(K-A)-E^2]^2 + [(K-A)(K-B)-F^2]^2}} ;$$

et il est clair que ces deux systèmes indiqueront les deux directions suivant lesquelles on peut prolonger, à partir de l'origine, l'un des axes de l'ellipsoïde, c'est-à-dire, l'un des axes principaux.

L'équation (26) est une de celles que Lagrange avait rencontrées dans ses recherches sur le mouvement de rotation d'un corps solide. Cet illustre géomètre avait démontré que les trois racines de l'équation dont il s'agit sont toujours réelles. Mais M. Binet a prouvé le premier que ces racines étaient précisément les moments d'inertie principaux.

Supposons maintenant que l'on veuille déterminer le moment d'inertie du système des points matériels A, A', ... par rapport à un axe, qui forme toujours avec ceux des x, y, z les angles λ, μ, ν, mais qui passe par un point C distinct de l'origine. Soient d'ailleurs $\mathfrak{K}$ ce moment d'inertie; a, b, c les coordonnées du point C; R et $\mathfrak{R}$ les distances respectives de l'origine O et du point A au nouvel axe; M la somme des masses m, m', ...; enfin ξ, η, ζ les coordonnées du centre de gravité du système des points A, A'... On aura

$$(29)\quad \mathfrak{K} = \Sigma m \mathfrak{R}^2 ;$$

De plus, pour déduire la distance $\mathfrak{R}$ de la distance r déterminée par l'équation (6), il suffira évidemment de transporter l'origine au point (a, b, c), et de remplacer en conséquence x, y, z par $x-a$, $y-b$, $z-c$. On aura donc encore

$$(30) \qquad \mathfrak{R}^2 = (x-a)^2 + (y-b)^2 + (z-c)^2 - [x\cos\lambda + y\cos\mu + z\cos\nu - (a\cos\lambda + b\cos\mu + \cos\nu)]^2,$$

et l'on en conclura, en réduisant x, y et z à zéro,

$$(31) \qquad R^2 = a^2 + b^2 + c^2 - (a\cos\lambda + b\cos\mu + c\cos\nu)^2.$$

On trouvera par suite

$$(32) \qquad \mathfrak{R}^2 = r^2 + R^2 - 2[ax+by+cz - (a\cos\lambda + b\cos\mu + c\cos\nu)(x\cos\lambda + y\cos\mu + z\cos\nu)].$$

puis, en ayant égard aux équations

$$(33) \qquad \Sigma mx = M\xi, \qquad \Sigma my = Mn, \qquad \Sigma mz = M\zeta,$$

on tirera des formules (29) et (32)

$$(34) \qquad \mathfrak{K} = K + MR^2 - 2M[a\xi + bn + c\zeta - (a\cos\lambda + b\cos\mu + c\cos\nu)(\xi\cos\lambda + n\cos\mu + \zeta\cos\nu)].$$

Si l'on fait coïncider l'origine avec le centre de gravité du système des points A, A', etc..., ξ, n, ζ s'évanouiront, et l'équation (34) donnera simplement

$$(35) \qquad \mathfrak{K} = K + MR^2.$$

Cette dernière formule comprend un théorème dont voici l'énoncé.

2.ᵉ Théorème. *Pour obtenir le moment d'inertie d'un système de points matériels par rapport à un axe quelconque, il suffit d'ajouter, au moment d'inertie relatif à un axe parallèle passant par le centre de gravité, la somme des masses des différents points multipliée par le carré de la distance entre les deux axes.*

Les théorèmes 1 et 2 s'étendent au cas même où le nombre des points matériels A, A',... devient infini, et où le système de ces points se transforme en un corps solide. Lorsque le corps est homogène, et qu'un plan, mené par le point O, divise le corps en deux parties symétriques, ce plan renferme évidemment deux axes de l'ellipsoïde représenté par l'équation (18), et par conséquent deux des axes principaux relatifs au point O. De cette remarque on déduit immédiatement la proposition suivante.

3.ᵉ Théorème. *Lorsque, par le centre de gravité d'un corps solide et homogène, on peut mener trois plans, dont chacun divise le corps en deux parties symétriques, les droites d'intersection de ces mêmes plans sont précisément les axes principaux relatifs au centre de gravité.*

Ainsi, par exemple, dans un parallélipipède rectangle et un ellipsoïde homogènes, les axes principaux relatifs au centre coïncident avec les droites menées par le centre parallèlement aux arêtes, ou avec les axes de l'ellipsoïde.

Quand on se propose d'évaluer le moment d'inertie d'un corps solide homogène, le moyen le plus simple est d'employer la formule (21), et de déterminer les constantes G, H, I, à l'aide de la division du corps solide en tranches infiniment minces, comprises entre des plans parallèles aux plans coordonnés. Ainsi, en particulier, pour déterminer la constante

$$G = \Sigma m x^2,$$

ou le moment d'inertie du corps solide relatif au plan des y, z, on cherchera d'abord le moment d'inertie d'une tranche très-mince du même corps, renfermée entre deux plans perpendiculaires à l'axe des x, et correspondants aux deux abscisses x, $x + \Delta x$. Soit U l'aire de la section faite par le premier de ces deux plans dans le corps solide, et ρ la densité du corps. La masse de la tranche dont il s'agit, et son moment d'inertie par rapport au plan des y, z seront exprimés par deux produits de la forme

$$(36) \qquad (1 \pm \varepsilon)\rho U \Delta x, \qquad\qquad (37) \qquad (1 \pm \varepsilon)\rho U x^2 \Delta x,$$

ε désignant un nombre qui s'évanouira toujours avec Δx, et qui pourra changer de valeur quand on passera du premier produit au second. Cela posé, si l'on divise le corps en un très-grand nombre de tranches semblables à celle que nous venons de considérer, on trouvera pour la somme des moments d'inertie de toutes ces tranches

$$(38) \qquad G = \Sigma (1 \pm \varepsilon)\rho U x^2 \Delta x,$$

le signe Σ se rapportant aux diverses valeurs de Δx; puis, en faisant converger chacune de ces valeurs vers zéro, et passant aux limites, on obtiendra l'équation

$$(39) \qquad G = \int_{x_0}^{x_1} \rho U x^2 \, dx.$$

Dans la formule (39), x_0 et x_1 représentent la plus petite et la plus grande des valeurs de l'abscisse x. Cette formule s'étend au cas même où la densité ρ devient variable avec l'abscisse x; et, quand le corps est homogène, elle se réduit à

$$(40) \qquad \begin{cases} G = \rho \int_{x_0}^{x_1} U x^2 \, dx. \quad \text{On trouvera de la même manière} \\[2mm] H = \rho \int_{y_0}^{y_1} V y^2 \, dy, \\[2mm] I = \rho \int_{z_0}^{z_1} W z^2 \, dz; \end{cases}$$

pourvu que l'on désigne par y_0 et y_i la plus petite et la plus grande des valeurs de y relatives aux divers points du corps solide, par z_0 et z_i la plus petite et la plus grande des valeurs de z, enfin par V et W les aires de deux sections faites dans le corps par des plans perpendiculaires aux axes des y et z, et correspondants le premier à l'ordonnée y, le second à l'ordonnée z.

Pour montrer une application des formules (21) et (40), concevons que le corps solide soit un parallélipipède rectangle et homogène, dont le centre coïncide avec l'origine, et dont les arêtes soient parallèles aux axes des x, y, z. Si l'on désigne par a, b, c ces trois arêtes, et par M la masse du parallélipipède, on aura évidemment

$$U = b c, \qquad x_0 = - \frac{1}{2} a, \qquad x_i = \frac{1}{2} a, \qquad M = \rho\, a\, b\, c.$$

$$G = \rho\, b\, c \int_{-\frac{1}{2}a}^{\frac{1}{2}a} x^2\, dx = \frac{M}{a} \int_{-\frac{1}{2}a}^{\frac{1}{2}a} x^2\, dx = \frac{1}{12} M a^2$$

On trouvera de même

$$H = \frac{1}{12} M b^2, \qquad I = \frac{1}{12} M c^2;$$

et par suite la formule (21) donnera

$$(41) \qquad K = M\, \frac{a^2 \sin^2 \lambda + b^2 \sin^2 \mu + c^2 \sin^2 \nu}{12}.$$

Tel sera le moment d'inertie du parallélipipède relativement à un axe mené par le centre de manière à former les angles λ, μ, ν avec les directions des trois arêtes.

Si le parallélipipède se transforme en un cube, la valeur de K deviendra indépendante des angles λ, μ, ν; et, en ayant égard à la formule

$$\sin^2 \lambda + \sin^2 \mu + \sin^2 \nu = 3 - (\cos^2 \lambda + \cos^2 \mu + \cos^2 \nu) = 2,$$

on tirera de l'équation (41)

$$(42) \qquad K = \frac{1}{6} M a^2.$$

Considérons encore un ellipsoïde homogène qui ait pour centre l'origine, et qui soit représenté par l'équation

$$(43) \qquad \frac{x^2}{a^2} + \frac{y^2}{b^2} + \frac{z^2}{c^2} = 1 .$$

La section faite dans cet ellipsoïde par un plan perpendiculaire à l'axe des x, et correspondant à l'abscisse x, sera une ellipse qui, étant elle-même représentée par l'équation

$$\frac{y^2}{b^2\left(1 - \frac{x^2}{a^2}\right)} + \frac{z^2}{c^2\left(1 - \frac{x^2}{a^2}\right)} = 1 ,$$

aura pour demi-axes deux longueurs mesurées par les produits

$$b\left(1 - \frac{x^2}{a^2}\right)^{\frac{1}{2}} , \quad c\left(1 - \frac{x^2}{a^2}\right)^{\frac{1}{2}} .$$

De plus, comme, pour déterminer la surface U de cette ellipse, il suffira de multiplier le produit des deux demi-axes par le nombre π, on aura encore

$$U = \pi b c \left(1 - \frac{x^2}{a^2}\right) .$$

On trouvera d'ailleurs, en désignant par M la masse de l'ellipsoïde,

$$x_0 = -a , \qquad x_1 = a , \qquad M = \frac{4}{3}\pi \rho a b c .$$

Cela posé, la première des formules (40) donnera

$$G = \pi \rho b c \int_{-a}^{a} \left(1 - \frac{x^2}{a^2}\right) x^2 \, dx = \frac{3}{4}\frac{M}{a} \int_{-a}^{a} \left(1 - \frac{x^2}{a^2}\right) x^2 \, dx$$

$$= \frac{3}{2} M a^2 \int_{0}^{1} t^2 (1 - t^2) \, dt = \frac{1}{5} M a^2 .$$

On aura de même

$$H = \frac{1}{5} M b^2 , \qquad I = \frac{1}{5} M c^2 ,$$

et par suite on tirera de la formule (21)

$$(44) \qquad K = M \frac{a^2 \sin^2 \lambda + b^2 \sin^2 \mu + c^2 \sin^2 \nu}{5} .$$

Tel sera le moment d'inertie de l'ellipsoïde relativement à une droite menée par le centre de manière à former les angles λ, μ, ν avec les directions des trois axes.

Si l'ellipsoïde se transforme en une sphère, la valeur de K deviendra indépendante des angles λ, μ, ν, et se réduira simplement à

$$(45) \qquad\qquad K = \frac{2}{5} M a^2.$$

Nous terminerons ici cet article, sans nous arrêter aux applications que l'on peut faire de la formule (35), ni à la formule bien connue qui sert à déterminer le moment d'inertie d'un solide de révolution par rapport à l'axe de ce même solide.

SUR LA FORCE VIVE D'UN CORPS SOLIDE

OU D'UN SYSTÈME INVARIABLE EN MOUVEMENT.

On sait que la force vive d'un système invariable ou d'un corps solide en mouvement se décompose en deux parties, dont l'une représente la force vive du corps déterminée par un observateur, qui, placé au centre de gravité, regarderait ce point comme immobile, tandis que l'autre partie est la force vive que l'on obtiendrait, en supposant la masse entière transportée au point dont il s'agit, et animée de la vitesse avec laquelle il se meut dans l'espace. Toutefois le centre de gravité n'est pas le seul point qui jouisse de la propriété que je viens de rappeler ici, et l'on peut démontrer qu'elle est commune à tous ceux qui sont situés sur la surface d'un cylindre droit à base circulaire dans lequel deux génératrices opposées coïncident, l'une avec l'axe instantané de rotation du corps solide, l'autre avec la droite menée par le centre de gravité parallèlement à cet axe. C'est en effet ce qui résulte des considérations suivantes.

Soient A, A', A''... les différents points matériels qui composent le système invariable ou le corps solide; m, m', m''... leurs masses respectives, et M la masse entière. Soient d'ailleurs, au bout du temps t,

$$\omega, \quad \omega', \quad \omega''...; \quad \Omega$$

les vitesses des points A, A', A''..., et du centre de gravité G, ψ^2 la force vive du corps solide, c'est-à-dire, la somme des forces vives de ses divers éléments, $\overline{OO'}$ l'axe instantané de rotation du même corps, enfin υ et ϖ ses vitesses instantanées de translation et de rotation. On aura

$$M = m + m' + m'' + ... , \qquad \text{et} \qquad \psi^2 = m\omega^2 + m'\omega'^2 + \text{etc.} ... ,$$

ou, ce qui revient au même,

$$(1) \qquad M = \Sigma m , \qquad \text{et} \qquad (2) \qquad \psi^2 = \Sigma m \omega^2 ,$$

le signe Σ indiquant une somme de termes semblables et relatifs aux masses m, m', m''.... D'autre part, si l'on nomme R la distance entre l'axe $\overline{OO'}$ et un axe parallèle $\overline{GG'}$ mené par le centre de gravité, r, s les longueurs des perpendiculaires abaissées du point A sur les deux axes $\overline{GG'}$, $\overline{OO'}$, et δ l'angle que ces perpendiculaires forment entre elles; on trouvera encore

$$(3) \qquad \omega^2 = \upsilon^2 + s^2\varpi^2, \qquad\qquad (4) \qquad \Omega^2 = \upsilon^2 + R^2\varpi^2 ;$$

$$(5) \qquad \Sigma m s^2 = \Sigma m r^2 + M R^2 ;$$

$$(6) \qquad R^2 = r^2 + s^2 - 2 rs\cos\delta .$$

En effet, pour établir ces quatre équations, il suffira d'observer, 1.º que la vitesse absolue du point A ou G est la diagonale d'un rectangle construit sur la vitesse υ de l'axe instantané de rotation et sur la vitesse apparente $s\varpi$ ou $R\varpi$ qu'attribuerait au point A ou G un observateur placé sur l'axe $\overline{OO'}$, 2.º que la différence entre les quantités $\Sigma m s^2$ et $\Sigma m r^2$, c'est-à-dire, entre les moments d'inertie du corps solide relatifs aux deux axes $\overline{OO'}$ et $\overline{GG'}$, doit être, en vertu du second théorème de l'article précédent, équivalente au produit de la masse entière par le carré de la distance des deux axes, 3.º que cette distance est le côté opposé à l'angle δ, dans un triangle formé avec les trois longueurs r, s et R. Si maintenant on substitue, dans la formule (2), à la place de ω^2, sa valeur donnée par l'équation (3), on trouvera

$$(7) \qquad \psi^2 = M\upsilon^2 + \varpi^2 \Sigma m s^2 ,$$

puis, en ayant égard à la formule (5),

$$(8) \qquad \psi^2 = M(\upsilon^2 + R^2\varpi^2) + \varpi^2 \Sigma m r^2 ,$$

ou, ce qui revient au même,

$$(9) \qquad \psi^2 = M\Omega^2 + \varpi^2 \Sigma m r^2 .$$

De plus, si l'on nomme K et $\mathcal{K}$ les moments d'inertie du corps solide relatifs à l'axe $\overline{GG'}$ et à un axe parallèle $\overline{AB}$ mené par le point A, on aura évidemment

$$(10) \qquad K = \Sigma m r^2 , \qquad\qquad (11) \qquad \mathcal{K} = K + M r^2 .$$

et l'on tirera de l'équation (8), combinée avec les formules (3), (6), (10) et (11)

$$(12) \qquad \psi^2 = M\omega^2 - 2 M\varpi^2 rs\cos\delta + \mathcal{K}\varpi^2 .$$

Il importe de remarquer que le dernier terme de chacune des équations (7), (9), (12) représente la force vive qu'attribuerait au corps solide un observateur placé sur l'un des axes $\overline{OO'}$, $\overline{GG'}$, $\overline{AB}$. En effet, la vitesse apparente du point A, pour un spectateur placé sur l'axe $\overline{OO'}$, étant précisément égale au produit $s\varkappa$, il est clair que la force vive attribuée par ce spectateur au corps solide sera équivalente à l'expression

$$(13) \qquad \Sigma m (s\varkappa)^2 = \varkappa^2 \Sigma m s^2,$$

c'est-à-dire, au carré de la vitesse de rotation du corps par le moment d'inertie $\Sigma m s^2$ relatif à l'axe $\overline{OO'}$; et, si le spectateur se transporte sur l'axe $\overline{GG'}$, ou sur l'axe $\overline{OO'}$, il faudra évidemment remplacer, dans l'expression (13), le facteur $\Sigma m s^2$ par l'une des quantités

$$K = \Sigma m r^2 \qquad \text{ou} \qquad \mathcal{H},$$

qui désignent les moments d'inertie relatifs aux axes $\overline{GG'}$ ou $\overline{AB}$. Quant aux produits $M\upsilon^2$, $M\Omega^2$, $M\omega^2$, chacun d'eux représente la force vive qu'offrirait la masse entière concentrée en un point situé sur l'axe $\overline{OO'}$ ou $\overline{GG'}$ ou $\overline{AB}$, et animée de la même vitesse que ce point. Ajoutons que, si l'on suppose le plan qui renferme les axes $\overline{AB}$, $\overline{OO'}$ perpendiculaire au plan qui renferme les axes $\overline{AB}$, $\overline{GG'}$, le facteur $\cos\delta$ se réduira simplement à zéro, et l'équation (12) à la formule

$$(14) \qquad \tfrac{1}{2}^2 = M\omega^2 + \mathcal{H}\varkappa^2.$$

D'ailleurs, dans cette hypothèse, si l'on coupe les trois axes parallèles $\overline{OO'}$, $\overline{GG'}$, $\overline{AB}$ par un plan perpendiculaire à ces mêmes axes, les trois points d'intersection formeront un triangle rectangle dont le sommet sera situé sur l'axe $\overline{AB}$. Donc alors tous les points de l'axe $\overline{AB}$ appartiendront à des circonférences décrites, dans des plans perpendiculaires aux trois axes, sur des diamètres propres à mesurer la distance des deux premiers. Il en résulte que la droite $\overline{AB}$ sera l'une des génératrices d'un cylindre droit que l'on pourra considérer comme ayant pour base une des circonférences ci-dessus mentionnées. Cela posé, la formule (14) entraînera évidemment la proposition suivante.

Théorème. *Concevons qu'un système invariable ou un corps solide se meuve dans l'espace. Soient, à une époque quelconque du mouvement, $\overline{OO'}$ l'axe instantané de rotation de ce même corps, et $\overline{GG'}$ l'axe parallèle mené par le centre de gravité G. Enfin supposons que l'on construise une surface cylindrique à base circulaire, et dans*

*laquelle deux génératrices opposées coïncident avec les deux axes dont il s'agit. Pour
déterminer la force vive du corps solide, il suffira de calculer celle que lui attribuerait,
en se considérant comme immobile, un observateur placé en un point pris au hasard
sur la surface cylindrique, et d'ajouter à la force vive ainsi calculée celle qu'on obtiendrait, si la masse entière était concentrée au point dont il s'agit, et animée de la même
vitesse que ce point.*

Si l'observateur se plaçait sur l'un des axes $\overline{O\,O'}$, $\overline{G\,G'}$, la vitesse ϖ se trouverait réduite à l'une des vitesses v, Ω; et la formule (14) à l'une des équations (7)
et (9). Ajoutons que la seconde de ces deux équations est précisément celle qui exprime
la propriété connue du centre de gravité relativement à la décomposition de la force
vive.

SUR LES RELATIONS QUI EXISTENT,

DANS L'ÉTAT D'ÉQUILIBRE D'UN CORPS SOLIDE OU FLUIDE,

ENTRE LES PRESSIONS OU TENSIONS ET LES FORCES ACCÉLÉRATRICES.

Considérons, dans un corps solide ou fluide, un point quelconque dont les coordonnées rectangulaires soient désignées par x, y, z. Si l'on nomme p', p'', p''' les pressions ou tensions exercées en ce point, du côté des coordonnées positives, contre trois plans parallèles aux plans des y, z, des z, x, et des x, y; les projections algébriques des forces p', p'', p''' sur les axes coordonnés seront deux à deux égales entre elles [voyez la page 47], et pourront être représentées en conséquence, comme on l'a déjà fait dans un autre article [page 49], par les quantités

$$(1) \qquad \begin{cases} A, & F, & E; \\ F, & B, & D; \\ E, & D, & C. \end{cases}$$

Soient d'ailleurs

$$(2) \qquad X, \qquad Y, \qquad Z$$

les projections algébriques de la force accélératrice appliquée au point (x, y, z) sur les axes coordonnés. On reconnaîtra facilement que les quantités (1) et (2) sont toujours liées entre elles par trois équations qu'on peut obtenir ainsi qu'il suit.

Soient Δx, Δy, Δz des accroissements très-petits attribués aux variables x, y, z:

$$(3) \qquad v = \Delta x \, \Delta y \, \Delta z$$

le volume du parallélipipède rectangle compris entre les six plans menés parallèlement aux plans coordonnés par les deux points (x, y, z), $(x + \Delta x, y + \Delta y, z + \Delta z)$; ρ la densité du corps au point (x, y, z), et m la masse comprise sous le volume v. Les projections algébriques de la force motrice qui sollicite cette masse seront à très-peu près équivalentes aux trois produits

$$(4) \qquad m X, \qquad m Y, \qquad m Z.$$

ou, parce qu'on a sensiblement

$$(5) \qquad m = \rho v = \rho \, \Delta x \, \Delta y \, \Delta z,$$

aux trois expressions

$$(6) \qquad \rho X \Delta x \Delta y \Delta z, \qquad \rho Y \Delta x \Delta y \Delta z, \qquad \rho Z \Delta x \Delta y \Delta z.$$

De plus, les six faces rectangulaires, qui terminent le volume v, seront deux à deux égales entre elles, et mesurées par les produits

$$(7) \qquad \Delta y \Delta z, \qquad \Delta z \Delta x, \qquad \Delta x \Delta y.$$

Enfin les trois faces, qui aboutissent au point (x, y, z), supporteront en ce point des pressions ou tensions dont les projections algébriques seront respectivement

$$(8) \qquad \left\{ \begin{array}{ccc} -A, & -F, & -E, \\ -F, & -B, & -D, \\ -E, & -D, & -C. \end{array} \right.$$

Cela posé, désignons par x, $y + y$, $z + z$ les coordonnées d'un point quelconque situé sur celle des trois dernières faces qui est perpendiculaire à l'axe des x. Tandis qu'on passera du point (x, y, z) au point $(x, y + y, z + z)$, la projection algébrique sur l'axe des x de la pression ou tension exercée contre cette face changera de valeur, et deviendra équivalente au polynome

$$(9) \qquad -\left(A + \frac{dA}{dy} y + \frac{dA}{dz} z + \dots \right).$$

Par suite, la tension ou pression totale, supportée par cette face parallèlement à l'axe des x, aura pour mesure l'intégrale

$$(10) \qquad -\int_0^{\Delta y} \int_0^{\Delta z} \left(A + \frac{dA}{dy} y + \frac{dA}{dz} z + \dots \right) dz\, dy = -\left(A + \frac{dA}{dy} \frac{\Delta y}{2} + \frac{dA}{dz} \frac{\Delta z}{2} + \dots \right) \Delta y \Delta z,$$

et sera dirigée dans le sens des x positives ou négatives, suivant que l'intégrale (10) sera elle-même positive ou négative. Quant à la pression supportée par la face opposée, parallèlement à l'axe des x, elle aura évidemment pour projection algébrique sur cet axe l'expression qu'on obtient en remplaçant, dans l'intégrale (10), le signe $-$ par le signe $+$, et la quantité A par

$$A + \frac{dA}{dx}\, \Delta x + \frac{d^2 A}{dx^2}\, \frac{\Delta x^2}{1.2} + \text{etc.} \dots\,,$$

c'est-à-dire le produit

$$(11) \qquad \left(A + \frac{dA}{dx}\, \Delta x + \frac{dA}{dy}\, \frac{\Delta y}{2} + \frac{dA}{dz}\, \frac{\Delta z}{2} + \dots \right) \Delta y\, \Delta z .$$

Donc la résultante des pressions ou tensions supportées, parallèlement à l'axe des x, par les faces du volume v comprises dans des plans parallèles au plan des y, z, aura pour projection algébrique sur cet axe le produit

$$(12) \qquad \left(\frac{dA}{dx}\, \Delta x + \dots \right) \Delta y\, \Delta z .$$

On prouvera de la même manière que la résultante des pressions ou tensions supportées, parallèlement à l'axe des x, par les faces parallèles au plan des z, x, ou au plan des x, y, a pour projection algébrique sur cet axe le produit

$$(13) \qquad \left(\frac{dF}{dy}\, \Delta y + \dots \right) \Delta z\, \Delta x ,$$

ou le suivant

$$(14) \qquad \left(\frac{dE}{dz}\, \Delta z + \dots \right) \Delta x\, \Delta y .$$

Donc, si l'on considère les différences Δx, Δy, Δz comme infiniment petites du premier ordre, et si l'on néglige les infiniment petits d'un ordre supérieur au troisième, ce qui permettra de réduire les produits (12), (13), (14) à leurs premiers termes, la somme des projections algébriques sur l'axe des x des pressions ou tensions, supportées parallèlement à cet axe par les six faces du volume v, sera simplement

$$(15) \qquad \left(\frac{dA}{dx} + \frac{dF}{dy} + \frac{dE}{dz} \right) \Delta x\, \Delta y\, \Delta z .$$

Or, la molécule m devant, par hypothèse, rester en équilibre sous l'action des différentes forces qui la sollicitent, savoir, des pressions ou tensions exercées contre ses faces, et de la force motrice, la somme des projections algébriques de toutes ces forces sur l'axe des x devra s'évanouir. On aura donc

$$\left(\frac{dA}{dx} + \frac{dF}{dy} + \frac{dE}{dz} \right) \Delta x\, \Delta y\, \Delta z + \rho X\, \Delta x\, \Delta y\, \Delta z = 0\,,$$

et l'on en conclura

$$(16)\quad\begin{cases} \dfrac{dA}{dx} + \dfrac{dF}{dy} + \dfrac{dE}{dz} + \rho X = 0, \\[2ex] \dfrac{dF}{dx} + \dfrac{dB}{dy} + \dfrac{dD}{dz} + \rho Y = 0, \\[2ex] \dfrac{dE}{dx} + \dfrac{dD}{dy} + \dfrac{dC}{dz} + \rho Z = 0. \end{cases}\qquad\text{On trouvera de même}$$

Si le corps que l'on considère se réduisait à une masse fluide, il y aurait, en chaque point, égalité de pression en tout sens, et chaque pression serait perpendiculaire au plan qui la supporterait. Alors les pressions exercées en un point quelconque, et du côté des coordonnées positives, contre trois plans perpendiculaires aux axes des x, y, z, seraient dirigées parallèlement à ces axes, mais dans le sens des coordonnées négatives. Par suite, en nommant p la pression hydrostatique correspondante au point (x, y, z), on trouverait

$$(17)\qquad A = B = C = -p,$$

$$(18)\qquad D = E = F = 0;$$

et les équations (16), réduites à

$$(19)\qquad \rho X - \frac{dp}{dx} = 0,\qquad \rho Y - \frac{dp}{dy} = 0,\qquad \rho Z - \frac{dp}{dz} = 0,$$

coïncideraient avec les formules (2) de la page 24.

SUR LA TRANSFORMATION DES FONCTIONS

D'UNE SEULE VARIABLE EN INTÉGRALES DOUBLES.

M. Fourier a fait voir qu'on peut transformer une fonction de la variable x en une intégrale double, dans laquelle cette variable n'entre plus que sous le signe sin. ou cos. Les deux formules qu'il a données pour cet objet peuvent être utilement remplacées par une autre que j'ai indiquée dans le 19.e cahier du Journal de l'École royale polytechnique, et qui renferme, au lieu d'un sinus ou d'un cosinus, une seule exponentielle imaginaire. Elles se trouvent d'ailleurs comprises, comme cas particuliers, dans celles que je vais établir.

Soient $\varphi(p,r)$, $\chi(p,r)$, $f(t)$ trois fonctions réelles des variables p, r, t; et p_0, P, r_0, R des valeurs réelles attribuées aux variables p, r. Ainsi que je l'ai prouvé dans le Mémoire sur les intégrales définies prises entre des limites imaginaires, on aura généralement

$$
(1)\quad
\begin{aligned}
&\int_{p_0}^{P} \frac{d[\varphi(p,R)+\sqrt{-1}\,\chi(p,R)]}{dp}\, f[\varphi(p,R)+\sqrt{-1}\,\chi(p,R)]\,dp \\
&-\int_{p_0}^{P} \frac{d[\varphi(p,r_0)+\sqrt{-1}\,\chi(p,r_0)]}{dp}\, f[\varphi(p,r_0)+\sqrt{-1}\,\chi(p,r_0)]\,dp \\
&=\int_{r_0}^{R} \frac{d[\varphi(P,r)+\sqrt{-1}\,\chi(P,r)]}{dr}\, f[\varphi(P,r)+\sqrt{-1}\,\chi(P,r)]\,dr \\
&-\int_{r_0}^{R} \frac{d[\varphi(p_0,r)+\sqrt{-1}\,\chi(p_0,r)]}{dr}\, f[\varphi(p_0,r)+\sqrt{-1}\,\chi(p_0,r)]\,dr - \mathrm{s},
\end{aligned}
$$

s désignant une somme dont chaque terme est égal au produit de l'expression

$$
(2)\qquad \pm\, 2\pi\sqrt{-1}
$$

par l'un des résidus de $f(t)$ correspondants à celles des racines de l'équation

$$(5) \qquad \frac{1}{f(t)} = 0$$

que l'on peut déduire de la formule

$$(4) \qquad t = \varphi(p,r) + \sqrt{-1}\,\chi(p,r)$$

en attribuant à la variable p des valeurs comprises entre les limites p_0, P, et à la variable r des valeurs comprises entre les limites r_0, R. Ajoutons que, dans l'expression (2), le double signe devra être réduit au signe $+$, ou au signe $-$, suivant qu'il s'agira d'un résidu correspondant à une valeur positive ou négative de la différence

$$(5) \qquad \frac{d\varphi(p,r)}{dp}\,\frac{d\chi(p,r)}{dr} - \frac{d\varphi(p,r)}{dr}\,\frac{d\chi(p,r)}{dp} \,.$$

Observons enfin que, si la fonction

$$(6) \qquad f[\varphi(p,r) + \sqrt{-1}\,\chi(p,r)]$$

ne devient pas infinie pour des valeurs de p et de r renfermées entre les limites $p = p_0$, $p = P$, $r = r_0$, $r = R$, on aura simplement

$$(7) \qquad \Delta = 0 \,.$$

Parmi les applications que l'on peut faire de la formule (1), on doit remarquer celles qui se rapportent au cas où l'on suppose

$$(8) \qquad \varphi(p,r) = p = x, \qquad \chi(p,r) = r = y \,,$$

ou bien encore

$$(9) \qquad \varphi(p,r) = r\cos p, \qquad \chi(p,r) = r\sin p \,,$$

On retrouve alors les formules que j'ai données dans le premier volume des Exercices [pages 95 et suiv., 105 et suiv.]. Si l'on supposait, au contraire,

$$(10) \qquad \varphi(p,r) = a\,r, \qquad \chi(p,r) = p\,r \,,$$

a étant une constante positive, la formule (1) donnerait

$$(11) \quad \left\{ \begin{aligned} &\int_{r_0}^{R}\left\{(a + P\sqrt{-1})f[(a + P\sqrt{-1})r] - (a + p_0\sqrt{-1})f[(a + p_0\sqrt{-1})r]\right\}dr \\ &= \sqrt{-1}\int_{p_0}^{P}\left\{R\,f[R(a + p\sqrt{-1})] - r_0\,f[r_0(a + p\sqrt{-1})]\right\}dp + \Delta \,. \end{aligned} \right.$$

Lorsque le produit $r f[(a + p\sqrt{-1})r]$ s'évanouit pour $r = \infty$, quel que soit p, alors, en prenant

$$r_0 = 0, \qquad R = \infty, \qquad p_0 = 0, \qquad P = b,$$

on tire de la formule (11)

$$\int_0^r (a + b\sqrt{-1}) f[(a + b\sqrt{-1})r]\, dr = \int_0^\infty a f(ar)\, dr + \Delta,$$

ou, ce qui revient au même,

$$(12) \qquad \int_0^r (a + b\sqrt{-1}) f[(a + b\sqrt{-1})r]\, dr = \int_0^r f(r)\, dr + \Delta.$$

Cette dernière équation comprend, comme cas particuliers, plusieurs formules connues. Ainsi, par exemple, si l'on pose

$$f(r) = r^{n-1} e^{-r},$$

n désignant une quantité positive, on aura $\Delta = 0$, et l'on tirera de la formule (12)

$$(13) \qquad \int_0^r r^{n-1} e^{-(a + b\sqrt{-1})r}\, dr = \frac{\Gamma(n)}{(a + b\sqrt{-1})^n};$$

puis, en faisant, pour abréger,

$$(14) \qquad \theta = \operatorname{arctang} \frac{b}{a},$$

on trouvera

$$(15) \quad \int_0^\infty r^{n-1} e^{-ar} \cos br\, dr = \frac{\cos n\theta}{(a^2 + b^2)^{\frac{n}{2}}} \Gamma(n), \quad \int_0^\infty r^{n-1} e^{-ar} \sin br\, dr = \frac{\sin n\theta}{(a^2 + b^2)^{\frac{n}{2}}} \Gamma(n).$$

Concevons encore que, dans la formule (11), on prenne

$$p_0 = c, \qquad P = b, \qquad r_0 = 0, \qquad R = \frac{1}{\varepsilon},$$

ε désignant une quantité très-petite. Alors, en supposant la fonction $f(t)$ choisie de manière que Δ s'évanouisse, on trouvera

$$(16) \quad \left\{ \begin{aligned} &\int_0^{\frac{1}{\varepsilon}} \left\{ (a + b\sqrt{-1}) f[(a + b\sqrt{-1})r] - (a + c\sqrt{-1}) f[(a + c\sqrt{-1})r] \right\} dr \\ &\qquad = \sqrt{-1} \int_c^b f\left(\frac{a + p\sqrt{-1}}{\varepsilon} \right) \frac{d\rho}{\varepsilon}. \end{aligned} \right.$$

Soit maintenant x une nouvelle variable renfermée entre les limites x_0, X, en sorte qu'on ait

$$(17) \qquad x_0 < x < X.$$

Si l'on pose

$$(18) \qquad f(t) = \int_{x_0}^{x} e^{-t(x-\mu)} f(\mu)\, d\mu,$$

$f(\mu)$ désignant une fonction de μ qui ne devienne pas infinie entre les limites $\mu = x_0$, $\mu = X$, on trouvera

$$\int_c^b f\left(\frac{a+p\sqrt{-1}}{\varepsilon}\right) \frac{dp}{\varepsilon} = \int_c^b \int_{x_0}^x e^{-(a+p\sqrt{-1})\frac{x-\mu}{\varepsilon}} f(\mu) \frac{d\mu\, dp}{\varepsilon}\,;$$

puis, en faisant

$$\frac{x-\mu}{\varepsilon} = s\,,$$

on obtiendra la formule

$$(19) \qquad \int_c^b f\left(\frac{a+p\sqrt{-1}}{\varepsilon}\right) \frac{dp}{\varepsilon} = \int_c^b \int_c^{\frac{x-x_0}{\varepsilon}} e^{-(a+p\sqrt{-1})s} f(x-\varepsilon s)\, ds\, dp.$$

Comme on a d'ailleurs

$$\int_0^{\frac{x-x_0}{\varepsilon}} e^{-(a+p\sqrt{-1})s} f(x-\varepsilon s)\, ds =$$

$$(20) \quad \int_0^{\frac{1}{\sqrt{\varepsilon}}} e^{-(a+p\sqrt{-1})s} f(x-\varepsilon s)\, ds + \int_{\frac{1}{\sqrt{\varepsilon}}}^{\frac{x-x_0}{\varepsilon}} e^{-(a+p\sqrt{-1})s} f(x-\varepsilon s)\, ds\,,$$

et que, pour des valeurs infiniment petites de ε, les deux intégrales, comprises dans le second membre de l'équation (20), se réduiront, l'une au produit

$$f(x) \int_0^\infty e^{-(a+p\sqrt{-1})s}\, ds = \frac{1}{a+p\sqrt{-1}}\, f(x)\,,$$

l'autre à zéro; on tirera évidemment de l'équation (19), en prenant $\varepsilon = 0$,

$$(21) \qquad \int_c^b f\left(\frac{a+p\sqrt{-1}}{\varepsilon}\right) \frac{dp}{\varepsilon} = f(x) \int_c^b \frac{dp}{a+p\sqrt{-1}}\,.$$

Cela posé, si l'on fait, pour abréger,

$$(22) \qquad A - B\sqrt{-1} = \int_c^b \frac{dp}{a+p\sqrt{-1}} = \int_c^b \frac{a\,dp}{a^2+p^2} - \sqrt{-1}\int_c^b \frac{p\,dp}{a^2+p^2},$$

ou, ce qui revient au même,

$$(23) \qquad A = \int_c^b \frac{a\,dp}{a^2+p^2} = \arctan\frac{b}{a} - \arctan\frac{c}{a}, \quad B = \int_c^b \frac{p\,dp}{a^2+p^2} = \frac{1}{2}\,l\left(\frac{a^2+b^2}{a^2+c^2}\right),$$

on conclura de la formule (16), en y substituant la valeur de $f(t)$ donnée par l'équation (18), et réduisant ε à zéro,

$$(24) \qquad\qquad f(x) =$$

$$\frac{1}{B+A\sqrt{-1}}\int_0^\infty \int_{x_0}^x \left\{ (a+b\sqrt{-1})e^{-(a+b\sqrt{-1})r(x-\mu)} - (a+c\sqrt{-1})e^{-(a+c\sqrt{-1})r(x-\mu)} \right\} f(\mu)\,d\mu\,dr.$$

Si l'on supposait, au contraire,

$$(25) \qquad\qquad f(t) = \int_x^X e^{-t(\mu-x)} f(\mu)\,d\mu,$$

on trouverait, en opérant toujours de la même manière,

$$(26) \qquad\qquad f(x) =$$

$$\frac{1}{B+A\sqrt{-1}}\int_0^\infty \int_x^X \left\{ (a+b\sqrt{-1})e^{-(a+b\sqrt{-1})r(\mu-x)} - (a+c\sqrt{-1})e^{-(a+c\sqrt{-1})r(\mu-x)} \right\} f(\mu)\,d\mu\,dr.$$

Enfin, si l'on ajoute la formule (24) à la formule (26), en ayant soin de remplacer $x - \mu$ dans la première, et $\mu - x$ dans la seconde, par le radical $\sqrt{(x-\mu)^2}$ qui représente, dans tous les cas possibles, la valeur numérique du binome $x - \mu$, on obtiendra l'équation

$$(27) \qquad\qquad f(x) =$$

$$\int_0^\infty \int_{x_0}^X \left\{ (a+b\sqrt{-1})e^{-(a+b\sqrt{-1})r\sqrt{(x-\mu)^2}} - (a+c\sqrt{-1})e^{-(a+c\sqrt{-1})r\sqrt{(x-\mu)^2}} \right\} f(\mu)\frac{d\mu\,dr}{2(B+A\sqrt{-1})}.$$

Si la variable x cessait d'être renfermée entre les limites x_0, X; alors, en supposant

$$(28) \qquad\qquad x > X > x_0,$$

et prenant

$$(29) \qquad f(t) = \int_{x_0}^{X} e^{-t(x-\mu)} f(\mu)\, d\mu,$$

on tirerait de la formule (16), à l'aide de raisonnements semblables à ceux que nous avons employés ci-dessus,

$$(30) \quad \int_0^{\infty} \int_{x_0}^{X} \left\{ (a+b\sqrt{-1}) e^{-(a+b\sqrt{-1})r(x-\mu)} - (a+c\sqrt{-1}) e^{-(a+c\sqrt{-1})r(x-\mu)} \right\} f(\mu)\, d\mu\, dr = 0.$$

Si l'on supposait au contraire

$$(31) \qquad x < x_0 < X,$$

alors en prenant

$$(32) \qquad f(t) = \int_{x_0}^{X} e^{-t(\mu-x)} f(\mu)\, d\mu,$$

on trouverait

$$(33) \quad \int_0^{\infty} \int_{x_0}^{X} \left\{ (a+b\sqrt{-1}) e^{-(a+b\sqrt{-1})r(\mu-x)} - (a+c\sqrt{-1}) e^{-(a+c\sqrt{-1})r(\mu-x)} \right\} f(\mu)\, d\mu = 0,$$

Les équations (30) et (33) peuvent être remplacées par la seule formule

$$(34) \quad \int_0^{\infty} \int_{x_0}^{X} \left\{ (a+b\sqrt{-1}) e^{-(a+b\sqrt{-1})r\sqrt{(x-\mu)^2}} - (a+c\sqrt{-1}) e^{-(a+c\sqrt{-1})r\sqrt{(x-\mu)^2}} \right\} f(\mu)\, d\mu\, dr = 0.$$

qui subsiste toutes les fois que la valeur attribuée à la variable x est située hors des limites x_0, X.

Lorsqu'on prend $c = -b$, les équations (23) donnent

$$(35) \qquad A = 2 \operatorname{arctang} \frac{b}{a}, \qquad B = 0;$$

et l'on tire des formules (27) et (34), 1.° en supposant la variable x renfermée entre les limites x_0, X,

$$(36) \qquad f(x) =$$

$$\frac{\displaystyle\int_0^{\infty} \int_{x_0}^{X} \left\{ (a+b\sqrt{-1}) e^{-(a+b\sqrt{-1})r\sqrt{(x-\mu)^2}} - (a-b\sqrt{-1}) e^{-(a-b\sqrt{-1})r\sqrt{(x-\mu)^2}} \right\} f(\mu)\, d\mu\, dr}{\left(4 \operatorname{arctang} \dfrac{b}{a} \right) \sqrt{-1}}$$

2.° en supposant la variable x située hors des limites x_0, X,

$$(37) \quad \int_0^x \int_{x_0}^X \left\{ (a+b\sqrt{-1})\, e^{-(a+b\sqrt{-1})\, r\sqrt{(x-\mu)^2}} - (a-b\sqrt{-1})\, e^{-(a-b\sqrt{-1})\, r\sqrt{(x-\mu)^2}} \right\} f(\mu)\, d\mu\, dr = 0.$$

Dans le cas particulier où l'on prend $a = 0$, $b = 1$, la formule (36) se réduit à

$$f(x) = \frac{1}{2\pi} \int_0^\infty \int_{x_0}^X \left\{ e^{-r\sqrt{-1}\sqrt{(x-\mu)^2}} + e^{r\sqrt{-1}\sqrt{(x-\mu)^2}} \right\} f(\mu)\, d\mu\, dr,$$

ou plus simplement à

$$(38) \quad f(x) = \frac{1}{2\pi} \int_0^\infty \int_{x_0}^X \left\{ e^{r(x-\mu)\sqrt{-1}} + e^{-r(x-\mu)\sqrt{-1}} \right\} f(\mu)\, d\mu\, dr.$$

Par suite, on aura, pour des valeurs de x comprises entre les limites x_0, X,

$$(39) \quad f(x) = \frac{1}{\pi} \int_0^\infty \int_{x_0}^X \cos r(x-\mu) . f(\mu)\, d\mu\, dr,$$

ou, ce qui revient au même,

$$(40) \quad f(x) = \frac{1}{2\pi} \int_{-\infty}^\infty \int_{x_0}^X e^{r(x-\mu)\sqrt{-1}} f(\mu)\, d\mu\, dr.$$

On tirera, au contraire, de la formule (37), en supposant la variable x située hors des limites x_0, X, et prenant toujours $a = 0$, $b = 1$,

$$(41) \quad \int_0^\infty \int_{x_0}^X \cos r(x-\mu) . f(\mu)\, d\mu\, dr = 0,$$

ou, ce qui revient au même,

$$(42) \quad \int_{-\infty}^\infty \int_{x_0}^X e^{r(x-\mu)\sqrt{-1}} f(\mu)\, d\mu\, dr = 0.$$

Dans le cas où l'on suppose $b = 0$, la fraction que renferme le second membre de l'équation (36) se présente sous la forme $\frac{0}{0}$. Mais, en réduisant cette fraction à sa véritable valeur, on tire de l'équation dont il s'agit

$$(43) \quad f(x) = \frac{a}{2} \int_0^\infty \int_{x_0}^X \left\{ 1 - ar\sqrt{(x-\mu)^2} \right\} e^{-ar\sqrt{(x-\mu)^2}} f(\mu)\, d\mu\, dr.$$

La formule (43), qu'on peut encore écrire comme il suit

$$(44) \qquad f(x) = \frac{a}{2} \int_0^\infty \int_{x_0}^x \left\{ 1 - a\,r\,(x - \mu) \right\} e^{-a\,r\,(x-\mu)} f(\mu)\, d\mu\, dr$$

$$+ \frac{a}{2} \int_0^\infty \int_x^X \left\{ 1 + a\,r\,(x - \mu) \right\} e^{a\,r\,(x-\mu)} f(\mu)\, d\mu\, dr,$$

subsiste, pour toutes les valeurs de x comprises entre les limites x_0, X. Au contraire, lorsque la variable x est située hors des limites x_0, X, on a, en vertu de l'équation (37),

$$(45) \qquad \int_0^\infty \int_{x_0}^X \left\{ 1 - a\,r\,\sqrt{(x-\mu)^2} \right\} e^{-a\,r\,\sqrt{(x-\mu)^2}} f(\mu)\, d\mu\, dr = 0.$$

On trouvera, par suite, en supposant $x > X > x_0$,

$$(46) \qquad \int_0^\infty \int_{x_0}^X \left\{ 1 - a\,r\,(x - \mu) \right\} e^{-a\,r\,(x-\mu)} f(\mu)\, d\mu\, dr = 0 ,$$

et, en supposant $x < x_0 < X$,

$$(47) \qquad \int_0^\infty \int_{x_0}^X \left\{ 1 + a\,r\,(x - \mu) \right\} e^{a\,r\,(x-\mu)} f(\mu)\, d\mu\, dr = 0.$$

Il importe d'observer que les équations (43) et (44) peuvent encore être présentées sous les formes

$$(48) \qquad f(x) = \frac{a}{2} \int_0^\infty \int_{x_0}^X \frac{d\left[a\,e^{-a\,r\,\sqrt{(x-\mu)^2}} \right]}{da} f(\mu)\, d\mu\, dr,$$

$$(49) \qquad f(x) = \frac{a}{2} \int_0^\infty \int_{x_0}^x \frac{d\left[a\,e^{-a\,r\,(x-\mu)} \right]}{da} f(\mu)\, d\mu\, dr$$

$$+ \frac{a}{2} \int_0^\infty \int_x^X \frac{d\left[a\,e^{a\,r\,(x-\mu)} \right]}{da} f(\mu)\, d\mu\, dr.$$

Lorsque, dans les formules (27), (40), (48) et (49), on suppose $x_0 = -\infty$, $X = \infty$, on obtient les équations

$$(50) \qquad f(x) =$$

$$\int_0^\infty \int_{-\infty}^\infty \left\{ (a + b\sqrt{-1})\, e^{-(a + b\sqrt{-1})\,r\,\sqrt{(x-\mu)^2}} - (a + c\sqrt{-1})\, e^{-(a + c\sqrt{-1})\,r\,\sqrt{(x-\mu)^2}} \right\} f(\mu)\, \frac{d\mu\, dr}{2\,(B + A\sqrt{-1})}.$$

$$(51) \qquad f(x) = \frac{1}{2\pi} \int_{-\infty}^\infty \int_{-\infty}^\infty e^{r\,(x-\mu)\sqrt{-1}} f(\mu)\, d\mu\, dr,$$

$$(52) \qquad f(x) = \frac{a}{2} \int_0^\infty \int_{-\infty}^\infty \frac{d\left[ae^{-ar\sqrt{(x-\mu)^2}}\right]}{da} f(\mu)\, d\mu\, dr,$$

$$(53) \qquad f(x) = \frac{a}{2} \int_0^\infty \int_{-\infty}^x \frac{d\left[ae^{-ar(x-\mu)}\right]}{da} f(\mu)\, d\mu\, dr$$

$$+ \frac{a}{2} \int_0^\infty \int_x^\infty \frac{d\left[ae^{ar(x-\mu)}\right]}{da} f(\mu)\, d\mu\, dr,$$

qui subsistent, pour toutes les valeurs positives ou négatives de la variable x.

Concevons à présent que l'on prenne $x_0 = 0$, $X = \infty$. Alors, si l'on attribue à la variable x une valeur positive, on tirera des équations (39) et (48)

$$(54) \qquad f(x) = \frac{1}{\pi} \int_0^\infty \int_0^\infty \cos r(x-\mu) \cdot f(\mu)\, d\mu\, dr,$$

$$(55) \qquad f(x) = \frac{a}{2} \int_0^\infty \int_0^\infty \frac{d\left[ae^{-ar\sqrt{(x-\mu)^2}}\right]}{da} f(\mu)\, d\mu\, dr.$$

De plus, on conclura des formules (41) et (47), en remplaçant x par $-x$,

$$(56) \qquad 0 = \int_0^\infty \int_0^\infty \cos r(x+\mu) \cdot f(\mu)\, d\mu\, dr,$$

$$(57) \qquad 0 = \int_0^\infty \int_0^\infty \left[1 - ar(x+\mu)\right] e^{-ar(x+\mu)} f(\mu)\, d\mu\, dr.$$

Si d'ailleurs on a égard aux équations

$$(58) \qquad \begin{cases} \cos r(x-\mu) = \cos rx \cdot \cos r\mu + \sin rx \sin r\mu, \\ \cos r(x+\mu) = \cos rx \cdot \cos r\mu - \sin rx \cdot \sin r\mu, \end{cases}$$

on tirera des formules (54) et (56), combinées entre elles,

$$(59) \qquad f(x) = \frac{1}{2\pi} \int_0^\infty \int_0^\infty \cos rx \cdot \cos r\mu \cdot f(\mu)\, d\mu\, dr,$$

$$(60) \qquad f(x) = \frac{1}{2\pi} \int_0^\infty \int_0^\infty \sin rx \cdot \sin r\mu \cdot f(\mu)\, d\mu\, dr.$$

Ces deux dernières formules sont celles que M. Fourier a données dans ses Recherches

(121)

sur la théorie de la chaleur. On peut s'en servir pour intégrer des équations linéaires aux différences partielles et à coefficients constants. Mais, pour rendre la méthode d'intégration plus générale, il convient de substituer aux deux formules dont il s'agit l'équation (40) ou (51), ainsi que je l'ai remarqué dans le 19.e cahier du journal de l'École royale polytechnique : [voyez aussi le Bulletin de la Société philomatique pour l'année 1821, et l'Analyse des travaux de l'Académie des sciences pendant la même année.] Ajoutons que, dans beaucoup de cas, il sera utile d'employer, au lieu des formules (40) ou (51), les équations (27), (50), (52), (53). C'est ce que j'expliquerai plus en détail dans un autre article.

Une observation essentielle à faire, c'est qu'on peut établir directement les formules (27) et (34) avec celles qui s'en déduisent, en effectuant d'abord dans chacune de ces formules l'intégration relative à la variable r, après avoir multiplié la fonction sous le signe $\int$ par l'exponentielle $e^{-\varepsilon r}$, et en considérant ε comme un nombre infiniment petit que l'on devra réduire à zéro, quand les intégrations seront achevées. Ainsi, par exemple, en opérant de cette manière, et posant $a(x-\mu)=\varepsilon s$, on reconnaîtra que le second membre de la formule (43) est équivalent au produit

$$f(x)\int_0^\infty \left\{ \frac{1}{1+s} - \frac{s}{(1+s)^2} \right\} ds = f(x)\int_0^\infty \frac{ds}{(1+s)^2} = f(x).$$

Si l'on intègre, par rapport à la quantité a, et à partir de $a=c$, les deux membres de l'équation (49), on en tirera

$$(61)\qquad \int_0^\infty \int_{x_0}^X \left\{ a e^{-ar\sqrt{(x-\mu)^2}} - e^{-cr\sqrt{(x-\mu)^2}} \right\} f(\mu)\, d\mu\, dr = 2 f(x).\,l\left(\frac{a}{c}\right),$$

ou, ce qui revient au même,

$$(62)\qquad f(x) = \frac{1}{2\,l\left(\dfrac{a}{c}\right)} \int_0^\infty \int_{x_0}^X \left\{ a e^{-ar\sqrt{(x-\mu)^2}} - c e^{-cr\sqrt{(x-\mu)^2}} \right\} f(\mu)\, d\mu\, dr.$$

c étant positif, ainsi que a. On peut aisément vérifier la formule (61). Car, si l'on fait, pour abréger,

$$(63)\qquad \mathrm{f}(r) = r \int_{x_0}^X e^{-r\sqrt{(x-\mu)^2}} f(\mu)\, d\mu,$$

on trouvera, en posant $\mu - x = \dfrac{s}{r}$, et $r = \infty$,

$$(64) \qquad \mathrm{f}(x) = f(x) \left\{ \int_{-\infty}^{0} e^{s}\,ds + \int_{0}^{\infty} e^{-s}\,ds \right\} = 2 f(x);$$

et par suite la formule (61) sera réduite à

$$(65) \qquad \int_{0}^{\infty} \frac{\mathrm{f}(ar) - \mathrm{f}(cr)}{r}\,dr = \mathrm{f}(\infty)\,\mathrm{l}\left(\frac{a}{c}\right).$$

Comme on aura d'ailleurs $\mathrm{f}(0) = 0$, il est clair que l'équation (65) pourra encore être présentée sous la forme

$$(66) \qquad \int_{0}^{\infty} \frac{\mathrm{f}(ar) - \mathrm{f}(cr)}{r}\,dr = [\mathrm{f}(\infty) - \mathrm{f}(0)]\,\mathrm{l}\left(\frac{a}{c}\right).$$

Or, cette dernière, qui comprend, comme cas particulier, l'équation connue

$$(67) \qquad \int_{0}^{\infty} \frac{e^{-ar} - e^{-cr}}{r}\,dr = \mathrm{l}\left(\frac{c}{a}\right),$$

et qui coïncide, quand $\mathrm{f}(\infty)$ s'évanouit, avec une formule que j'ai donnée dans le 19.ᵉ Cahier du Journal de l'École polytechnique [voyez la formule (c), page 576], se déduit aisément, ainsi que M. Ostrogradsky, en a fait la remarque, de l'équation

$$(68) \qquad \int_{0}^{\infty} \mathrm{f}'(ar)\,dr = \frac{\mathrm{f}(\infty) - \mathrm{f}(0)}{a}$$

intégrée par rapport à la quantité a. On pourrait au reste établir l'équation (66), aussi bien que la formule dont il s'agit, à l'aide de la théorie des intégrales singulières.

L'équation (62) subsiste seulement pour les valeurs de x comprises entre les limites $x = x_0$, $x = X$. Le second membre s'évanouirait, si la valeur de x devenait inférieure ou supérieure aux deux limites dont il s'agit; et il se réduirait à $\frac{1}{2} f(x)$, si l'on avait $x = x_0$ ou $x = X$. On trouverait en effet, dans le premier cas, $\mathrm{f}(\infty) = 0$, et dans les deux derniers $\mathrm{f}(\infty) = f(x)$. Si l'on prenait $x_0 = -\infty$, $X = \infty$, alors on aurait, pour des valeurs quelconques de x,

$$(69) \qquad f(x) = \frac{1}{2\,\mathrm{l}\left(\frac{a}{c}\right)} \int_{0}^{\infty} \int_{-\infty}^{\infty} \left\{ a e^{-ar\sqrt{(x-\mu)^2}} - c e^{-cr\sqrt{(x-\mu)^2}} \right\} f(\mu)\,d\mu\,dr,$$

ou, ce qui revient au même,

$$(70) \qquad f(x) = \frac{1}{2\,l\left(\frac{a}{c}\right)} \int_0^\infty \int_{-\infty}^x \left\{ a e^{-ar(x-\mu)} - c e^{-cr(x-\mu)} \right\} f(\mu)\, d\mu\, dr ,$$

$$- \frac{1}{2\,l\left(\frac{a}{c}\right)} \int_0^\infty \int_x^\infty \left\{ a e^{ar(x-\mu)} - c e^{cr(x-\mu)} \right\} f(\mu)\, d\mu\, dr .$$

Ces dernières formules peuvent être utilement employées dans l'intégration des équations aux différences partielles.

Si, dans la formule (36), on prenait $a = b = 1$, on trouverait, en supposant la variable x renfermée entre les limites x_0, X,

$$(71) \qquad f(x) = \frac{2}{\pi} \int_0^\infty \int_{x_0}^X e^{-r\sqrt{(x-\mu)^2}} \left\{ \cos . \, r\sqrt{(x-\mu)^2} - \sin . \, r\sqrt{(x-\mu)^2} \right\} f(\mu)\, d\mu\, dr .$$

Il est facile de vérifier directement la formule (71), dans certains cas particuliers, par exemple, dans ceux où l'on supposerait $f(x) = e^{-x}$, $f(x) = \cos x$, etc. ....

On pourrait encore déduire de la formule (1) une multitude d'équations analogues aux formules (27) et (34). Supposons, par exemple, les fonctions $\varphi(p, r)$, $\chi(p, r)$ et $f(t)$ tellement choisies que l'on ait

$$\varphi(p, 0) = 0 , \qquad \chi(p, 0) = 0 , \qquad \varphi(p, \infty) = 0 , \qquad \Delta = 0 .$$

Alors, si l'on prend

$$p_0 = c , \qquad P = b , \qquad r_0 = 0 , \qquad R = \frac{1}{\varepsilon} ,$$

ε désignant un nombre infiniment petit, on tirera de l'équation (1)

$$(72) \quad \left\{ \begin{aligned} & \int_0^\infty \frac{d[\varphi(b,r) + \sqrt{-1}\,\chi(b,r)]}{dr} f[\varphi(b,r) + \sqrt{-1}\,\chi(b,r)] . \, dr \\ & - \int_0^\infty \frac{d[\varphi(b,r) + \sqrt{-1}\,\chi(c,r)]}{dr} f[\varphi(c,r) + \sqrt{-1}\,\chi(c,r)] . \, dr \\ & = \int_b^c \frac{d\left[\varphi\left(p,\frac{1}{\varepsilon}\right) + \sqrt{-1}\,\chi\left(p,\frac{1}{\varepsilon}\right)\right]}{dp} f\left\{ \varphi\left(p,\frac{1}{\varepsilon}\right) + \sqrt{-1}\,\chi\left(\frac{1}{\varepsilon}\right) \right\} dp . \end{aligned} \right.$$

Si maintenant on suppose

$$(73) \qquad f(t) = \int_{x_0}^{X} e^{-t\sqrt{(x-\mu)^2}} f(\mu)\, d\mu,$$

et, si l'on fait pour abréger

$$(74) \qquad B + A\sqrt{-1} = \int_{c}^{b} \frac{d\left[\varphi\left(p, \frac{1}{\varepsilon}\right) + \sqrt{-1}\,\chi\left(p, \frac{1}{\varepsilon}\right)\right]}{dp} \, \frac{dp}{\varphi\left(p, \frac{1}{\varepsilon}\right) + \sqrt{-1}\,\chi\left(p, \frac{1}{\varepsilon}\right)},$$

on tirera de l'équation (72), par des raisonnements semblables à ceux que nous avons employés pour établir la formule (27),

$$(75) \qquad f(x) =$$

$$\frac{1}{2(B+A\sqrt{-1})} \int_0^\infty \int_{x_0}^{X} \frac{d\left[\varphi(b,r) + \sqrt{-1}\,\chi(b,r)\right]}{dr} e^{-\left[\varphi(b,r) + \sqrt{-1}\,\chi(b,r)\right]\sqrt{(x-\mu)^2}} f(\mu)\, d\mu\, dr$$

$$-\frac{1}{2(B+A\sqrt{-1})} \int_0^\infty \int_{x_0}^{X} \frac{d\left[\varphi(c,r) + \sqrt{-1}\,\chi(c,r)\right]}{dr} e^{-\left[\varphi(c,r) + \sqrt{-1}\,\chi(c,r)\right]\sqrt{(x-\mu)^2}} f(\mu)\, d\mu\, dr.$$

La formule (75) subsiste, comme la formule (27), pour des valeurs de x comprises entre les limites x_0, X. Le second membre deviendrait égal à zéro, si la variable x était située hors des limites x_0, X, et à $\frac{1}{2} f(x)$, si l'on avait $x = x_0$, ou $x = X$.

Je terminerai cet article en observant que l'on déduirait immédiatement la formule (1) de l'équation identique

$$(76) \qquad \frac{d\left[f(t)\dfrac{dt}{dp}\right]}{dr} = \frac{d\left[f(t)\dfrac{dt}{dr}\right]}{dp},$$

dans laquelle $t = \varphi(p,r) + \sqrt{-1}\,\chi(p,r)$, si l'on intégrait les deux membres de cette équation par rapport à la variable p entre les limites $p = p_0$, $p = P$, et par rapport à la variable r entre les limites $r = r_0$, $r = R$. Alors, pour déterminer Δ, il suffirait de remplacer chaque intégrale relative à r par sa valeur principale, et de recourir à la théorie des intégrales singulières. Au reste, les applications que nous avons faites ci-dessus de la formule (1), n'exigent pas que l'on calcule la valeur de Δ, puisqu'elles se rapportent au cas dans lequel on a simplement $\Delta = 0$.

DE LA DIFFÉRENCIATION SOUS LE SIGNE $\int$.

Soit $f(x, a)$ une fonction quelconque de x et de a. Soient d'ailleurs x_0, X deux valeurs réelles de la variable x. Si l'on pose

$$(1) \qquad \int_{x_0}^{X} f(x, a)\, dx = A,$$

on en conclura généralement, à l'aide de la différenciation sous le signe $\int$,

$$(2) \qquad \int_{x_0}^{X} \frac{d^n f(x, a)}{d a^n}\, dx = \frac{d^n A}{d a^n},$$

n désignant un nombre entier quelconque. Néanmoins, si la fonction $f(x, a)$ devient infinie pour une valeur de x renfermée entre les limites x_0, X des intégrales comprises dans les formules (1) et (2), et si, afin de lever toute incertitude sur l'évaluation de ces intégrales, qui seront le plus souvent indéterminées, on réduit chacune d'elles à sa valeur principale, l'équation (2) pourra devenir inexacte. Mais, pour trouver la cause de cette inexactitude, et fournir les moyens d'y remédier, il suffira, comme nous l'avons observé dans le 19.e Cahier du Journal de l'École royale polytechnique, de substituer à l'intégrale

$$(3) \qquad \int_{x_0}^{X} f(x, a)\, dx$$

la somme dont la valeur principale est la limite.

Supposons, pour fixer les idées,

$$(4) \qquad f(x, a) = \frac{1}{x - a}, \qquad x_0 = 0, \qquad X = 1,$$

a désignant une quantité positive et inférieure à l'unité. Les équations (1) et (2) se réduiront aux suivantes

$$(5) \qquad \int_{0}^{1} \frac{dx}{x - a} = \frac{1}{2}\, l(1 - a)^2 - \frac{1}{2}\, l a^2 = l\left(\frac{1 - a}{a}\right),$$

$$(6) \qquad \int_0^1 \frac{dx}{(x-a)^{n+1}} = \frac{1}{1.2.3\ldots n} \frac{d^n l\left(\frac{1-a}{a}\right)}{da^n},$$

dont la dernière deviendra inexacte, si l'on prend pour n un nombre impair, puisqu'alors l'intégrale comprise dans le premier membre aura une valeur infinie. Mais, pour obtenir la correction que devra subir, dans cette hypothèse, la formule (6), il suffira de présenter l'équation (5) sous la forme

$$(7) \qquad \int_0^{a-\varepsilon} \frac{dx}{x-a} + \int_{a+\varepsilon}^1 \frac{dx}{x-a} = l\left(\frac{1-a}{a}\right),$$

ε désignant un nombre infiniment petit. Alors, en effectuant n différenciations relatives à la quantité a, on trouvera

$$(8) \qquad \int_0^{a-\varepsilon} \frac{d^n\left(\frac{1}{x-a}\right)}{da^n} dx + \int_{a+\varepsilon}^1 \frac{d^n\left(\frac{1}{x-a}\right)}{da^n} dx - 1.2.3\ldots(n-1)\left\{\left(\frac{1}{\varepsilon}\right)^n - \left(\frac{1}{-\varepsilon}\right)^n\right\}$$
$$= \frac{d^n l\left(\frac{1-a}{a}\right)}{da^n}.$$

On aura donc généralement

$$(9) \qquad \int_0^1 \frac{d^n\left(\frac{1}{x-a}\right)}{da^n} dx = \frac{d^n l\left(\frac{1-a}{a}\right)}{da^n} + 1.2.3\ldots(n-1)\left\{\left(\frac{1}{\varepsilon}\right)^n - \left(\frac{1}{-\varepsilon}\right)^n\right\},$$

pourvu que l'on réduise l'intégrale

$$(10) \qquad \int_0^1 \frac{d^n\left(\frac{1}{x-a}\right)}{da^n} dx$$

à sa valeur principale. Si, dans la formule (9), on attribue au nombre entier n une valeur paire, on retrouvera précisément l'équation (6). Mais, si l'on prend pour n un nombre impair, la même formule donnera

$$(11) \qquad \int_0^1 \frac{d^n\left(\frac{1}{x-a}\right)}{da^n} dx = \frac{d^n l\left(\frac{1-a}{a}\right)}{da^n} + 1.2.3\ldots(n-1)\frac{2}{\varepsilon^n} = \infty.$$

ce qui est exact.

Supposons encore

$$(12) \qquad f(x,a) = \int_{y_0}^{Y} \int_{z_0}^{Z} \dots \frac{f(x,y,z,\dots)}{F(x-a,y-b,z-c,\dots)} \dots dz\,dy,$$

y_0, Y désignant deux fonctions de la variable x; z_0, Z deux fonctions des variables x, y; etc.…; et $F(x,y,z,\dots)$ une fonction homogène de x, y, z,… dont le degré soit inférieur d'une unité au nombre m des variables x, y, z,…… Concevons d'ailleurs que le système des valeurs

$$(13) \qquad x = a, \qquad y = b, \qquad z = c, \qquad \text{etc.}…$$

soit un de ceux que les variables x, y, z,… peuvent prendre en demeurant comprises entre les limites

$$(14) \qquad x = x_0, \qquad x = X; \qquad y = y_0, \qquad y = Y; \qquad z = z_0, \qquad z = Z; \qquad \text{etc.}…$$

Dans cette hypothèse, l'équation (1), réduite à la forme

$$(15) \qquad A = \int_{x_0}^{X} \int_{y_0}^{Y} \int_{z_0}^{Z} \dots \frac{f(x,y,z,\dots)}{F(x-a,y-b,z-c,\dots)} \dots dz\,dy\,dx,$$

pourra s'écrire comme il suit

$$(16) \qquad A =$$

$$\int_{x_0}^{a-\varepsilon} \int_{y_0}^{Y} \int_{z_0}^{Z} \dots \frac{f(x,y,z,\dots)}{F(x-a,y-b,z-c,\dots)} \dots dz\,dy\,dx + \int_{a+\varepsilon}^{X} \int_{y_0}^{Y} \int_{z_0}^{Z} \dots \frac{f(x,y,z,\dots)}{F(x-a,y-b,z-c,\dots)} \dots dz\,dy\,dx.$$

Soit maintenant Δ la différence entre les deux valeurs que prend l'intégrale (12), quand on y pose successivement $x = a + \varepsilon$, $x = a - \varepsilon$. En différenciant l'équation (16) par rapport à la quantité a, et faisant, pour abréger,

$$(17) \qquad P = \frac{1}{F(x-a,y-b,z-c,\dots)},$$

on trouvera

$$(18) \qquad \frac{dA}{da} =$$

$$\int_{x_0}^{a-\varepsilon} \int_{y_0}^{Y} \int_{z_0}^{Z} \dots \frac{dP}{da} f(x,y,z,\dots) \dots dz\,dy\,dx + \int_{a+\varepsilon}^{X} \int_{y_0}^{Y} \int_{z_0}^{Z} \dots \frac{dP}{da} f(x,y,z,\dots) \dots dz\,dy\,dx - \Delta.$$

On aura donc

$$(19) \qquad \frac{dA}{da} = \int_{x_0}^{X} \int_{y_0}^{Y} \int_{z_0}^{Z} \dots \frac{dP}{da} f(x,y,z,\dots)\dots dz\,dy\,dx - \Delta,$$

pourvu que l'on réduise l'intégrale multiple

$$(20) \qquad \int_{x_0}^{X} \int_{y_0}^{Y} \int_{z_0}^{Z} \dots \frac{dP}{da} f(x,y,z,\dots)\dots dz\,dy\,dx$$

à sa valeur principale.

Il ne reste plus qu'à déterminer la valeur de la différence représentée par Δ. Or, soit δ un nombre infiniment petit qui varie avec ε, et admettons que, δ étant considéré comme un infiniment petit du premier ordre, ε soit d'un ordre plus élevé. Le rapport

$$(21) \qquad i = \frac{\varepsilon}{\delta}$$

s'évanouira en même temps que δ. Soient d'ailleurs V, W des quantités qui ne soient pas toutes comprises entre les limites -1, $+1$. Comme l'expression

$$(22) \qquad \frac{f(a+i\delta, b+V\delta, c+W\delta,\dots)}{F(i\delta, V\delta, W\delta,\dots)} - \frac{f(a-i\delta, b+V\delta, c+W\delta,\dots)}{F(-i\delta, V\delta, W\delta,\dots)}$$

deviendra rigoureusement nulle, si l'on suppose $i = 0$; elle sera sensiblement nulle, dès que l'on prendra pour i une quantité infiniment petite d'un ordre suffisamment élevé: et par conséquent on pourra établir entre les deux facteurs δ et i du produit

$$(23) \qquad \varepsilon = i\delta$$

une relation telle que l'expression

$$(24) \qquad \frac{f(a+\varepsilon, y, z,\dots)}{F(\varepsilon, y-b, z-c,\dots)} - \frac{f(a-\varepsilon, y, z,\dots)}{F(-\varepsilon, y-b, z-c,\dots)}$$

s'évanouisse à très-peu près pour toutes les valeurs de $y-b$, $z-c,\dots$ non comprises entre les deux limites $-\delta$, $+\delta$. Cette condition étant supposée remplie, il est clair que la quantité Δ différera très-peu de l'intégrale singulière

$$(25) \qquad \int_{b-\delta}^{b+\delta} \int_{c-\delta}^{c+\delta} \dots \left\{ \frac{f(a+\varepsilon, y, z,\dots)}{F(\varepsilon, y-b, z-c,\dots)} - \frac{f(a-\varepsilon, y, z,\dots)}{F(-\varepsilon, y-b, z-c,\dots)} \right\} \dots dz\,dy.$$

Donc, si l'on fait pour plus de commodité

$$(26) \qquad y = b + \varepsilon v, \qquad z = c + \varepsilon w, \dots$$

et si l'on observe que la fonction homogène $F(x, y, z, \dots)$, étant par hypothèse du degré $m - 1$, vérifie l'équation

$$(27) \qquad F(\pm \varepsilon, \varepsilon v, \varepsilon w, \dots) = \varepsilon^{m-1} F(\pm 1, v, w, \dots).$$

on trouvera sans erreur sensible

$$(28) \quad \Delta = \int_{-\frac{\partial}{\varepsilon}}^{\frac{\partial}{\varepsilon}} \int_{-\frac{\partial}{\varepsilon}}^{\frac{\partial}{\varepsilon}} \dots \left\{ \frac{f(a+\varepsilon, b+\varepsilon v, c+\varepsilon w, \dots)}{F(1, v, w, \dots)} - \frac{f(a-\varepsilon, b+\varepsilon v, c+\varepsilon w, \dots)}{F(-1, v, w, \dots)} \right\} \dots dw\, dv.$$

En réduisant ε à zéro dans la formule qui précède, et en faisant, pour abréger.

$$(29) \quad k = \int_{-\infty}^{\infty} \int_{-\infty}^{\infty} \dots \left\{ \frac{1}{F(1, v, w, \dots)} - \frac{1}{F(-1, v, w, \dots)} \right\} \dots dw\, dv.$$

on en conclura

$$(30) \qquad \Delta = k \cdot f(a, b, c, \dots).$$

Par suite, l'équation (20) donnera

$$(31) \quad \frac{dA}{da} = \int_{x_0}^{X} \int_{y_0}^{Y} \int_{z_0}^{Z} \dots \frac{dP}{da} f(x, y, z, \dots) \dots dz\, dy\, dx = k f(a, b, c, \dots).$$

Si la fonction P était déterminée, non par la formule (17), mais par celle-ci

$$(32) \qquad P = \frac{1}{F\left(\frac{x-a}{\lambda}, \frac{y-b}{\mu}, \frac{z-c}{\nu}, \dots \right)},$$

λ, μ, ν désignant des quantités constantes, alors, en posant

$$(33) \qquad y = b + \frac{\mu}{\lambda} \varepsilon v, \qquad z = c + \frac{\nu}{\lambda} \varepsilon w, \quad \text{etc.} \dots,$$

et raisonnant toujours de la même manière, on trouverait, à la place des équations (30) et (31)

$$(54) \qquad \Delta = \mu \nu \dots k\, f(a, b, c, \dots),$$

$$(55) \qquad \frac{dA}{da} = \int_{x_0}^{X} \int_{y_0}^{Y} \int_{z_0}^{Z} \dots \frac{dP}{da}\, f(x, y, z, \dots) \dots dz\, dy\, dx - \mu \nu \dots k\, f(a, b, c, \dots).$$

Si les valeurs $x = a$, $y = b$, $z = c$, ... cessaient d'être renfermées entre les limites $x = x_0$, $x = X$; $y = y_0$, $y = Y$; $z = z_0$, $z = Z$; ... ou, si la fonction homogène $F(x, y, z, \dots)$ était d'un degré inférieur à $m - 1$, la différence représentée par Δ dans les formules précédentes disparaîtrait ou s'évanouirait; et l'on aurait simplement

$$(56) \qquad \frac{dA}{da} = \int_{x_0}^{X} \int_{y_0}^{Y} \int_{z_0}^{Z} \dots \frac{dR}{da}\, f(x, y, z, \dots) \dots dz\, dy\, dx.$$

Si, au contraire, la fonction homogène $F(x, y, z, \dots)$ était d'un degré supérieur à $m - 1$, la quantité Δ deviendrait généralement infinie en même temps que l'intégrale (25); et par conséquent l'équation (19) donnerait, pour des valeurs de a, b, c... renfermées entre les limites $x = x_0$, $x = X$; $y = y_0$, $y = Y$; $z = z_0$, $z = Z$; etc. . . . .

$$(57) \qquad \int_{x_0}^{X} \int_{y_0}^{Y} \int_{z_0}^{Z} \dots \frac{dP}{da}\, f(x, y, z, \dots) \dots dz\, dy\, dx = \pm \infty.$$

Nous observerons encore que, si l'on différencie la valeur de A déterminée par l'équation (16), non plus, par rapport à la quantité a, mais par rapport à l'une des quantités b, c, ... on trouvera simplement, et quel que soit le degré de la fonction homogène $F(x, y, z, \dots)$,

$$(58) \qquad \begin{cases} \dfrac{dA}{db} = \int_{x_0}^{X} \int_{y_0}^{Y} \int_{z_0}^{Z} \dots \dfrac{dP}{db}\, f(x, y, z, \dots) \dots dz\, dy\, dx, \\[2ex] \dfrac{dA}{dc} = \int_{x_0}^{X} \int_{y_0}^{Y} \int_{z_0}^{Z} \dots \dfrac{dP}{dc}\, f(x, y, z, \dots) \dots dz\, dy\, dx, \\[1ex] \text{etc.} \dots \dots \end{cases}$$

pourvu que, dans l'évaluation des seconds membres des formules (58), chacune des intégrales relatives à x soit réduite à sa valeur principale.

Pour montrer une application des principes que nous venons d'établir, supposons

$$(59) \qquad S = \int_{x_0}^{X} \int_{y_0}^{Y} \int_{z_0}^{Z} \dots \frac{f(x, y, z, \dots) \dots dz\, dy\, dx}{\left\{ \left(\dfrac{x-a}{\lambda} \right)^2 + \left(\dfrac{y-b}{\mu} \right)^2 + \left(\dfrac{z-c}{\nu} \right)^2 + \dots \right\}^{m-1}}.$$

et de plus

$$(40) \qquad A = \frac{dS}{da}, \qquad B = \frac{dS}{db}, \qquad C = \frac{dS}{dc}, \qquad \text{etc....}$$

m désignant toujours le nombre des variables $x, y, z, \ldots$ et $a, b, c, \ldots$ des quantités constantes. Si l'on fait, pour abréger,

$$(41) \qquad R = \frac{1}{\left\{ \left(\frac{x-a}{\lambda}\right)^2 + \left(\frac{y-b}{\mu}\right)^2 + \left(\frac{z-c}{\nu}\right)^2 + \ldots \right\}^{\frac{m}{2}-1}},$$

on aura

$$(42) \qquad S = \int_{x_0}^{X} \int_{y_0}^{Y} \int_{z_0}^{Z} \ldots R\, f(x,y,z,\ldots)\ldots dz\, dy\, dx;$$

et, comme l'expression

$$(43) \qquad (x^2 + y^2 + z^2)^{\frac{m}{2}-1}$$

est une fonction homogène du degré $m-2$, on tirera des formules (56) et (58)

$$(44) \qquad
\begin{cases}
A = \dfrac{dS}{da} = \displaystyle\int_{x_0}^{X} \int_{y_0}^{Y} \int_{z_0}^{Z} \ldots \frac{dR}{da} f(x,y,z,\ldots)\ldots dz\, dy\, dx, \\[2ex]
B = \dfrac{dS}{db} = \displaystyle\int_{x_0}^{X} \int_{y_0}^{Y} \int_{z_0}^{Z} \ldots \frac{dR}{db} f(x,y,z,\ldots)\ldots dz\, dy\, dx, \\[2ex]
C = \dfrac{dS}{dc} = \displaystyle\int_{x_0}^{X} \int_{y_0}^{Y} \int_{z_0}^{Z} \ldots \frac{dR}{dc} f(x,y,z,\ldots)\ldots dz\, dy\, dx. \\[2ex]
\text{etc.} \ldots
\end{cases}$$

On trouvera d'ailleurs

$$(45) \qquad
\begin{cases}
\dfrac{dR}{da} = \dfrac{m-2}{\lambda^2} \cdot \dfrac{x-a}{\left\{ \left(\frac{x-a}{\lambda}\right)^2 + \left(\frac{y-b}{\mu}\right)^2 + \left(\frac{z-c}{\nu}\right)^2 + \ldots \right\}^{\frac{m}{2}}}, \\[3ex]
\dfrac{dR}{db} = \dfrac{m-2}{\mu^2} \cdot \dfrac{y-b}{\left\{ \left(\frac{x-a}{\lambda}\right)^2 + \left(\frac{y-b}{\mu}\right)^2 + \left(\frac{z-c}{\nu}\right)^2 + \ldots \right\}^{\frac{m}{2}}}, \\[3ex]
\dfrac{dR}{dc} = \dfrac{m-2}{\nu^2} \cdot \dfrac{z-c}{\left\{ \left(\frac{x-a}{\lambda}\right)^2 + \left(\frac{y-b}{\mu}\right)^2 + \left(\frac{z-c}{\nu}\right)^2 + \ldots \right\}^{\frac{m}{2}}}, \\[3ex]
\text{etc.} \ldots;
\end{cases}$$

et, comme l'expression

$$(46) \qquad \frac{\lambda}{m-2} \; \frac{(x^2+y^2+z^2)^{\frac{m}{2}}}{x}$$

sera une fonction homogène du degré $m-1$, on aura encore, en vertu des formules (55) et (58),

$$(47) \quad \left\{ \begin{aligned}
\frac{dA}{da} &= \int_{x_0}^{X}\int_{y_0}^{Y}\int_{z_0}^{Z} \dots \frac{d^2R}{da^2}\, \mathrm{f}(x,y,z,\dots)\dots dz\,dy\,dx - \mu\nu\dots k\,\mathrm{f}(a,b,c,\dots). \\[4pt]
\frac{dB}{db} &= \int_{x_0}^{X}\int_{y_0}^{Y}\int_{z_0}^{Z} \dots \frac{d^2R}{db^2}\, \mathrm{f}(x,y,z,\dots)\dots dz\,dy\,dx, \\[4pt]
\frac{dC}{dc} &= \int_{x_0}^{X}\int_{y_0}^{Y}\int_{z_0}^{Z} \dots \frac{d^2R}{dc^2}\, \mathrm{f}(x,y,z,\dots)\dots dz\,dy\,dx,
\end{aligned} \right.$$

etc. ...,

pourvu que, dans les seconds membres des équations (47), on remplace chaque intégrale relative à x par sa valeur principale. Ajoutons que la constante k sera déterminée par la formule (29), dans laquelle on devra substituer à $F(x,y,z,\dots)$ l'expression (46). On aura donc

$$(48) \qquad k = \frac{2\,(m-2)}{\lambda} \int_{-\infty}^{\infty}\int_{-\infty}^{\infty} \frac{\dots dw\,dv}{(1+v^2+w^2+\dots)^{\frac{m}{2}}}.$$

Si maintenant on observe qu'on a, pour des valeurs positives de n et de t,

$$(49) \qquad \int_{0}^{\infty} s^{n-1} e^{-st} = \frac{\Gamma(n)}{t^n},$$

$$(50) \qquad \frac{1}{t^n} = \frac{1}{\Gamma(n)} \int_{0}^{\infty} s^{n-1} e^{-st}\, ds,$$

et par suit

$$(51) \qquad \frac{1}{(1+v^2+w^2+\dots)^{\frac{m}{2}}} = \frac{1}{\Gamma\!\left(\frac{m}{2}\right)} \int_{0}^{\infty} s^{\frac{m}{2}-1} e^{-s(1+v^2+w^2+\dots)}\, ds.$$

on tirera de l'équation (49)

$$(52) \qquad k = \frac{2\,(m-2)}{\lambda\,\Gamma\left(\frac{m}{2}\right)} \int_{-\infty}^{\infty} \int_{-\infty}^{\infty} \dots \int_{0}^{\infty} s^{\frac{m}{2}-1}\, e^{-s(1+v^2+w^2+\dots)}\, ds\dots dw\, dv,$$

puis, en ayant égard à la formule

$$(53) \qquad \int_{-\infty}^{\infty} e^{-sv^2}\, dv = \int_{-\infty}^{\infty} e^{-sw^2}\, dw = \dots = \frac{\pi^{\frac{1}{2}}}{s^{\frac{1}{2}}},$$

on trouvera définitivement

$$(54) \qquad k = \frac{2\,(m-2)\,\pi^{\frac{m-1}{2}}}{\lambda\,\Gamma\left(\frac{m}{2}\right)} \int_{0}^{\infty} s^{-\frac{1}{2}}\, e^{-s}\, ds = \frac{2\,(m-2)\,\pi^{\frac{m}{2}}}{\lambda\,\Gamma\left(\frac{m}{2}\right)}.$$

En d'autres termes, on aura, pour des valeurs paires du nombre entier m,

$$(55) \qquad k = \frac{2\,(m-2)\,\pi^{\frac{m}{2}}}{1.2.3\dots\frac{m-2}{2}\,\lambda},$$

et, pour des valeurs impaires de m,

$$(56) \qquad k = \frac{2\,(m-2)\,\pi^{\frac{m-1}{2}}}{\frac{1}{2}\,\frac{3}{2}\dots\frac{m-2}{2}\,\lambda}.$$

Concevons maintenant que l'on différencie la première des équations (45) par rapport à la quantité a, la seconde par rapport à b, la troisième par rapport à c, etc... puis, qu'on ajoute ces mêmes équations ainsi différenciées, après les avoir respectivement multipliées par les facteurs λ^2, μ^2, ν^2, etc.... On trouvera

$$(57) \qquad \lambda^2 \frac{d^2 R}{da^2} + \mu^2 \frac{d^2 R}{db^2} + \nu^2 \frac{d^2 R}{dc^2} + \dots = 0.$$

Cela posé, on tirera des équations (47) et (54)

$$(58) \qquad \lambda^2 \frac{dA}{da} + \mu^2 \frac{dB}{db} + \nu^2 \frac{dC}{dc} + \dots = -\frac{2\,(m-2)\,\pi^{\frac{m}{2}}}{\Gamma\left(\frac{m}{2}\right)} \lambda\mu\nu\dots\, f(a,b,c,\dots);$$

puis on en conclura, en ayant égard aux formules (40),

$$(59) \qquad \lambda^2 \frac{d^2 S}{da^2} + \mu^2 \frac{d^2 S}{db^2} + \nu^2 \frac{d^2 S}{dc^2} + \ldots = -\frac{2(m-2)\pi^{\frac{m}{2}}}{\Gamma\left(\frac{m}{2}\right)} \lambda \mu \nu \ldots \mathrm{f}(a,b,c,\ldots).$$

En conséquence, la valeur de S, déterminée par la formule (39), vérifiera, pour des valeurs paires de m, l'équation aux différences partielles

$$(60) \qquad \lambda^2 \frac{d^2 S}{da^2} + \mu^2 \frac{d^2 S}{db^2} + \nu^2 \frac{d^2 S}{dc^2} + \ldots = -\frac{2(m-2)\pi^{\frac{m}{2}}}{1.2.3\ldots\frac{m-2}{2}} \lambda \mu \nu \ldots \mathrm{f}(a,b,c,\ldots),$$

et, pour des valeurs impaires de m, l'équation

$$(61) \qquad \lambda^2 \frac{d^2 S}{da^2} + \mu^2 \frac{d^2 S}{db^2} + \nu^2 \frac{d^2 S}{dc^2} + \ldots = -\frac{2(m-2)\pi^{\frac{m}{2}}}{\frac{1}{2}\frac{3}{2}\ldots\frac{m-2}{2}} \lambda \mu \nu \ldots \mathrm{f}(a,b,c,\ldots).$$

Les équations (60) et (61) supposent, comme la première des formules (47), que les valeurs $x = a$, $y = b$, $z = c$, ... sont renfermées entre les limites des intégrations indiquées dans la formule (39). Si le contraire arrivait, il faudrait à la première des formules (47) substituer l'équation

$$(62) \qquad \frac{dA}{da} = \int_{x_0}^{X} \int_{y_0}^{Y} \int_{z_0}^{Z} \ldots \frac{d^2 R}{da^2} \, \mathrm{f}(x,y,z,\ldots) \ldots dz \, dy \, dx,$$

et l'on aurait par suite

$$(63) \qquad \lambda^2 \frac{d^2 S}{da^2} + \mu^2 \frac{d^2 S}{db^2} + \nu^2 \frac{d^2 S}{dc^2} + \ldots = 0,$$

Il ne sera pas inutile de remarquer que l'une des équations (39) ou (63) serait encore vérifiée, si la valeur de S était donnée, non par la formule (39) ou (42), mais par la suivante

$$(64) \qquad S = \int_{x_0}^{X} \int_{y_0}^{Y} \int_{z_0}^{Z} \ldots (Q + R) \, \mathrm{f}(x,y,z,\ldots) \ldots dz \, dy \, dx,$$

Q désignant une fonction qui renfermerait, avec x, y, z, les quantités a, b, c,... et qui serait du premier degré seulement par rapport à chacune de ces quantités. Si l'on supposait en particulier

$$(65) \qquad Q = -1, \qquad \text{et} \qquad \mathrm{f}(x,y,z,\ldots) = \frac{f(x,y,z,\ldots)}{1-\frac{m}{2}},$$

on tirerait de l'équation (64) réunie à la formule (41)

$$(66) \qquad S =$$

$$\int_{x_0}^{X}\int_{z_0}^{Y}\int_{z_0}^{Z}\cdots \frac{\left\{\left(\frac{x-a}{\lambda}\right)^2+\left(\frac{y-b}{\mu}\right)^2+\left(\frac{z-c}{\nu}\right)^2+\cdots\right\}^{1-\frac{m}{2}}-1}{1-\frac{m}{2}}\, f(x,y,z,..)..\, dz\, dy\, dx,$$

puis, en prenant $m = 2$,

$$(67) \qquad S = \int_{x_0}^{X}\int_{y_0}^{Y} 1\left\{\left(\frac{x-a}{\lambda}\right)^2+\left(\frac{y-b}{\mu}\right)^2\right\} f(x,y)\, dy\, dx.$$

Alors aussi l'équation (59) donnera

$$(68) \qquad \lambda^2\frac{d^2S}{da^2}+\mu^2\frac{d^2S}{db^2}=4\pi\lambda\mu\, f(a,b),$$

tandis que l'équation (63) deviendra

$$(69) \qquad \lambda^2\frac{d^2S}{da^2}+\mu^2\frac{d^2S}{db^2}=0,$$

Donc la valeur de S, déterminée par la formule (67), vérifie l'équation (68), lorsque les quantités a, b représentent des valeurs de x et de y comprises entre les limites $x=x_0$, $x=X$; $y=y_0$, $y=Y$; et l'équation (69) dans le cas contraire.

Lorsqu'on suppose $m=3$, la valeur de S, donnée par la formule (59), se réduit à

$$(70) \qquad S = \int_{x_0}^{X}\int_{y_0}^{Y}\int_{z_0}^{Z}\frac{f(x,y,z)}{\left\{\left(\frac{x-a}{\lambda}\right)^2+\left(\frac{y-b}{\mu}\right)^2+\left(\frac{z-c}{\nu}\right)^2\right\}^{\frac12}}\, dz\, dy\, dx,$$

Alors aussi l'on tire des formules (54) et (59)

$$(71) \qquad k = \frac{4\pi}{\nu},$$

$$(72) \qquad \lambda^2\frac{d^2S}{da^2}+\mu^2\frac{d^2S}{db^2}+\nu^2\frac{d^2S}{dc^2}=-4\pi\lambda\mu\nu\, f(a,b,c),$$

tandis que la formule (63) devient

$$(73) \qquad \lambda^2 \frac{d^2 S}{da^2} + \mu^2 \frac{d^2 S}{db^2} + \nu^2 \frac{d^2 S}{dc^2} = 0 .$$

On déduit aisément des principes que nous venons d'exposer une des propriétés les plus remarquables de l'intégrale triple qui sert à la détermination des composantes rectangulaires de l'attraction exercée par une masse quelconque M sur un point matériel pris au-dedans ou au-dehors de cette masse. En effet, soient a, b, c les coordonnées rectangulaires du point matériel dont il s'agit, x, y, z celles d'un point quelconque de la masse M, $\mathrm{f}(x, y, z)$ la densité de M au point (x, y, z), et

$$(74) \qquad r = \sqrt{[(x - a)^2 + (y - b)^2 + (z - c)^2]}$$

la distance respective des deux points (x, y, z) et (a, b, c). Désignons en outre par Δx, Δy, Δz des accroissements très-petits attribués aux variables x, y, z, par m un élément de masse renfermé entre six plans menés parallèlement aux plans coordonnés par les points (x, y, z), $(x + \Delta x, y + \Delta y, z + \Delta z)$; et supposons la masse M terminée par deux plans perpendiculaires à l'axe des x, deux surfaces cylindriques perpendiculaires au plan des x, y, et deux surfaces courbes dont les équations soient respectivement

$$(75) \qquad x = x_0 , \quad x = X ; \qquad y = y_0 , \quad y = Y ; \qquad z = z_0 , \quad z = Z .$$

On aura, sans erreur sensible,

$$(76) \qquad m = \mathrm{f}(x, y, z) \Delta x \Delta y \Delta z ;$$

et, si l'on nomme λ l'attraction qu'exerceraient l'une sur l'autre deux masses représentées par l'unité, et placées à l'unité de distance,

$$(77) \qquad \frac{\lambda m}{r^2} = \frac{\lambda}{r^2} \mathrm{f}(x, y, z) \Delta x \Delta y \Delta z$$

sera la force accélératrice qui mesurera l'attraction exercée par la molécule m sur le point (a, b, c) placé à la distance r de cette molécule. De plus, comme le rayon vecteur r, mené du point (a, b, c) au point (x, y, z), formera évidemment, avec les demi-axes des coordonnées positives, des angles qui auront pour cosinus les trois rapports

$$(78) \qquad \frac{x - a}{r} = - \frac{dr}{da} , \qquad \frac{y - b}{r} = - \frac{dr}{db} , \qquad \frac{z - c}{r} = - \frac{dr}{dc} ,$$

les projections algébriques de la force accélératrice dont il s'agit sur les mêmes axes se trouveront représentées par les trois produits

$$(79) \quad \begin{cases} \lambda \dfrac{x-a}{r^3} \, f(x,y,z)\, \Delta x\, \Delta y\, \Delta z = \dfrac{d\left(\dfrac{\lambda}{r}\right)}{da} \, f(x,y,z)\, \Delta x\, \Delta y\, \Delta z\,, \\[2em] \lambda \dfrac{y-b}{r^3} \, f(x,y,z)\, \Delta x\, \Delta y\, \Delta z = \dfrac{d\left(\dfrac{\lambda}{r}\right)}{db} \, f(x,y,z)\, \Delta x\, \Delta y\, \Delta z\,, \\[2em] \lambda \dfrac{z-c}{r^3} \, f(x,y,z)\, \Delta x\, \Delta y\, \Delta z = \dfrac{d\left(\dfrac{\lambda}{r}\right)}{dc} \, f(x,y,z)\, \Delta x\, \Delta y\, \Delta z\,. \end{cases}$$

Donc, si l'on nomme A, B, C les projections algébriques de la force accélératrice qui mesure l'attraction exercée par la masse M sur le point (a, b, c), on aura

$$(80) \qquad A = \frac{dS}{da}\,, \qquad B = \frac{dS}{db}\,, \qquad C = \frac{dS}{dc}\,.$$

la valeur de S étant donnée par la formule

$$(81) \qquad S = \int_{x_0}^{X} \int_{y_0}^{Y} \int_{z_0}^{Z} \frac{\lambda f(x,y,z)}{r} \, dz\, dy\, dx\,.$$

Or, la valeur précédente de S, étant celle que fournit l'équation (70), quand on suppose $\lambda = \mu = \nu$, vérifiera nécessairement l'une des équations (72) ou (73), réduites par cette supposition aux deux formules

$$(82) \qquad \frac{d^2 S}{da^2} + \frac{d^2 S}{db^2} + \frac{d^2 S}{dc^2} = -4\pi\lambda f(a,b,c)\,,$$

$$(83) \qquad \frac{d^2 S}{da^2} + \frac{d^2 S}{db^2} + \frac{d^2 S}{dc^2} = 0\,,$$

savoir, la formule (82), si le point (a, b, c) est situé au-dehors de la masse M, et la formule (83) dans le cas contraire. En d'autres termes, on aura, dans le premier cas,

$$(84) \qquad \frac{dA}{da} + \frac{dB}{db} + \frac{dC}{dc} = -4\pi\lambda f(a,b,c)\,,$$

et dans le second

$$(85) \qquad \frac{dA}{da} + \frac{dB}{db} + \frac{dC}{dc} = 0 ,$$

L'équation (85) était connue depuis long-temps. Quant à l'équation (82), M. Poisson l'a démontrée dans le Bulletin de la Société Philomatique de décembre 1815 ; et M. Ostrogradsky a remarqué le premier qu'elle pouvait se déduire des principes que j'avais établis relativement à la différenciation sous le signe $\int$ dans le 19.ᵉ cahier du Journal de l'École royale polytechnique.

Tout ce qui a été dit ci-dessus montre comment on doit modifier la formule (2), dans le cas où la fonction $f(x,a)$ devient infinie pour $x = a$. Il serait également facile de trouver la correction que devrait subir cette formule, si la fonction $f(x,a)$, ou l'une des fonctions dérivées

$$\frac{d\,f(x,a)}{da} , \qquad \frac{d^2\,f(x,a)}{da^2} , \qquad \frac{d^3\,f(x,a)}{da^3} , \qquad \text{etc…}$$

devenait discontinue pour $x = a$, en conservant néanmoins une valeur finie. Supposons, pour fixer les idées,

$$(86) \qquad f(x,a) = e^{c\sqrt{(x-a)^2}} ,$$

c désignant une quantité constante. Dans cette hypothèse, la fonction dérivée

$$(87) \qquad \frac{d\,f(x,a)}{da} = c\,\frac{x-a}{\sqrt{(x-a)^2}}\,e^{c\sqrt{(x-a)^2}}\,f(x)$$

deviendra discontinue pour $x = a$, en passant brusquement de la valeur $-f(a)$ à la valeur $+f(a)$. De plus on trouvera généralement

$$(88) \qquad \frac{d^n\,f(x,a)}{da^n} = c^n\left(\frac{x-a}{\sqrt{(x-a)^2}}\right)^n e^{c\sqrt{(x-a)^2}}\,f(x) ,$$

et l'on aura en conséquence, 1.º pour des valeurs paires de n,

$$(89) \qquad \frac{d^n\,f(x,a)}{da^n} = c^n e^{c\sqrt{(x-a)^2}}\,f(x) ,$$

2.º pour des valeurs impaires de n,

$$(90) \qquad \frac{d^n f(x,a)}{da^n} = c^n \frac{x-a}{\sqrt{(x-a)^2}} e^{c\sqrt{(x-a)^2}} f(x) ,$$

d'où il résulte que les dérivées d'ordre impair de $f(x,a)$, prises par rapport à la quantité a, offriront toutes, pour $x = a$, une solution de continuité. Cela posé, si l'on fait

$$(91) \qquad A = \int_{x_0}^{X} f(x,a)\, dx = \int_{x_0}^{X} e^{c\sqrt{(x-a)^2}} f(x)\, dx ,$$

et si l'on suppose la valeur de a comprise entre les limites x_0, X, la formule (90) deviendra inexacte, dès que l'on aura $n > 1$. Mais, pour corriger cette formule, il suffira de recourir aux considérations que nous allons indiquer.

L'équation (91) peut s'écrire comme il suit

$$(92) \qquad A = \int_{x_0}^{a} e^{c(a-x)} f(x)\, dx + \int_{a}^{X} e^{c(x-a)} f(x)\, dx.$$

Or, si l'on différencie la formule (92) plusieurs fois de suite par rapport à la quantité a, on en tirera

$$(93) \quad \left\{ \begin{aligned}
\frac{dA}{da} &= \int_{x_0}^{a} c\, e^{c(a-x)} f(x)\, dx - \int_{a}^{X} c\, e^{c(x-a)} f(x)\, dx, \\[6pt]
\frac{d^2 A}{da^2} &= \int_{x_0}^{a} c^2 e^{c(a-x)} f(x)\, dx + \int_{a}^{X} c^2 e^{c(x-a)} f(x)\, dx + 2c\, f(a), \\[6pt]
\frac{d^3 A}{da^3} &= \int_{x_0}^{a} c^3 e^{c(a-x)} f(x)\, dx - \int_{a}^{X} c^3 e^{c(x-a)} f(x)\, dx + 2c\, f'(a), \\[6pt]
\frac{d^4 A}{da^4} &= \int_{x_0}^{a} c^4 e^{c(a-x)} f(x)\, dx + \int_{a}^{X} c^4 e^{c(x-a)} f(x)\, dx + 2c\, f''(a) + 2c^3 f(a), \\[6pt]
&\text{etc} \dots
\end{aligned} \right.$$

On aura donc

$$(94) \qquad \frac{dA}{da} = \int_{x_0}^{X} c\, \frac{x-a}{\sqrt{(x-a)^2}} e^{c\sqrt{(x-a)^2}} f(x)\, dx ,$$

de sorte que la formule (2) sera vérifiée pour $n = 1$. Mais, en supposant $n = 2$, on trouvera

$$(95) \qquad \frac{d^n A}{da^n} = \int_{x_0}^{x} c^n \left(\frac{x-a}{\sqrt{(x-a)^2}} \right)^n e^{c\sqrt{(x-a)^2}} \mathrm{f}(x)\, dx + \Delta ,$$

ou, ce qui revient au même,

$$(96) \qquad \frac{d^n A}{da^n} = \int_{x_0}^{X} \frac{d^n f(x,a)}{da^n}\, dx + \Delta ,$$

la valeur de Δ étant donnée par l'équation

$$(97) \qquad \Delta = 2c\left[\mathrm{f}^{(n-2)}(a) + c^2 \mathrm{f}^{(n-4)}(a) + c^4 \mathrm{f}^{(n-6)}(a) + \ldots \right],$$

dans laquelle la suite

$$(98) \qquad \mathrm{f}^{(n-2)}(a), \qquad c^2 \mathrm{f}^{(n-4)}(a), \qquad c^4 \mathrm{f}^{(n-6)}(a), \ldots$$

s'arrête au terme qui renferme l'une des deux fonctions $\mathrm{f}(a)$, $\mathrm{f}'(a)$.

Dans le cas particulier où les fonctions

$$\mathrm{f}(x), \qquad \mathrm{f}'(x), \qquad \mathrm{f}''(x), \ldots \mathrm{f}^{(m)}(x)$$

s'évanouissent pour $x = a$, les valeurs de

$$\frac{d^2 A}{da^2}, \qquad \frac{d^3 A}{da^3}, \qquad \frac{d^4 A}{da^4}, \ldots \frac{d^{m+2} A}{da^{m+2}},$$

tirées de l'équation (95), se réduisent à celles que fournirait l'équation (2).

SUR LES FONCTIONS RÉCIPROQUES.

Soit x une variable réelle et positive, et $f(x)$ une fonction quelconque de cette variable. Il résulte des formules (59) et (60) [page 120], données pour la première fois par M. Fourier, que, si l'on suppose

$$(1) \qquad \varphi(x) = \left(\frac{2}{\pi}\right)^{\frac{1}{2}} \int_0^\infty \cos rx . f(r)\, dr .$$

on aura réciproquement

$$(3) \qquad f(x) = \left(\frac{2}{\pi}\right)^{\frac{1}{2}} \int_0^\infty \cos rx . \varphi(r)\, dr ;$$

et que, si l'on suppose

$$(5) \qquad \psi(x) = \left(\frac{2}{\pi}\right)^{\frac{1}{2}} \int_0^\infty \sin rx . f(r)\, dr ,$$

on aura réciproquement

$$(4) \qquad f(x) = \left(\frac{2}{\pi}\right)^{\frac{1}{2}} \int_0^\infty \sin rx . \psi(r)\, dr .$$

On voit donc ici se manifester une loi de réciprocité, 1.° entre les fonctions f et φ, 2.° entre les fonctions f et ψ; de telle sorte que chacune des équations (1) et (5) subsiste quand on échange entre elles les fonctions f et φ, ou f et ψ. C'est pour cette raison que, dans le Bulletin de la Société philomatique d'août 1817, j'ai désigné les fonctions $f(x)$, $\varphi(x)$ sous le nom de *fonctions réciproques de première espèce*, et les fonctions $f(x)$, $\psi(x)$ sous le nom de *fonctions réciproques de seconde espèce*. Ces deux espèces de fonctions peuvent être, ainsi que les formules citées de M. Fourier, employées avec avantage dans la solution d'un grand nombre de problèmes, et jouissent de propriétés importantes que je vais rappeler en peu de mots.

D'abord, en différenciant plusieurs fois de suite par rapport à x l'équation (1) on reconnaît facilement que, si

$$\varphi(x) \qquad \text{et} \qquad f(x)$$

sont deux fonctions réciproques de première espèce,

$$\varphi''(x) \qquad \text{et} \qquad -x^2 f(x)$$

seront encore deux fonctions réciproques de première espèce, et qu'il en sera de même des fonctions

$$\varphi^{IV}(x) \qquad \text{et} \qquad x^4 f(x) ,$$

$$\varphi^{VI}(x) \qquad \text{et} \qquad -x^6 f(x) ,$$

etc....

$$\varphi^{(2n)}(x) \qquad \text{et} \qquad (-1)^n x^{2n} f(x) ,$$

Au contraire

$$\varphi'(x) \qquad \text{et} \qquad x f(x) .$$

$$\varphi'''(x) \qquad \text{et} \qquad -x^3 f(x) ,$$

etc....

$$\varphi^{(2n+1)}(x) \quad \text{et} \quad (-1)^n x^{2n+1} f(x)$$

seront des fonctions réciproques de seconde espèce. On arriverait à des conclusions analogues, en différenciant plusieurs fois de suite, par rapport à x, les deux membres de l'équation (5).

De même, en désignant par k une constante réelle, on reconnaîtra sans peine que, si

$$\varphi(x) \qquad \text{et} \qquad f(x)$$

sont deux fonctions réciproques de première espèce, la fonction

$$f(x) \cos k x$$

aura pour réciproque de première espèce

$$\frac{\varphi\left[\sqrt{(x+k)^2}\right] + \varphi\left[\sqrt{(x-k)^2}\right]}{2} ,$$

tandis que la fonction

$$f(x) \sin k x$$

aura pour réciproque de seconde espèce

$$\frac{\varphi\left[\sqrt{(x-k)^2}\right] - \varphi\left[\sqrt{(x+k)^2}\right]}{2} .$$

On peut observer encore que, si $f(x)$ et $\chi(x)$ sont deux fonctions réciproques de première ou de seconde espèce, $a f(x)$ et $a \chi(x)$ seront réciproques de même espèce, a étant une constante prise à volonté.

Lorsqu'on pose

$$(5) \qquad f(x) = x^{m-1} e^{-a x},$$

a et m désignant deux constantes positives, on tire des équations (15) de la page 114

$$(6) \quad \begin{cases} \displaystyle\int_0^\infty r^{m-1} e^{-a r} \cos r x \, . \, d r = \dfrac{\Gamma(m)}{(a^2 + x^2)^{\frac{m}{2}}} \cos\left\{ m \operatorname{arctang} \dfrac{x}{a} \right\}, \\[2em] \displaystyle\int_0^\infty r^{m-1} e^{-a r} \sin r x \, . \, d r = \dfrac{\Gamma(m)}{(a^2 + x^2)^{\frac{m}{2}}} \sin\left\{ m \operatorname{arctang} \dfrac{x}{a} \right\}. \end{cases}$$

Or, de ces dernières formules, comparées aux équations (1) et (3), il résulte évidemment que la fonction (5) a pour réciproque de première espèce

$$(7) \quad \varphi(x) = \left(\frac{2}{\pi}\right)^{\frac{1}{2}} \frac{\Gamma(m)}{(a^2 + x^2)^{\frac{m}{2}}} \cos\left\{ m \operatorname{arctang} \frac{x}{a} \right\} = \left(\frac{2}{\pi}\right)^{\frac{1}{2}} \frac{(a - x\sqrt{-1})^{-m} + (a + x\sqrt{-1})^{-m}}{2} \Gamma(m),$$

et pour réciproque de seconde espèce

$$(8) \quad \psi(x) = \left(\frac{2}{\pi}\right)^{\frac{1}{2}} \frac{\Gamma(m)}{(a^2 + x^2)^{\frac{m}{2}}} \sin\left\{ m \operatorname{arctang} \frac{x}{a} \right\} = \left(\frac{2}{\pi}\right)^{\frac{1}{2}} \frac{(a - x\sqrt{-1})^{-m} - (a + x\sqrt{-1})^{-m}}{2\sqrt{-1}} \Gamma(m).$$

Par suite, en prenant pour b une constante réelle, on conclura sans peine, des remarques précédemment faites, que la fonction

$$(9) \qquad f(x) = x^{m-1} e^{-a x} \cos b x$$

a pour réciproque de première espèce

$$(10) \qquad \varphi(x) =$$
$$\left(\frac{2}{\pi}\right)^{\frac{1}{2}} \frac{[a - (b+x)\sqrt{-1}]^{-m} + [a + (b+x)\sqrt{-1}]^{-m} + [a - (b-x)\sqrt{-1}]^{-m} + [a + (b-x)\sqrt{-1}]^{-m}}{4} \Gamma(m),$$

tandis que la fonction

$$(11) \qquad f(x) = x^{m-1} e^{-a x} \sin b x$$

a pour réciproque de seconde espèce

$$(12) \qquad \psi(x) =$$

$$\left(\frac{2}{\pi}\right)^{\frac{1}{2}} \frac{[a-(b+x)\sqrt{-1}]^{-m} + [a+(b+x)\sqrt{-1}]^{-m} - [a-(b-x)\sqrt{-1}]^{-m} - [a+(b-x)\sqrt{-1}]^{-m}}{4} \, \Gamma(m).$$

Dans le cas particulier où l'on prend $m = 1$, la fonction (5), réduite à la forme

$$(13) \qquad f(x) = e^{-ax},$$

a pour réciproque de première espèce

$$(14) \qquad \psi(x) = \left(\frac{2}{\pi}\right)^{\frac{1}{2}} \frac{a}{x^2 + a^2},$$

et pour réciproque de seconde espèce

$$(15) \qquad \psi(x) = \left(\frac{2}{\pi}\right)^{\frac{1}{2}} \frac{x}{x^2 + a^2}.$$

Concevons maintenant que, dans l'équation (33) de la page 104 du premier volume, on pose successivement

$$f(x) = \frac{f(x)}{F(x)} e^{rx\sqrt{-1}}, \qquad f(x) = \frac{f(-x)}{F(-x)} e^{rx\sqrt{-1}},$$

$\dfrac{f(x)}{F(x)}$ désignant une fraction rationnelle. On en tirera, en échangeant entre elles les variables x et r,

$$(16) \qquad \int_{-\infty}^{\infty} \frac{f(r)}{F(r)} e^{rx\sqrt{-1}} \, dr = 2\pi\sqrt{-1} \underset{-\infty}{\overset{\infty}{\mathcal{E}}} \frac{f(r).e^{rx\sqrt{-1}}}{((\,F(r)\,))};$$

et

$$(17) \qquad \int_{-\infty}^{\infty} \frac{f(-r)}{F(-r)} e^{rx\sqrt{-1}} \, dr = 2\pi\sqrt{-1} \underset{-\infty}{\overset{\infty}{\mathcal{E}}} \frac{f(-r).e^{rx\sqrt{-1}}}{((\,F(-r)\,))},$$

ou, ce qui revient au même,

$$(18) \qquad \int_{-\infty}^{\infty} \frac{f(r)}{F(r)} e^{-rx\sqrt{-1}} \, dr = 2\pi\sqrt{-1} \underset{-\infty}{\overset{\infty}{\mathcal{E}}} \frac{f(-r).e^{rx\sqrt{-1}}}{((\,F(-r)\,))}.$$

De plus, on conclura des formules (16) et (18), combinées entre elles par voie d'addition et de soustraction,

$$(19) \quad \begin{cases} \displaystyle\int_{-\infty}^{\infty} \frac{f(r)}{F(r)} \cos r x \, dr = \pi \sqrt{-1} \;\overset{\infty}{\underset{-\infty}{\mathcal{E}}}\overset{\infty}{\underset{0}{}} \left\{ \frac{f(r)}{F(r)} + \frac{f(r)}{F(r)} \right\} e^{r x \sqrt{-1}}, \quad \text{et} \\[2em] \displaystyle\int_{-\infty}^{\infty} \frac{f(r)}{F(r)} \sin r x \, dr = \pi \sqrt{-1} \;\overset{\infty}{\underset{-\infty}{\mathcal{E}}}\overset{\infty}{\underset{0}{}} \left\{ \frac{f(r)}{F(r)} - \frac{f(r)}{F(r)} \right\} e^{r x \sqrt{-1}}, \end{cases}$$

ou, ce qui revient au même,

$$(20) \quad \begin{cases} \displaystyle\int_{0}^{\infty} \left\{ \frac{f(r)}{F(r)} + \frac{f(-r)}{F(-r)} \right\} \cos r x \, dr = \pi \sqrt{-1} \;\overset{}{\underset{-\infty}{\mathcal{E}}}\overset{}{\underset{0}{}} \left\{ \frac{f(r)}{F(r)} + \frac{f(-r)}{F(-r)} \right\} e^{r x \sqrt{-1}}, \quad \text{et} \\[2em] \displaystyle\int_{0}^{\infty} \left\{ \frac{f(r)}{F(r)} - \frac{f(-r)}{F(-r)} \right\} \sin r x \, dr = \pi \sqrt{-1} \;\overset{\infty}{\underset{-\infty}{\mathcal{E}}}\overset{\infty}{\underset{0}{}} \left\{ \frac{f(r)}{F(r)} - \frac{f(-r)}{F(-r)} \right\} e^{r x \sqrt{-1}}. \end{cases}$$

Or, il résulte évidemment des équations précédentes que la fonction

$$(21) \qquad f(x) = \frac{f(x)}{F(x)} + \frac{f(-x)}{F(-x)}$$

a pour réciproque de première espèce

$$(22) \qquad \varphi(x) = (2\pi)^{\frac{1}{2}} \sqrt{-1} \;\overset{\pi}{\underset{}{\mathcal{E}}}\overset{}{\underset{0}{}} \left\{ \frac{f(r)}{F(r)} + \frac{f(-r)}{F(-r)} \right\} e^{r x \sqrt{-1}},$$

tandis que la fonction

$$(23) \qquad f(x) = \frac{f(x)}{F(x)} - \frac{f(-x)}{F(-x)}$$

a pour réciproque de seconde espèce

$$(24) \qquad \psi(x) = (2\pi)^{\frac{1}{2}} \sqrt{-1} \;\overset{\infty}{\underset{-\infty}{\mathcal{E}}}\overset{\pi}{\underset{0}{}} \left\{ \frac{f(r)}{F(r)} - \frac{f(-r)}{F(-r)} \right\} e^{r x \sqrt{-1}}.$$

Concevons enfin que l'on prenne

$$(25) \qquad f(x) = e^{-\frac{x^2}{2}}.$$

L'équation (15) de la page 56 du premier volume donnera

$$(26) \qquad \int_{0}^{\infty} e^{-\frac{r^2}{2}} \cos r x \, dx = \left(\frac{\pi}{2}\right)^{\frac{1}{2}} e^{-\frac{x^2}{2}}.$$

Par conséquent la fonction (16) se confond avec sa réciproque de première espèce. Il est aisé d'en conclure que la fonction

$$(27) \qquad f(x) = e^{-\frac{x^2}{2}} \cos kx \, ,$$

a pour réciproque de première espèce

$$(28) \qquad \varphi(x) = \frac{1}{2} \left\{ e^{-\frac{(x+k)^2}{2}} + e^{-\frac{(x-k)^2}{2}} \right\} .$$

Les principaux usages auxquels on peut employer les fonctions réciproques, ou les formules de M. Fourier déjà citées, sont ceux dont nous allons faire mention.

Premièrement elles servent à la détermination des intégrales définies. Ainsi, par exemple, en prenant pour $f(x)$ la fonction (5), on tirera des équations (2), (7) et (8)

$$(29) \quad \left\{ \begin{aligned}
&\int_0^\infty \frac{(a-r\sqrt{-1})^{-m} + (a+r\sqrt{-1})^{-m}}{2} \cos rx \, dr = \frac{\pi}{2\,\Gamma(m)} x^{m-1} e^{-ax}, \\
&\int_0^\infty \frac{(a-r\sqrt{-1})^{-m} - (a+r\sqrt{-1})^{-m}}{2\sqrt{-1}} \sin rx \, dr = \frac{\pi}{2\,\Gamma(m)} x^{m-1} e^{-ax};
\end{aligned} \right.$$

puis on conclura des formules (29), combinées entre elles par voie d'addition et de soustraction,

$$(30) \qquad \int_{-\infty}^\infty \frac{e^{rx\sqrt{-1}} \, dr}{(a+r\sqrt{-1})^m} = \frac{2\pi}{\Gamma(m)} x^{m-1} e^{-ax},$$

$$(31) \qquad \int_{-\infty}^\infty \frac{e^{rx\sqrt{-1}} \, dr}{(a-r\sqrt{-1})^m} = 0 .$$

Ajoutons que, si l'on différencie les formules (29), (30) ou (31) par rapport à l'une des quantités x ou m, ou par rapport à toutes les deux, on en déduira de nouvelles équations dignes de remarque. Ainsi, par exemple, en désignant par n un nombre entier quelconque, on trouvera

$$(32) \quad \left\{ \begin{aligned}
&\int_0^\infty \frac{(a-r\sqrt{-1})^{-m} + (a+r\sqrt{-1})^{-m}}{2} r^n \cos\left(\frac{n\pi}{2} + rx\right) dr = \frac{\pi}{2\,\Gamma(m)} \frac{d^n(x^{m-1} e^{-ax})}{dx^n}, \\
&\int_0^\infty \frac{(a-r\sqrt{-1})^{-m} - (a+r\sqrt{-1})^{-m}}{2\sqrt{-1}} r^n \sin\left(\frac{n\pi}{2} + rx\right) dr = \frac{\pi}{2\,\Gamma(m)} \frac{d^n(x^{m-1} e^{-ax})}{dx^n};
\end{aligned} \right.$$

puis, en ayant égard à la formule (25) de la page 61 du premier volume, on tirera des équations (30) et (31),

$$(33) \quad \begin{cases} \displaystyle\int_{-\infty}^{\infty} \frac{l(a+r\sqrt{-1})}{(a+r\sqrt{-1})^m}\, e^{rx\sqrt{-1}}\, dr = \frac{2\pi}{\Gamma(m)}\, x^{m-1}\, e^{-ax}\left\{ \int_{0}^{1} \frac{1-z^{m-1}}{1-z}\, dz - c - l(x) \right\}, \\[2em] \displaystyle\int_{-\infty}^{\infty} \frac{l(a-r\sqrt{-1})}{(a-r\sqrt{-1})^m}\, e^{rx\sqrt{-1}}\, dr = 0, \end{cases}$$

c désignant la constante dont Euler fait mention à la page 444 de son Calcul différentiel, et dont la valeur approchée est $0{,}577216\ldots$

J'ai donné les formules (29) au commencement de 1815, dans un Mémoire où elles étaient appliquées à la conversion des différences finies des puissances positives en intégrales définies. On peut, au reste, opérer cette conversion en s'appuyant ou sur la formule (30), ou sur une autre qui s'accorde avec elle, et qui a été donnée par M. Laplace.

Lorsque, dans les équations (29), on pose $m = 1$, on obtient les formules

$$(34) \quad \int_{0}^{\infty} \cos rx\, \frac{a\, dx}{a^2+r^2} = \frac{\pi}{2}\, e^{-ar}, \qquad \int_{0}^{\infty} \sin rx\, \frac{r\, dx}{a^2+r^2} = \frac{\pi}{2}\, e^{-ar},$$

qui ont été données par M. Laplace, et qui se trouvent comprises l'une et l'autre dans les équations (20).

Les fonctions réciproques peuvent encore servir à transformer les intégrales aux différences finies, et les sommes des séries, quand la loi de leurs termes est connue, en intégrales définies ordinaires. En effet, si l'on pose $\Delta x = h$, et si l'on désigne par x_0, X deux valeurs de x tellement choisies que la différence $X - x_0$ soit un multiple de h, on aura, en vertu des équations (2) et (4),

$$(35) \quad \sum_{x_0}^{X} f(x) = \left(\frac{2}{\pi}\right)^{\frac{1}{2}} \int_{0}^{\infty} \frac{\sin\left(rX - \frac{rh}{2}\right) - \sin\left(rx_0 - \frac{rh}{2}\right)}{2\sin\frac{rh}{2}}\, \varphi(r)\, dr,$$

et

$$(36) \quad \sum_{x_0}^{X} f(x) = \left(\frac{2}{\pi}\right)^{\frac{1}{2}} \int_{0}^{\infty} \frac{\cos\left(rx_0 - \frac{rh}{2}\right) - \cos\left(rX - \frac{rh}{2}\right)}{2\sin\frac{rh}{2}}\, (r)\, dr.$$

De même, si l'on représente par z une variable comprise entre les limites -1

$+ 1$, et par α une quantité constante, on déduira sans peine de l'équation (2) ou (5) les sommes des séries

$$(37) \qquad f(0), \qquad zf(1), \qquad z^2 f(2), \qquad z^3 f(3), \qquad \text{etc...},$$

et

$$(38) \qquad f(0), \qquad zf(\alpha), \qquad z^2 f(2\alpha), \qquad z^3 f(3\alpha), \qquad \text{etc....}$$

On trouvera, par exemple, en considérant la seconde de ces deux séries,

$$(39)\ f(0) + zf(\alpha) + z^2 f(2\alpha) + \ldots = \left(\frac{2}{\pi}\right)^{\frac{1}{2}} \int_0^\infty (1 + z\cos\alpha r + z^2 \cos 2\alpha r + \ldots)\varphi(r)\,dr,$$

et

$$(40)\ zf(\alpha) + z^2 f(2\alpha) + \ldots\ldots\ldots = \left(\frac{2}{\pi}\right)^{\frac{1}{2}} \int_0^\infty (z\sin\alpha r + z^2 \sin 2\alpha r + \ldots\ldots)\psi(r)\,dr.$$

On a d'ailleurs, en supposant $z^2 < 1$,

$$(41)\ \left\{ \begin{aligned} &(1 + z\cos\alpha r + z^2 \cos 2\alpha r + \ldots) + (z\sin\alpha r + z^2 \sin 2\alpha r + \ldots)\sqrt{-1} \\ &\qquad\qquad = 1 + z e^{\alpha r\sqrt{-1}} + z^2 e^{2\alpha r\sqrt{-1}} + \ldots \\ &= \frac{1}{1 - z e^{\alpha r\sqrt{-1}}} = \frac{1}{1 - z\cos\alpha r - z\sin\alpha r.\sqrt{-1}} = \frac{1 - z\cos\alpha r}{1 - 2z\cos\alpha r + z^2} + \frac{z\sin\alpha r}{1 - 2z\cos\alpha r + z^2}\sqrt{-1}, \end{aligned} \right.$$

et par suite

$$(42)\ \left\{ \begin{aligned} 1 + z\cos\alpha r + z^2 \cos 2\alpha r + \ldots &= \frac{1 - z\cos\alpha r}{1 - 2z\cos\alpha r + z^2}, \\[2mm] z\sin\alpha r + z^2 \sin 2\alpha r + \ldots\ldots &= \frac{z\sin\alpha r}{1 - 2z\cos\alpha r + z^2}. \end{aligned} \right.$$

Cela posé, on conclura des formules (39) et (40)

$$(43) \qquad f(0) + zf(\alpha) + z^2 f(2\alpha) + \ldots = \left(\frac{2}{\pi}\right)^{\frac{1}{2}} \int_0^\infty \frac{1 - z\cos\alpha r}{1 - 2z\cos\alpha r + z^2}\,\varphi(r)\,dr.$$

et

$$(44) \qquad zf(\alpha) + z^2 f(2\alpha) + \ldots\ldots\ldots = \left(\frac{2}{\pi}\right)^{\frac{1}{2}} \int_0^\infty \frac{z\sin\alpha r}{1 - 2z\cos\alpha r + z^2}\,\psi(r)\,dr.$$

Si, dans l'équation (44), on réduit z à l'unité, on trouvera

$$(45) \qquad f(\alpha) + f(2\alpha) + \dots = \left(\frac{1}{2\pi}\right)^{\frac{1}{2}} \int_0^\infty \psi(r) . \cot \frac{\alpha r}{2} . dr.$$

Ainsi, la sommation de la série

$$(46) \qquad f(\alpha), \qquad f(2\alpha), \qquad f(3\alpha), \qquad \text{etc.} \dots$$

se trouve ramenée à l'évaluation de l'intégrale définie

$$(47) \qquad \int_0^\infty \psi(r) \cot \frac{\alpha r}{2} . dr.$$

A la vérité, cette intégrale a une valeur générale indéterminée, attendu que la fonction sous le signe $\int$ devient infinie, avec le facteur $\cot \dfrac{\alpha r}{2}$, pour toutes les valeurs de r propres à vérifier l'équation

$$(48) \qquad \sin \frac{\alpha r}{2} = 0,$$

et par conséquent, pour les valeurs de r de la forme

$$(49) \qquad r = \frac{2n\pi}{\alpha},$$

n étant un nombre entier quelconque. Mais il est facile de s'assurer, comme on le verra ci-après, que, dans l'équation (45), l'intégrale dont il s'agit doit être réduite à sa valeur principale.

Si l'on prend

$$(50) \qquad z = 1 - \varepsilon,$$

ε désignant un nombre infiniment petit, on trouvera

$$(51) \quad \left\{ \begin{aligned} \frac{1 - z\cos\alpha r}{1 - 2z\cos\alpha r + z^2} &= \frac{1}{2} + \frac{1 - z^2}{2} \cdot \frac{1}{1 - 2z\cos\alpha r + z^2} = \frac{1}{2} + \left(1 - \frac{\varepsilon}{2}\right) \frac{\varepsilon}{\varepsilon^2 + (1-\varepsilon)\left(2\sin\frac{\alpha r}{2}\right)^2}, \\[2ex] \frac{z\sin\alpha r}{1 - 2z\cos\alpha r + z^2} &= (1 - \varepsilon) \frac{\sin\alpha r}{\varepsilon^2 + (1-\varepsilon)\left(2\sin\frac{\alpha r}{2}\right)^2}. \end{aligned} \right.$$

Par suite, si l'on a égard à la formule

$$(52) \qquad f(0) = \left(\frac{2}{\pi}\right)^{\frac{1}{2}} \int_0^\infty \varphi(r)\,dr,$$

on tirera des équations (43) et (44)

$$(53) \quad \frac{1}{2}f(0) + f(\alpha) + f(2\alpha) + \ldots = \left(\frac{2}{\pi}\right)^{\frac{1}{2}}\left(1 - \frac{\varepsilon}{2}\right)\int_0^\infty \frac{\varepsilon\varphi(r)\,.dr}{\varepsilon^2 + (1-\varepsilon)\left(2\sin\frac{\alpha r}{2}\right)^2},$$

$$(54) \quad f(\alpha) + f(2\alpha) + \ldots\ldots\ldots\ldots = \left(\frac{2}{\pi}\right)^{\frac{1}{2}}(1-\varepsilon)\int_0^\infty \frac{\psi(r).\sin ar.\,dr}{\varepsilon^2+(1-\varepsilon)\left(2\sin\frac{\alpha r}{2}\right)^2}.$$

De plus, si l'on désigne par δ un nombre qui s'évanouisse avec ε, on aura encore

$$(55) \quad \left\{ \begin{aligned} &\int_0^\infty \frac{\varepsilon\varphi(r)\,dr}{\varepsilon^2+(1-\varepsilon)\left(2\sin\frac{\alpha r}{2}\right)^2} = A + \int_\delta^{\frac{2\pi}{\alpha}-\delta} \frac{\varepsilon\varphi(r)\,dr}{\varepsilon^2+(1-\varepsilon)\left(2\sin\frac{\alpha r}{2}\right)^2} \\ &+ \int_{\frac{2\pi}{\alpha}+\delta}^{\frac{4\pi}{\alpha}-\delta} \frac{\varepsilon\varphi(r)\,dr}{\varepsilon^2+(1-\varepsilon)\left(2\sin\frac{\alpha r}{2}\right)^2} + \int_{\frac{4\pi}{\alpha}+\delta}^{\frac{6\pi}{\alpha}-\delta} \frac{\varepsilon\varphi(r)\,dr}{\varepsilon^2+(1-\varepsilon)\left(2\sin\frac{\alpha r}{2}\right)^2} + \ldots, \end{aligned} \right.$$

et

$$(56) \quad \left\{ \begin{aligned} &\int_0^\infty \frac{\psi(r)\sin\alpha r\,dr}{\varepsilon^2+(1-\varepsilon)\left(2\sin\frac{\alpha r}{2}\right)^2} = B + \int_\delta^{\frac{2\pi}{\alpha}-\delta} \frac{\psi(r)\sin\alpha r\,dr}{\varepsilon^2+(1-\varepsilon)\left(2\sin\frac{\alpha r}{2}\right)^2} \\ &+ \int_{\frac{2\pi}{\alpha}+\delta}^{\frac{2\pi}{\alpha}-\delta} \frac{\psi(r)\sin\alpha r\,dr}{\varepsilon^2+(1-\varepsilon)\left(2\sin\frac{\alpha r}{2}\right)^2} + \int_{\frac{4\pi}{\alpha}-\delta}^{\frac{4\pi}{\alpha}+\delta} \frac{\psi(r)\sin\alpha r\,dr}{\varepsilon^2+(1-\varepsilon)\left(2\sin\frac{\alpha r}{2}\right)^2} + \ldots; \end{aligned} \right.$$

A et B étant les sommes d'intégrales singulières que déterminent les équations

$$(57) \qquad A = \int_0^\delta \frac{\varepsilon\varphi(r)\,dr}{\varepsilon^2+(1-\varepsilon)\left(2\sin\frac{\alpha r}{2}\right)^2} + \sum_{n=1}^{n=\infty} \int_{\frac{2n\pi}{\alpha}-\delta}^{\frac{2n\pi}{\alpha}+\delta} \frac{\varepsilon\varphi(r)\,dr}{\varepsilon^2+(1-\varepsilon)\left(2\sin\frac{\alpha r}{2}\right)^2},$$

$$(58) \qquad B = \int_0^\delta \frac{\psi(r)\sin\alpha r\,dr}{\varepsilon^2+(1-\varepsilon)\left(2\sin\frac{\alpha r}{2}\right)^2} + \sum_{n=1}^{n=\infty} \int_{\frac{2n\pi}{\alpha}-\delta}^{\frac{2n\pi}{\alpha}+\delta} \frac{\psi(r)\sin\alpha r\,dr}{\varepsilon^2+(1-\varepsilon)\left(2\sin\frac{\alpha r}{2}\right)^2},$$

et le signe Σ s'étendant à toutes les valeurs positives du nombre entier n.

D'ailleurs, dans chacune des intégrales que renferme le second membre de l'équation (55), la fonction sous le signe $\int$ est le produit des deux facteurs

$$\frac{\varepsilon}{\varepsilon^2 + (1-\varepsilon)\left(2\sin\frac{\alpha r}{2}\right)^2} \,, \qquad \text{et} \qquad \varphi(r)$$

dont le premier reste, pour toutes les valeurs de r comprises entre les limites de l'intégration, inférieur au rapport

$$(59) \qquad \frac{\varepsilon}{\varepsilon^2 + (1-\varepsilon)\left(2\sin\frac{\alpha\delta}{2}\right)^2} = \frac{\dfrac{\varepsilon}{\delta^2}}{\varepsilon\dfrac{\varepsilon}{\delta^2} + (1-\varepsilon)\left(\dfrac{2}{\delta}\sin\frac{\alpha\delta}{2}\right)^2} \,.$$

Or, ce rapport sera sensiblement nul, si, δ étant considéré comme infiniment petit du premier ordre, on prend pour ε une quantité infiniment petite d'un ordre supérieur à 2, par exemple, si l'on suppose

$$\varepsilon = \delta^4, \qquad \text{ou} \qquad \delta = \varepsilon^{\frac{1}{4}}.$$

Par conséquent, dans cette hypothèse, les intégrales que renferme le second membre de la formule (55) seront nulles à très-peu près, et l'on aura, sans erreur sensible,

$$(60) \qquad \int_0^\infty \frac{\varepsilon\varphi(r)\,dr}{\varepsilon^2 + (1-\varepsilon)\left(2\sin\frac{\alpha r}{2}\right)^2} = A.$$

Dans la même hypothèse, en prenant

$$r = \varepsilon s, \qquad \text{ou} \qquad r = \frac{2n\pi}{\alpha} + \varepsilon s,$$

on tirera des formules (57) et (58)

$$(61) \qquad A = \int_0^{\frac{\delta}{\varepsilon}} \frac{\varphi(\varepsilon s)\,ds}{1 + (1-\varepsilon)\left(\dfrac{2}{\varepsilon}\sin\frac{\alpha\varepsilon s}{2}\right)^2} + \sum_{n=1}^{n=\infty} \int_{-\frac{\delta}{\varepsilon}}^{\frac{\delta}{\varepsilon}} \frac{\varphi\left(\dfrac{2n\pi}{\alpha} + \varepsilon s\right)ds}{1 + (1-\varepsilon)\left(\dfrac{2}{\varepsilon}\sin\frac{\alpha\varepsilon s}{2}\right)^2} \,,$$

$$(62) \qquad B = \int_0^{\frac{\delta}{\varepsilon}} \frac{\dfrac{1}{\varepsilon}\psi(\varepsilon s)\sin\alpha\varepsilon s\,.\,ds}{1 + (1-\varepsilon)\left(\dfrac{2}{\varepsilon}\sin\frac{\alpha\varepsilon s}{2}\right)^2} + \sum_{n=1}^{n=\infty} \int_{-\frac{\delta}{\varepsilon}}^{\frac{\delta}{\varepsilon}} \frac{\dfrac{1}{\varepsilon}\psi\left(\dfrac{2n\pi}{\alpha} + \varepsilon s\right)\sin\alpha\varepsilon s\,ds}{1 + (1-\varepsilon)\left(\dfrac{2}{\varepsilon}\sin\frac{\alpha\varepsilon s}{2}\right)^2} \,;$$

puis, en réduisant ε à zéro, $\psi(\varepsilon s)$ à $\psi(o) = o$, et l'intégrale

$$(63) \qquad \int_{-\infty}^{\infty} \frac{\alpha s\,ds}{1+\alpha^2 s^2}$$

à sa valeur principale, c'est-à-dire à zéro, l'on trouvera définitivement

$$(64) \qquad A = \varphi(o) \int_{0}^{\infty} \frac{ds}{1+\alpha^2 s^2} + \sum_{n=1}^{n=\infty} \varphi\left(\frac{2n\pi}{\alpha}\right) \int_{-\infty}^{\infty} \frac{ds}{1+\alpha^2 s^2},$$

ou plus simplement

$$(65) \qquad A = \frac{\pi}{\alpha}\left\{ \frac{1}{2}\varphi(o) + \varphi\left(\frac{2\pi}{\alpha}\right) + \varphi\left(\frac{4\pi}{\alpha}\right) + \dots \right\},$$

et

$$(66) \qquad B = \sum_{n=1}^{n=\infty} \psi\left(\frac{2n\pi}{\alpha}\right) \int_{-\infty}^{\infty} \frac{\alpha s\,ds}{1+\alpha^2 s^2} = o.$$

Faisons maintenant, pour abréger, $\dfrac{2\pi}{\alpha} = \beta$, en sorte qu'on ait

$$(67) \qquad \alpha\beta = 2\pi.$$

Il est clair que, pour des valeurs décroissantes de ε, les seconds membres des formules (55) et (56) convergeront vers deux limites équivalentes, la première à la quantité

$$(68) \qquad A = \frac{\pi}{\alpha}\left\{ \frac{1}{2}\varphi(o) + \varphi(\beta) + \varphi(2\beta) + \dots \right\},$$

la seconde à la valeur principale de l'intégrale définie

$$(69) \qquad \int_{0}^{\infty} \frac{\psi(r).\sin\alpha r}{4\sin^2 \frac{\alpha r}{2}}\,dr = \frac{1}{2}\int_{0}^{\infty} \varphi(r).\cot\frac{\alpha r}{2}.\,dr.$$

Donc, la formule (54) pourra être remplacée par l'équation (45), et la formule (55) donnera

$$(70) \qquad \frac{1}{2}f(o) + f(\alpha) + f(2\alpha) + \dots = \frac{(2\pi)^{\frac{1}{2}}}{\alpha}\left\{ \frac{1}{2}\varphi(o) + \varphi(\beta) + \varphi(2\beta) + \dots \right\},$$

ou, ce qui revient au même,

$$(71) \quad \alpha \left\{ \frac{1}{2} f(0) + f(\alpha) + f(2\alpha) + \ldots \right\} = \beta \left\{ \frac{1}{2} \varphi(0) + \varphi(\beta) + \varphi(2\beta) + \ldots \right\}$$

Ainsi, l'équation (71) subsiste entre les fonctions réciproques de première espèce, désignées par les lettres f et φ, toutes les fois que les nombres α et β vérifient la formule (67).

Si, dans l'équation (71), on remplace la fonction $f(x)$ par le produit

$$f(x)\cos\theta x ,$$

θ désignant une constante réelle, on devra, en vertu d'une remarque précédemment faite, remplacer en même temps la fonction $\varphi(x)$ par la demi-somme

$$(72) \qquad \frac{\varphi\left[\sqrt{(x+\theta)^2}\right]+\varphi\left[\sqrt{(x-\theta)^2}\right]}{2} ;$$

et l'on aura par suite, pour toutes les valeurs de θ comprises entre les limites $0, \beta$.

$$(73) \quad \alpha \left\{ \frac{1}{2} f(0) + f(\alpha)\cos\theta\alpha + f(2\alpha)\cos 2\theta\alpha + \ldots \right\} = \frac{1}{2}\beta \left\{ \varphi(\theta) + \varphi(\beta-\theta) + \varphi(\beta+\theta) + \varphi(2\beta-\theta) + \ldots \right\}$$

Lorsque, dans les équations (71) et (73), on pose $\alpha = 1$, β se réduit à 2π, et l'on trouve

$$(74) \qquad \frac{1}{2} f(0) + f(1) + f(2) + \ldots = (2\pi) \left\{ \frac{1}{2}\varphi(0) + \varphi(2\pi) + \varphi(4\pi) + \ldots \right\} ,$$

$$(75) \quad \frac{1}{2} f(0) + f(1)\cos\theta + f(2)\cos 2\theta + \ldots = \left(\frac{\pi}{2}\right)^{\frac{1}{2}} \left\{ \varphi(\theta) + \varphi(2\pi-\theta) + \varphi(2\pi+\theta) + \varphi(4\pi-\theta) + \varphi(4\pi+\theta) + \ldots \right\}$$

La formule (75) subsiste seulement pour les valeurs de θ renfermées entre les limites $0, 2\pi$. Si l'on y remplace l'arc θ par l'arc $\theta + \pi$, on en tirera, pour toutes les valeurs de θ comprises entre les limites $-\pi, +\pi$

$$(76) \quad \frac{1}{2} f(0) - f(1)\cos\theta + f(2)\cos 2\theta - \ldots = \left(\frac{\pi}{2}\right)^{\frac{1}{2}} \left\{ \varphi(\pi-\theta) + \varphi(\pi+\theta) + \varphi(3\pi-\theta) + \varphi(3\pi+\theta) + \ldots \right\}$$

Appliquons maintenant les formules que nous venons de trouver à quelques exemples, et d'abord supposons les fonctions $f(x)$, $\varphi(x)$, $\psi(x)$, déterminées par les équations (5), (7), (8). Alors on tirera des formules (45), (71) et (75), 1.º en supposant $m > 1$

$$(77)\quad\begin{aligned}&\int_0^\infty \frac{(a-r\sqrt{-1})^{-m}-(a+r\sqrt{-1})^{-m}}{2\sqrt{-1}}\cot\frac{\alpha r}{2}\,dr\\[2mm]
&=\int_0^\infty \sin\left(m\arctan\frac{r}{a}\right)\cot\frac{\alpha r}{2}\frac{dr}{(a^2+r^2)^{\frac{m}{2}}}\\[2mm]
&=\frac{\pi}{\Gamma(m)}\alpha^{m-1}\left(e^{-a\alpha}+2^{m-1}e^{-2a\alpha}+3^{m-1}e^{-3a\alpha}+\dots\right),\end{aligned}$$

$$(78)\quad\begin{aligned}&\frac{1}{2}a^{-m}+\frac{(a-\beta\sqrt{-1})^{-m}+(a+\beta\sqrt{-1})^{-m}}{2}+\frac{(a-2\beta\sqrt{-1})^{-m}+(a+2\beta\sqrt{-1})^{-m}}{2}+\dots\\[2mm]
&=\frac{1}{2a^m}+\frac{\cos\left(m\arctan\frac{\beta}{a}\right)}{(a^2+\beta^2)^{\frac{m}{2}}}+\frac{\cos\left(m\arctan\frac{2\beta}{a}\right)}{(a^2+4\beta^2)^{\frac{m}{2}}}+\frac{\cos\left(m\arctan\frac{3\beta}{a}\right)}{(a^2+9\beta^2)^{\frac{m}{2}}}+\dots\\[2mm]
&=\frac{\alpha^m}{2\,\Gamma(m)}\left\{e^{-a\alpha}+2^{m-1}e^{-2a\alpha}+3^{m-1}e^{-3a\alpha}+\dots\right\},\end{aligned}$$

$$(79)\quad\begin{aligned}&\frac{(a-\theta\sqrt{-1})^{-m}+(a+\theta\sqrt{-1})^{-m}}{2}+\frac{[a-(\beta-\theta)\sqrt{-1}]^{-m}+[a+(\beta-\theta)\sqrt{-1}]^{-m}}{2}+\dots\\[2mm]
&=\frac{\cos\left(m\arctan\frac{\theta}{a}\right)}{(a^2+\theta^2)^{\frac{m}{2}}}+\frac{\cos\left(m\arctan\frac{\beta-\theta}{a}\right)}{[a^2+(\beta-\theta)^2]^{\frac{m}{2}}}+\frac{\cos\left(m\arctan\frac{\beta+\theta}{a}\right)}{[a^2+(\beta+\theta)^2]^{\frac{m}{2}}}+\dots\\[2mm]
&=\frac{\alpha^m}{\Gamma(m)}\left\{e^{-a\alpha}\cos\theta x+2^{m-1}e^{-2a\alpha}\cos2\theta x+3^{m-1}e^{-3a\alpha}\cos3\theta x+\dots\right\};\end{aligned}$$

2.° en prenant $m=1$, et ayant égard à la première des formules (42),

$$(80)\quad \int_0^x \cot\frac{\alpha r}{2}\cdot\frac{r\,dr}{a^2+r^2}=\pi\left[e^{-a\alpha}+e^{-2a\alpha}+e^{-3a\alpha}+\dots\right]=\frac{\pi}{e^{a\alpha}-1},$$

$$(81)\quad\begin{aligned}&\frac{1}{2a^2}+\frac{1}{a^2+\beta^2}+\frac{1}{a^2+4\beta^2}+\frac{1}{a^2+9\beta^2}+\dots=\frac{\alpha}{2a}\left\{\frac{1}{2}+e^{-a\alpha}+e^{-2a\alpha}+\dots\right\}=\frac{\alpha}{4a}\frac{1+e^{-a\alpha}}{1-e^{-a\alpha}}\\[2mm]
&=\frac{\pi}{2a\beta}\frac{e^{\frac{a\pi}{\beta}}+e^{-\frac{a\pi}{\beta}}}{e^{\frac{a\pi}{\beta}}-e^{-\frac{a\pi}{\beta}}},\end{aligned}$$

$$(82)\quad\begin{cases}\dfrac{1}{a^2+\theta^2}+\dfrac{1}{a^2+(\beta+\theta)^2}+\dfrac{1}{a^2+(\beta+\theta)^2}+\ldots=\dfrac{\alpha}{a}\left\{\dfrac{1}{2}+e^{-a\alpha}\cos\theta\alpha+e^{-2a\alpha}\cos 2\theta\alpha+\ldots\right.\\[4mm]\qquad=\dfrac{\alpha}{2a}\,\dfrac{1-e^{-2a\alpha}}{1-2e^{-a\alpha}\cos\theta\alpha+e^{-2a\alpha}}=\dfrac{\pi}{a\beta}\,\dfrac{e^{\frac{2a\pi}{\beta}}-e^{-\frac{2a\pi}{\beta}}}{e^{\frac{2a\pi}{\beta}}-2\cos\dfrac{2\theta\pi}{\beta}+e^{-\frac{2a\pi}{\beta}}}\;;\end{cases}$$

Concevons maintenant que l'on échange entre elles les valeurs de $f(x)$ et de $\varphi(x)$, déterminées par les formules (5) et (7), ou les valeurs de $f(x)$ et de $\psi(x)$ déterminées par les formules (5) et (8). Alors on tirera des formules (45) et (75) de nouvelles équations qui se réduiront, pour $m=1$, aux deux suivantes

$$(83)\quad\int_0^\infty e^{-ar}\cot\frac{\alpha r}{2}\,dr=2\alpha\left\{\frac{1}{a^2+\alpha^2}+\frac{2}{a^2+4\alpha^2}+\frac{3}{a^2+9\alpha^2}+\ldots\right\},$$

$$(84)\quad\begin{cases}\dfrac{1}{2a^2}+\dfrac{\cos\theta\alpha}{a^2+\alpha^2}+\dfrac{\cos 2\theta\alpha}{a^2+4\alpha^2}+\dfrac{\cos 3\theta\alpha}{a^2+9\alpha^2}+\ldots=\dfrac{\pi}{2a\alpha}\left\{e^{-a\theta}+e^{-a(\beta-\theta)}+e^{-a(\beta+\theta)}+\ldots\right.\\[4mm]\qquad=\dfrac{\pi}{2a\alpha}\,\dfrac{e^{-\alpha\theta}+e^{-a(\beta-\theta)}}{1-e^{-a\beta}}=\dfrac{\pi}{2a\alpha}\,\dfrac{e^{a\left(\frac{\pi}{\alpha}-\theta\right)}+e^{-a\left(\frac{\pi}{\alpha}-\theta\right)}}{e^{\frac{a\pi}{\alpha}}-e^{-\frac{a\pi}{\alpha}}}.\end{cases}$$

Les formules (79), (82) et (84) supposent le nombre θ renfermé entre les limites 0 et $\beta=\dfrac{2\pi}{\alpha}$.

Considérons encore le cas où les fonctions $f(x)$, $\varphi(x)$ se réduisent à la fonction (25). Faisons d'ailleurs

$$(85)\qquad\alpha^2=2a^2,\qquad\beta^2=2b^2,\qquad\theta^2=2\tau^2,$$

l'équation (67) donnera

$$(86)\qquad ab=\pi\;;$$

puis l'on tirera des formules (45), (71), (73),

$$(87)\qquad\int_0^\infty e^{-\frac{r^2}{2}}\cot\frac{ar}{\sqrt{2}}\,dr=(2\pi)^{\frac{1}{2}}\left\{e^{-a^2}+e^{-4a^2}+e^{-9a^2}+\ldots\right\}.$$

ou plus simplement

$$(88)\qquad\int_0^\infty e^{-r^2}\cot ar.dr=\pi^{\frac{1}{2}}\left\{e^{-a^2}+e^{-4a^2}+e^{-9a^2}+\ldots\right\}\;;$$

et de plus

$$(89)\quad a^{\frac{1}{2}}\left\{\frac{1}{2}c^{-a^2}+c^{-4a^2}+c^{-9a^2}+\dots\right\}=b^{\frac{1}{2}}\left\{\frac{1}{2}+e^{-b^2}+e^{-4b^2}+c^{-9b^2}+\dots\right\},$$

$$(90)\quad a^{\frac{1}{2}}\left\{\frac{1}{2}+e^{-a^2}\cos 2a\tau+e^{-4a^2}\cos 4a\tau+\dots\right\}=\frac{1}{2}b^{\frac{1}{2}}\left\{e^{-\tau^2}+e^{-(b-\tau)^2}+e^{-(b+\tau)^2}+\dots\right\}.$$

La dernière équation suppose $\tau < b$.

J'ai signalé les formules (71) et (89) avec la méthode par laquelle je viens de les établir, dans le Bulletin de la Société philomathique d'août 1817, et j'ai développé cette méthode dans les Leçons données en 1817 au collège de France. J'ai remarqué d'ailleurs, dans le Bulletin dont il s'agit, qu'on pouvait déduire immédiatement de la formule (71) la sommation des séries qu'Euler a traitées dans son Introduction à l'Analyse des infiniment petits, et de plusieurs autres qui renferment les premières. Telles sont, par exemple, les séries (81), (82), (84), etc......... La formule (89) parut digne d'attention à l'auteur de la mécanique céleste, qui me dit l'avoir vérifiée par une méthode particulière, dans le cas où l'un des nombres a et b est très-petit. Enfin, dans le 19.ᵉ Cahier du Journal de l'École polytechnique, et dans un Mémoire sur le calcul numérique des intégrales définies, M. Poisson a reproduit les formules (71) et (89) avec leurs principales conséquences, en s'appuyant aussi, pour établir la formule (71), sur la décomposition d'une intégrale définie en intégrales singulières, c'est-à-dire, en intégrales dont chacune est prise entre des limites infiniment rapprochées de la variable. De plus, il a donné, dans le Mémoire que je viens de citer, la formule (90), en la déduisant de la formule (71).

On pourrait encore se servir des fonctions réciproques, ou des formules de M. Fourier, pour l'intégration des équations aux différences partielles, comme on le fait dans la théorie de la chaleur, dans la théorie des ondes, etc....... Mais, ainsi que je l'ai déjà observé, la méthode d'intégration devient plus facile, lorsqu'aux formules dont il s'agit on substitue l'équation (51) de la page 119. C'est ce que je montrerai plus en détail dans un autre article.

SUR LA TRANSFORMATION DES FONCTIONS

DE PLUSIEURS VARIABLES EN INTÉGRALES MULTIPLES.

J'ai précédemment indiqué les moyens de transformer une fonction quelconque de la variable x en une intégrale double, dans laquelle cette fonction était remplacée par des exponentielles dont les exposants réels ou imaginaires étaient du premier degré par rapport à x. Les formules auxquelles je suis parvenu de cette manière peuvent être facilement étendues au cas où l'on se proposerait de transformer en une intégrale multiple une fonction de plusieurs variables indépendantes x, y, z.... C'est ce que je vais expliquer en peu de mots.

Si, dans les équations (40) et (51) des pages 118 et 119, on écrit $f(x)$, α et λ, au lieu de $f(x)$, r et μ, on trouvera, pour toutes les valeurs de x renfermées entre les limites x_0, X,

$$(1) \qquad f(x) = \frac{1}{2\pi} \int_{-\infty}^{\infty} \int_{x_0}^{X} e^{\alpha(x-\lambda)\sqrt{-1}} f(\lambda)\, d\lambda\, d\alpha,$$

et, pour des valeurs quelconques de x,

$$(2) \qquad f(x) = \frac{1}{2\pi} \int_{-\infty}^{\infty} \int_{-\infty}^{\infty} e^{\alpha(x-\lambda)\sqrt{-1}} f(\lambda)\, d\lambda\, d\alpha.$$

Cela posé, si l'on désigne par $f(x,y)$ une fonction des deux variables indépendantes x, y, on tirera de l'équation (1), 1.° pour toutes les valeurs de x renfermées entre les limites x_0, X,

$$(3) \qquad f(x,y) = \frac{1}{2\pi} \int_{-\infty}^{\infty} \int_{x_0}^{X} e^{\alpha(x-\lambda)\sqrt{-1}} f(\lambda,y)\, d\lambda\, d\alpha;$$

2.° pour toutes les valeurs de y renfermées entre les limites y_0, Y,

$$(4) \qquad f(\lambda,y) = \frac{1}{2\pi} \int_{-\infty}^{\infty} \int_{y_0}^{Y} e^{\beta(y-\mu)\sqrt{-1}} f(\lambda,\mu)\, d\mu\, d\beta.$$

Donc par suite, on aura, pour des valeurs des variables x, y renfermées entre les limites $x = x_0$, $x = X$; $y = y_0$, $y = Y$,

$$(5) \quad f(x,y) = \left(\frac{1}{2\pi}\right)^2 \int_{-\infty}^{\infty} \int_{-\infty}^{\infty} \int_{y_0}^{Y} \int_{x_0}^{X} e^{\alpha(x-\lambda)\sqrt{-1}}\, e^{\beta(y-\mu)\sqrt{-1}}\, f(\lambda,\mu)\, d\lambda\, d\mu\, d\alpha\, d\beta.$$

Par des raisonnements semblables appliqués à une fonction de m variables x, y, z,... on établirait généralement la formule

$$(6) \qquad f(x,y,z,...) =$$

$$\left(\frac{1}{2\pi}\right)^m \int_{-\infty}^{\infty}...\int_{z_0}^{Z}\int_{y_0}^{Y}\int_{x_0}^{X}... e^{\alpha(x-\lambda)\sqrt{-1}}\, e^{\beta(y-\mu)\sqrt{-1}}\, e^{\gamma(z-\nu)\sqrt{-1}}...f(\lambda,\mu,\nu..)\, d\lambda\, d\mu\, d\nu.. d\alpha\, d\beta\, d\gamma..$$

qui subsiste pour des valeurs de x, y, z,... renfermées entre les limites

$$x = x_0, \quad x = X; \qquad y = y_0, \quad y = Y; \qquad z = z_0, \quad z = Z; \quad \text{etc...,}$$

et dans laquelle les intégrales relatives aux variables auxiliaires α, β, γ..... sont prises entre les limites $-\infty$, $+\infty$.

Si les quantités x_0, y_0, z_0... se réduisaient à $-\infty$, et les quantités X, Y, Z,... à $+\infty$, on trouverait, pour des valeurs quelconques des variables $x,y,z,...$

$$(7) \qquad f(x,y,z,...) =$$

$$\left(\frac{1}{2\pi}\right)^m \int_{-\infty}^{\infty}...\int_{-\infty}^{\infty} e^{\alpha(x-\lambda)\sqrt{-1}}\, e^{\beta(y-\mu)\sqrt{-1}}\, e^{\gamma(z-\nu)\sqrt{-1}}...f(\lambda,\mu,\nu,...)\, d\lambda\, d\mu\, d\nu...d\alpha\, d\beta\, d\gamma.$$

On étendrait avec la même facilité à des fonctions de plusieurs variables les formules (27), (36), (48), (50), (52), (62), (69), (75) des pages 116 et suivantes. Ainsi, par exemple, en partant de la formule (52) [page 120], on trouverait, pour des valeurs quelconques des variables réelles x, y, z,... et des constantes réelles a, b, c.....

$$(8) \qquad f(x,y,z,...) =$$

$$\frac{abc..\, d^m \int_{0}^{\infty}..\int_{0}^{\infty}\int_{-\infty}^{\infty}..\int_{-\infty}^{\infty} abc..e^{-a\alpha\sqrt{(x-\lambda)^2}}\, e^{-b\beta\sqrt{(x-\mu)^2}}.. f(\lambda,\mu,\nu,..)\, d\lambda\, d\mu\, d\nu.. d\alpha\, d\beta\, d\gamma...}{2^m \qquad\qquad\qquad\qquad\qquad da\, db\, dc..}$$

SUR L'ANALOGIE DES PUISSANCES ET DES DIFFÉRENCES.

§ 1.ᵉʳ *Considérations générales.*

On a reconnu depuis long-temps l'analogie qui existe entre les puissances et les différences des divers ordres finies ou infiniment petites. En suivant cette analogie, et employant une seule caractéristique placée devant une fonction de x, pour indiquer la fonction dérivée, puis, se servant de caractéristiques différentes α, β, γ,... placées devant une fonction u de plusieurs variables x, y, z,.... pour indiquer les dérivées de u relatives à ces diverses variables, on se trouve naturellement conduit à représenter une fonction linéaire de u et de ses dérivées successives d'un ordre égal ou inférieur à m, par un produit de la forme

$$(1) \qquad f(\alpha, \beta, \gamma, ...)\, u,$$

$f(\alpha, \beta, \gamma, ...)$ désignant une fonction entière du degré m. En étendant cette notation au cas où le degré m devient infini, M. Brisson est parvenu à exprimer les intégrales des équations linéaires à coefficients constants, avec ou sans dernier terme variable, par des formules symboliques * qui méritent d'être remarquées, et qu'il a exposées dans deux Mémoires portant les dates de mai 1821 et de novembre 1823. Le même auteur observe que, si la fonction $f(\alpha, \beta, \gamma, ...)$ n'est pas développable en série ordonnée suivant les puissances ascendantes, entières et positives de α, β, γ,...., on pourra développer cette fonction d'une autre manière, par exemple, en une série dont les différents termes seront proportionnels aux puissances négatives de α, β, γ,... ; et, pour fixer, dans ce dernier cas, le sens de la notation (1), il propose de considérer, ainsi qu'on l'avait déjà fait, les caractéristiques affectées d'exposants négatifs comme indiquant des dérivées d'ordres négatifs, c'est-à-dire des intégrales des divers ordres. Enfin,

---

* Pour empêcher que l'expression (1) ne puisse être confondue avec un véritable produit, M. Brisson renferme entre deux crochets, l'un supérieur, l'autre inférieur, la fonction $f(\alpha, \beta, \gamma, ...)$ qu'il place après la lettre u, ainsi qu'il suit

$$u . \overline{\left| f(\alpha, \beta, \gamma, ...) \right|} .$$

dans le Mémoire de 1823, M. Brisson a indiqué la transformation de l'expression (1) en intégrales définies par le théorème de M. Fourier comme un dernier moyen propre à faire connaître la valeur de l'expression dont il s'agit. Cette transformation, appliquée aux formules symboliques qui représentent les intégrales des équations linéaires aux différences partielles, reproduit les formules qu'on a obtenues dans les problèmes des ondes, de la chaleur, des plaques vibrantes, etc...., et celles que j'ai données dans le 19.ᵉ cahier du Journal de l'École Royale Polytechnique. De plus, lorsque la fonction $f(\alpha, \beta, \gamma, \ldots)$ cesse d'être entière, il est aisé de voir, 1.º qu'on ne saurait établir la convergence des séries, dans lesquelles l'expression (1) peut être développée, indépendamment de la valeur attribuée à la fonction u; 2.º que, parmi les divers développements, les uns se composent de termes dont les valeurs sont complètement déterminées, et les autres de termes qui renferment des constantes arbitraires, d'où il résulte que ces développements fournissent, pour l'expression (1), diverses valeurs qui n'ont pas toutes le même degré de généralité. On doit même observer que les développements qui ont pour termes successifs des intégrales des divers ordres, renferment une infinité de constantes arbitraires. Il suit de ces réflexions que l'usage des développements en séries laisse subsister beaucoup d'incertitude sur le sens de la notation (1), et sur le degré de généralité qu'elle comporte, dans le cas où la fonction $f(\alpha, \beta, \gamma, \ldots)$ cesse d'être entière, et devient, par exemple, irrationnelle. Cet inconvénient paraît s'opposer à ce qu'on adopte généralement la notation (1), en y considérant $\alpha, \beta, \gamma, \ldots$ comme de véritables caractéristiques, et attribuant une valeur quelconque à la fonction $f(\alpha, \beta, \gamma, \ldots)$. Toutefois il m'a semblé qu'on pouvait procurer au calcul infinitésimal, ainsi qu'au calcul des différences finies, la plupart des avantages que cette notation présente, et même simplifier encore les formules relatives à l'intégration des équations linéaires, en substituant à la notation (1) d'autres notations du même genre, établies de manière à recevoir, dans tous les cas, une interprétation claire et précise. Tel est l'objet que je me suis proposé dans plusieurs paragraphes des Mémoires présentés à l'Académie Royale des Sciences le 27 décembre 1824, et le 17 janvier 1825. Parmi les diverses notations que l'on peut employer pour arriver à ce but, celles que je vais indiquer me paraissent devoir être adoptées de préférence.

---

§ 2. *Sur les différences finies ou infiniment petites des fonctions d'une seule variable.*

Soient $y = f(x)$ une fonction de la variable indépendante x, $\Delta x = h$ la différence finie de cette même variable, et n un nombre entier quelconque. Je désignerai

$$(1) \quad \begin{cases} \text{par} \quad Dy \quad \text{ou} \quad D_x y \ldots \text{la fonction dérivée} \quad \dfrac{dy}{dx} = f'(x) , \\[2mm] \text{par} \quad \Delta y \quad \text{ou} \quad \Delta_x y \ldots \text{la différence finie} \quad f(x + \Delta x) - f(x) , \\[2mm] \text{par} \quad D^n y \quad \text{ou} \quad D_x^n y \ldots \text{la fonction dérivée de l'ordre } n, \text{ savoir, } \dfrac{d^n y}{dx^n} = f^{(n)}(x), \\[2mm] \text{par} \quad \Delta^n y \quad \text{ou} \quad \Delta_x^n y \ldots \text{la différence finie, du } n^{me}\text{ordre, de la fonction } y. \end{cases}$$

Soient de plus $F(\alpha)$, $f(\alpha)$, $F(\alpha, \beta)$, $f(\alpha, \beta)$ des fonctions entières des variables α, β; et A un coefficient constant. Je représenterai par les notations

$$(2) \qquad F(D)y , \qquad F(\Delta)y , \qquad F(D, \Delta)y$$

les fonctions linéaires de y, Dy, Δy, $D^2 y$, ΔDy, $\Delta^2 y$,... auxquelles on parvient quand, après avoir développé les expressions (2) en termes de la forme

$$(3) \qquad A D^m \Delta^n y ,$$

on considère D et Δ comme de véritables caractéristiques; et je désignerai par

$$(4) \qquad u = \frac{f(D)}{F(D)} f(x) , \qquad v = \frac{f(\Delta)}{F(\Delta)} f(x) , \qquad w = \frac{f(D, \Delta)}{F(D, \Delta)} f(x) ,$$

les valeurs de u, v, w,... propres à vérifier les équations

$$(5) \quad F(D)u = f(D) . f(x) , \qquad F(\Delta)v = f(\Delta) . f(x) , \qquad F(D, \Delta)w = f(D, \Delta) . f(x) .$$

Cela posé, on établira aisément les formules

$$(6) \quad \begin{cases} F(D)[f(D) . f(x)] = [F(D) . f(D)]f(x) = f(D)[F(D) . f(x)] , \\[2mm] F(\Delta)[f(\Delta) . f(x)] = [F(\Delta) . f(\Delta)]f(x) = f(\Delta)[F(\Delta) . f(x)] , \\[2mm] F(D, \Delta)[f(D, \Delta) . f(x)] = [F(D, \Delta) . f(D, \Delta)]f(x) = f(D, \Delta)[F(D, \Delta) . f(x)] ; \end{cases}$$

et, comme, en attribuant au coefficient r une valeur constante, soit réelle, soit imaginaire, on aura évidemment

$$(7) \quad D^n e^{rx} = r^n e^{rx} , \qquad\qquad (8) \quad \Delta^n e^{rx} = (e^{rh} - 1)^n e^{rx} ,$$

$$(9) \quad D^n[e^{rx} f(x)] = e^{rx}(r + D)^n f(x) , \qquad (10) \quad \Delta^n[e^{rx} f(x)] = e^{rx}[e^{rh}(1 + \Delta) - 1]^n f(x) .$$

on trouvera encore

$$(11) \qquad \mathrm{F}(D).e^{rx} = e^{rx}\mathrm{F}(r)\,, \qquad \mathrm{F}(\Delta)e^{rx} = e^{rx}\mathrm{F}(e^{rh}-1)\,, \qquad \mathrm{F}(D,\Delta)e^{rx} = e^{rx}\mathrm{F}(r,e^{rh}-1)\,,$$

$$(12) \qquad \left\{ \begin{aligned} &\mathrm{F}(D)[e^{rx}f(x)] = e^{rx}\mathrm{F}(r+D)f(x)\,, \\[4pt] &\mathrm{F}(\Delta)[e^{rx}f(x)] = e^{rx}\mathrm{F}[e^{rh}(1+\Delta)-1]f(x)\,, \\[4pt] &\mathrm{F}(D,\Delta)[e^{rx}f(x)] = e^{rx}\mathrm{F}[r+D,e^{rh}(1+\Delta)-1]f(x). \end{aligned} \right.$$

Ajoutons qu'il est facile de transformer chacune des expressions (2) en intégrale double. En effet, on a généralement [voy. l'équation (2) de l'article précédent]

$$(13) \qquad f(x) = \frac{1}{2\pi}\int_{-\infty}^{\infty}\int_{-\infty}^{\infty} e^{\alpha(x-\lambda)\sqrt{-1}}\, f(\lambda)\,d\alpha\,d\lambda\,.$$

Or, on tire de la formule (13) combinée avec les équations (7) et (8)

$$(14) \qquad \left\{ \begin{aligned} &\mathrm{F}(D)f(x) = \frac{1}{2\pi}\int_{-\infty}^{\infty}\int_{-\infty}^{\infty} e^{\alpha(x-\lambda)\sqrt{-1}}\,\mathrm{F}(\alpha\sqrt{-1}).f(\lambda)\,d\alpha\,d\lambda\,, \\[4pt] &\mathrm{F}(\Delta)f(x) = \frac{1}{2\pi}\int_{-\infty}^{\infty}\int_{-\infty}^{\infty} e^{\alpha(x-\lambda)\sqrt{-1}}\,\mathrm{F}(e^{h\alpha\sqrt{-1}}-1).f(\lambda)\,d\alpha\,d\lambda\,, \\[4pt] &\mathrm{F}(D,\Delta)f(x) = \frac{1}{2\pi}\int_{-\infty}^{\infty}\int_{-\infty}^{\infty} e^{\alpha(x-\lambda)\sqrt{-1}}\,\mathrm{F}(\alpha\sqrt{-1},e^{h\alpha\sqrt{-1}}-1).f(\lambda)\,d\alpha\,d\lambda\,. \end{aligned} \right.$$

Ainsi, chacune des expressions (2) peut être convertie en une intégrale double de la forme

$$(15) \qquad \frac{1}{2\pi}\int_{-\infty}^{\infty}\int_{-\infty}^{\infty} e^{\alpha(x-\lambda)\sqrt{-1}}\,\varphi(\alpha).f(\lambda)\,d\alpha\,d\lambda\,,$$

$\varphi(\alpha)$ désignant une fonction entière de α et de l'exponentielle $e^{h\alpha\sqrt{-1}}$.

Dans le cas où $\varphi(\alpha)$ devient une fonction quelconque, l'intégrale (15) continue à jouir de propriétés importantes, dont nous ferons un fréquent usage. Nous allons en exposer ici quelques-unes, et, pour abréger, nous désignerons l'intégrale dont il s'agit par la notation

$$(16) \qquad \varphi(\alpha).f(\overline{x})\,,$$

en sorte qu'on aura identiquement

$$(17) \qquad \varphi(\alpha).f(\overline{x}) = \frac{1}{2\pi}\int_{-\infty}^{\infty}\int_{-\infty}^{\infty} e^{\alpha(x-\lambda)\sqrt{-1}}\,\varphi(\alpha).f(\lambda)\,d\alpha\,d\lambda\,.$$

Cela posé, soit a une constante réelle. Si, dans l'équation (17), on remplace $f(x)$ par $e^{ax\sqrt{-1}}$, on trouvera

$$(18) \qquad \varphi(\alpha) \cdot e^{a\overline{x}\sqrt{-1}} = \frac{1}{2\pi} \int_{-\infty}^{\infty} \int_{-\infty}^{\infty} e^{\alpha(x-\lambda)\sqrt{-1}} e^{a\lambda\sqrt{-1}} \varphi(\alpha)\, d\alpha\, d\lambda .$$

D'ailleurs, si, dans la formule (13), on échange entre elles les variables α et λ, et si l'on y remplace en même temps x par a, on en tirera

$$f(a) = \frac{1}{2\pi} \int_{-\infty}^{\infty} \int_{-\infty}^{\infty} e^{(a-\alpha)\lambda\sqrt{-1}} f(\alpha)\, d\alpha\, d\lambda ,$$

puis, en posant

$$f(a) = e^{ax\sqrt{-1}} \varphi(a) ,$$

$$e^{ax\sqrt{-1}} \varphi(a) = \frac{1}{2\pi} \int_{-\infty}^{\infty} \int_{-\infty}^{\infty} e^{\alpha(x-\lambda)\sqrt{-1}} e^{a\lambda\sqrt{-1}} \varphi(a)\, d\alpha\, d\lambda .$$

On aura donc définitivement

$$(19) \qquad \varphi(\alpha) e^{a\overline{x}\sqrt{-1}} = e^{ax\sqrt{-1}} \varphi(a) .$$

Soient maintenant a, b, c, ... plusieurs constantes réelles, $\varphi(\alpha)$, $\chi(\alpha)$ des fonctions quelconques de la variable α, et A, B, C, ... des coefficients réels ou imaginaires. On tirera immédiatement de l'équation (19)

$$(20) \qquad \left\{ \begin{aligned} &\varphi(\alpha)\left[A e^{a\overline{x}\sqrt{-1}} + B e^{b\overline{x}\sqrt{-1}} + C e^{c\overline{x}\sqrt{-1}} + ... \right] \\ &= A e^{ax\sqrt{-1}} \varphi(a) + B e^{bx\sqrt{-1}} \varphi(b) + C e^{cx\sqrt{-1}} \varphi(c) + ... , \end{aligned} \right.$$

et par suite

$$(21) \qquad \varphi(\alpha) \cdot \Sigma e^{a\overline{x}\sqrt{-1}} \chi(a) = \Sigma e^{ax\sqrt{-1}} \varphi(a) \chi(a) ,$$

le signe Σ indiquant une somme de termes semblables au produit

$$e^{ax\sqrt{-1}} \chi(a) , \qquad \text{ou} \qquad e^{ax\sqrt{-1}} \varphi(a) \chi(a).$$

On trouvera de même, en désignant par r_0, R deux valeurs distinctes de la quantité r supposée réelle, et par Δr un élément de la différence $R - r_0$,

$$(22) \qquad \varphi(\alpha) \Sigma e^{r\overline{x}\sqrt{-1}} \chi(r) \Delta r = \Sigma e^{rx\sqrt{-1}} \varphi(r) \chi(r) \Delta r ,$$

le signe Σ s'étendant à tous les éléments de $R - r_0$; puis on en conclura, 1.° en faisant décroître ces éléments au-delà de toute limite,

$$(23) \qquad \varphi(\alpha) \int_{r_0}^{R} e^{r\overline{x}\sqrt{-1}} \chi(r)\, dr = \int_{r_0}^{R} e^{rx\sqrt{-1}} \varphi(r)\chi(r)\, dr ,$$

2.° en prenant $r_0 = -\infty$, $R = \infty$,

$$(24) \qquad \varphi(\alpha) \int_{-\infty}^{\infty} e^{r\overline{x}\sqrt{-1}} \chi(r)\, dr = \int_{-\infty}^{\infty} e^{rx\sqrt{-1}} \varphi(r)\chi(r)\, dr .$$

Comme on tire d'ailleurs de l'équation (17), en remplaçant la fonction φ par la fonction χ, et la lettre α par la lettre r dans le second membre,

$$(25) \qquad \chi(\alpha)\cdot f(\overline{x}) = \frac{1}{2\pi} \int_{-\infty}^{\infty} \int_{-\infty}^{\infty} e^{r(x-\lambda)\sqrt{-1}} \chi(r) f(\lambda)\, dr\, d\lambda ,$$

on trouvera, en ayant égard à la formule (24),

$$(26) \quad \left\{ \begin{aligned} \varphi(\alpha)[\chi(\alpha) f(\overline{x})] &= \frac{1}{2\pi}\, \varphi(\alpha) \int_{-\infty}^{\infty} \int_{-\infty}^{\infty} e^{r(\overline{x}-\lambda)\sqrt{-1}} \chi(r) f(\lambda)\, dr\, d\lambda \\ &= \frac{1}{2\pi} \int_{-\infty}^{\infty} \int_{-\infty}^{\infty} e^{r(x-\lambda)\sqrt{-1}} \varphi(r) \chi(r) f(\lambda)\, dr\, d\lambda , \end{aligned} \right.$$

ou plus simplement

$$(27) \qquad \varphi(\alpha)[\chi(\alpha) f(\overline{x})] = [\varphi(\alpha)\cdot\chi(\alpha)] f(\overline{x}) .$$

De même, comme on aura, en désignant par a une constante réelle,

$$(28) \quad e^{ax\sqrt{-1}} \chi(\alpha) f(\overline{x}) = \frac{1}{2\pi} \int_{-\infty}^{\infty} \int_{-\infty}^{\infty} e^{(a+r)x\sqrt{-1}} e^{-\lambda r\sqrt{-1}} \chi(r) f(\lambda)\, dr\, d\lambda ,$$

on trouvera encore

$$(29) \quad \left\{ \begin{aligned} \varphi(\alpha)\left\{ e^{a\overline{x}\sqrt{-1}} \chi(\alpha) f(\overline{x}) \right\} &= \frac{1}{2\pi}\, \varphi(\alpha) \int_{-\infty}^{\infty} \int_{-\infty}^{\infty} e^{(a+r)\overline{x}\sqrt{-1}} e^{-\lambda r\sqrt{-1}} \chi(r) f(\lambda)\, dr\, d\lambda \\ &= \frac{1}{2\pi} \int_{-\infty}^{\infty} \int_{-\infty}^{\infty} e^{(a+r)x\sqrt{-1}} e^{-\lambda r\sqrt{-1}} \varphi(a+r) \chi(r) f(\lambda)\, dr\, d\lambda , \end{aligned} \right.$$

ou plus simplement

$$(30) \qquad \varphi(\alpha)\left[e^{a\overline{x}\sqrt{-1}} \chi(\alpha) f(\overline{x}) \right] = e^{ax\sqrt{-1}} [\varphi(a+\alpha) \chi(\alpha)] f(\overline{x}) .$$

Les formules (27) et (30) expriment deux propriétés remarquables de la fonction φ

x représentée par la notation (16). Dans le cas particulier où la fonction φ est entière, il suffirait, pour établir ces mêmes propriétés, de combiner les premières des formules (6) et (12) avec la première des équations (14). En effet, lorsqu'on fait usage de la notation (16), les équations (14) se réduisent à

$$(31) \quad \begin{cases} F(D)\,f(x) = F(\alpha\sqrt{-1})\,f(\overline{x})\,, \\[2mm] F(\Delta)\,f(x) = F\!\left(e^{h\alpha\sqrt{-1}} - 1\right)f(\overline{x})\,, \\[2mm] F(D,\Delta)\,f(x) = F\!\left(\alpha\sqrt{-1},\, e^{h\alpha\sqrt{-1}} - 1\right)f(\overline{x})\,. \end{cases}$$

Par suite, les équations (6) et (12) donneront

$$(32) \quad \begin{cases} F(\alpha\sqrt{-1})\,[\,f(\alpha\sqrt{-1})\,f(\overline{x})\,] = [\,F(\alpha\sqrt{-1})\,f(\alpha\sqrt{-1})\,]\,f(\overline{x})\,, \\[2mm] F\!\left(e^{h\alpha\sqrt{-1}}-1\right)\!\left[\,f\!\left(e^{h\alpha\sqrt{-1}}-1\right)f(\overline{x})\,\right] = \left[\,F\!\left(e^{h\alpha\sqrt{-1}}-1\right)\!f\!\left(e^{h\alpha\sqrt{-1}}-1\right)\right]f(\overline{x})\,, \\[2mm] F\!\left(\alpha\sqrt{-1},e^{h\alpha\sqrt{-1}}-1\right)\!\left[\,f\!\left(\alpha\sqrt{-1},e^{h\alpha\sqrt{-1}}-1\right)f(\overline{x})\,\right] \\[2mm] \qquad\qquad = \left[\,F\!\left(\alpha\sqrt{-1},e^{h\alpha\sqrt{-1}}-1\right)\!f\!\left(\alpha\sqrt{-1},e^{h\alpha\sqrt{-1}}-1\right)\right]f(\overline{x})\,; \end{cases}$$

et

$$(33) \quad \begin{cases} F(\alpha\sqrt{-1})\!\left[\,e^{r\overline{x}}\,f(\overline{x})\,\right] = e^{rx}\,f(r+\alpha\sqrt{-1})\,f(\overline{x})\,, \\[2mm] F\!\left(e^{h\alpha\sqrt{-1}}-1\right)\!\left[\,e^{r\overline{x}}\,f(\overline{x})\,\right] = e^{rx}\,F\!\left[e^{h(r+\alpha\sqrt{-1})}-1\right]f(\overline{x})\,, \\[2mm] F\!\left(\alpha\sqrt{-1},e^{h\alpha\sqrt{-1}}-1\right)\!\left[\,e^{r\overline{x}}\,f(\overline{x})\,\right] = e^{rx}\,F\!\left[r+\alpha\sqrt{-1},e^{h(r+\alpha\sqrt{-1})}-1\right]f(\overline{x})\,. \end{cases}$$

Or, si l'on pose

$$F(\alpha\sqrt{-1}) = \varphi(\alpha)\,, \qquad f(\alpha\sqrt{-1}) = \chi(\alpha)\,, \qquad r = a\sqrt{-1}\,,$$

$\varphi(\alpha)$, $\chi(\alpha)$ seront des fonctions entières de α; et la première des formules (32) se réduira immédiatement à l'équation (27), tandis que la première des formules (33), réduite à l'équation (30), subsistera non-seulement pour des valeurs réelles, mais encore pour des valeurs imaginaires de la constante a.

---

§ 3. *Sur les différences finies ou infiniment petites des fonctions de plusieurs variables indépendantes.*

Il est facile de voir comment les notations admises dans le paragraphe précédent peuvent être étendues au cas où l'on considère une fonction de plusieurs variables indépendantes $x, y, z, \ldots t$. En effet, soient

$$(1) \qquad u = f(x, y, z, \ldots t)$$

une semblable fonction,

$$\Delta x = h, \qquad \Delta y = k, \qquad \Delta z = l, \ldots$$

les différences finies des variables $x, y, z, \ldots t$; et n un nombre entier quelconque. En vertu des conventions ci-dessus adoptées [pages 161 et 162], on devra évidemment employer les caractéristiques

$$D_x, \quad D_y, \quad D_z, \ldots D_t; \quad D_x^2, \quad D_y^2, \quad D_z^2, \ldots D_t^2; \text{ etc} \ldots \quad D_x^n, \quad D_y^n, \quad D_z^n, \ldots D_t^n,$$

et

$$\Delta_x, \quad \Delta_y, \quad \Delta_z, \ldots \Delta_t; \quad \Delta_x^2, \quad \Delta_y^2, \quad \Delta_z^2, \ldots \Delta_t^2; \text{ etc} \ldots \quad \Delta_x^n, \quad \Delta_y^n, \quad \Delta_z^n, \ldots \Delta_t^n,$$

placées devant la fonction u pour indiquer les dérivées partielles et les différences finies de u, du premier, du second, $\ldots$ du n^{me} ordre, prises par rapport aux diverses variables indépendantes. De plus, si l'on désigne par

$$F(\alpha, \beta, \gamma, \ldots \theta, \lambda, \mu, \nu \ldots \tau), \qquad f(\alpha, \beta, \gamma, \ldots \theta, \lambda, \mu, \nu, \ldots \tau)$$

des fonctions entières des variables $\alpha, \beta, \gamma, \ldots \theta; \lambda, \mu, \nu, \ldots \tau$, par A un coefficient constant, et par $m, n \ldots p, q \ldots$ des nombres entiers quelconques, on devra se servir des expressions

$$(2) \qquad F(D_x, D_y, D_z, \ldots D_t, \Delta_x, \Delta_y, \Delta_z, \ldots \Delta_t) u$$

et

$$(3) \qquad \frac{f(D_x, D_y, D_z, \ldots D_t, \Delta_x, \Delta_y, \Delta_z, \ldots \Delta_t)}{F(D_x, D_y, D_z, \ldots D_t, \Delta_x, \Delta_y, \Delta_z, \ldots \Delta_t)} u$$

pour indiquer, 1.° la fonction linéaire de u et de ses dérivées ou différences partielles finies ou infiniment petites mêlées ou non mêlées, à laquelle on parvient quand, après avoir développé l'expression (2) en termes de la forme

$$(4) \qquad A\, D_x^m D_y^n \ldots \Delta_x^p \Delta_y^q \ldots u,$$

on considère D_x^m, D_y^n, … Δ_x^p, Δ_y^q … comme de véritables caractéristiques, 2.° la valeur générale de v propre à vérifier l'équation aux différences mêlées et partielles

$$(5) \qquad \mathrm{F}(D_x, D_y, D_z, \ldots D_t, \Delta_x, \Delta_y, \Delta_z, \ldots \Delta_t)\, v = \mathrm{f}(D_x, D_y, D_z, \ldots D_t, \Delta_x, \Delta_y, \Delta_z, \ldots \Delta_t)\, u.$$

Enfin, si l'on désigne par

$$(6) \qquad \varphi(\alpha, \beta, \gamma, \ldots \theta)$$

une fonction quelconque des variables $\alpha, \beta, \gamma \ldots \theta$, on devra employer la notation

$$(7) \qquad \varphi(\alpha, \beta, \gamma, \ldots \theta)\, f(\overline{x}, \overline{y}, \overline{z}, \ldots \overline{t})$$

dans laquelle la lettre α se rapporte à la variable x, la lettre β à la variable y, etc… pour représenter l'intégrale multiple

$$(8) \quad \int_{-\infty}^{\infty} \!\! \cdots \int_{-\infty}^{\infty} e^{\alpha(x-\lambda)\sqrt{-1}}\, e^{\beta(y-\mu)\sqrt{-1}} \cdots e^{\theta(t-\tau)\sqrt{-1}}\, \varphi(\alpha, \beta, \ldots \theta)\, f(\lambda, \mu, \ldots \tau)\, \frac{d\alpha\, d\lambda}{2\pi}\, \frac{d\beta\, d\mu}{2\pi} \cdots \frac{d\theta\, d\tau}{2\pi},$$

en sorte qu'on aura identiquement

$$(9) \qquad \varphi(\alpha, \beta, \ldots \theta)\, f(\overline{x}, \overline{y}, \ldots \overline{t}) =$$

$$\int_{-\infty}^{\infty} \!\! \cdots \int_{-\infty}^{\infty} e^{\alpha(x-\lambda)\sqrt{-1}}\, e^{\beta(y-\mu)\sqrt{-1}} \cdots e^{\theta(t-\tau)\sqrt{-1}}\, \varphi(\alpha, \beta, \ldots \theta)\, f(\lambda, \mu, \ldots \tau)\, \frac{d\alpha\, d\lambda}{2\pi}\, \frac{d\beta\, d\mu}{2\pi} \cdots \frac{d\theta\, d\tau}{2\pi}.$$

Cela posé, en généralisant les formules (6), (11) et (12) du paragraphe 2, et attribuant aux coefficients r, s, …. des valeurs constantes réelles ou imaginaires, on établira facilement les équations

$$(10) \quad \left\{ \begin{aligned} &\mathrm{F}(D_x, D_y, \ldots D_t, \Delta_x, \Delta_y, \ldots \Delta_t)\, [\mathrm{f}(D_x, D_y, \ldots D_t, \Delta_x, \Delta_y, \ldots \Delta_t)\, f(x, y, z, \ldots t)] \\ &= \mathrm{f}(D_x, D_y, \ldots D_t, \Delta_x, \Delta_y, \ldots \Delta_t)\, [\mathrm{F}(D_x, D_y, \ldots D_t, \Delta_x, \Delta_y, \ldots \Delta_t)\, f(x, y, z, \ldots t)] \\ &= [\mathrm{f}(D_x, D_y, \ldots D_t, \Delta_x, \Delta_y, \ldots \Delta_t) \cdot \mathrm{F}(D_x, D_y, \ldots D_t, \Delta_x, \Delta_y, \ldots \Delta_t)]\, f(x, y, z, \ldots t). \end{aligned} \right.$$

$$(11) \quad \mathrm{F}(D_x, D_y, \ldots \Delta_x, \Delta_y, \ldots)\, e^{rx + sy + \cdots} = e^{rx + sy + \cdots}\, \mathrm{F}(r, s, \ldots e^{rh} - 1, e^{sk} - 1 \ldots).$$

$$(12) \qquad \mathrm{F}(D_x, D_y, \ldots \Delta_x, \Delta_y, \ldots)\left[e^{rx+sy+\cdots}f(x,y,\ldots)\right]=$$

$$e^{rx+sy+\cdots}\mathrm{F}\left[r+D_x, s+D_y, \ldots e^{rh}(1+\Delta_x)-1, e^{sk}(1+\Delta_y)-1,\ldots\right]f(x,y\ldots).$$

De plus, comme on aura, en vertu de l'équation (7) de l'article précédent,

$$(13) \qquad f(x,y,\ldots t)=$$

$$\int_{-\infty}^{\infty}\cdots\int_{-\infty}^{\infty} e^{\alpha(x-\lambda)\sqrt{-1}}e^{\beta(y-\mu)\sqrt{-1}}\cdots e^{\theta(t-\tau)\sqrt{-1}}f(\lambda,\mu,\ldots\tau)\,\frac{d\alpha\,d\lambda}{2\pi}\frac{d\beta\,d\mu}{2\pi}\cdots\frac{d\theta\,d\tau}{2\pi},$$

on trouvera encore

$$(14) \qquad \mathrm{F}(D_x, D_y, \ldots \Delta_x, \Delta_y, \ldots)f(x,y,\ldots)=$$

$$\int_{-\infty}^{\infty}\!\!\cdots\int e^{\alpha(x-\mu)\sqrt{-1}}e^{\beta(y-\nu)\sqrt{-1}}\cdots\mathrm{F}(\alpha\sqrt{-1},\beta\sqrt{-1},\ldots e^{h\alpha\sqrt{-1}}-1, e^{k\beta\sqrt{-1}}-1\ldots)f(\lambda,\mu\ldots)\frac{d\alpha\,d\lambda}{2\pi}\frac{d\beta\,d\mu}{2\pi}\cdots,$$

les intégrations étant toutes effectuées entre les limites $-\infty$, $+\infty$; puis on tirera de la formule (14), en faisant usage de la notation (7),

$$(15)\ \ \mathrm{F}(D_x, D_y, \ldots \Delta_x, \Delta_y, \ldots)f(x,y,\ldots)=\mathrm{F}(\alpha\sqrt{-1},\beta\sqrt{-1},\ldots e^{h\alpha\sqrt{-1}}-1, e^{k\beta\sqrt{-1}}-1,\ldots)f(\bar{x},\bar{y},\ldots)$$

Soient maintenant $a, b, c, \ldots$ des constantes réelles, et $\varphi(\alpha,\beta,\gamma,\ldots)$ $\chi(\alpha,\beta,\gamma,\ldots)$ des fonctions quelconques des variables $\alpha, \beta, \gamma, \ldots$. Supposons d'ailleurs que l'on continue de représenter par la lettre F une fonction entière, et par $r, s, \ldots$ des coefficients constants, soit réels, soit imaginaires. En généralisant les formules (19), (27), (30) et (33) du paragraphe 2, on établira sans peine les équations

$$(16) \qquad \varphi(\alpha,\beta,\gamma,\ldots)e^{(a\bar{x}+b\bar{y}+c\bar{z}+\cdots)\sqrt{-1}}=e^{(ax+by+cz+\cdots)\sqrt{-1}}\varphi(a,b,c,\ldots)\,;$$

$$(17) \qquad \varphi(\alpha,\beta,\gamma,\ldots)[\chi(\alpha,\beta,\gamma,\ldots)f(\bar{x},\bar{y},\bar{z},\ldots)]=[\varphi(\alpha,\beta,\gamma,\ldots)\chi(\alpha,\beta,\gamma,\ldots)]f(\bar{x},\bar{y},\bar{z},\ldots),$$

$$(18) \quad \begin{cases} \varphi(\alpha,\beta,\gamma,\ldots)[e^{(a\bar{x}+b\bar{y}+c\bar{z}+\cdots)\sqrt{-1}}\chi(\alpha,\beta,\gamma,\ldots)f(\bar{x},\bar{y},\bar{z},\ldots)]= \\[2mm] e^{(ax+by+cz+\cdots)\sqrt{-1}}[\varphi(a+\alpha,b+\beta,c+\gamma,\ldots)\chi(\alpha,\beta,\gamma,\ldots)f(\bar{x},\bar{y},\bar{z},\ldots)], \end{cases}$$

$$(19) \quad \begin{cases} \mathrm{F}(\alpha\sqrt{-1},\beta\sqrt{-1},\ldots e^{h\alpha\sqrt{-1}}-1, e^{k\beta\sqrt{-1}}-1,\ldots)[e^{r\bar{x}+s\bar{y}+\cdots}f(\bar{x},\bar{y},\ldots)]= \\[2mm] e^{rx+sy+\cdots}\mathrm{F}[r+\alpha\sqrt{-1}, s+\beta\sqrt{-1},\ldots e^{h(r+x\sqrt{-1})}-1, e^{k(s+\beta\sqrt{-1})}-1,\ldots]f(\bar{x},\bar{y},\ldots). \end{cases}$$

Je terminerai cet article en indiquant le parti qu'on peut tirer de plusieurs des notations et formules ci-dessus établies pour l'intégration des équations linéaires à coefficients constants.

---

§ 4. *Sur l'emploi des caractéristiques* D *et* Δ *dans l'intégration des équations linéaires, aux différences finies ou infiniment petites, mêlées ou non mêlées, et à coefficients constants.*

Les principes ci-dessus établis relativement aux caractéristiques D et Δ, fournissent le moyen de représenter les intégrales des équations linéaires à coefficients constants par des formules symboliques du genre de celles que M. Brisson a obtenues. On peut en effet y parvenir dans un grand nombre de cas à l'aide de deux méthodes différentes, déjà employées par ce géomètre, et que je vais reproduire avec quelques modifications.

La première méthode est fondée sur la remarque suivante.

Soit

$$(1) \qquad F(D_x, D_y, \ldots D_t, \Delta_x, \Delta_y, \ldots \Delta_t)\, u = f(x, y, z \ldots t)$$

une équation linéaire à coefficients constants et avec un dernier terme variable entre la variable principale u et les variables indépendantes x, y, $\ldots t$. Si la fonction entière désignée par F peut être décomposée en deux facteurs de même nature qu'elle, si l'on a, par exemple,

$$(2) \quad F(D_x, D_y, \ldots D_t, \Delta_x, \Delta_y, \ldots \Delta_t) = F_1(D_x, D_y, \ldots D_t, \Delta_x, \Delta_y, \ldots \Delta_t)\,.\,F_2(D_x, D_y, \ldots D_t, \Delta_x, \Delta_y, \ldots \Delta_t),$$

on pourra évidemment substituer à l'équation (1) le système des deux équations linéaires

$$(3) \qquad F_1(D_x, D_y, \ldots D_t, \Delta_x, \Delta_y, \ldots \Delta_t)\, v = f(x, y, \ldots t)$$

$$(4) \qquad F_2(D_x, D_y, \ldots D_t, \Delta_x, \Delta_y, \ldots \Delta_t)\, u = v,$$

qui seront l'une et l'autre d'un ordre moins élevé. Si les fonctions entières, désignées par F_1, F_2, sont elles-mêmes décomposables en facteurs, l'intégration de la formule (1), ou, ce qui revient au même, l'intégration des formules (3), (4) pourra être encore réduite à celle d'autres formules du même genre, mais d'un ordre inférieur. On arriverait d'ailleurs directement à la même conclusion, en observant que, si la fonction F est décomposable en plusieurs fonctions entières désignées par F_1, F_2, $\ldots F_{n-1}$, F_n, la formule (1) pourra être remplacée par le système des équations linéaires

$$
(5) \quad
\begin{cases}
\mathbf{F}_1(\boldsymbol{D}_x, \boldsymbol{D}_y, \ldots \boldsymbol{D}_t, \Delta_x, \Delta_y, \ldots \Delta_t)\, u_{n-1} = f(x, y, \ldots t) \\[4pt]
\mathbf{F}_2(\boldsymbol{D}_x, \boldsymbol{D}_y, \ldots \boldsymbol{D}_t, \Delta_x, \Delta_y, \ldots \Delta_t)\, u_{n-2} = u_{n-1}, \\[4pt]
\text{etc\ldots}, \\[4pt]
\mathbf{F}_{n-1}(\boldsymbol{D}_x, \boldsymbol{D}_y, \ldots \boldsymbol{D}_t, \Delta_x, \Delta_y, \ldots \Delta_t)\, u_1 = u_2, \\[4pt]
\mathbf{F}_n(\boldsymbol{D}_x, \boldsymbol{D}_y, \ldots \boldsymbol{D}_t, \Delta_x, \Delta_y, \ldots \Delta_t)\, u = u_1 ;
\end{cases}
$$

qui devront être intégrées dans l'ordre où elles se présentent ici.

Cela posé, il est clair que, si la fonction $\mathbf{F}$, étant du degré n, on peut la décomposer en fonctions du premier degré, l'intégration de la formule (1) pourra être réduite à l'intégration de n équations linéaires du premier ordre. Donc alors, en supposant connues les intégrales générales des équations linéaires du premier ordre, on parviendra sans peine à l'intégrale générale de l'équation (1).

Pour montrer le parti qu'on peut tirer de l'observation précédente, considérons d'abord une équation différentielle linéaire et à coefficients constants, entre la variable x et une fonction y de cette variable. Si l'équation donnée est du premier ordre, alors, en désignant par μ un coefficient constant, on pourra la présenter sous l'une des formes

$$
(6) \qquad (D - r)y = f(x), \qquad\qquad (7) \qquad \frac{dy}{dx} - ry = f(x),
$$

et son intégrale générale sera

$$
(8) \qquad y = e^{rx} \int e^{-rx} f(x)\, dx,
$$

ou, ce qui revient au même,

$$
(9) \qquad y = e^{rx} \left\{ \int_{x_0}^{x} e^{-rx} f(x)\, dx + \odot \right\},
$$

x_0 désignant une valeur particulière de la variable x. Mais, si l'équation proposée est de l'ordre n et de la forme

$$
(10) \qquad a_0 \frac{d^n y}{dx^n} + a_1 \frac{d^{n-1} y}{dx^{n-1}} + a_2 \frac{d^{n-2} y}{dx^{n-2}} + \ldots + a_{n-1} \frac{dy}{dx} + a_n y = f(x),
$$

alors, en faisant, pour abréger,

$$
(11) \qquad \mathbf{F}(r) = a_0 r^n + a_1 r^{n-1} + a_2 r^{n-2} + \ldots + a_{n-1} r + a_n,
$$

et désignant par $r_1, r_2, \ldots r_n$ les valeurs réelles ou imaginaires de r propres à vérifier l'équation

$$(12) \qquad \mathrm{F}(r) = 0 \, ,$$

on pourra substituer à la formule (10) l'une quelconque des deux suivantes

$$(13) \qquad \mathrm{F}(D) y = f(x) \, ,$$

$$(14) \qquad (D - r_1)(D - r_2) \ldots (D - r_n) = \frac{f(x)}{a_0} \, .$$

Or, pour intégrer la dernière, il suffit de poser successivement

$$(15) \qquad \left\{ \begin{aligned} & (D - r_1) y_{n-1} = \frac{f(x)}{a_0} \, , \\ & (D - r_2) y_{n-2} = y_{n-1} \, , \\ & \text{etc\ldots} \, , \\ & (D - r_{n-1}) y_1 = y_2 \, , \\ & (D - r_n) y = y_1 \, ; \end{aligned} \right.$$

et il est clair que les valeurs de $y_{n-1}, y_{n-2}, \ldots y_1, y$, propres à vérifier les équations (15), s'obtiendront aussi facilement que la valeur de y propre à vérifier la formule (6).

Il est important d'observer que les valeurs de $y, y_1, y_2, \ldots$ déduites des équations (15) renfermeront en général des intégrales multiples. Mais on pourra toujours remplacer ces intégrales multiples par des intégrales simples; et, pour y parvenir, il suffira de recourir à l'intégration par parties, c'est-à-dire, à la formule

$$(16) \qquad \int u \, dv = uv - \int v \, du \, .$$

1.er *Exemple.* Soit donnée l'équation différentielle

$$(17) \qquad \frac{d^2 y}{dx^2} - y = f(x) \, ,$$

ou

$$(18) \qquad (D^2 - 1) y = f(x) \, .$$

Comme on aura

$$D^2 - 1 = (D - 1)(D + 1),$$

on pourra substituer à l'équation (17) le système des deux formules

$$(19) \qquad (D - 1)z = f(x), \qquad (D + 1)y = z;$$

ou, en d'autres termes, le système des deux équations

$$(20) \qquad \frac{dz}{dx} - z = f(x), \qquad \frac{dy}{dx} + y = z.$$

Or on tirera de ces dernières

$$(21) \qquad z = e^x \int e^{-x} f(x)\,dx, \qquad y = e^{-x} \int z e^x\,dx,$$

et par suite

$$(22) \qquad y = e^{-x} \int e^{2x} \left(\int e^{-x} f(x)\,dx \right) dx.$$

Si maintenant on veut décomposer en intégrales simples l'intégrale double que renferme la valeur précédente de y, il suffira de poser dans l'équation (16)

$$u = \int e^{-x} f(x)\,dx, \qquad dv = e^{2x}\,dx;$$

Alors en effet on trouvera

$$\int e^{2x} \left(\int e^{-x} f(x)\,dx \right) dx = \frac{1}{2} e^{2x} \int e^{-x} f(x)\,dx - \frac{1}{2} \int e^x f(x)\,dx;$$

et l'on en conclura

$$(23) \qquad y = \frac{1}{2} e^x \int e^{-x} f(x)\,dx - \frac{1}{2} e^{-x} \int e^x f(x)\,dx,$$

ou, ce qui revient au même,

$$(24) \qquad y = \frac{1}{2} e^x \left\{ \int_{x_0}^{x} e^{-x} f(x)\,dx + \mathcal{C} \right\} - \frac{1}{2} e^{-x} \left\{ \int e^x f(x)\,dx + \mathcal{C}' \right\},$$

$\mathcal{C}$, $\mathcal{C}'$ désignant deux constantes arbitraires, et x_0 une valeur particulière de la variable x.

2.ᵉ *Exemple.* Soit donnée l'équation différentielle

$$(25) \qquad \frac{d^2 y}{dx^2} - 2 \frac{dy}{dx} + y = f(x),$$

ou

$$(26) \qquad (D^2 - 2D + 1)y = f(x).$$

Comme on aura

$$D^2 - 2D + 1 = (D - 1)^2,$$

on pourra substituer à l'équation (25) le système des deux formules

$$(27) \qquad (D - 1)z = f(x), \qquad (D - 1)y = z,$$

ou, en d'autres termes, le système des deux équations

$$(28) \qquad \frac{dz}{dx} - z = f(x), \qquad \frac{dy}{dx} - y = z.$$

Or on tirera de ces dernières, en désignant par $\mathcal{C}$, $\mathcal{C}'$ deux constantes arbitraires,

$$(29) \qquad z = e^x \left\{ \int_0^x e^{-x} f(x)\, dx + \mathcal{C} \right\},$$

$$(30) \qquad y = e^x \left\{ \int_0^x z e^{-x} dx + \mathcal{C}' \right\},$$

puis, en remettant dans la formule (30), à la place du produit $z e^{-x}$, sa valeur tirée de la formule (29),

$$(31) \qquad y = e^x \left\{ \mathcal{C}x + \mathcal{C}' + \int_0^x \int_0^x e^{-x} f(x)\, dx^2 \right\}.$$

Comme on trouve d'ailleurs, en intégrant par parties,

$$(32) \qquad \int_0^x \int_0^x e^{-x} f(x)\, dx^2 = x \int_0^x e^{-x} f(x)\, dx - \int_0^x x e^{-x} f(x)\, dx$$

$$= \int_0^x (x - z) e^{-z} f(z)\, dz,$$

on pourra encore remplacer l'équation (31) par la suivante

$$(33) \qquad y = e^x \left\{ \mathcal{C}x + \mathcal{C}' + \int_0^x (x - z) e^{-z} f(z)\, dz \right\}.$$

Cette dernière s'accorde avec la formule (17) de la page 204 du premier volume.

Revenons à l'équation (10). Si l'on y pose $n = 2$, elle deviendra

$$(34) \qquad a_0 \frac{d^2 y}{dx^2} + a_1 \frac{dy}{dx} + a_2 = f(x),$$

et son intégrale générale, fournie par la méthode que nous venons d'exposer, sera

$$(35) \qquad y = \frac{1}{a_0} e^{r_1 x} \int e^{(r_1 - r_2)x} \left(\int e^{-r_1 x} f(x)\, dx \right) dx,$$

r_1, r_2 désignant les racines de l'équation algébrique

$$(36) \qquad a_0 r^2 + a_1 r + a_2 = 0.$$

De plus, à l'aide de l'intégration par parties, la formule (35) pourra être réduite à

$$(37) \qquad y = \frac{1}{a_0} \left\{ \frac{e^{r_1 x}}{r_1 - r_2} \int e^{-r_1 x} f(x)\, dx + \frac{e^{r_2 x}}{r_2 - r_1} \int e^{-r_2 x} f(x)\, dx \right\},$$

ou, ce qui revient au même, à

$$(38) \quad y = \frac{1}{a_0} \left\{ \frac{e^{r_1 x}}{r_1 - r_2} \left[\odot + \int_{x_0}^{x} e^{-r_1 x} f(x)\, dx \right] + \frac{e^{r_2 x}}{r_2 - r_1} \left[\odot' + \int_{x_0}^{x} e^{-r_2 x} f(x)\, dx \right] \right\}$$

On doit seulement excepter le cas où l'on aurait $r_2 = r_1$. Alors l'équation (35) prendrait la forme suivante

$$(39) \qquad y = \frac{1}{a_0} e^{r x} \iint e^{-r x} f(x)\, dx^2,$$

et l'intégration par parties donnerait

$$(40) \qquad y = \frac{e^{r x}}{a_0} \left\{ x \int e^{-r x} f(x)\, dx - \int x e^{-r x} f(x)\, dx \right\},$$

ou, ce qui revient au même,

$$(41) \qquad y = \frac{e^{r x}}{a_0} \left\{ \odot x + \odot' + \int_{x_0}^{x} (x - z) e^{-r z} f(z)\, dz \right\}.$$

En restituant au nombre entier n, dans l'équation (10), une valeur quelconque, on tirera des formules (15)

$$(42) \qquad\qquad y =$$

$$\frac{1}{a_0} e^{r_n x} \int e^{(r_{n-1}-r_n)x} \left(\int e^{(r_{n-2}-r_{n-1})x} \ldots \left(\int e^{(r_1-r_2)x} \left(\int e^{-r_1 x} f(x)\, dx \right) dx.. \right) dx \right) dx$$

Telle sera la valeur générale de y, exprimée par une intégrale multiple, que l'on pourra décomposer en intégrales simples à l'aide de l'intégration par parties.

Dans le cas particulier où, les racines $r_1, r_2 \ldots r_n$ étant égales entre elles, on suppose $x_0 = 0$, l'équation (10) peut être présentée sous l'une quelconque des formes

$$(43) \quad \left\{ \begin{aligned} & \frac{d^n y}{dx^n} - nr \frac{d^{n-1}y}{dx^{n-1}} + \frac{n(n-1)}{1.2} r^2 \frac{d^{n-2}y}{dx^{n-2}} - \ldots\ldots \\[2mm] & \ldots\ldots \pm \frac{n(n-1)}{1.2} r^{n-2} \frac{d^2 y}{dx^2} \mp \frac{n}{1} r^{n-1} \frac{dy}{dx} \pm r^n y = f(x), \end{aligned} \right.$$

$$(44) \qquad\qquad (D - r)^n y = f(x),$$

et la valeur générale de y se réduit à

$$(45) \qquad\qquad y = e^{rx} \int\int \ldots \int e^{-rx} f(x)\, dx^n.$$

De plus, en intégrant par parties, on tire de la formule (45)

$$(46) \qquad\qquad y =$$

$$\frac{e^{rx}}{1.2..(n-1)} \left\{ x^{n-1} \int e^{-rx} f(x)\, dx - \frac{n-1}{1} x^{n-2} \int x e^{-rx} f(x)\, dx + .. \pm \int x^{n-1} e^{-rx} f(x)\, dx \right\},$$

puis on en conclut, en mettant les constantes arbitraires en évidence,

$$(47) \quad y = e^{rx} \left\{ \mathbb{C} x^{n-1} + \mathbb{C}' x^{n-2} + \ldots + \mathbb{C}^{(n-2)} x + \mathbb{C}^{(n-1)} + \int \frac{(x-z)^{n-1}}{1.2..(n-1)} e^{-rz} f(z)\, dz \right\},$$

Considérons maintenant une équation linéaire aux différences finies et à coefficients constants entre une variable x et une fonction y de cette variable. Si l'équation donnée est du premier ordre, on pourra la présenter sous l'une des formes

$$(48) \qquad (\Delta - r) y = f(x). \qquad\qquad \text{ou} \qquad (49) \qquad \Delta y - ry = f(x).$$

et son intégrale générale sera

$$(50) \qquad y = (1+r)^{\frac{x}{h}-1} \left\{ \Sigma (1+r)^{-\frac{x}{h}} f(x) + \varpi(x) \right\},$$

$h = \Delta x$ désignant la différence finie de x, et $\varpi(x)$ une fonction périodique, mais arbitraire, dont la valeur ne change pas quand x reçoit pour accroissement un multiple de h. Au contraire, si l'équation donnée est de l'ordre n et de la forme

$$(51) \qquad a_0 \Delta^n y + a_1 \Delta^{n-1} y + a_2 \Delta^{n-2} y + \ldots + a_{n-1} \Delta y + a_n y = f(x),$$

alors, en se servant des notations précédemment adoptées, on pourra la remplacer par l'une des deux formules

$$(52) \qquad F(\Delta)y = f(x),$$

$$(53) \qquad (\Delta - r_1)(\Delta - r_2) \ldots (\Delta - r_n)y = \frac{f(x)}{a_0}.$$

Or, pour intégrer la dernière, il suffira de poser successivement

$$(54) \qquad \left\{ \begin{aligned} (\Delta - r_1)y_{n-1} &= \frac{f(x)}{a_0}, \\ (\Delta - r_2)y_{n-2} &= y_{n-1}, \\ \text{etc\ldots}, \\ (\Delta - r_{n-1})y_1 &= y_2, \\ (\Delta - r_n)y &= y_1; \end{aligned} \right.$$

et il est clair que les valeurs de y_{n-1}, y_{n-2}, $\ldots y_1$, y, propres à vérifier les équations (54), s'obtiendront aussi facilement que la valeur de y propre à vérifier la formule (48).

Il est important d'observer, 1.° que, la fonction périodique $\varpi(x)$ pouvant être censée comprise dans l'intégrale indéfinie

$$\Sigma (1+r)^{-\frac{x}{h}} f(x),$$

l'équation (50) peut s'écrire plus simplement comme il suit

$$(55) \qquad y = (1+r)^{\frac{x}{h}-1} \Sigma (1+r)^{-\frac{x}{h}} f(x),$$

2.° que les valeurs de y, y_1, $y_2 \ldots$, déduites des équations (54), renfermeront en

général des intégrales multiples aux différences finies. Mais on pourra toujours décomposer ces intégrales multiples en intégrales simples ; et, pour y parvenir, il suffira d'intégrer par parties en recourant à la formule

$$(56) \qquad \Sigma u \Delta v = uv - \Sigma (v + \Delta v) \Delta u,$$

que l'on déduit immédiatement de l'équation

$$u \Delta v = \Delta(uv) - (v + \Delta v) \Delta u,$$

et qui remplace, dans le calcul aux différences finies , la formule (16).

Exemple. Soit donnée l'équation aux différences finies

$$(57) \qquad \Delta^2 y - 2 \Delta y - y = f(x),$$

ou

$$(58) \qquad (\Delta^2 - 2\Delta + 1) y = f(x).$$

Comme on aura

$$\Delta^2 - 2\Delta + 1 = (\Delta - 1)^2,$$

on pourra substituer à l'équation (57) le système des deux formules

$$(59) \qquad (\Delta - 1)z = f(x), \qquad (\Delta - 1)y = z ;$$

ou , en d'autres termes , le système des deux équations

$$(60) \qquad \Delta z - z = f(x), \qquad \Delta y - y = z.$$

Or on tirera de ces dernières

$$(61) \qquad z = 2^{\frac{x}{h} - 1} \Sigma 2^{-\frac{x}{h}} f(x), \qquad y = 2^{\frac{x}{h} - 1} \Sigma 2^{-\frac{x}{h}} z,$$

et par suite

$$(62) \qquad y = 2^{\frac{x}{h} - 2} \Sigma \left\{ \Sigma 2^{-\frac{x}{h}} f(x) \right\}.$$

Si maintenant on veut décomposer en intégrales simples l'intégrale double que renferme
la valeur précédente de y, il suffira de prendre, dans l'équation (56)

$$u = \Sigma 2^{-\frac{x}{h}} f(x), \qquad \Delta v = 1.$$

Alors, en effet, on trouvera, pour une des valeurs de v,

$$v = \frac{x}{h},$$

et par suite

$$(63) \qquad \Sigma\left\{ \Sigma 2^{-\frac{x}{h}} f(x) \right\} = \frac{x}{h} \Sigma 2^{-\frac{x}{h}} f(x) - \Sigma \frac{x+h}{h} 2^{-\frac{x}{h}} f(x);$$

puis l'on en conclura

$$(64) \qquad y = 2^{\frac{x}{h}-2}\left\{ \frac{x}{h}\Sigma 2^{-\frac{x}{h}} f(x) - \Sigma\frac{x+h}{h} 2^{-\frac{x}{h}} f(x) \right\}.$$

Si, dans le second membre de l'équation (64), on met en évidence les fonctions périodiques, et qu'on les désigne par $\varpi_1(x)$, $\varpi_2(x)$, cette équation prendra la forme suivante

$$(65) \qquad y = 2^{\frac{x}{h}-2}\left\{ \frac{x}{h}\left[\varpi_1(x) + \Sigma 2^{-\frac{x}{h}} f(x) \right] - \left[\varpi_2(x) + \Sigma\frac{x+h}{h} 2^{-\frac{x}{h}} f(x) \right] \right\}.$$

Revenons à l'équation (51). Si l'on pose $n = 2$, elle deviendra

$$(66) \qquad a_0 \Delta^2 y + a_1 \Delta y + a_2 y = f(x),$$

et son intégrale générale, fournie par la méthode ci-dessus exposée, sera

$$(67) \qquad y = \frac{1}{a_0}\frac{(1+r_2)^{\frac{x}{h}}}{(1+r_1)(1+r_2)} \Sigma\left\{ \left(\frac{1+r_1}{1+r_2}\right)^{\frac{x}{h}} \Sigma(1 + r_1)^{-\frac{x}{h}} f(x) \right\}.$$

D'ailleurs, si, dans la formule (56), on prend

$$u = \Sigma(1 + r_1)^{-\frac{x}{h}} f(x), \qquad \Delta v = \left(\frac{1+r_1}{1+r_2}\right)^{\frac{x}{h}},$$

on trouvera, pour une des valeurs de v,

$$v = \frac{1+r_2}{r_1-r_2}\left(\frac{1+r_1}{1+r_2}\right)^{\frac{x}{h}},$$

et par suite

$$(68) \qquad \begin{aligned} &\Sigma\left\{ \left(\frac{1+r_1}{1+r_2}\right)^{\frac{x}{h}} \Sigma(1 + r_1)^{-\frac{x}{h}} f(x) \right\} \\ &= \frac{1+r_2}{r_1-r_2}\left(\frac{1+r_1}{1+r_2}\right)^{\frac{x}{h}} \Sigma(1 + r_1)^{-\frac{x}{h}} f(x) + \frac{1+r_2}{r_2-r_1}\Sigma(1 + r_2)^{-\frac{x}{h}} f(x). \end{aligned}$$

Donc la valeur de y pourra être présentée sous la forme

$$(69) \qquad y = \frac{1}{a_0} \left\{ \frac{(1+r_1)^{\frac{x}{h}-1}}{r_1 - r_2} \Sigma (1 + r_1)^{-\frac{x}{h}} f(x) + \frac{(1+r_2)^{\frac{x}{h}-1}}{r_2 - r_1} \Sigma (1 + r_2)^{-\frac{x}{h}} f(x) \right\}.$$

Si l'on met en évidence les fonctions périodiques, et qu'on les désigne par $\varpi_1(x)$, $\varpi_2(x)$, l'équation (69) donnera

$$(70) \qquad y =$$

$$\frac{(1+r_1)^{\frac{x}{h}-1}}{a_0(r_1 - r_2)} \left\{ \varpi_1(x) + \Sigma (1 + r_1)^{-\frac{x}{h}} f(x) \right\} + \frac{(1+r_2)^{\frac{x}{h}-1}}{a_0(r_2 - r_1)} \left\{ \varpi_2(x) + \Sigma (1 + r_2)^{-\frac{x}{h}} f(x) \right\}.$$

Dans le cas particulier où l'on a $r_2 = r_1$, l'équation (67) se trouve réduite à la forme

$$(71) \qquad y = \frac{1}{a_0} (1 + r)^{\frac{x}{h}-2} \Sigma\Sigma (1 + r)^{-\frac{x}{h}} f(x),$$

et l'on en conclut, en opérant comme dans l'exemple que nous avons traité plus haut,

$$(72) \qquad y = \frac{1}{a_0} (1 + r)^{\frac{x}{h}-2} \left\{ \frac{x}{h} \Sigma (1 + r)^{-\frac{x}{h}} f(x) - \Sigma \frac{x+h}{h} (1 + r)^{-\frac{x}{h}} f(x) \right\}.$$

Si l'on mettait en évidence les fonctions périodiques, on trouverait

$$(73) \qquad y =$$

$$\frac{(1+r)^{\frac{x}{h}-2}}{a_0} \frac{x}{h} \left\{ \varpi_1(x) + \Sigma (1 + r)^{-\frac{x}{h}} f(x) \right\} - \frac{(1+r)^{\frac{x}{h}-2}}{a_0} \left\{ \varpi_2(x) + \Sigma \frac{x+h}{h} (1 + r)^{-\frac{x}{h}} f(x) \right\}$$

En restituant au nombre entier n, dans l'équation (51), une valeur quelconque, on tirera des formules (54)

$$(74) \quad y = \frac{(1+r_n)^{\frac{x}{h}}}{a_0(1+r_1)(1+r_2)\dots(1+r_n)} \Sigma \left(\frac{1+r_{n-1}}{1+r_n} \right)^{\frac{x}{h}} \Sigma \left(\frac{1+r_{n-2}}{1+r_{n-1}} \right)^{\frac{x}{h}} \dots \Sigma \left(\frac{1+r_1}{1+r_2} \right)^{\frac{x}{h}} \Sigma \frac{f(x)}{(1+r_1)^{\frac{x}{h}}},$$

chacun des signes Σ étant relatif à la fonction comprise entre ce même signe et la virgule placée à la suite du rapport $\dfrac{f(x)}{(1+r_1)^{\frac{x}{h}}}$. Ainsi, la valeur générale de y se trouvera exprimée par une intégrale multiple. Mais on pourra toujours décomposer cette intégrale multiple en intégrales simples à l'aide de l'équation (56).

Si , les racines r_1 , r_2 , ... r_n étant égales entre elles, on supposait $a_0 = 1$, l'équation (51) pourrait être présentée sous l'une ou l'autre des deux formes

$$(75) \quad \Delta^n y - \frac{n}{1} r \Delta^{n-1} + \frac{n(n-1)}{1.2} r^2 \Delta^{n-2} y - ... \pm \frac{n(n-1)}{1.2} r^{n-2} \Delta^2 y \mp \frac{n}{1} r^{n-1} \Delta y \pm r^n y = f(x),$$

$$(76) \quad (\Delta - r)^n y = f(x),$$

et la valeur générale de y se réduirait à

$$(77) \quad y = (1+r)^{\frac{x}{h}-n} \, \Sigma \Sigma ... \Sigma (1+r)^{-\frac{x}{h}} f(x).$$

De plus, en intégrant par parties, on tirerait de la formule (77)

$$(78) \quad y =$$

$$\frac{(1+r)^{\frac{x}{h}-n}}{1.2..(n-1)} \left\{ \begin{array}{l} \frac{x}{h}\left(\frac{x}{h}-1\right)\cdot\cdot\left(\frac{x}{h}-n+2\right) \Sigma (1+r)^{-\frac{x}{h}} f(x) - \frac{n-1}{1} \frac{x}{h}\left(\frac{x}{h}-1\right)\cdot\cdot\left(\frac{x}{h}-n+3\right) \Sigma \left(\frac{x}{h}+1\right)(1+r)^{-\frac{x}{h}} f(x) \\[2mm] + \frac{(n-1)(n-2)}{1.2} \frac{x}{h}\left(\frac{x}{h}-1\right)\cdots\left(\frac{x}{h}-n+4\right) \Sigma \left(\frac{x}{h}+1\right)\left(\frac{x}{h}+2\right)(1+r)^{-\frac{x}{h}} f(x) - \text{etc}........ \\[2mm] ..\mp \frac{(n-1)}{1} \frac{x}{h} \Sigma \left(\frac{x}{h}+1\right)\cdot\cdot\left(\frac{x}{h}+n-2\right)(1+r)^{-x} f(x) \pm \Sigma \left(\frac{x}{h}+1\right)\cdot\cdot\left(\frac{x}{h}+n-1\right)(1+r)^{-\frac{x}{h}} f(x) \end{array} \right\}$$

ou, ce qui revient au même,

$$(79) \quad y =$$

$$(1+r)^{\frac{x}{h}-n} \left\{ \begin{array}{l} \frac{\frac{x}{h}\left(\frac{x}{h}-1\right)\cdot\cdot\left(\frac{x}{h}-n+2\right)}{1.2.3..(n-1)} \Sigma (1+r)^{-\frac{x}{h}} f(x) - \frac{\frac{x}{h}\left(\frac{x}{h}-1\right)\cdot\cdot\left(\frac{x}{h}-n+3\right)}{1.2.3..(n-2)} \Sigma \frac{\frac{x}{h}+1}{1}(1+r)^{-\frac{x}{h}} f(x) +.. \\[3mm] ..\pm \frac{\left(\frac{x}{h}\right)}{1} \Sigma \frac{\left(\frac{x}{h}+1\right)\cdot\cdot\left(\frac{x}{h}+n-2\right)}{1.2.3..(n-2)}(1+r)^{-\frac{x}{h}} f(x) \pm \Sigma \frac{\left(\frac{x}{h}+1\right)\cdot\cdot\left(\frac{x}{h}+n-1\right)}{1.2.3..(n-1)}(1+r)^{-\frac{x}{h}} f(x) \end{array} \right\}$$

Il est important d'observer que, dans l'équation (78) ou (79), chaque intégrale simple renferme une fonction périodique.

Proposons-nous maintenant d'intégrer une équation linéaire aux différences partielles, et à coefficients constants, entre deux variables indépendantes x, y, et une variable principale z. Supposons d'ailleurs que les dérivées partielles de z, comprises dans le premier membre de l'équation, soient toutes du même ordre. Si cet ordre se réduit à l'unité, l'équation pourra être présentée sous l'une des formes

(181)

$$(80) \quad (D_x - r D_y) z = f(x,y), \qquad\qquad (81) \quad \frac{dz}{dx} - r \frac{dz}{dy} = f(x,y),$$

et son intégrale générale sera

$$(82) \qquad z = \int_{x_0}^{x} f[s, y + r(x - s)] ds + \varphi(y + rx),$$

φ désignant une fonction arbitraire, et x_0 une valeur particulière de x. Mais, si l'équation proposée est de l'ordre n et de la forme

$$(83) \quad a_0 \frac{d^n z}{dx^n} + a_1 \frac{d^n z}{dx^{n-1} dy} + a_2 \frac{d^n z}{dx^{n-2} dy^2} + \cdots + a_{n-1} \frac{d^n z}{dx\, dy^{n-1}} + a_n \frac{d^n z}{dy^n} = f(x,y),$$

alors, en se servant des notations précédemment adoptées, on pourra la remplacer par l'une des deux formules

$$(84) \qquad \left\{ D_y^n \mathrm{F}\left(\frac{Dx}{Dy}\right) \right\} z = f(x,y),$$

$$(85) \qquad (D_x - r_1 D_y)(D_x - r_2 D_y) \cdots (D_x - r_n D_y) z = \frac{f(x,y)}{a_0}.$$

Or, pour intégrer la dernière, il suffira de poser successivement

$$(86) \qquad \begin{cases} (D_x - r_1 D_y) z_{n-1} = \dfrac{f(x,y)}{a_0}, \\[2mm] (D_x - r_2 D_y) z_{n-2} = z_{n-1}, \\[2mm] \text{etc.....}, \\[2mm] (D_x - r_{n-1} D_y) z_1 = z_2, \\[2mm] (D_x - r_n D_y) z = z_1; \end{cases}$$

et, comme les équations (86) sont toutes semblables à la formule (80), il est clair que les inconnues $z_{n-1}, z_{n-2}, \dots z_2, z_1, z$ se déduiront les unes des autres, et l'inconnue z_{n-1} de la fonction $\frac{f(x,y)}{a_0}$, par des équations semblables à la formule (82).

1.er *Exemple.* Soit donnée l'équation aux différences partielles

$$(87) \qquad \frac{d^2 z}{dx^2} - \frac{d^2 z}{dy^2} = ax + by,$$

ou

$$(88) \qquad (D_x^2 - D_y^2)z = ax + by,$$

a et b désignant deux quantités constantes. Comme on aura

$$D_x^2 - D_y^2 = (D_x - D_y)(D_x + D_y),$$

on pourra substituer à l'équation (87) le système des deux formules

$$(89) \qquad (D_x - D_y)z_1 = ax + by, \qquad (D_x + D_y)z = z_1,$$

ou, en d'autres termes, le système des deux équations

$$(90) \qquad \frac{dz_1}{dx} - \frac{dz_1}{dy} = ax + by, \qquad \frac{dz}{dx} + \frac{dz}{dy} = z_1.$$

Or on tirera de ces dernières

$$(91) \quad \begin{cases} z_1 = \displaystyle\int_0^x [as + b(y + x - s)]\,ds + \varphi(y + x) = \frac{a+b}{2}x^2 + bxy + \varphi(y + x), \\[2ex] z = \displaystyle\int_0^x \left[\frac{a+b}{2}s^2 + bs(y - x + s)\right]ds + \int_0^x \varphi(y - x + 2s)\,ds + \varphi_1(y - x) \\[2ex] \quad = \dfrac{ax^3}{6} + \dfrac{bx^2y}{2} + \displaystyle\int_0^x \varphi(y - x + 2s)\,ds + \varphi_1(y - x). \end{cases}$$

D'ailleurs, si l'on pose

$$y - x + 2s = t, \qquad \int_0^t \varphi(t)\,dt = 2\Phi(t), \qquad \varphi_1(t) - \Phi(t) = \Phi_1(t),$$

on trouvera

$$\int_0^x \varphi(y - x + 2s)\,ds = \frac{1}{2}\int_{y-x}^{y+x} \varphi(t)\,dt = \Phi(y + x) - \Phi(y - x),$$

et la seconde des formules (91) pourra être réduite à

$$(92) \qquad z = \frac{ax^3}{3} + \frac{bx^2y}{2} + \Phi(y + x) + \Phi_1(y - x).$$

L'équation (92), dans laquelle Φ, Φ_1 désignent deux fonctions arbitraires, est effectivement l'intégrale générale de l'équation (87).

2.e *Exemple.* Soit donnée l'équation aux différences partielles

$$(93) \qquad \frac{d^2 z}{dx^2} - 2\frac{d^2 z}{dx\,dy} + \frac{d^2 z}{dy^2} = e^{ax+by},$$

ou

$$(94) \qquad (D_x - D_y)^2 z = e^{ax+by}.$$

On pourra lui substituer le système des deux formules

$$(95) \qquad (D_x - D_y) z_1 = e^{ax+by}, \qquad (D_x - D_y) z = z_1,$$

ou, en d'autres termes, le système des deux équations

$$(96) \qquad \frac{dz_1}{dx} - \frac{dz_1}{dy} = e^{ax+by}, \qquad \frac{dz}{dx} - \frac{dz}{dy} = z_1.$$

Or on tirera de ces dernières

$$(97) \quad \left\{ \begin{aligned} z_1 &= \int_0^x e^{as+b(y+x-s)}\,ds + \varphi(y+x) = \frac{e^{ax+by} - e^{b(x+y)}}{a-b} + \varphi(y+x), \\[2ex] z &= \frac{1}{a-b}\int_0^x e^{as+b(y+x-s)}\,ds + \left[\varphi(y+x) - \frac{e^{b(y+x)}}{a-b}\right]\int_0^x ds + \varphi_1(y+x) \\[2ex] &= \frac{e^{ax+by}}{(a-b)^2} + x\left[\varphi(y+x) - \frac{e^{b(y+x)}}{a-b}\right] + \varphi_1(y+x) - \frac{e^{b(y+x)}}{(a-b)^2}; \end{aligned} \right.$$

puis, en posant, pour abréger,

$$\varphi(t) - \frac{e^{bt}}{a-b} = \Phi(t), \qquad \varphi_1(t) + \frac{e^{bt}}{(a-b)^2} = \Phi_1(t),$$

on trouvera simplement

$$(98) \qquad z = \frac{e^{ax+by}}{(a-b)^2} + x\Phi(y+x) + \Phi_1(y+x).$$

L'équation (98) dans laquelle Φ, Φ_1 désignent deux fonctions arbitraires est effectivement l'intégrale générale de l'équation (93).

Considérons enfin une équation linéaire aux différences finies partielles, et à coefficients constants, entre deux variables indépendantes x, y et une variable principale z. Supposons d'ailleurs que les différences finies de z, comprises dans le premier membre de l'équation, soient toutes du même ordre. Si cette équation est de l'ordre n, et de la forme

$$(99) \quad a_0 \Delta_x^n z + a_1 \Delta_x^{n-1}\Delta_y z + a_2 \Delta_x^{n-2}\Delta_y^2 z + \ldots + a_{n-1}\Delta_x\Delta_y^{n-1} z + a_n\Delta_y^n z = f(x,y),$$

on pourra, en se servant des notations précédemment adoptées, la réduire à

$$(100) \qquad (\Delta_x - r_1\Delta_y)(\Delta_x - r_2\Delta_y)\dots(\Delta_x - r_n\Delta_y)z = \frac{f(x,y)}{a_0},$$

et lui substituer le système des formules

$$(101) \quad \begin{cases} (\Delta_x - r_1\Delta_y)z_{n-1} = \dfrac{f(x,y)}{a_0}, \\[2mm] (\Delta_x - r_2\Delta_y)z_{n-2} = z_{n-1}, \\[2mm] \text{etc.....}, \\[2mm] (\Delta_x - r_{n-1}\Delta_y)z_1 = z_2, \\[2mm] (\Delta_x - r_n\Delta_y)z = z_1. \end{cases}$$

La question se trouvera ainsi ramenée à l'intégration de plusieurs équations du premier ordre, et qui seront toutes de la forme

$$(102) \qquad (\Delta_x - r\Delta_y)z = f(x,y).$$

Nous montrerons dans un autre article comment cette intégration peut être effectuée.

A la méthode dont nous venons de faire usage pour intégrer des équations linéaires à coefficients constants, on peut en joindre une seconde qui s'appuye sur le théorême dont voici l'énoncé.

Théorême. *Supposons que les lettres* f, F, *accompagnées ou dépourvues d'indices, désignent des fonctions entières quelconques, que la fonction entière*

$$(103) \qquad F(\alpha,\beta,\dots\theta,\lambda,\mu,\dots\tau)$$

soit divisible par chacune des suivantes

$$(104) \qquad F_1(\alpha,\beta,\dots\theta,\lambda,\mu,\dots\tau); \qquad F_2(\alpha,\beta,\dots\theta,\lambda,\mu,\dots\tau), \qquad \text{etc...},$$

et que la fraction

$$\frac{f(\alpha,\beta,\dots\theta,\lambda,\mu,\dots\tau)}{F(\alpha,\beta,\dots\theta,\lambda,\mu,\dots\tau)}$$

soit décomposable en plusieurs fractions de même espèce, en sorte qu'on ait

$$(105) \quad \frac{f(\alpha,\beta,\dots\theta,\lambda,\mu,\dots\tau)}{F(\alpha,\beta,\dots\theta,\lambda,\mu,\dots\tau)} = \frac{f_1(\alpha,\beta,\dots\theta,\lambda,\mu,\dots\tau)}{F_1(\alpha,\beta,\dots\theta,\lambda,\mu,\dots\tau)} + \frac{f_2(\alpha,\beta,\dots\theta,\lambda,\mu,\dots\tau)}{F_2(\alpha,\beta,\dots\theta,\lambda,\mu,\dots\tau)} + \text{etc....}$$

Soit d'ailleurs $f(x, y, \ldots t)$ *une fonction quelconque des variables indépendantes* $x, y, \ldots t$. *La valeur de* u *donnée par la formule*

$$(106) \qquad u = \frac{f(D_x, D_y, \ldots D_t, \Delta_x, \Delta_y, \ldots \Delta_t)}{F(D_x, D_y, \ldots D_t, \Delta_x, \Delta_y, \ldots \Delta_t)} \, f(x, y, \ldots t),$$

c'est-à-dire, l'intégrale générale de l'équation linéaire

$$(107) \qquad F(D_x, D_y, \ldots D_t, \Delta_x, \Delta_y, \ldots \Delta_t) u = f(D_x, D_y, \ldots D_t, \Delta_x, \Delta_y, \ldots \Delta_t) f(x, y, \ldots t).$$

ou du moins l'une des valeurs de u, *propres à vérifier cette équation, coïncidera toujours avec la somme*

$$(108) \qquad u =$$

$$\frac{f_1(D_x, D_y, \ldots D_t, \Delta_x, \Delta_y, \ldots \Delta_t)}{F_1(D_x, D_y, \ldots D_t, \Delta_x, \Delta_y, \ldots \Delta_t)} f(x, y, \ldots t) + \frac{f_2(D_x, D_y, \ldots D_t, \Delta_x, \Delta_y, \ldots \Delta_t)}{F_2(D_x, D_y, \ldots D_t, \Delta_x, \Delta_y, \ldots \Delta_t)} f(x, y, \ldots t) + \ldots$$

Démonstration. Soient $u_1, u_2, \ldots$ les différents termes qui composent le second membre de l'équation (108). Cette équation donnera

$$(109) \qquad u = u_1 + u_2 + \text{etc}\ldots,$$

et les fonctions $u, u_2, \ldots$ vérifieront les formules

$$(110) \quad \begin{cases} F_1(D_x, D_y, \ldots D_t, \Delta_x, \Delta_y, \ldots \Delta_t) u_1 = f_1(D_x, D_y, \ldots D_t, \Delta_x, \Delta_y, \ldots \Delta_t) f(x, y, \ldots t), \\[4pt] F_2(D_x, D_y, \ldots D_t, \Delta_x, \Delta_y, \ldots \Delta_t) u_2 = f_2(D_x, D_y, \ldots D_t, \Delta_x, \Delta_y, \ldots \Delta_t) f(x, y, \ldots t). \\[4pt] \text{etc}\ldots \end{cases}$$

De plus, comme chacun des rapports

$$\frac{F(\alpha, \beta, \ldots \theta, \lambda, \mu, \ldots \tau)}{F_1(\alpha, \beta, \ldots \theta, \lambda, \mu, \ldots \tau)}, \qquad \frac{F(\alpha, \beta, \ldots \theta, \lambda, \mu, \ldots \tau)}{F_2(\alpha, \beta, \ldots \theta, \lambda, \mu, \ldots \tau)}, \qquad \text{etc}\ldots$$

sera, par hypothèse, une fonction entière de $\alpha, \beta, \ldots \theta, \lambda, \mu, \nu, \ldots \tau$, on conclura des formules (110)

$$(111) \quad \begin{cases} F(D_x, D_y, \ldots D_t, \Delta_x, \Delta_y, \ldots \Delta_t) u_1 = \\[4pt] \dfrac{F(D_x, D_y, \ldots D_t, \Delta_x, \Delta_y, \ldots \Delta_t)}{F_1(D_x, D_y, \ldots D_t, \Delta_x, \Delta_y, \ldots \Delta_t)} f_1(D_x, D_y, \ldots D_t, \Delta_x, \Delta_y, \ldots \Delta_t) f(x, y, \ldots t), \\[8pt] F(D_x, D_y, \ldots D_t, \Delta_x, \Delta_y, \ldots \Delta_t) u_2 = \\[4pt] \dfrac{F(D_x, D_y, \ldots D_t, \Delta_x, \Delta_y, \ldots \Delta_t)}{F_2(D_x, D_y, \ldots D_t, \Delta_x, \Delta_y, \ldots \Delta_t)} f_2(D_x, D_y, \ldots D_t, \Delta_x, \Delta_y, \ldots \Delta_t) f(x, y, \ldots t), \\[8pt] \text{etc}\ldots \end{cases}$$

Enfin, comme, en vertu de l'équation (105), on aura identiquement

$$(112)\ \left\{ \begin{aligned} &f(D_x, D_y, \ldots D_t, \Delta_x, \Delta_y, \ldots \Delta_t) \\ &= \frac{F(D_x, D_y, \ldots D_t, \Delta_x, \Delta_y, \ldots \Delta_t)}{F_1(D_x, D_y, \ldots D_t, \Delta_x, \Delta_y, \ldots \Delta_t)}\, f_1(D_x, D_y, \ldots D_t) \\ &+ \frac{F(D_x, D_y, \ldots D_t, \Delta_x, \Delta_y, \ldots \Delta_t)}{F_2(D_x, D_y, \ldots D_t, \Delta_x, \Delta_y, \ldots \Delta_t)}\, f_2(D_x, D_y, \ldots D_t) \\ &+ \text{etc.} \ldots, \end{aligned} \right.$$

on tirera des formules (111), ajoutées membre à membre,

$$(113)\quad F(D_x, D_y, \ldots D_t, \Delta_x, \Delta_y, \ldots \Delta_t)(u_1 + u_2 + \ldots) = f(D_x, D_y, \ldots D_t, \Delta_x, \Delta_y, \ldots \Delta_t) f(x, y, \ldots t).$$

Or il résulte évidemment de l'équation (113) que la somme $u_1 + u_2 + \text{etc.}\ldots$ est une valeur de u propre à vérifier la formule (107).

Le théorème qui précède fournit un nouveau moyen de parvenir très-facilement aux intégrales générales des formules (10), (51) et (83). Considérons d'abord la formule (10) ou (13), de laquelle on tire

$$(114)\qquad y = \frac{f(x)}{F(D)}\,.$$

Si les racines $r_1, r_2, \ldots r_n$ de l'équation (12) sont inégales, on aura

$$(115)\qquad \frac{1}{F(r)} = \frac{1}{F'(r_1)}\,\frac{1}{r-r_1} + \frac{1}{F'(r_2)}\,\frac{1}{r-r_2} + \ldots + \frac{1}{F'(r_n)}\,\frac{1}{r-r_n}\,;$$

et l'on conclura du théorème dont il s'agit qu'on peut encore satisfaire à la formule (10) en prenant

$$(116)\qquad y = \frac{1}{F'(r_1)}\,\frac{f(x)}{D-r_1} + \frac{1}{F'(r_2)}\,\frac{f(x)}{D-r_2} + \ldots + \frac{1}{F'(r_n)}\,\frac{f(x)}{D-r_n}\,.$$

De plus, comme la notation

$$(117)\qquad \frac{f(x)}{D-r}$$

sert à représenter l'intégrale générale de l'équation

$$(D - r)y = f(x)$$

c'est-à-dire, un produit de la forme

$$(118) \qquad e^{rx} \int e^{-rx} f(x)\, dx,$$

il est clair que la formule (116) pourra s'écrire comme il suit

$$(119) \qquad y =$$

$$\frac{1}{F'(r_1)}\, e^{r_1 x} \int e^{-r_1 x} f(x)\, dx + \frac{1}{F'(r_2)}\, e^{r_2 x} \int e^{-r_2 x} f(x)\, dx + \ldots + e^{r_n x} \int e^{-r_n x} f(x)\, dx.$$

On doit observer que, dans le second membre de l'équation (119), chaque intégrale, étant indéfinie, comprend une constante arbitraire. Donc la valeur de y, fournie par cette équation, renfermera n constantes arbitraires, et représentera, aussi bien que l'équation (114), l'intégrale générale de la formule (10).

Si plusieurs des racines r_1, r_2, ... r_n devenaient égales entr'elles, si l'on avait, par exemple,

$$(120) \qquad r_1 = r_2 = \ldots = r_m = \rho,$$

alors il faudrait, dans le second membre de la formule (115), substituer à la somme des m premiers termes le résidu de la fonction

$$(121) \qquad \frac{1}{(r-z)\, F(z)}$$

relatif à la valeur ρ de la variable z, ou, ce qui revient au même, le coefficient de $\dfrac{1}{\varepsilon}$ dans le développement du rapport

$$(122) \qquad \frac{1}{(r-\rho-\varepsilon)\, F(\rho+\varepsilon)}$$

en une série ordonnée suivant des puissances ascendantes de ε. Comme on aurait d'ailleurs

$$\frac{1}{r-\rho-\varepsilon} = \frac{1}{r-\rho} + \frac{\varepsilon}{(r-\rho)^2} + \ldots + \frac{\varepsilon^{m-2}}{(r-\rho)^{m-1}} + \frac{\varepsilon^{m-1}}{(r-\rho)^m} + \text{etc.....} ,$$

et par suite, en faisant pour abréger $\dfrac{\varepsilon^m}{F(\rho+\varepsilon)} = E$,

$$\frac{1}{(r-\rho-\varepsilon)\,\mathrm{F}(\rho+\varepsilon)} = \frac{E}{\varepsilon^{m}}\,\frac{1}{r-\rho} + \dots + \frac{E}{\varepsilon^{2}}\,\frac{1}{(r-\rho)^{m-1}} + \frac{E}{\varepsilon}\,\frac{1}{(r-\rho)^{m}} + \text{etc}\dots ,$$

il est clair que le coefficient de $\dfrac{1}{\varepsilon}$, dans le développement du rapport (122), serait ce que devient le polynome

$$(123)\qquad \frac{1}{1.2.3\dots(m-1)}\,\frac{d^{m-1}E}{d\varepsilon^{m-1}}\,\frac{1}{r-\rho} + \dots + \frac{1}{1}\,\frac{dE}{d\varepsilon}\,\frac{1}{(r-\rho)^{m-1}} + E\,\frac{1}{(r-\rho)^{m}},$$

quand on pose, après les différenciations $\varepsilon = 0$. Il en résulte qu'on devrait, dans l'hypothèse admise, modifier le second membre de la formule (116), en y remplaçant la somme des m premiers termes par l'expression

$$(124)\qquad \frac{1}{1.2.3\dots(m-1)}\,\frac{d^{m-1}E}{d\varepsilon^{m-1}}\,\frac{f(x)}{D-\rho} + \dots + \frac{1}{1}\,\frac{dE}{d\varepsilon}\,\frac{1}{(D-\rho)^{m-1}} + E\,\frac{1}{(D-\rho)^{m}},$$

ou plutôt par la suivante

$$(125)\qquad R_{m-1}\,\frac{f(x)}{D-\rho} + R_{m-2}\,\frac{f(x)}{(D-\rho)^{2}} + \dots + R_{1}\,\frac{f(x)}{(D-\rho)^{m-1}} + R_{0}\,\frac{f(x)}{(D-\rho)^{m}},$$

dans laquelle

$$(126)\qquad R_{0} = \frac{1.2.3\dots m}{\mathrm{F}^{(m)}(\rho)}, \qquad R_{1}, \qquad R_{2}, \dots R_{m-1}$$

désignent les valeurs des coefficients

$$(127)\quad \frac{\varepsilon^{m}}{\mathrm{F}(\rho+\varepsilon)},\quad \frac{1}{1}\,\frac{d\,\frac{\varepsilon^{m}}{\mathrm{F}(\rho+\varepsilon)}}{d\varepsilon},\quad \frac{1}{1.2}\,\frac{d^{2}\,\frac{\varepsilon^{m}}{\mathrm{F}(\rho+\varepsilon)}}{d\varepsilon^{2}},\quad \dots \quad \frac{1}{1.2.3\dots(m-1)}\,\frac{d^{m-1}\,\frac{\varepsilon^{m}}{\mathrm{F}(\rho+\varepsilon)}}{d\varepsilon^{m-1}},$$

correspondantes à une valeur nulle de ε. De plus, comme la notation

$$(128)\qquad \frac{f(x)}{(D-r)^{n}}$$

sert à représenter l'intégrale générale de l'équation

$$(D-r)^{n}y = f(x),$$

c'est-à-dire, le produit

$$(129)\qquad e^{rx}\int\int\dots\int e^{-rx}f(x)\,dx^{n},$$

on peut évidemment à l'expression (125) substituer la suivante

$$(130) \quad e^{p.x}\left\{ R_{m-1}\int e^{-px} f(x)\,dx + R_{m-2}\int\!\int e^{-px} f(x)\,dx^2 + .. + R_0 \int\!\int ..\int e^{-px} f(x)\,dx^m \right\}.$$

Les diverses formules que l'on vient d'obtenir s'accordent avec celles que nous avons établies dans les Leçons données à l'École Royale Polytechnique, ainsi qu'avec la formule (14) de la page 204 du 1.er volume des Exercices.

Considérons maintenant l'équation (51) de laquelle on tire

$$(131) \qquad\qquad y = \frac{f(x)}{F(\Delta)}.$$

Il suit du théorême précédemment démontré que, si les racines $r_1, r_2, \ldots r_n$ sont inégales, on vérifiera encore l'équation (51), en prenant

$$(132) \quad y = \frac{1}{F'(r_1)}\,\frac{f(x)}{\Delta - r_1} + \frac{1}{F'(r_2)}\,\frac{f(x)}{\Delta - r_2} + \cdots + \frac{1}{F'(r_n)}\,\frac{f(x)}{\Delta - r_n},$$

ou, ce qui revient au même,

$$(133) \quad y = \frac{1}{F'(r_1)}(1+r_1)^{\frac{x}{h}-1}\,\Sigma(1+r_1)^{-\frac{x}{h}} f(x) + .. + \frac{1}{F'(r_n)}(1+r_n)^{\frac{x}{h}-1}\,\Sigma(1+r_n)^{-\frac{x}{h}} f(x).$$

Il est bon d'observer que, dans le second membre de l'équation (133), chaque intégrale, étant indéfinie, comprend une fonction périodique. Donc la valeur de y fournie par cette équation, renfermera n fonctions périodiques, et représentera, aussi bien que la formule (131), l'intégrale générale de l'équation proposée.

Si les racines $r_1, r_2, \ldots r_m$ devenaient égales, ρ désignant la valeur de chacune d'elles, il faudrait, dans l'équation (132) ou (133), substituer à la somme des m premiers termes l'une des deux expressions

$$(134) \quad R_{m-1}\frac{f(x)}{\Delta - \rho} + R_{m-2}\frac{f(x)}{(\Delta - \rho)^2} + \cdots + R_1\frac{f(x)}{(\Delta - \rho)^{m-1}} + R_0\frac{f(x)}{(\Delta - \rho)^m},$$

$$(135) \quad (1+\rho)^{\frac{x}{h}-n}\left\{ R_{m-1}\Sigma(1+\rho)^{-\frac{x}{h}} f(x) + R_{m-2}\Sigma\Sigma(1+\rho)^{-\frac{x}{h}} f(x) + .. + R_0\Sigma\Sigma..\Sigma(1+\rho)^{-\frac{x}{h}} f(x)\right\}.$$

Considérons enfin l'équation (85). Si l'on pose dans cette équation

$$(136) \qquad\qquad f(x,y) = D_y{}^{n-1}\, f(x,y),$$

ou, ce qui revient au même, si l'on fait,

$$(137) \qquad f(x,y) = \frac{f(x,y)}{D_y{}^{n-1}} = \int\!\int ..\int f(x,y)\,dy^{n-1},$$

elle donnera

$$(138) \qquad z = \frac{D_y^{n-1}}{D_y^n \, F\left(\frac{D_x}{D_y}\right)} \, f(x,y) = \frac{D_y^{n-1}}{a_0(D_x - r_1 D_y)(D_x - r_2 D_y)\dots(D_x - r_n D_y)} \, f(x,y) ,$$

et comme, en supposant d'abord les racines r_1, r_2, ... r_n inégales, on aura identiquement

$$\frac{D_y^{n-1}}{a_0(D_x - r_1 D_y)(D_x - r_2 D_y)\dots(D_x - r_n D_y)} =$$

$$\frac{1}{F'(r_1)} \, \frac{1}{D_x - r_1 D_y} + \frac{1}{F'(r_2)} \, \frac{1}{D_x - r_2 D_y} + \dots + \frac{1}{F'(r_n)} \, \frac{1}{D_x - r_n D_y} ,$$

on tirera de l'équation (138) et du théorème précédemment démontré

$$(139) \qquad z = \frac{1}{F'(r_1)} \, \frac{f(x,y)}{D_x - r_1 D_y} + \frac{1}{F'(r_2)} \, \frac{f(x,y)}{D_x - r_2 D_y} + \dots + \frac{1}{F'(r_n)} \, \frac{f(x,y)}{D_x - r_n D_y} .$$

De plus, comme la notation

$$(140) \qquad \frac{f(x,y)}{D_x - r D_y}$$

sert à représenter l'intégrale générale de l'équation

$$(D_x - r D_y) z = f(x,y) ,$$

c'est-à-dire, un produit de la forme

$$(141) \qquad \int_{x_0}^{x} f[s, y + r(x - s)]\, ds + \varphi(y + rx) ,$$

la lettre φ désignant une fonction arbitraire; il est clair que la formule (139) pourra s'écrire ainsi qu'il suit

$$(142) \qquad z = \frac{1}{F'(r_1)} \left\{ \int_{x_0}^{x} f[s, y + r_1(x - s)]\, ds + \varphi_1(y + r_1 x) \right\}$$

$$+ \text{etc.} \dots$$

$$+ \frac{1}{F'(r_n)} \left\{ \int_{x_0}^{x} f[s, y + r_n(x - s)]\, ds + \varphi_n(y + r_n x) \right\} .$$

Cette dernière valeur de z, renfermant n fonctions arbitraires, représentera, aussi bien que la formule (138), l'intégrale générale de l'équation proposée.

Il est important d'observer que, dans l'équation (142), on peut attribuer à la fonction

$\mathrm{f}(x,y)$ l'une quelconque des valeurs propres à vérifier la formule (156) ou (157), et supposer, par exemple,

$$(143) \qquad \mathrm{f}(x,y) = \int_{0}^{y}\int_{0}^{y}\cdots\int_{0}^{y} f(x,y)\,dy^{n-1} = \int_{0}^{y} \frac{(y-t)^{n-2}}{1.2.3\ldots(n-2)}\, f'(x,t)\,dt.$$

Dans le cas particulier où la fonction $f(x,y)$ s'évanouit, l'équation (143) donne pareillement $\mathrm{f}(x,y) = 0$, et la valeur de z se réduit à

$$(144) \qquad z = \varphi_1(y + r_1 x) + \varphi_2(y + r_2 x) + \cdots + \varphi_n(y + r_n x).$$

Si les racines r_1, r_2, ... r_n devenaient égales, ρ désignant la valeur de chacune d'elles, il faudrait, dans le premier membre de l'équation (139), substituer à la somme des m premiers termes le polynome

$$(145) \qquad R_{m-1}\, \frac{\mathrm{f}(x,y)}{D_x - \rho D_y} + R_{m-2}\, \frac{D_y \mathrm{f}(x,y)}{(D_x - \rho D_y)^2} + \cdots + R_0\, \frac{D_y^{m-1}\mathrm{f}(x,y)}{(D_x - \rho D_y)^m}\,.$$

Or il est facile de calculer ce polynome, quand on regarde comme connues les expressions de la forme

$$(146) \qquad \frac{f(x,y)}{(D_x - r D_y)^n}\,.$$

D'ailleurs l'expression (146) n'est autre chose que l'intégrale générale de l'équation

$$(147) \qquad (D_x - r D_y)^n z = f(x,y)\,,$$

et cette intégrale, que fournit la première des deux méthodes ci-dessus indiquées, peut s'écrire ainsi qu'il suit

$$(148) \qquad z = \int_{x_0}^{x} \frac{(x-s)^{n-1}}{1.2.3\ldots(n-1)}\, f(s, y + rx - rs)\,ds$$

$$+ x^{n-1}\varphi_1(y + rx) + x^{n-2}\varphi_2(y + rx) + \cdots + x\varphi_{n-1}(y + rx) + \varphi_n(y + rx).$$

Donc le polynome, qui doit être substitué à la somme des m premiers termes, dans le second membre de l'équation (139), lorsque la condition (120) se trouve remplie, c'est-à-dire, le polynome (145), sera équivalent à l'expression

$$(149) \quad \left\{ \begin{aligned} & R_{m-1} \int_{x_0}^{x} \mathrm{f}(s, y + \rho x - \rho s)\,ds + R_{m-2} \int_{x_0}^{x} \frac{x-s}{1}\, \frac{d\mathrm{f}(s, y + \rho x - \rho s)}{dy}\,ds + \cdots \\ & + \ldots\ldots\ldots\ldots\ldots\ldots\ldots + R_0 \int_{x_0}^{x} \frac{(x-s)^{m-1}}{1.2.3\ldots(m-1)}\, \frac{d^{m-1}\mathrm{f}(s, y + \rho x - \rho s)}{dy^{m-1}}\,ds \\ & + x^{m-1}\varphi(y + \rho x) + x^{m-2}\varphi_1(y + \rho x) + \cdots + x\varphi_{m-2}(y + \rho x) + \varphi_{m-1}(y + \rho x). \end{aligned} \right.$$

La formule (83) n'est pas la seule équation linéaire aux différences partielles qui s'intègre à l'aide des méthodes exposées dans ce paragraphe ; et l'on pourrait appliquer ces méthodes à l'intégration de beaucoup d'autres équations du même genre. Considérons, par exemple, l'équation aux différences partielles

$$(150) \quad a^4 \frac{d^4 z}{dx^4} - 2 a^2 b^2 \frac{d^4 z}{dx^2 dy^2} + b^4 \frac{d^4 z}{dy^4} - 2 \left(a^2 \frac{d^2 z}{dx^2} + b^2 \frac{d^2 z}{dy^2} \right) + z = f(x,y),$$

ou

$$(151) \quad [a^4 D_x^4 - 2 a^2 b^2 D_x^2 D_y^2 + b^4 D_y^4 - 2(a^2 D_x^2 + b^2 D_y^2) + 1] z = f(x,y).$$

Comme on aura identiquement

$$a^4 D_x^4 - 2 a^2 b^2 D_x^2 D_y^2 + b^4 D_y^4 - 2(a^2 D_x^2 + b^2 D_y^2) + 1$$

$$= (a D_x + b D_y + 1)(a D_x + b D_y - 1)(a D_x - b D_y + 1)(a D_x - b D_y - 1),$$

il est clair que, pour obtenir l'intégrale générale de l'équation (150), il suffira d'intégrer successivement les quatre équations du premier ordre

$$(152) \quad \begin{cases} (a D_x + b D_y + 1) z_3 = f(x,y), \\[4pt] (a D_x + b D_y - 1) z_2 = z_3, \\[4pt] (a D_x - b D_y + 1) z_1 = z_2, \\[4pt] (a D_x - b D_y - 1) z = z_3, \end{cases}$$

ou, ce qui revient au même, les quatre équations

$$(155) \quad \begin{cases} a \dfrac{dz_3}{dx} + b \dfrac{dz_3}{dy} + z_3 = f(x,y), \\[8pt] a \dfrac{dz_2}{dx} + b \dfrac{dz_2}{dy} - z_2 = z_3, \\[8pt] a \dfrac{dz_1}{dx} - b \dfrac{dz_1}{dy} + z_1 = z_2, \\[8pt] a \dfrac{dz}{dx} - b \dfrac{dz}{dy} - z = z_1, \end{cases}$$

Or l'intégration d'une équation du premier ordre peut toujours être effectuée par les méthodes connues, sans aucune difficulté.

Je montrerai, dans un autre article, les avantages que présente l'emploi des notations

$$\varphi(x) f(x), \qquad \varphi(\alpha, \beta, \gamma \ldots) f(\overline{x}, \overline{y}, \overline{z}, \ldots),$$

quand on se propose d'intégrer des équations linéaires aux différences finies ou infiniment petites, mêlées ou non mêlées, et à coefficients constants.

ADDITION A L'ARTICLE PRÉCÉDENT.

On a vu, dans l'article précédent qu'il était facile d'intégrer les formules (10), (51), (83) et (99) du § 4, quand on connaissait les intégrales générales des quatre équations du premier ordre

$$(1) \qquad \frac{dy}{dx} - ry = f(x), \qquad \text{ou} \qquad (D - r)y = f(x),$$

$$(2) \qquad \Delta y - ry = f(x), \qquad \text{ou} \qquad (\Delta - r)y = f(x),$$

$$(3) \qquad \frac{dz}{dx} - r\frac{dz}{dy} = f(x,y), \qquad \text{ou} \qquad (\Delta_x - r\Delta_y)z = f(x,y),$$

$$(4) \qquad \Delta_x z - r\Delta_y z = f(x,y), \qquad \text{ou} \qquad (\Delta_x - r\Delta_y)z = f(x,y).$$

Nous allons montrer ici le parti qu'on peut tirer des caractéristiques D et Δ pour intégrer ces quatre équations, dont les trois premières ont été souvent traitées par les géomètres.

Considérons d'abord l'équation (1). Si l'on y suppose $f(x) = 0$, elle donnera

$$\frac{dy}{y} = r\,dx, \qquad l(y) = rx + \text{const.},$$

et par suite

$$(5) \qquad y = \mathcal{C}\,e^{rx},$$

$\mathcal{C}$ désignant une constante arbitraire. Mais, si la fonction $f(x)$ cesse d'être nulle, alors, pour que la formule (5) continue de fournir l'intégrale cherchée, il faudra nécessairement y remplacer la constante $\mathcal{C}$ par une fonction z de la variable x. Posons, en conséquence, dans le cas dont il s'agit,

$$(6) \qquad y = e^{rx}z.$$

En substituant la valeur précédente de y dans l'équation (1), et ayant égard à la première des formules (12) de la page 162, on trouvera

$$(D - r)[e^{rx}z] = e^{rx}\,\mathbf{D}z = f(x), \qquad \mathbf{D}z = e^{-rx}f(x),$$

et par suite

$$(7) \qquad z = \frac{e^{-rx}f(x)}{\mathbf{D}} = \int e^{-rx}f(x)\,dx.$$

Donc la valeur cherchée de y sera celle que présente la formule (8) de la page 170, savoir

$$(8) \qquad y = e^{rx}\int e^{-rx}f(x)\,dx.$$

Il est bon d'observer qu'on peut intégrer de la même manière l'équation linéaire

$$(9) \qquad (D - r)^n y = f(x).$$

En effet, si l'on substitue dans cette équation la valeur de y tirée de la formule (6), et si l'on a toujours égard à la première des formules (12) de la page 162, on trouvera

$$(D - r)^n[e^{rx}z] = e^{rx}\mathbf{D}^n z = f(x), \qquad \mathbf{D}^n z = e^{-rx}f(x),$$

et par suite

$$(10) \qquad z = \int\!\!\int \cdots \int e^{-rx}f(x)\,dx^n,$$

$$(11) \qquad y = e^{rx}\int\!\!\int \cdots \int e^{-rx}f(x)\,dx^n.$$

On pourrait encore parvenir aux équations (8) et (11) à l'aide des remarques suivantes.

Si, dans la formule déjà citée de la page 162, on remplace la fonction $f(x)$ par le produit $e^{-rx}f(x)$, on en conclura

$$(12) \qquad \mathbf{F}(D)[f(x)] = e^{rx}\mathbf{F}(D + r)[e^{-rx}f(x)].$$

De plus, il est aisé de s'assurer que l'équation (12) subsiste dans le cas où la fonction $\mathbf{F}(D)$ cesse d'être entière, et devient fractionnaire. En partant de ce principe, on tirera immédiatement de la formule (1), ainsi que l'a observé M. Brisson,

$$(13) \qquad y = \frac{f(x)}{D - r} = e^{rx}\frac{1}{D}[e^{-rx}f(x)] = e^{rx}\int e^{-rx}f(x)\,dx,$$

et de la formule (9)

$$(14) \qquad y = \frac{f(x)}{(D - r)^n} = e^{rx}\frac{1}{D^n}[e^{-rx}f(x)] = e^{rx}\int\!\!\int \cdots \int e^{-rx}f(x)\,dx^n.$$

Considérons maintenant l'équation (2). Si l'on y suppose d'abord $f(x) = 0$, on en tirera, en désignant par h la différence finie de x, et par $\mathscr{F}(x)$ la valeur générale de y,

$$\mathscr{F}(x + h) - \mathscr{F}(x) = r\,\mathscr{F}(x),$$

ou, ce qui revient au même,

$$\mathscr{F}(x + h) = (1 + r)\,\mathscr{F}(x), \qquad \text{et par suite}$$

$$\mathscr{F}(x + 2h) = (1 + r)\,\mathscr{F}(x + h),$$

$$\mathscr{F}(x + nh) = (1 + r)\,\mathscr{F}[x + (n - 1)h];$$

puis, en combinant ces dernières formules par voie de multiplication, on trouvera

$$(15) \qquad \mathscr{F}(x + nh) = (1 + r)^n\,\mathscr{F}(x).$$

Si, dans l'équation (15), on attribue à x une valeur particulière x_0, elle donnera

$$(16) \qquad \mathscr{F}(x_0 + nh) = (1 + r)^n\,\mathscr{F}(x_0).$$

Enfin, si l'on pose dans l'équation (16) $x_0 = 0$, $nh = x$, on en conclura

$$(17) \qquad \mathscr{F}(x) = (1 + r)^{\frac{x}{h}}\,\mathscr{F}(0).$$

Par conséquent, lorsque x sera un multiple de h, la valeur de y propre à vérifier l'équation

$$(18) \qquad \Delta y - r y = 0$$

sera de la forme

$$(19) \qquad y = (1 + r)^{\frac{x}{h}}\,\mathbb{C},$$

$\mathbb{C}$ désignant la valeur constante de y qui correspond à $x = 0$.

Concevons à présent que la variable x, et la fonction $f(x)$ comprise dans le second membre de l'équation (2), reprennent des valeurs quelconques. Alors, pour que la formule (19) fournisse encore l'intégrale de cette équation, il faudra que la constante $\mathbb{C}$ soit remplacée par une fonction z de la variable x. Posons en conséquence

$$(20) \qquad y = (1 + r)^{\frac{x}{h}} z.$$

En substituant la valeur précédente de y dans l'équation (2), on trouvera

$$(\Delta - r)\left[(1+r)^{\frac{x}{h}}z\right] = f(x).\tag{21}$$

D'ailleurs, si l'on écrit $\Delta - r$ au lieu de $F(\Delta)$, et $\dfrac{l(1+r)}{h}$ au lieu de r, dans la seconde des formules (12) de la page 162, on en tirera

$$(\Delta - r)\left[(1+r)^{\frac{x}{h}}z\right] = (1+r)^{\frac{x}{h}+1}\Delta z.\tag{22}$$

Donc l'équation (21) donnera

$$(1+r)^{\frac{x}{h}+1}\Delta z = f(x), \qquad \Delta z = (1+r)^{-\frac{x}{h}-1}f(x),$$

et par suite

$$z = \frac{(1+r)^{-\frac{x}{h}-1}f(x)}{\Delta} = \Sigma(1+r)^{-\frac{x}{h}-1}f(x), = (1+r)^{-1}\Sigma(1+r)^{-\frac{x}{h}}f(x),\tag{23}$$

la valeur de l'intégrale aux différences finies comprenant une fonction périodique. Donc la valeur de y, propre à vérifier l'équation (2), sera celle que présente la formule (55) de la page 176, savoir

$$y = (1+r)^{\frac{x}{h}-1}\Sigma(1+r)^{-\frac{x}{h}}f(x).\tag{24}$$

Il est bon d'observer qu'on pourrait intégrer de la même manière l'équation linéaire

$$(\Delta - r)^n y = f(x).\tag{25}$$

En effet, si l'on substitue dans cette équation la valeur de y tirée de la formule (20), et si l'on a toujours égard à la seconde des formules (12) de la page 162, on trouvera

$$(\Delta - r)^n\left[(1+r)^{\frac{x}{h}}z\right] = (1+r)^{\frac{x}{h}+n}\Delta^n z = f(x),$$

$$\Delta^n z = (1+r)^{-\frac{x}{h}-n}f(x),$$

et par suite

$$z = (1+r)^{-n}\Sigma\Sigma\ldots\Sigma(1+r)^{-\frac{x}{h}}f(x),\tag{26}$$

$$y = (1+r)^{\frac{x}{h}-n}\Sigma\Sigma\ldots\Sigma(1+r)^{-\frac{x}{h}}f(x).\tag{27}$$

On pourrait encore parvenir aux équations (24) et (27) à l'aide des remarques suivantes.

Si, dans la formule déjà citée de la page 162, on remplace r par $\dfrac{l(1+r)}{h}$, et la fonction $f(x)$ par le produit $(1+r)^{-\frac{x}{h}} f(x)$, on en conclura

$$(28) \qquad F(\Delta)[f(x)] = (1+r)^{\frac{x}{h}} F[(1+r)(1+\Delta)-1][(1+r)^{-\frac{x}{h}} f(x)].$$

De plus, il est aisé de s'assurer que l'équation (28) subsiste dans le cas où la fonction $F(\Delta)$ cesse d'être entière, et devient fractionnaire. En partant de ce principe, on tirera immédiatement de la formule (2)

$$(29) \qquad y = \frac{f(x)}{\Delta - r} = (1+r)^{\frac{x}{h}} \frac{(1+r)^{-\frac{x}{h}} f(x)}{(1+r)\Delta} = (1+r)^{\frac{x}{h}-1} \Sigma (1+r)^{-\frac{x}{h}} f(x),$$

et de la formule (25)

$$(30) \qquad y = \frac{f(x)}{(\Delta - r)^n} = (1+r)^{\frac{x}{h}} \frac{(1+r)^{-\frac{x}{h}} f(x)}{(1+r)^n \Delta^n} = (1+r)^{\frac{x}{h}-n} \Sigma\Sigma \dots \Sigma (1+r)^{-\frac{x}{h}} f(x).$$

Passons maintenant à l'équation (3), et soit

$$(31) \qquad z = \mathscr{F}(x, y)$$

une quelconque des valeurs de z propres à vérifier cette équation. Si l'on conçoit que la variable y devienne elle-même fonction de la variable x, et si l'on désigne par ζ la valeur que prend alors la variable z; on aura, en considérant y comme une fonction de x, et faisant $\dfrac{dy}{dx} = y'$,

$$(32) \qquad \zeta = \mathscr{F}(x, y) = z,$$

et par suite

$$(33) \qquad \frac{d\zeta}{dx} = \frac{dz}{dx} + y' \frac{dz}{dy}.$$

D'ailleurs, pour faire coïncider le second membre de la formule (33) avec le premier membre de l'équation (3), il suffira de supposer

$$(34) \qquad y' = -r,$$

ou, ce qui revient au même,

$$(35) \qquad y = \mathfrak{C} - rx ,$$

$\mathfrak{C}$ désignant une constante arbitraire. Alors la formule (33) se trouvera réduite à

$$(36) \qquad \frac{d\zeta}{dx} = \frac{dz}{dx} - r\,\frac{dz}{dy} ,$$

et pourra s'écrire comme il suit

$$(37) \qquad D_x\zeta = (D_x - rD_y)z .$$

Ajoutons que, dans la même hypothèse, on tirera de l'équation (5)

$$(38) \qquad (D_x - rD_y)z = f(x, \mathfrak{C} - rx).$$

On aura donc définitivement

$$(39) \qquad D_x\zeta = f(x, \mathfrak{C} - rx) .$$

Or l'intégrale générale de cette dernière équation est

$$(40) \qquad \zeta = \int f(x, \mathfrak{C} - rx)\,dx = \int_{x_0}^{x} f(s, \mathfrak{C} - rs)\,ds + \mathfrak{C}_1 ,$$

x_0 désignant une valeur particulière de x, et $\mathfrak{C}_1$ une nouvelle constante arbitraire qui pourra dépendre de la première d'une manière quelconque. Donc, si l'on représente par $\varphi(\mathfrak{C})$ une fonction arbitraire de $\mathfrak{C}$, la valeur la plus générale de ζ, exprimée en fonction de x et de $\mathfrak{C}$, sera de la forme

$$(41) \qquad \zeta = \int_{x_0}^{x} f(s, \mathfrak{C} - rs)\,ds + \varphi(\mathfrak{C}).$$

Il importe d'observer qu'on ne diminuera pas la généralité de cette valeur de ζ, en réduisant à zéro la première limite de l'intégration relative à s, c'est-à-dire la quantité x_0.

En résumé, toute valeur de z, propre à vérifier l'équation (5), prendra la forme

$$(42) \qquad z = \int f(x, \mathfrak{C} - rx)\,dx ,$$

ou la forme équivalente

$$(43) \qquad z = \int_{x_0}^{x} f(s, \mathfrak{C} - rs)\,ds + \varphi(\mathfrak{C}) ,$$

quand on supposera x et y liés entre eux par l'équation (55), ou ce qui revient au même, par la suivante

$$(44) \qquad \odot = y + rx.$$

Donc alors cette valeur de z ne différera pas de celle que fournit une équation de la forme

$$(45) \qquad z = \int_{x_0}^{x} f(s, y + rx - rs)\, ds + \varphi(y + rx).$$

Cette conclusion devant subsister, quelles que soient les valeurs de x et de $\odot$, par conséquent, quelles que soient les valeurs de x et de y, l'équation (45) sera évidemment l'intégrale générale de l'équation (3).

Si, dans les calculs qui précèdent, on échangeait l'une contre l'autre les variables x et y, on reconnaîtrait, 1.° que, dans le cas où ces variables sont liées entre elles par l'équation (44), l'une quelconque des valeurs de z tirées de l'équation (3) se présente sous la forme

$$(46) \qquad z = -\frac{1}{r} \int f\left(\frac{\odot - y}{r}, y\right) dy,$$

ou sous la forme équivalente

$$(47) \qquad z = -\frac{1}{r} \int_{y_0}^{y} f\left(\frac{\odot - s}{r}, s\right) ds + \varphi(\odot);$$

2.° que l'intégrale générale de l'équation (3) peut s'écrire comme il suit

$$(48) \qquad z = -\frac{1}{r} \int_{y_0}^{y} f\left(x + \frac{y}{r} - \frac{s}{r}\right) ds + \varphi(y + rx).$$

Ajoutons qu'ordinairement la fonction φ changera de valeur dans le passage de l'équation (45) à l'équation (48).

La méthode que nous avons employée pour intégrer l'équation (3) s'appliquerait encore très-facilement à l'intégration de l'équation linéaire

$$(49) \qquad (D_x - r D_y)^n z = f(x, y).$$

Admettons en effet que l'inconnue z doive vérifier l'équation (49). Si l'on nomme toujours ζ la fonction de x à laquelle z se réduit, quand les variables x et y sont liées entre elles par la formule (44); on trouvera, comme ci-dessus, en supposant $y = \odot - rx,$

$$(56) \qquad \zeta = z,$$

$$(57) \qquad D_x \zeta = (D_x - r D_y) z.$$

Cela posé, concevons que, dans les polynomes

$$\frac{d^2 z}{dx^2} - 2r \frac{d^2 z}{dx\,dy} + r^2 \frac{d^2 z}{dy^2} = (D_x - r D_y)^2 z$$

$$\frac{d^3 z}{dx^3} - 3r \frac{d^3 z}{dx^2 dy} + 3r^2 \frac{d^3 z}{dx\,dy^2} - r^3 \frac{d^3 z}{dy^3} = (D_x - r D_y)^3 z,$$

etc...,

qui représentent généralement des fonctions de x et de y, on continue de regarder y comme équivalent à $\mathfrak{C} - rx$. On tirera évidemment de l'équation (57), différenciée $n - 1$ fois par rapport à x,

$$(50) \qquad D_x^n \zeta = (D_x - r D_y)^n z,$$

puis l'on conclura de cette dernière, combinée avec l'équation (49),

$$(51) \qquad D_x^n \zeta = f(x, \mathfrak{C} - rx).$$

Or l'intégrale générale de l'équation (51) sera

$$(52) \qquad \zeta = \int\!\!\int \cdots \int f(x, \mathfrak{C} - rx)\, dx^n,$$

ou, ce qui revient au même,

$$(53) \qquad \zeta =$$
$$\frac{x^{n-1} \int f(x, \mathfrak{C} - rx)\, dx - \dfrac{n-1}{1} x^{n-2} \int x f(x, \mathfrak{C} - rx)\, dx + \ldots \pm \int x^{n-1} f(x, \mathfrak{C} - rx)\, dx}{1 \cdot 2 \cdot 3 \ldots (n-1)},$$

et, si l'on met en évidence les constantes arbitraires introduites par l'intégration, elle prendra la forme

$$(54) \qquad z = \mathfrak{C}_1 x^{n-1} + \mathfrak{C}_2 x^{n-2} + \ldots + \mathfrak{C}_{n-1} x + \mathfrak{C}_n + \int_{x_0}^{x} \frac{(x-s)^{n-1}}{1 \cdot 2 \cdot 3 \ldots (n-1)} f(s, \mathfrak{C} - rs)\, ds.$$

Ces constantes pouvant d'ailleurs être des fonctions quelconques de $\mathfrak{C}$, la valeur précédente de ζ pourra s'écrire comme il suit

$$(55) \qquad \zeta =$$

$$x^{n-1}\varphi_1(\mathfrak{C}) + x^{n-2}\varphi_2(\mathfrak{C}) + \ldots + x\varphi_{n-1}(\mathfrak{C}) + \varphi_n(\mathfrak{C}) + \int_{x_0}^{x} \frac{(x-s)^{n-1}}{1.2.3..(n-1)} f(s, \mathfrak{C} - rs)\, ds.$$

En résumé, toute valeur de z, propre à vérifier l'équation (49), prendra la forme

$$(56) \qquad z = \int\int \ldots \int f(x, \mathfrak{C} - rx)\, dx',$$

ou la forme équivalente

$$(57) \qquad z =$$

$$x^{n-1}\varphi_1(\mathfrak{C}) + x^{n-2}\varphi_2(\mathfrak{C}) + \ldots + x\varphi_{n-1}(\mathfrak{C}) + \varphi_n(\mathfrak{C}) + \int_{x_0}^{x} \frac{(x-s)^{n-1} f(s, \mathfrak{C} - rs)}{1.2.3\ldots(n-1)}\, ds.$$

quand on supposera x et y liés entre eux par l'équation (44). Donc alors cette valeur de z ne différera pas de celle que fournit l'équation

$$(58) \qquad z = \int_{x_0}^{x} \frac{(x-s)^{n-1}}{1.2.3\ldots(n-1)} f(s, y + rx - rs)\, ds$$

$$+ x^{n-1}\varphi_1(y + rx) + x^{n-2}\varphi_2(y + rx) + \ldots + x\varphi_{n-1}(y + rx) + \varphi_n(y + rx).$$

Cette conclusion devant subsister quelles que soient les valeurs de x et de $\mathfrak{C}$, par conséquent, quelles que soient les valeurs de x et de y, l'équation (58) sera évidemment l'intégrale générale de l'équation (49).

Considérons enfin l'équation (4). Si l'on désigne par $\Delta x = h$, $\Delta y = k$, les différences finies des variables indépendantes x, y, et par $\mathcal{F}(x, y)$ la valeur générale de la variable principale z, cette équation pourra s'écrire comme il suit

$$(59) \qquad \mathcal{F}(x + h, y) - r\mathcal{F}(x, y + k) - (1 - r)\mathcal{F}(x, y) = f(x, y).$$

et l'on en conclura successivement

II.ᵉ ANNÉE.   27

$$\begin{cases}
\mathscr{F}(x+h,y) = r\,\mathscr{F}(x,y+k) + (1-r)\,\mathscr{F}(x,y) + f(x,y) \\[2mm]
\mathscr{F}(x+2h,y) = r\,\mathscr{F}(x+h,y+k) + (1-r)\,\mathscr{F}(x+h,y) + f(x+h,y) \\[2mm]
\qquad = r^2\,\mathscr{F}(x,y+2k) + 2r(1-r)\,\mathscr{F}(x,y+k) + (1-r)^2\,\mathscr{F}(x,y) \\[2mm]
\qquad\qquad + r\,f(x,y+k) + (1-r)\,f(x,y) \\[2mm]
\qquad\qquad\qquad + f(x+h,y), \\[2mm]
\text{etc.\dots}
\end{cases} \tag{60}$$

Soit maintenant n un nombre entier quelconque. Pour obtenir la valeur générale de $\mathscr{F}(x+nh,y)$ exprimée à l'aide des quantités

$$\mathscr{F}(x,y+nk), \qquad \mathscr{F}[x,y+(n-1)k)], \ \dots \ \mathscr{F}(x,y+k), \qquad \mathscr{F}(x,y),$$

on commencera par observer qu'on a identiquement

$$\mathscr{F}(x+nh,y) = (1+\Delta_x)^n\,\mathscr{F}(x,y) = (1+\Delta_x)^n z. \tag{61}$$

De plus, le rapport

$$\frac{(1+\Delta_x)^n - (1+r\Delta_y)^n}{\Delta_x - r\Delta_y} = \frac{(1+\Delta_x)^n - (1+r\Delta_y)^n}{1+\Delta_x - (1+r\Delta_y)}$$

$$= (1+\Delta_x)^{n-1} + (1+\Delta_x)^{n-2}(1+r\Delta_y) + \dots + (1+\Delta_x)(1+r\Delta_y)^{n-2} + (1+r\Delta_y)^{n-1}$$

étant une fonction entière de Δ_x et Δ_y, on tirera de l'équation (4)

$$[(1+\Delta_x)^n - (1+r\Delta_y)^n]z = \tag{62}$$

$$[(1+\Delta_x)^{n-1} + (1+\Delta_x)^{n-2}(1+r\Delta_y) + \dots + (1+\Delta_x)(1+r\Delta_y)^{n-2} + (1+r\Delta_y)^{n-1}]f(x,y),$$

et par suite

$$\mathscr{F}(x+nh,y) = (1+\Delta_x)^n z = (1+r\Delta_y)^n\,\mathscr{F}(x,y) \tag{63}$$

$$+ [(1+\Delta_x)^{n-1} + (1+\Delta_x)^{n-2}(1+r\Delta_y) + \dots + (1+\Delta_x)(1+r\Delta_y)^{n-2} + (1+r\Delta_y)^{n-1}]f(x,y),$$

ou, ce qui revient au même,

$$\mathscr{F}(x+nh,y) = (1+r\Delta_y)^n\,\mathscr{F}(x,y) \tag{64}$$

$$+ f[x+(n-1)h,y] + (1+r\Delta_y)\,f[x+(n-2)h,y] + \dots + (1+r\Delta_y)^{n-2}f(x+h,y) + (1+r\Delta_y)^{n-1}f(x,y).$$

Comme d'ailleurs on aura évidemment, pour une valeur entière de m, et pour une valeur quelconque de $f(x,y)$,

$$(65) \qquad (1 + r\Delta_y)^m f(x,y) = [r(1 + \Delta_y) + 1 - r]^m f(x,y)]$$

$$= \left\{ r^m (1+\Delta_y)^m + \frac{m}{1} r^{m-1}(1-r)(1+\Delta_y)^{m-1} + \ldots + \frac{m}{1} r(1-r)^{m-1}(1+\Delta_y) + (1-r)^m \right\} f(x,y)$$

$$= r^m f(x,y+mk) + \frac{m}{1} r^{m-1}(1-r) f[x,y+(m-1)k] + \ldots + \frac{m}{1} r(1-r)^{m-1} f(x,y+k) + (1-r)^m f(x,y);$$

il est clair que la formule (64) donnera

$$(66) \qquad \tilde{\mathcal{F}}(x+nh,y) =$$

$$r^n \tilde{\mathcal{F}}(x,y+nk) + \frac{n}{1} r^{n-1}(1-r)\tilde{\mathcal{F}}[x,y+(n-1)k] + \ldots\ldots\ldots\ldots + (1-r)^n \tilde{\mathcal{F}}(x,y)$$

$$+ r^{n-1} f[x,y+(n-1)k] + \frac{n-1}{1} r^{n-2}(1-r) f[x,y+(n-2)k] + \ldots\ldots + (1-r)^{n-1} f(x,y)$$

$$+ r^{n-2} f[x+h,y+(n-2)k] + \frac{n-2}{1} r^{n-3}(1-r) f[x+h,y+(n-3)k] + \ldots + (1-r)^{n-2} f(x+h,y)$$

$$+ \text{etc} \ldots,$$

$$+ r f[x+(n-2)h,y+k] + (1-r) f[x+(n-2)h,y]$$

$$+ f[x+(n-1)h,y].$$

Cela posé, si l'on désigne par x_0 une valeur particulière de la variable x, et par

$$\varphi(y) = \tilde{\mathcal{F}}(x_0,y)$$

la valeur correspondante de $\tilde{\mathcal{F}}(x,y)$, on trouvera

$$(67) \qquad \tilde{\mathcal{F}}(x_0+nh,y) =$$

$$r^n \varphi(y+nk) + \frac{n}{1} r^{n-1}(1-r)\varphi[y+(n-1)k] + \ldots\ldots\ldots\ldots + (1-r)^n \varphi(y)$$

$$+ r^{n-1} f[x_0,y+(n-1)k] + \frac{n-1}{1} r^{n-2}(1-r) f[x_0,y+(n-2)k] + \ldots\ldots + (1-r)^{n-1} f(x_0,y)$$

$$+ r^{n-2} f[x_0+h,y+(n-2)k] + \frac{n-2}{1} r^{n-3}(1-r) f[x_0+h,y+(n-3)k] + \ldots + (1-r)^{n-2} f(x_0+h,y)$$

$$+ \text{etc} \ldots,$$

$$+ r f[x_0+(n-2)h,y+k] + (1-r) f[x_0+(n-2)h,y]$$

$$+ f[x_0+(n-1)h,y].$$

Cette dernière équation coïncide avec la formule

$$(68) \qquad \mathfrak{F}(x_0 + nh, y) = (1 + r\Delta_y)^n \varphi(y)$$
$$+ f[x_0 + (n-1)h, y] + (1 + r\Delta_y) f[x_0 + (n-2)h, y] + \ldots + (1 + r\Delta_y)^{n-1} f(x_0, y),$$

que l'on déduit de l'équation (64) en posant $x = x_0$.

La formule (67) ou (68) suffit pour déterminer la valeur de l'inconnue $z = \mathfrak{F}(x, y)$ correspondante à $x = x_0 + nh$, quand on considère comme donnée la valeur $\varphi(y)$ de z, correspondante à $x = x_0$.

Dans le cas particulier où l'on a $f(x, y) = 0$, la formule (4) se réduit à

$$(69) \qquad \Delta_x z = r\Delta_y z,$$

et l'on tire de l'équation (68), en posant $x_0 = 0$, $x = nh$,

$$(70) \qquad z = \mathfrak{F}(x, y) = (1 + r\Delta_y)^{\frac{x}{h}} \varphi(y).$$

Si l'on transforme la valeur précédente de z, à l'aide des notations et des principes ci-dessus établis [pages 162 et suiv.], on trouvera

$$(71) \qquad z = \left[1 + r(e^{h\varsigma\sqrt{-1}} - 1) \right]^{\frac{x}{h}} \varphi(y),$$

la lettre caractéristique ς étant relative à la variable y. En d'autres termes on aura

$$(72) \qquad z = \frac{1}{2\pi} \int_{-\infty}^{\infty} \int_{-\infty}^{\infty} \left[1 + r(e^{h\varsigma\sqrt{-1}} - 1) \right]^{\frac{x}{h}} e^{\varsigma(y-\mu)\sqrt{-1}} \varphi(\mu)\, d\varsigma\, d\mu.$$

Or il est facile de s'assurer que la valeur de z, donnée par la formule (71) ou (72), vérifie l'équation (69), non-seulement, quelle que soit la fonction arbitraire $\varphi(y)$, dans le cas où la variable x devient un multiple de h, mais aussi quelle que soit la valeur attribuée à cette dernière variable. On peut même, pour plus de généralité, substituer à $\varphi(y)$ une fonction $\varpi(x, y)$ des deux variables x, y, qui, étant périodique relativement à la variable x, et propre à vérifier la condition

$$(73) \qquad \Delta_x \varpi(x, y) = 0,$$

renfermerait d'une manière quelconque la variable y. Alors, au lieu de la formule (71), on obtient la suivante

$$(74) \qquad z = \left[1 + r\left(e^{k\beta\sqrt{-1}} - 1\right)\right]^{\frac{x}{h}} \varpi(x,y).$$

Ajoutons que les valeurs de z, déterminées par les formules (72) et (74), peuvent l'une et l'autre se déduire de la valeur plus générale

$$(75) \qquad z = S\left\{ P\left[1 + r(p-1)\right]^{\frac{x}{h}} p^{\frac{y}{j}} \right\},$$

dans laquelle le signe S indique une somme composée de termes finis ou infiniment petits, semblables au produit

$$(76) \qquad P\left[1 + r(p-1)\right]^{\frac{x}{h}} p^{\frac{y}{j}},$$

la lettre p une quantité réelle ou une expression imaginaire qui varie d'un terme à l'autre, et la lettre P une fonction des trois variables p, x, y, qui soit périodique relativement aux deux dernières, c'est-à-dire, propre à vérifier les deux conditions

$$(77) \qquad \Delta_x P = 0, \qquad \Delta_y P = 0.$$

La valeur de z, donnée par la formule (75), vérifie évidemment l'équation (69), et il est naturel de penser qu'elle offre l'intégrale générale de cette même équation. Mais il serait peut être difficile de le démontrer rigoureusement.

Revenons à la formule (68). Si l'on y pose $\varphi(y) = 0$, $x_0 = 0$ et $nh = x$, elle donnera

$$(78) \quad z = \mathcal{F}(x,y) = f\left[(n-1)h,y\right] + (1+r\Delta_y) f\left[(n-2)h,y\right] + \ldots + (1+r\Delta_y)^{n-1} f(0,y).$$

ou, ce qui revient au même,

$$(79) \quad z = f\left[(n-1)h,y\right] + \left[1 + r\left(e^{k\beta\sqrt{-1}} - 1\right)\right] f\left[(n-2)h,\bar{y}\right] + \ldots + \left[1 + r\left(e^{k\beta\sqrt{-1}} - 1\right)\right]^{n-1} f(0,y)$$

$$= \int_{-\infty}^{\infty}\int_{-\infty}^{\infty}\left\{ f\left[(n-1)h,\mu\right] + \ldots + \left[1 + r\left(e^{k\beta\sqrt{-1}} - 1\right)\right]^{n-1} f(0,\mu)\right\} e^{\beta(y-\mu)\sqrt{-1}}\, \frac{d\beta\, d\mu}{2\pi}.$$

D'ailleurs, si l'on désigne par la notation $\overset{x}{\underset{0}{\Sigma}} f(x)$ l'intégrale aux différences finies de $f(x)$, prise à partir de $x = 0$, on trouvera

$$(80)\quad f[(n-1)h,\mu]+[1+r(e^{k\beta\sqrt{-1}}-1)]f[(n-2)h,\mu]+\ldots+[1+r(e^{k\beta\sqrt{-1}}-1)]^{n-1}f(0,\mu)$$

$$=[1+r(e^{k\beta\sqrt{-1}}-1)]^{n-1}\left\{f(0,\mu)+\frac{f(h,\mu)}{1+r(e^{k\beta\sqrt{-1}}-1)}+\ldots+\frac{f[(n-1)h,\mu]}{[1+r(e^{k\beta\sqrt{-1}}-1)]^{n-1}}\right\}$$

$$=[1+r(e^{k\beta\sqrt{-1}}-1)]^{\frac{x}{h}-1}\sum_{0}^{x}[1+r(e^{k\beta\sqrt{-1}}-1)]^{-\frac{x}{h}}f(x,\mu).$$

En conséquence, la formule (79) pourra être réduite à

$$(81)\quad z=[1+r(e^{k\beta\sqrt{-1}}-1)]^{\frac{x}{h}-1}\sum_{0}^{x}[1+r(e^{k\beta\sqrt{-1}}-1)]^{-\frac{x}{h}}f(x,\bar{y})$$

$$=\frac{1}{2\pi}\int_{-\infty}^{\infty}\int_{-\infty}^{\infty}[1+r'(e^{k\beta\sqrt{-1}}-1)]^{\frac{x}{h}-1}\sum_{0}^{x}[1+r(e^{k\beta\sqrt{-1}}-1)]^{-\frac{x}{h}}f(x,\mu).e^{\beta(y-\mu)\sqrt{-1}}\,d\beta\,d\mu.$$

Or il est facile de s'assurer que la valeur précédente de z vérifie l'équation (4), non-seulement dans le cas où la variable x est un multiple de h, mais encore, quel que soit x. Si l'on désigne par u cette même valeur de z, et par $u+v$ l'intégrale générale de l'équation (4), on aura tout à la fois

$$(82)\quad\left\{\begin{array}{c}\Delta_x u - r\Delta_y u = f(x,y),\\[4pt]\Delta_x(u+v)-r\Delta_y(u+v)=f(x,y),\end{array}\right.$$

et par suite

$$(83)\qquad\Delta_x v - r\Delta_y v = 0.$$

Donc, pour obtenir l'intégrale générale de l'équation (4), il suffira d'ajouter au second membre de la formule (81) la valeur la plus générale de v propre à vérifier la formule (83), c'est-à-dire, l'intégrale générale de l'équation (69).

Il est bon d'observer que, si à la valeur de z, fournie par l'équation (81), on ajoute le second membre de la formule (74), la somme sera une nouvelle valeur de z, propre à vérifier l'équation (4), et pourra s'écrire comme il suit

$$(84)\quad z=[1+r(e^{k\beta\sqrt{-1}}-1)]^{\frac{x}{h}-1}\left\{\sum[1+r(e^{k\beta\sqrt{-1}}-1)]^{-\frac{x}{h}}f(x,\bar{y})+\varpi(x,\bar{y})\right\},$$

l'intégrale indiquée par le signe Σ étant indéfinie, et $\varpi(x,y)$ étant une fonction arbitraire, distincte de celle que comprend la formule (74), mais toujours assujettie à la condition (73). Ajoutons que la fonction arbitraire et périodique $\varpi(x,y)$ peut être censée comprise dans l'intégrale indéfinie, ce qui permet de réduire l'équation (84) à la forme

$$(85) \qquad z = [1 + r(e^{k\beta\sqrt{-1}} - 1)]^{\frac{x}{h} - 1} \Sigma [1 + r(e^{k\beta\sqrt{-1}} - 1)]^{-\frac{x}{h}} f(x,y).$$

Dans le cas particulier où l'on a

$$f(x,y) = e^{by} F(x) ,$$

on peut satisfaire à l'équation (4) par une valeur de z de la forme

$$z = e^{by} \varphi(x) ,$$

pourvu que l'on suppose

$$\Delta_x \varphi(x) - r(e^{kb} - 1) \cdot \varphi(x) = F(x) ,$$

ou, ce qui revient au même

$$\varphi(x) = [1 + r(e^{kb} - 1)]^{\frac{x}{h} - 1} \Sigma [1 + r(e^{kb} - 1)]^{-\frac{x}{h}} F(x).$$

Par conséquent on vérifie l'équation

$$(86) \qquad \Delta_x z - r \Delta_y z = e^{by} F(x)$$

en prenant

$$(87) \qquad z = e^{by} [1 + r(e^{kb} - 1)]^{\frac{x}{h} - 1} \Sigma [1 + r(e^{kb} - 1)]^{-\frac{x}{h}} F(x).$$

Or cette dernière valeur de z est effectivement l'une de celles que l'on déduit de l'équation (85) en y posant

$$f(x,y) = e^{by} F(x) .$$

Afin de montrer une application des principes que nous venons d'établir, concevons qu'il s'agisse de trouver l'intégrale de l'équation

$$(88) \qquad \Delta_x z - r \Delta_y z = e^{ax+by}$$

pour une valeur de x multiple de h, et en supposant nulle la valeur de z qui correspond à $x = 0$. Dans ce cas, on tirera de l'équation (81)

$$(89) \qquad z = [1 + r(e^{k\beta\sqrt{-1}} - 1)]^{\frac{x}{h} - 1} \overset{x}{\underset{0}{\Sigma}} [1 + r(e^{k\beta\sqrt{-1}} - 1)]^{-\frac{x}{h}} e^{ax} e^{by}$$

$$= [1 + r(e^{kb} - 1)]^{\frac{x}{h} - 1} \overset{x}{\underset{0}{\Sigma}} [1 + r(e^{kb} - 1)]^{-\frac{x}{h}} e^{ax} e^{by} ;$$

et comme on a d'ailleurs

$$(90) \qquad \overset{x}{\underset{0}{\Sigma}} e^{ax} = \frac{e^{ax}-1}{e^{ah}-1},$$

$$\overset{x}{\underset{0}{\Sigma}} [1 + r(e^{kb}-1)]^{-\frac{x}{h}} e^{ax} = \frac{[1+r(e^{kb}-1)]^{-\frac{x}{h}} e^{ax}-1}{[1+r(e^{kb}-1)]^{-1} e^{ah}-1};$$

on trouvera définitivement

$$(91) \qquad z = \frac{e^{ax} - [1+r(e^{kb}-1)]^{\frac{x}{h}}}{e^{ah} - [1+r(e^{kb}-1)]} \, e^{by}.$$

Il est, au reste, facile de s'assurer, 1.° que la valeur précédente de z vérifie l'équation (88), lors même que x cesse d'être un multiple de h, 2.° qu'elle s'évanouit avec x.

Il est important de remarquer qu'en vertu des principes établis à la page 2 du premier volume, les notations

$$(92) \qquad (1+r)^{\frac{x}{h}}, \qquad (1+r)^{-\frac{x}{h}}, \qquad [1+r(e^{kb}-1)]^{\frac{x}{h}}, \qquad \text{etc...},$$

et autres semblables, comprises dans les formules de cet article et de l'article précédent, doivent être abandonnées, lorsque, la variable x cessant d'être un multiple de h, les quantités

$$(93) \qquad 1+r, \qquad 1+r(e^{kb}-1), \qquad \text{etc...},$$

deviennent négatives. Mais, pour étendre aux cas de cette espèce les formules que nous avons obtenues, il suffira d'y remplacer les expressions (92) par les produits

$$(94) \qquad (-1-r)^{\frac{x}{h}} e^{\pi \frac{x}{h}\sqrt{-1}}, \qquad (-1-r)^{-\frac{x}{h}} e^{-\pi \frac{x}{h}\sqrt{-1}}, \qquad [-1-r(e^{kb}-1)]^{\frac{x}{h}} e^{\pi \frac{x}{h}\sqrt{-1}}$$

toutes les fois que les quantités $1+r$, $1+r(e^{kb}-1)$, etc..., deviendront inférieures à zéro. Ainsi, par exemple, si dans l'équation (2) on prend $r = -2$, comme on en conclura

$$1+r = -1, \qquad (-1-r)^{\frac{x}{h}} = 1^{\frac{x}{h}} = 1,$$

on devra, dans la formule (24) qui représente l'intégrale de cette équation, substituer aux exponentielles

$$(1+r)^{\frac{x}{h}-1}, \qquad (1+r)^{-\frac{x}{h}}$$

les deux expressions imaginaires

$$e^{\pi\left(\frac{x}{h}-1\right)\sqrt{-1}}, \qquad c^{-\pi\frac{x}{h}\sqrt{-1}}.$$

Donc l'intégrale générale de l'équation

$$(95) \qquad \Delta y + 2y = f(x)$$

sera

$$(96) \qquad y = e^{\pi\left(\frac{x}{h}-1\right)\sqrt{-1}}\,\Sigma e^{-\pi\frac{x}{h}\sqrt{-1}}\,f(x).$$

Si l'on suppose en particulier $f(x) = e^{ax}$, l'équation (95) se trouvera réduite à

$$(97) \qquad \Delta y + 2y = e^{ax},$$

et son intégrale générale deviendra

$$(98) \qquad y = e^{\pi\left(\frac{x}{h}-1\right)\sqrt{-1}}\,\Sigma e^{\left(a-\frac{\pi}{h}\sqrt{-1}\right)x} = -e^{\frac{\pi x}{h}\sqrt{-1}}\,\Sigma c^{\left(a-\frac{\pi}{h}\sqrt{-1}\right)x}$$

$$= -e^{\frac{\pi x}{h}\sqrt{-1}}\left\{\frac{e^{\left(a-\frac{\pi}{h}\sqrt{-1}\right)x}}{e^{ah-\pi\sqrt{-1}}-1} + \varpi(x)\right\}.$$

Donc, si l'on fait pour abréger

$$(99) \qquad -e^{\frac{\pi x}{h}\sqrt{-1}}\,\varpi(x) = \psi(x),$$

on aura

$$(100) \qquad y = \frac{e^{ax}}{e^{ah}+1} + \psi(x).$$

Dans l'équation (100), la fonction $\psi(x)$, déterminée par la formule (99), est une fonction périodique quelconque assujettie à changer de signe, en conservant, au signe près, la même valeur, quand on fait croître la variable x de la quantité h. Il est facile de s'assurer que, sous cette condition, la valeur précédente de y, vérifie effectivement l'équation (97).

SUR LA TRANSFORMATION DES FONCTIONS

QUI REPRÉSENTENT

LES INTÉGRALES GÉNÉRALES DES ÉQUATIONS DIFFÉRENTIELLES LINÉAIRES.

Nous avons fait voir précédemment [pages 25 et suiv.] comment on pouvait intégrer des équations différentielles linéaires à coefficients constants et quelquefois même à coefficients variables, lorsque l'inconnue et ses dérivées successives, d'un ordre inférieur à celui de l'équation, étaient assujetties à prendre des valeurs données pour une certaine valeur de la variable indépendante. Ainsi, par exemple, considérons l'équation différentielle

$$(1) \qquad a_0 \frac{d^n y}{dx^n} + a_1 \frac{d^{n-1} y}{dx^{n-1}} + \ldots + a_{n-1} \frac{dy}{dx} + a_n y = f(x),$$

que l'on peut mettre sous la forme

$$(2) \qquad F(D)y = f(x),$$

en faisant pour abréger

$$(3) \qquad F(r) = a_0 r^n + a_1 r^{n-1} + \ldots + a_{n-1} r + a_n,$$

Si l'on veut que l'inconnue y et ses dérivées d'un ordre inférieur à n, savoir

$$(4) \qquad y, \quad y', \quad y'', \ldots y^{(n-1)},$$

se réduisent, pour une valeur particulière de x, aux quantités $n_0, n_1, \ldots n_{n-1}$, en sorte qu'on ait, pour $x = x_0$,

$$(5) \qquad y = n_0, \quad y' = n_1, \ldots y^{(n-1)} = n_{n-1},$$

il suffira de poser [voyez la page 31]

$$(6) \qquad y = \mathcal{L} \left\{ \frac{F(r) - F(n)}{r - n} e^{r(x - x_0)} + \int_{x_0}^{x} e^{r(x - z)} f(z)\, dz \right\} \frac{1}{((F(r)))},$$

pourvu que, dans le développement du rapport

$$(7) \qquad \frac{F(r) - F(n)}{r - n}$$

suivant les puissances entières de n, on transforme en indices les exposants de ces puissances. De même, étant donnée l'équation

$$(8) \qquad a_0 \frac{d^n y}{dx^n} + \frac{a_1}{Ax+B} \frac{d^{n-1}y}{dx^{n-1}} + \dots + \frac{a_{n-1}}{(Ax+B)^{n-1}} \frac{dy}{dx} + \frac{a_n}{(Ax+B)^n} y = f(x) ,$$

si l'on fait pour abréger

$$(9) \qquad F(r) = a_0 A^n r (r-1) \dots (r-n+1) + a_1 A^{n-1} r (r-1) \dots (r-n+2) + \dots + a_{n-1} A r + a_n ,$$

et si l'on assujettit l'inconnue y à vérifier, pour $x = x_0$, les conditions (5), on aura [voyez la page 36]

$$(10) \qquad y = \mathcal{E} \left\{ \frac{F(r) - F(n)}{r - n} \left(\frac{Ax+B}{Az+B} \right)' + A \int_{x_0}^x \left(\frac{Ax+B}{Az+B} \right)^r (Az+B)^{n-1} f(z) \, dz \right\} \frac{1}{((F(r)))} ,$$

pourvu qu'après avoir développé la fraction (7) en une série de termes proportionnels aux différents produits

$$(11) \qquad n^0 = 1, \qquad n, \qquad n(n-1), \quad \dots \quad n(n-1) \dots (n-n+2) ,$$

on remplace ces mêmes produits par les quantités

$$(12) \qquad n_0 , \qquad n_1 \left(x_0 + \frac{B}{A} \right) , \qquad n_2 \left(x_0 + \frac{B}{A} \right)^2 , \quad \dots \quad n_{n-1} \left(x_0 + \frac{B}{A} \right)^{n-1} .$$

Si l'on suppose, pour plus de simplicité,

$$A = 1 , \qquad B = 0 ,$$

les formules (8), (9) et (10) deviendront respectivement

$$(13) \qquad a_0 \frac{d^n y}{dx^n} + \frac{a_1}{x} \frac{d^{n-1}y}{dx^{n-1}} + \dots + \frac{a_{n-1}}{x^{n-1}} \frac{dy}{dx} + \frac{a_n}{x^n} y = f(x) ,$$

$$(14) \qquad F(r) = a_0 r (r-1) \dots (r-n+1) + a_1 r (r-1) \dots (r-n+2) + \dots + a_{n-1} r + a_n ,$$

$$(15) \qquad y = \mathcal{E} \left\{ \frac{F(r) - F(\eta)}{r - \eta} \left(\frac{x}{x_0} \right)^r + \int_{x_0}^x \left(\frac{x}{z} \right)^r z^{n-1} f(z)\, dz \right\} \frac{1}{((F(r)))} ,$$

et les quantités (12) se réduiront à

$$(16) \qquad \eta_0 , \qquad \eta_1 x_0 , \qquad \eta_2 x_0^2 , \ldots\ldots \eta_{n-1} x_0^{n-1} .$$

Observons d'ailleurs qu'on déduira sans peine l'équation (10) de la formule (6), si l'on a préalablement substitué, dans l'équation (8), une nouvelle variable indépendante

$$(17) \qquad\qquad t = l(Ax + B)$$

à la variable x.

Les valeurs de y, fournies par les équations (6), (10) et (15), peuvent être présentées sous différentes formes qu'il est bon de connaître ; et d'abord, comme on a identiquement

$$(18) \qquad \frac{F(r) - F(\eta)}{r - \eta} = \int_0^1 F'[r + \lambda(\eta - r)]\, d\lambda , \quad \cdot$$

il est clair que la formule (6) pourra être réduite à

$$(19) \qquad y = \mathcal{E} \left\{ e^{r(x - x_0)} \int_0^1 F'[r(1 - \lambda) + \lambda \eta]\, d\lambda + \int_{x_0}^x e^{r(x - z)} f(z)\, dz \right\} \frac{1}{((F(r)))} .$$

Si, dans cette dernière équation, on développe la fonction $F'[r(1 - \lambda) + \lambda \eta]$ suivant les puissances ascendantes de η, et si l'on remplace les exposants de ces puissances par des indices, on trouvera

$$
(20) \quad
\left\{
\begin{aligned}
y = {}& \eta_0\, \mathcal{E}\, \frac{e^{r(x-x_0)} \displaystyle\int_0^1 F'[r(1-\lambda)]\, d\lambda}{((F(r)))} + \eta_1\, \mathcal{E}\, \frac{e^{r(x-x_0)} \displaystyle\int_0^1 \frac{\lambda}{1} F''[r(1-\lambda)]\, d\lambda}{((F(r)))} + \cdots \\[2ex]
\cdots {}&+ \eta_{n-1}\, \mathcal{E}\, \frac{e^{r(x-x_0)} \displaystyle\int_0^1 \frac{\lambda^{n-1}}{1.2.3\ldots(n-1)} F^{(n)}[r(1-\lambda)]\, d\lambda}{((F(r)))} + \mathcal{E}\, \frac{\displaystyle\int_{x_0}^x e^{r(x-x_0)} f(z)\, dz}{((F(r)))} .
\end{aligned}
\right.
$$

Concevons maintenant que l'on désigne par $f(x)$ une fonction entière ou non entière, mais assujettie aux conditions

$$(21) \qquad f(x_0) = \eta_0 , \qquad f'(x_0) = \eta_1 , \ldots f^{(n-1)}(x_0) = \eta_{n-1} .$$

On aura évidemment, dans l'équation (6) ,

$$(22) \qquad \frac{F(r) - F(\eta)}{r - \eta} = \frac{F(r) - F(D)}{r - D} \, f(\xi) = \int_0^1 F'[r(1-\lambda) + \lambda D] \, d\lambda . \, f(\xi) \, ,$$

la caractéristique D étant relative à la variable ξ, et cette variable devant être réduite à x_0, après que l'on aura effectué les différenciations. On pourra donc remplacer l'équation (6) par l'une des suivantes

$$(23) \qquad y = \mathcal{E} \left\{ e^{r(x - x_0)} \frac{F(r) - F(D)}{r - D} \, f(\xi) + \int_{x_0}^x e^{r(x-z)} f(z) \, dz \right\} \frac{1}{((F(r)))} \cdot$$

$$(24) \qquad y = \mathcal{E} \left\{ e^{r(x - x_0)} \int_0^1 F'[r(1-\lambda) + \lambda D] \, d\lambda . f(\xi) + \int_{x_0}^x e^{r(x-z)} f(z) \, dz \right\} \frac{1}{((F(r)))} \cdot$$

Comme on a d'ailleurs identiquement

$$(25) \qquad f(\xi) = (D - r)[e^{r\xi} \int e^{-r\xi} f(\xi) \, d\xi],$$

quelle que soit l'origine de l'intégrale renfermée dans l'équation (25); on pourra encore à l'équation (6) substituer la formule

$$(26) \qquad y = \mathcal{E} \left\{ e^{r(x - x_0)}[F(D) - F(r)][e^{r\xi} \int e^{-r\xi} f(\xi) \, d\xi] + \int_{x_0}^x e^{r(x-z)} f(z) \, dz \right\} \frac{1}{((F(r)))} \cdot$$

Dans ces diverses formules, on doit toujours réduire la variable ξ à x_0, après les différenciations indiquées par la lettre D.

Dans le cas particulier où la fonction $f(x)$ s'évanouit, on tire de la formule (23)

$$(27) \qquad y = \mathcal{E} \, \frac{F(r) - F(D)}{r - D} \, f(\xi) \, \frac{e^{r(x - x_0)}}{((F(r)))} \, ,$$

Lorsque, dans cette dernière, on suppose les racines de l'équation

$$(28) \qquad F(r) = 0$$

inégales entre elles, on trouve

$$(29) \qquad y = S(R e^{rx}) \, ,$$

le signe S indiquant une somme de termes semblables au produit $R e^{rx}$, les diverses valeurs de r étant les racines de l'équation (28), et le coefficient R étant déterminé par la formule

$$(30) \qquad R = \frac{e^{-rx_0}}{F'(r)} \frac{F(r) - F(D)}{r - D} f(\xi),$$

que l'on peut écrire comme il suit

$$(31) \qquad R = \frac{e^{-rx_0}}{F'(r)} [F(D) - F(r)][e^{r\xi} \int e^{-r\xi} f(\xi)\, d\xi].$$

Les équations (30) et (31) ont été données par M. Brisson dans un Mémoire présenté à l'Académie des sciences le 27 août dernier. La méthode par laquelle il les a démontrées est digne de remarque; et comme elle diffère beaucoup de celle qui nous a conduits à la formule (6), je vais l'indiquer en peu de mots.

Soient

$$r_1, \qquad r_2, \ldots\ldots r_n$$

les racines supposées inégales de l'équation (28). L'équation (1) ou (2) pourra s'écrire ainsi qu'il suit

$$(32) \qquad a_0(D - r_1)(D - r_2) \ldots (D - r_n)y = f(x);$$

et son intégrale générale sera, comme l'on sait, de la forme

$$(33) \qquad y = R_1 e^{r_1 x} + R_2 e^{r_2 x} + \ldots + R_n e^{r_n x}.$$

Comme on aura d'ailleurs identiquement

$$(D - r_1)e^{r_1 x} = 0, \qquad (D - r_2)e^{r_2 x} = 0, \qquad (D - r_n)e^{r_n x} = 0,$$

il est clair que les exponentielles

$$e^{r_2 x}, \qquad e^{r_3 x}, \ldots\ e^{r_n x}$$

disparaîtront toutes dans le développement de la fonction

$$(D - r_2)(D - r_3) \ldots (D - r_n)y,$$

et que l'on trouvera simplement

$$(D - r_2)(D - r_3) \ldots (D - r_n)y = R_1(D - r_2)(D - r_3) \ldots (D - r_n)\,e^{r_1 x}.$$

ou , ce qui revient au même,

$$(34) \quad (D - r_2)(D - r_3) \ldots (D - r_n)y = R_1(r_1 - r_2)(r_1 - r_3) \ldots (r_1 - r_n)\,.\,e^{r_1 x}.$$

De plus, comme on aura , pour $x = x_0$,

$$Dy = Df(x) , \qquad D^2 y = D^2 f(x) , \ldots D^{n-1}y = D^{n-1}f(x) ,$$

et par suite

$$(D - r_2)(D - r_3) \ldots (D - r_n)y = (D - r_2)(D - r_3) \ldots (D - r_n)f(x) ,$$

on tirera évidemment de l'équation (34)

$$(35) \quad (D - r_2)(D - r_3) \ldots (D - r_n)f(\xi) = R_1(r_1 - r_2)(r_1 - r_3) \ldots (r_1 - r_n)\,e^{r_1 x_0} ,$$

ξ devant être réduit à x_0 après les différenciations. Si maintenant on a égard aux formules

$$a_0(D - r_2)(D - r_3) \ldots (D - r_n) = \frac{F(D)}{D - r_1} = \frac{F(D) - F(r_1)}{D - r_1} ,$$

$$a_0(r - r_2)(r - r_3) \ldots (r - r_n) = \frac{F(r)}{r - r_1} = \frac{F(r) - F(r_1)}{r - r_1} ,$$

dont la seconde donne, pour $r = r_1$,

$$a_0(r_1 - r_2)(r_1 - r_3) \ldots (r_1 - r_n) = F'(r_1) ,$$

on conclura de l'équation (35)

$$(36) \quad R_1 = \frac{e^{-r_1 x_0}}{F'(r_1)} \frac{F(D) - F(r_1)}{D - r_1} f(\xi).$$

On obtiendra de même les valeurs de R_2 , R_3 , ... R_n qui seront toutes comprises dans la formule (30) ou (31).

(216)

Passons maintenant à la formule (15), et concevons que le développement de l'expression (7) en une série de termes proportionnels aux quantités

$$1, \quad n, \quad n(n-1), \quad n(n-1)(n-2), \quad \text{etc...,}$$

produise l'équation

$$\frac{F(r)-F(n)}{r-n} = \mathcal{P} + \mathcal{Q}n + \mathcal{R}n(n-1) + \mathcal{S}n(n-1)(n-2) + \text{etc....}$$

Désignons toujours par $f(x)$ une fonction propre à vérifier les conditions (21), et supposons que cette fonction soit entière, mais d'un degré supérieur ou au moins égal à $n-1$. Le polynome, qui devra être substitué à l'expression (7) dans l'équation (15), pourra être présenté sous la forme

$$(37) \qquad \mathcal{P}f(x_0) + \mathcal{Q}x_0 f'(x_0) + \mathcal{R}x_0^2 f''(x_0) + \text{etc....}$$

D'ailleurs, si l'on désigne par m et l deux nombres entiers inégaux, on trouvera, en supposant $s = 0$ et $\Delta s = 1$,

$$(38) \qquad \begin{cases} \Delta^m[s(s-1)(s-2)\dots(s-l+1)] = 0, \\ \Delta^m[s(s-1)(s-2)\dots(s-m+1)] = 1.2.3\dots m. \end{cases}$$

On aura donc par suite

$$(39) \quad \begin{cases} \mathcal{P}f(x_0) + \mathcal{Q}x_0 f'(x_0) + \mathcal{R}x_0^2 f''(x_0) + \text{etc...} = \\ \left[f(x_0) + \frac{x_0 \Delta}{1} f'(x_0) + \frac{x_0^2 \Delta^2}{1.2} f''(x_0) + \dots \right][\mathcal{P} + \mathcal{Q}s + \mathcal{R}s(s-1) + \dots] \\ = f[x_0(1+\Delta)] \frac{F(r)-F(s)}{r-s}. \end{cases}$$

Il en résulte que, dans la formule (15), l'expression (7) pourra être remplacée par celle que fournit la notation

$$(40) \qquad f[x_0(1+\Delta)] \frac{F(r)-F(s)}{r-s},$$

lorsqu'après avoir effectué les opérations indiquées par la caractéristique Δ et relatives à la variable s, on réduit cette variable à zéro et sa différence finie à l'unité. Donc, en intégrant l'équation (13) de manière que les conditions (5) soient remplies, on trouvera

$$(41) \qquad y = \mathcal{E} \left\{ \left(\frac{x}{x_0}\right)' f[x_0(1+\Delta)] \frac{F(r)-F(s)}{r-s} + \int_{x_0}^{x} \left(\frac{x}{z}\right)' z^{n-1} f(z)\, dz \right\} \frac{1}{((F(r)))},$$

En opérant de la même manière, on tirerait de la formule (10)

$$(42) \qquad y =$$

$$\mathcal{E} \; \frac{\left(\dfrac{Ax+B}{Ax_0+B}\right)' f\left[x_0 + \left(x_0 + \dfrac{B}{A}\right)\Delta\right] \dfrac{F(r)-F(s)}{r-s} + A \displaystyle\int_{x_0}^{x} \left(\dfrac{Ax+B}{Az+B}\right)' (Az+B)^{n-1} f(z)\,dz}{((F(r)))}.$$

Afin de montrer une application des formules que nous venons d'établir, supposons que, la lettre n désignant un nombre entier quelconque, on veuille intégrer l'équation différentielle

$$(43) \qquad \frac{d^n y}{dx^n} + \left(\frac{a}{x}\right)^n y = 0 \,.$$

de manière que, pour $x = 1$, les fonctions

$$y, \qquad y', \qquad y'', \dots y'^{n-1)}$$

reçoivent des valeurs respectivement égales à celles de la fonction x^m et de ses dérivées successives, c'est-à-dire, des valeurs représentées par les quantités

$$(44) \qquad 1, \qquad m, \qquad m(m-1), \; \dots\dots \; m(m-1) \; \dots\dots \; (m-n-2).$$

Dans ce cas, on trouvera

$$F(r) = r(r-1) \dots (r-n+1) + a^n, \qquad x_0 = 1, \qquad f(x) = x^m,$$

$$f[x_0(1+\Delta)] \frac{F(r)-F(s)}{r-s} = (1+\Delta)^m \frac{r(r-1)\dots(r-n+1)-s(s-1)\dots(s-n+1)}{r-s}$$

$$= \frac{r(r-1)\dots(r-n+1)-(s+m)(s+m-1)\dots(s+m-n+1)}{r-s-m},$$

puis l'on en conclura, en prenant $s = 0$,

$$f[x_0(1 + \Delta)]\,\frac{F(r) - F(s)}{r - s} = \frac{r(r-1)\ldots(r-n+1) - m(m-1)\ldots(m-n+1)}{r - m}\,.$$

Par conséquent la formule (41) donnera

$$(43) \qquad y = \mathcal{E}\,\frac{\dfrac{r(r-1)\ldots(r-n+1) - m(m-1)\ldots(m-n+1)}{r - m}\,x^r + x^r \displaystyle\int_1^x z^{n-r-1} f(z)\,dz}{((r(r-1)\ldots(r-n+1) + a^n))}\,.$$

Si, pour fixer les idées, on pose $a = 1$, $n = 2$, $m = 4$, l'équation (43) se trouvera réduite à

$$(46) \qquad \frac{d^2 y}{dx^2} + \frac{y}{x^2} = f(x)\,;$$

et cette équation, intégrée de manière que l'on ait, pour $x = 1$,

$$(47) \qquad y = 1, \qquad y' = 4,$$

donnera

$$(48) \quad y = \mathcal{E}\,x^r\,\frac{\dfrac{r(r-1) - 4.3}{r - 4} + \displaystyle\int_1^x z^{1-r} f(z)\,dz}{((r^2 - r + 1))} = \mathcal{E}\,x^r\,\frac{r + 3 + \displaystyle\int_1^x z^{1-r} f(z)\,dz}{((r^2 - r + 1))}\,,$$

ou, ce qui revient au même,

$$(49) \quad y = x^{\frac{1}{2}}\left\{ \cos\frac{3^{\frac{1}{2}}\,l(x)}{2} + \frac{7\sqrt{3}}{3}\sin\frac{3^{\frac{1}{2}}\,l(x)}{2} + \frac{2\sqrt{3}}{3}\int_1^x z^{\frac{1}{2}}\sin\frac{3^{\frac{1}{2}}\,l\left(\frac{x}{z}\right)}{2}\,f(z)\,dz \right\}\,.$$

Si la fonction entière $f(x)$, qui vérifie par hypothèse les conditions (21), est du degré $n - 1$, elle sera nécessairement déterminée par la formule

$$(50) \qquad f(x) = n_0 + n_1\,\frac{x - x_0}{1} + n_2\,\frac{(x - x_0)^2}{1.2} + \ldots + n_{n-1}\,\frac{(x - x_0)^{n-1}}{1.2.3\ldots(n-1)}\,.$$

De plus, comme on aura

$$f(x) = f(0) + \frac{x}{1}\,f'(0) + \frac{x^2}{1.2}\,f''(0) + \ldots + \frac{x^{n-1}}{1.2.3\ldots(n-1)}\,f^{(n-1)}(0)\,,$$

$$(1 + \Delta)^m \frac{F(r) - F(s)}{r - s} = \frac{F(r) - F(s+m)}{r - s - m},$$

il est clair qu'en supposant, après les opérations indiquées par la caractéristique Δ, $s = 0$, on trouvera

$$(51) \qquad f_0[x_0(1 + \Delta)] \frac{F(r) - F(s)}{r - s} =$$

$$f(0) \frac{F(r) - F(0)}{r} + \frac{x_0}{1} f'(0) \frac{F(r) - F(1)}{r - 1} + \dots + \frac{x_0^{n-1}}{1.2.3 \dots (n-1)} f^{(n-1)}(0) \frac{F(r) - F(n-1)}{r - n + 1} .$$

On tirera d'ailleurs de la formule (50)

$$(52) \quad \begin{cases} f(0) = n_0 - n_1 \dfrac{x_0}{1} + n_2 \dfrac{x_0^2}{1.2} - \dots \pm n_{n-1} \dfrac{x_0^{n-1}}{1.2.3 \dots (n-1)} , \\[2ex] f'(0) = n_1 - n_2 \dfrac{x_0}{1} + \dots \dots \dots \mp n_{n-1} \dfrac{x_0^{n-2}}{1.2.3 \dots (n-2)} , \\[2ex] \text{etc...} , \\[2ex] f^{(n-1)}(0) = n_{n-1} . \end{cases}$$

Les équations (51) et (52) fournissent le moyen de développer facilement le second membre de la formule (41).

Nous remarquerons, en terminant cet article, qu'on pourrait encore transformer les valeurs de y fournies par les équations (23), (24), (26), (41), (42), en se servant d'une notation précédemment adoptée [pages 162 et suiv.]. En effet, si l'on désigne par

$$\varphi(\alpha) f(\alpha)$$

l'intégrale double

$$\frac{1}{2\pi} \int_{-\alpha}^{\infty} \int_{-\infty}^{\infty} e^{\alpha(x-\lambda)\sqrt{-1}} \varphi(\alpha) f(\lambda) \, d\alpha \, d\lambda ,$$

on reconnaîtra, par exemple, que les équations (23), (24) coïncident avec les formules

$$(53) \quad y = \mathcal{E} \left\{ e^{r(x-x_0)} \frac{F(r) - F(\alpha\sqrt{-1})}{r - \alpha\sqrt{-1}} f(\xi) + \int_{x_0}^{\infty} e^{r(x-z)} f(z) \, dz \right\} \frac{1}{((F(r)))} ,$$

$$(54) \quad y = \mathcal{E} \frac{e^{r(x-x_0)} \int_{0}^{1} F'[r(1-\lambda) + \lambda\alpha\sqrt{-1}] \, d\lambda . f(\xi) + \int_{x_0}^{x} e^{r(x-z)} f(z) \, dz}{((F(r)))} ,$$

la caractéristique α étant relative à la variable ξ; et l'équation (41) avec la formule

$$(55) \quad y = \mathcal{L} \left\{ \left(\frac{x}{x_0}\right)^r \mathrm{f}\left(x_0 e^{\alpha\sqrt{-1}}\right) \frac{\mathrm{F}(r)-\mathrm{F}(s)}{r-s} + \int_{x_0}^{x} \left(\frac{x}{z}\right)^r z^{n-1} f(z)\, dz \right\} \frac{1}{((\,\mathrm{F}(r)\,))} \,,$$

la caractéristique α étant relative à la variable s. Observons en outre que, si l'on nomme $\varphi(x)$ la valeur de y déterminée par la formule (53) ou (54), la fonction $\varphi(x)$ aura la double propriété de vérifier l'équation différentielle, linéaire et de l'ordre n,

$$(56) \qquad\qquad \mathrm{F}(D)\,\varphi(x) = 0 \,,$$

ou, ce qui revient au même, l'équation

$$(57) \qquad\qquad \mathrm{F}(\alpha\sqrt{-1})\,\varphi(\vec{x}) = 0 \,;$$

et de satisfaire aux conditions

$$(58) \qquad \varphi(x_0) = \mathrm{f}(x_0), \qquad \varphi'(x_0) = \mathrm{f}'(x_0), \qquad \varphi''(x_0) = \mathrm{f}''(x_0), \dots \varphi^{(n-1)}(x_0) = \mathrm{f}^{(n-1)}(x_0) \,.$$

Lorsque la fonction $\mathrm{F}(r)$ cesse d'être entière pour devenir transcendante, il arrive assez souvent que la fonction $y = \varphi(x)$, déterminée par la formule (53) ou (54), satisfait aux conditions (58), quel que soit le nombre n. Alors il semble naturel de penser que les deux fonctions $\varphi(x)$, $\mathrm{f}(x)$, dont les valeurs se confondent, ainsi que les valeurs de leurs dérivées successives, quand on pose $x = x_0$, ne diffèrent pas l'une de l'autre, et restent toujours égales du moins entre certaines limites. Toutefois cette égalité n'est point évidente, attendu que des fonctions très-distinctes, par exemple,

$$(59) \qquad c^{-(x-x_0)^2} \qquad \text{et} \qquad e^{-(x-x_0)^2} + c^{-\frac{1}{(x-x_0)^2}}$$

peuvent se réduire, ainsi que leurs dérivées des divers ordres, à des quantités données, pour une certaine valeur x_0 attribuée à la variable x. Nous montrerons dans un autre article les facilités que présente le calcul des résidus, pour l'établissement ou la discussion des formules auxquelles on se trouverait conduit par les considérations que nous venons d'indiquer, et en particulier des formules que M. Brisson a obtenues par ce moyen dans son dernier Mémoire.

—————————

SUR LA CONVERGENCE DES SÉRIES.

Soient

$$(1) \qquad u_0, \quad u_1, \quad u_2, \quad u_3, \quad \text{etc.....}$$

les différents termes d'une série réelle ou imaginaire ; et

$$(2) \qquad s_n = u_0 + u_1 + u_2 + \dots + u_{n-1}$$

la somme des n premiers termes, n désignant un nombre entier quelconque. Si, pour des valeurs de n toujours croissantes, la somme s_n s'approche indéfiniment d'une certaine limite s, la série sera dite *convergente*, et la limite en question sera ce qu'on appelle la *somme* de la série. Au contraire, si, tandis que n croît indéfiniment, la somme s_n ne s'approche d'aucune limite fixe, la série sera *divergente* et n'aura plus de somme. D'après ces principes, pour que la série (1) soit convergente, il est nécessaire, et il suffit que les valeurs des sommes

$$s_n, \quad s_{n+1}, \quad s_{n+2}, \quad \dots$$

correspondantes à de très-grandes valeurs de n, diffèrent très-peu les unes des autres, en d'autres termes, il est nécessaire, et il suffit que la différence

$$(3) \qquad s_{n+m} - s_n = u_n + u_{n+1} + \dots + u_{n+m-1}$$

devienne infiniment petite, quand on attribue au nombre n une valeur infiniment grande, quel que soit d'ailleurs le nombre entier représenté par m. Cela posé, soient

$$(4) \qquad r_0, \quad r_1, \quad r_2, \quad r_3, \quad \text{etc...}$$

les modules des différents termes de la série (1), en sorte qu'on ait généralement

$$(5) \qquad u_n = r_n(\cos p_n + \sqrt{-1} \sin p_n)$$

p_n désignant un arc réel. Il est clair que, si la série (4) est convergente, les séries réelles

$$(6) \quad \begin{cases} r_0\cos p_0\,, \quad r_1\cos p_1\,, \quad r_2\cos p_2\,, \quad r_3\cos p_3\,, \quad \text{etc...}\,, \\ r_0\sin p_0\,, \quad r_1\sin p_1\,, \quad r_2\sin p_2\,, \quad r_3\sin p_3\,, \quad \text{etc...}\,, \end{cases}$$

le seront à plus forte raison, d'où l'on est en droit de conclure que la série (1), ou

$$(7) \quad r_0(\cos p_0 + \sqrt{-1}\,\sin p_0)\,, \quad r_1(\cos p_1 + \sqrt{-1}\,\sin p_1)\,, \quad r_2(\cos p_2 + \sqrt{-1}\,\sin p_2)\,, \quad \text{etc.,}$$

sera elle-même convergente. Ajoutons 1.° que les séries (4) et (7) seront évidemment divergentes, si le module r_n obtient des valeurs très-considérables pour des valeurs infiniment grandes de l'indice n ; 2.° qu'en vertu d'un théorème établi dans l'Analyse algébrique [page 143] la série (4) sera convergente, si la limite vers laquelle convergent, tandis que n croît indéfiniment, les plus grandes valeurs de $(r_n)^{\frac{1}{n}}$, est inférieure à l'unité. Il ne pourra donc y avoir incertitude sur la convergence des séries (4) et (7) que dans le cas où, la quantité r_n décroissant indéfiniment avec $\dfrac{1}{n}$, la limite des plus grandes valeurs de $(r_n)^{\frac{1}{n}}$ deviendrait précisément égale à l'unité. Or, dans ce même cas, on pourra souvent décider si la série (4) est convergente ou divergente, en recourant à l'une des propositions que nous allons énoncer.

1.ᵉʳ Théorème. *Soit* $f(x)$ *une fonction qui demeure constamment positive pour des valeurs positives de la variable* x ; *et admettons 1.° que la fonction* $f(x)$ *décroisse indéfiniment avec* $\dfrac{1}{x}$; *2.° que le rapport*

$$(8) \qquad \frac{f(x+\theta)}{f(x)}$$

reste, pour des valeurs infiniment grandes de x, *et pour des valeurs de* θ *qui ne surpassent pas l'unité, compris entre deux limites* $A\,,\ B\,,$ *finies, mais différentes de zéro. La série*

$$(9) \qquad f(0)\,, \quad f(1)\,, \quad f(2)\,, \quad f(3)\,, \quad \text{etc...,}$$

sera convergente, si l'intégrale

$$(10) \qquad \int_n^{n+m} f(x)\,dx$$

s'évanouit pour des valeurs infiniment grandes du nombre entier n, *quel que soit d'ailleurs le nombre entier* m ; *et divergente dans le cas contraire.*

Démonstration. Désignons par s_n la somme des n premiers termes de la série (9), en sorte qu'on ait

$$(11) \qquad s_n = f(0) + f(1) + \ldots + f(n-1).$$

Pour savoir si cette série est convergente ou divergente, il suffira d'examiner si la somme

$$(12) \qquad s_{n+m} - s_n = f(n) + f(n+1) + \ldots + f(n+m-1)$$

s'évanouit ou non, quand on attribue à n des valeurs infinies, quel que soit d'ailleurs le nombre entier m. D'ailleurs on aura évidemment

$$(13) \qquad \int_n^{n+m} f(x)\,dx = \int_n^{n+1} f(x)\,dx + \int_{n+1}^{n+2} f(x)\,dx + \ldots + \int_{n+m-1}^{n+m} f(x)\,dx$$

$$= \int_0^1 [f(x+n) + f(x+n+1) + \ldots + f(x+n+m-1)]\,dx$$

d'où l'on conclura, en représentant par θ un nombre compris entre les limites 0, 1,

$$(14) \qquad \int_n^{n+m} f(x)\,dx = f(n+\theta) + f(n+1+\theta) + \ldots + f(n+m-1+\theta)$$

Or, en vertu de l'hypothèse admise, les rapports

$$(15) \qquad \frac{f(n+\theta)}{f(n)}, \qquad \frac{f(n+1+\theta)}{f(n+1)}, \quad \ldots \quad \frac{f(n+m-1+\theta)}{f(n+m-1)},$$

étant tous compris, pour de très-grandes valeurs de n, entre les limites A et B, on pourra en dire autant de la fraction

$$(16) \qquad \frac{f(n+\theta) + f(n+1+\theta) + \ldots + f(n+m-1+\theta)}{f(n) + f(n+1) + \ldots + f(n+m-1)} = \frac{\int_n^{n+m} f(x)\,dx}{s_{n+m} - s_n}.$$

Donc la différence

$$s_{n+m} - s_n$$

sera renfermée, pour de très-grandes valeurs de n, entre les deux produits

$$(17) \qquad \frac{1}{A} \int_n^{n+m} f(x)\,dx, \qquad\qquad (18) \qquad \frac{1}{B} \int_n^{n+m} f(x)\,dx.$$

Donc, si l'intégrrle (10) s'évanouit, quand on attribue à n des valeurs infinies, quel que soit d'ailleurs le nombre entier m, on pourra en dire autant de la quantité $s_{n+m} - s_n$, et la série (9) sera convergente. Mais si l'intégrale (10) diffère sensiblement de zéro, pour des valeurs très-considérables de n, et pour des valeurs finies ou infinies de m, alors la quantité $s_{n+m} - s_n$ ne sera pas nécessairement nulle pour $n = \infty$, et la série (9) sera divergente. Dans ce dernier cas, la somme s_n cessera de converger, pour des valeurs croissantes de n, vers une limite finie s. Cette somme deviendra donc infinie en même temps que le nombre n. Par la même raison, la somme s_{n+m} et la différence $s_{n+m} - s_n$ deviendront infinies avec le nombre m, si, après avoir attribué à n une valeur très-considérable, mais déterminée, on fait croître le nombre m au-delà de toute limite.

Corollaire. Lorsque le rapport

$$\frac{f(x+\theta)}{f(x)}$$

demeure constamment renfermé entre les deux quantités

$$(19) \qquad 1, \qquad \frac{f(x+1)}{f(x)},$$

et que la seconde de ces deux quantités croît sans cesse pour des valeurs très-considérables et croissantes de la variable x; on peut évidemment supposer

$$A = \frac{f(n+1)}{f(n)}, \qquad B = 1;$$

et par suite la somme

$$s_{n+m} - s_n$$

se trouve, pour des valeurs considérables de n, comprise entre les deux limites

$$(20) \qquad \frac{f(n)}{f(n+1)} \int_n^{n+m} f(x)\, dx, \qquad\qquad (21) \qquad \int_n^{n+m} f(x)\, dx.$$

Exemple. Supposons, pour fixer les idées,

$$(22) \qquad f(x) = \frac{1}{(1+x)^\mu},$$

μ désignant une quantité positive. La série (9) deviendra

$$(23) \qquad 1, \quad \frac{1}{2^\mu}, \quad \frac{1}{3^\mu}, \quad \frac{1}{4^\mu}, \quad \text{etc...} ;$$

et l'intégrale

$$(24) \qquad \int_n^{n+m} f(x)\,dx = \int_n^{n+m} (1+x)^{-\mu}\,dx = \frac{(n+m+1)^{1-\mu} - (n+1)^{1-\mu}}{1-\mu} ,$$

s'évanouira ou ne s'évanouira pas, pour des valeurs infinies de n, suivant que le nombre μ sera supérieur ou inférieur à l'unité. Donc la série (23) sera convergente si l'on a $\mu > 1$, et divergente si l'on a $\mu < 1$. Dans l'un et l'autre cas, la différence

$$(25) \qquad s_{n+m} - s_n = \frac{1}{(n+1)^\mu} + \frac{1}{(n+2)^\mu} + \dots + \frac{1}{(n+m)^\mu}$$

sera le produit de l'intégrale (24) pour un facteur compris entre les limites

$$(26) \qquad 1, \quad \frac{f(n)}{f(n+1)} = \frac{(n+1)^\mu}{(n+2)^\mu} = \left(1 + \frac{1}{n+1}\right)^{-\mu} .$$

Dans le cas particulier où le nombre μ se réduit à l'unité, la série (23) devient

$$(27) \qquad 1, \quad \frac{1}{2}, \quad \frac{1}{3}, \quad \frac{1}{4}, \quad \text{etc...} ,$$

et l'intégrale (24) doit être remplacée par la suivante

$$(28) \qquad \int_n^{n+m} \frac{dx}{1+x} = l(n+m+1) - l(n+1) = l\left(1 + \frac{m}{n+1}\right) ;$$

Or l'expression

$$l\left(1 + \frac{m}{n+1}\right) ,$$

qui devient sensiblement nulle avec $\frac{1}{n}$, quand on attribue au nombre m une valeur finie, cesse de s'évanouir, quand m devient comparable à n, par exemple, quand on suppose $m = n$, $m = 2n$, ... Donc la série (27) est divergente. Ajoutons que, pour cette même série, la différence

$$(29) \qquad s_{n+m} - s_n = \frac{1}{n+1} + \frac{1}{n+2} + \dots + \frac{1}{n+m}$$

sera le produit de l'intégrale

$$(30) \qquad \int_0^{n+m} \frac{dx}{1+x} = l\left(1 + \frac{m}{n+1}\right),$$

par un facteur compris entre les limites

$$(31) \qquad 1 \quad \text{et} \quad \frac{1}{1+\frac{1}{n+1}}.$$

2.ᵉ Théorème. *Soit* $f(x)$ *une fonction qui demeure constamment positive pour des valeurs positives de la variable* x, *et qui, pour de très-grandes valeurs de cette variable, décroisse sans cesse avec* $\frac{1}{x}$. *La série* (9) *sera convergente si l'intégrale* (10) *s'évanouit, pour des valeurs infinies de* n, *quel que soit* m; *et divergente dans le cas contraire.*

Démonstration. Dans l'hypothèse admise, l'intégrale (10), qui forme le premier membre de l'équation (14), sera pour de très-grandes valeurs de n, inférieure au polynome

$$f(n) + f(n+1) + \ldots + f(n+m-1) = s_{n+m} - s_n,$$

et supérieure à

$$f(n+1) + f(n+2) + \ldots + f(n+m) = s_{n+m+1} - s_{n+1},$$

En d'autres termes, l'intégrale

$$(10) \qquad \int_n^{n+m} f(x)\, dx,$$

sera, pour de très-grandes valeurs de n, comprise entre les deux différences

$$(32) \qquad s_{n+m} - s_n, \quad s_{n+m+1} - s_{n+1};$$

et, comme cette proposition restera vraie, tandis que n et m varieront, l'on doit en conclure que la différence

$$s_{n+m} - s_n$$

sera comprise entre les deux intégrales

$$(33) \qquad \int_{n-1}^{n+m-1} f(x)\, dx, \quad \int_n^{n+m} f(x)\, dx,$$

e'est-à-dire, inférieure à la première, et supérieure à la seconde. Cela posé, concevons d'abord que l'intégrale (10) s'évanouisse pour $n = \infty$, quel que soit m. La première des intégrales (33), et par suite la différence $s_{n+m} - s_n$, s'évanouiront pareillement. Donc alors la série (9) sera convergente. Au contraire, si l'intégrale (10) diffère sensiblement de zéro, pour des valeurs très-considérables de n, et pour des valeurs finies ou infinies de m, la différence $s_{n+m} - s_n$ ne sera pas nécessairement nulle pour $n = \infty$, et la série (9) sera divergente.

Exemples. Si l'on applique le théorême qui précède à la fonction $\dfrac{1}{(1+x)^{\mu}}$, on s'assurera de nouveau que la série (22) est convergente pour $\mu > 1$, et divergente pour $\mu =$ ou < 1. De plus, on reconnaîtra que la différence

$$(25) \qquad s_{n+m} - s_n = \frac{1}{(n+1)^{\mu}} + \frac{1}{(n+2)^{\mu}} + \dots + \frac{1}{(n+m)^{\mu}}$$

est comprise entre les deux limites

$$(34) \qquad \frac{(n+m)^{1-\mu} - n^{1-\mu}}{1-\mu}, \qquad \frac{(n+m+1)^{1-\mu} - (n+1)^{1-\mu}}{1-\mu},$$

et la différence

$$(29) \qquad s_{n+m} - s_n = \frac{1}{n+1} + \frac{1}{n+2} + \dots + \frac{1}{n+m}$$

entre les limites

$$(35) \qquad l\left(1 + \frac{m}{n}\right), \qquad l\left(1 + \frac{m}{n+1}\right).$$

Supposons encore

$$(36) \qquad f(x) = \frac{l(1+x)}{1+x}.$$

La série (9) deviendra

$$(37) \qquad 0, \quad \frac{l(2)}{2}, \quad \frac{l(3)}{3}, \quad \frac{l(4)}{4}, \quad \text{etc...} ;$$

et, comme l'intégrale

$$(38) \qquad \int_{n}^{n+m} \frac{l(1+x)}{1+x}\, dx = \frac{1}{2}\left[l(n+m+1)\right]^2 - \frac{1}{2}\left[l(n+1)\right]^2$$

$$= \frac{1}{2}\left[l(n+m+1) + l(n+1)\right].l\left(1 + \frac{m}{n+1}\right)$$

conservera une valeur finie pour une valeur infinie de n, si l'on prend $m = n$, ou $m = 2n$, etc..., on peut affirmer que la série (37) sera divergente. De plus, la somme

$$(39) \qquad s_{n+m} - s_n = \frac{l(n+1)}{n+1} + \frac{l(n+2)}{n+2} + \dots + \frac{l(n+m)}{n+m}$$

sera comprise entre les deux limites

$$(40) \qquad \frac{l(n+m)+l(n)}{2} \, l\left(1 + \frac{m}{n}\right), \qquad \frac{l(n+m+1)+l(n+1)}{2} \, l\left(1 + \frac{m}{n+1}\right),$$

c'est-à-dire, inférieure à la première et supérieure à la seconde.

Les théorêmes 1 et 2 continueraient évidemment de subsister si, dans la série (9); quelques-uns des premiers termes étaient réduits à zéro, ou remplacés par de nouvelles quantités. Concevons, par exemple, que l'on considère la série

$$(41) \qquad 0, \quad \frac{1}{2\,l(2)}, \quad \frac{1}{3\,l(3)}, \quad \frac{1}{4\,l(4)}, \quad \text{etc...,}$$

à laquelle se réduit la série (9), lorsqu'après avoir supposé

$$(42) \qquad f(x) = \frac{1}{(1+x)\,l(1+x)},$$

on remplace le premier terme $f(0) = \dfrac{1}{0} = \infty$, par zéro. Comme l'intégrale

$$(43) \qquad \int_{2}^{n+m} \frac{dx}{(1+x)\,l(1+x)} = l\left\{ \frac{l(n+m+1)}{l(n+1)} \right\}$$

conservera l'une des valeurs finies

$$l(2), \quad l(3), \quad l(4), \quad \text{etc...,}$$

lorsqu'en attribuant au nombre n des valeurs très-considérables, on déterminera le nombre m par l'une des équations

$$m = n(n+1), \quad m = n(n+1)^2, \quad m = n(n+1)^3, \quad \text{etc...,}$$

on pourra conclure du théorême 1 ou 2 que la série (41) est divergente. De plus on reconnaîtra que la somme

$$(44) \quad s_{n+m} - s_n = \frac{1}{(n+1)\,\mathrm{l}(n+1)} + \frac{1}{(n+2)\,\mathrm{l}(n+2)} + \ldots + \frac{1}{(n+m)\,\mathrm{l}(n+m)}$$

est renfermée entre les deux limites

$$(45) \qquad \mathrm{l}\left\{\frac{\mathrm{l}(n+m)}{\mathrm{l}(n)}\right\}, \qquad \mathrm{l}\left\{\frac{\mathrm{l}(n+m+1)}{\mathrm{l}(n+1)}\right\},$$

c'est-à-dire supérieure à la première et inférieure à la seconde.

Considérons enfin la série

$$(46) \qquad 0, \quad \frac{1}{2\,[\mathrm{l}(2)]^{\mu}}, \quad \frac{1}{3\,[\mathrm{l}(3)]^{\mu}}, \quad \frac{1}{4\,[\mathrm{l}(4)]^{\mu}}, \quad \text{etc..,,}$$

dans laquelle μ désigne une quantité réelle : on reconnaîtra sans peine, à l'aide du 2.ᵉ théorème, 1.° que cette série est convergente ou divergente, suivant que l'on suppose $\mu > 1$, ou $\mu < 1$; 2.° que, pour cette même série, la différence

$$s_{n+m} - s_i$$

est comprise entre les deux limites

$$(47) \qquad \frac{[\mathrm{l}(n+m)]^{1-\mu} - [\mathrm{l}(n)]^{1-\mu}}{1-\mu}, \qquad \frac{[\mathrm{l}(n+m+1)]^{1-\mu} - [\mathrm{l}(n+1)]^{1-\mu}}{1-\mu}.$$

Il est facile de s'assurer que la différence

$$s_{n+m} - s_m$$

croît indéfiniment avec m, suivant la remarque générale précédemment faite, quand on remplace la série (9) par la série (23), en supposant $\mu < 1$, ou par l'une des séries (27), (37), (41). En effet, d'après les calculs que l'on vient d'effectuer, les valeurs de cette différence correspondantes aux quatre séries dont il s'agit, sont respectivement supérieures aux quatre expressions

$$\frac{(n+m+1)^{1-\mu} - (n+1)^{1-\mu}}{1-\mu}, \quad \mathrm{l}\left(1 + \frac{m}{n+1}\right), \quad \frac{\mathrm{l}(n+m+1) + \mathrm{l}(n+1)}{2}\,\mathrm{l}\left(1 + \frac{m}{n+1}\right), \quad \mathrm{l}\left(\frac{\mathrm{l}(n+m+1)}{\mathrm{l}(n+1)}\right).$$

Or, si, dans ces expressions, on attribue au nombre n une valeur très-considérable,

II.ᵉ Année.   31

mais déterminée, et au nombre m une valeur infinie, elles se réduiront toutes à l'infini positif.

Il est bon d'observer que l'intégrale (10), prise entre deux valeurs infiniment grandes de la variable x, est du genre de celles que nous avons nommées *intégrales définies singulières*. Cette intégrale devient certainement infinie avec le nombre m, lorsque, pour des valeurs considérables de x, le produit $x f(x)$ diffère sensiblement de zéro, de manière à surpasser toujours une certaine quantité positive A. Au contraire l'intégrale (10) devient nulle, pour des valeurs infinies de n, et pour des valeurs finies ou infinies de m, lorsque, le produit $x f(x)$ s'évanouit avec $\dfrac{1}{x}$, et que l'on peut en dire autant d'un autre produit de la forme $x^{1+\delta} f(x)$, δ étant un nombre déterminé, mais aussi petit que l'on voudra. Donc, la série (9) sera divergente dans le premier cas, et convergente dans le second. Pour établir ces deux propositions, il suffit de recourir aux deux formules

$$\int_n^{n+m} f(x)\, dx = \int_n^{n+m} x f(x) . \frac{dx}{x} = (n + \theta m) f(n + \theta m) \int_n^{n+m} \frac{dx}{x}$$

$$= (n + \theta m) f(n + \theta m)\, l\left(1 + \frac{m}{n}\right),$$

$$\int_n^{n+m} f(x)\, dx = \int_n^{n+m} x^{1+\delta} f(x) \frac{dx}{x^{1+\delta}} = (n + \theta m)^{1+\delta} f(n + \theta m) \int_n^{n+m} \frac{dx}{x^{1+\delta}}$$

$$= (n + \theta m)^{1+\delta} f(n + \theta m)\, \frac{1}{\delta} \left\{ \left(\frac{1}{n}\right)^{\delta} - \left(\frac{1}{n+m}\right)^{\delta} \right\},$$

dans chacune desquelles θ désigne un nombre inférieur à l'unité, et de faire croître indéfiniment le nombre m dans la première formule, le nombre n dans la seconde. Au reste, pour que ces propositions subsistent, il n'est pas nécessaire que la fonction $f(x)$ décroisse constamment avec $\dfrac{1}{x}$; et l'on peut énoncer le théorème suivant.

3.ᵉ THÉORÊME. *La série* (9), *dont tous les termes sont positifs, est convergente, lorsque des valeurs infinies de* n *réduisent toujours à zéro, non-seulement le produit*

$$(48) \qquad\qquad\qquad n f(n),$$

mais encore le produit

(231)

$$(49) \qquad\qquad n^{1+\delta} f(n),$$

δ désignant un nombre déterminé, mais qui peut être aussi petit que l'on voudra. La même série est divergente, quand le produit (48) diffère sensiblement de zéro, et devient supérieur à une certaine quantité positive A, toutes les fois que l'on attribue au nombre n des valeurs considérables et supérieures à une limite donnée.

Démonstration. En effet, supposons d'abord que l'expression (49) s'évanouisse toujours avec $\frac{1}{n}$, et soit N le plus grand des produits

$$(50) \qquad n^{1+\delta} f(n), \quad (n+1)^{1+\delta} f(n+1), \ldots (n+m-1)^{1+\delta} f(n+m-1).$$

N deviendra nul pour $n = \infty$. D'ailleurs la différence

$$s_{n+m} - s_n$$

sera évidemment inférieure au produit

$$(51) \qquad N\left\{ \frac{1}{n^{1+\delta}} + \frac{1}{(n+1)^{1+\delta}} + \ldots + \frac{1}{(n+m-1)^{1+\delta}} \right\},$$

dont le second facteur s'évanouira, en même temps que le premier, avec $\frac{1}{n}$, attendu que la série

$$1, \quad \frac{1}{2^{1+\delta}}, \quad \frac{1}{3^{1+\delta}}, \quad \frac{1}{4^{1+\delta}}, \quad \text{etc.…},$$

est convergente. Donc la série (9) sera elle-même convergente, ce qu'il s'agissait de démontrer.

Supposons en second lieu que, pour des valeurs considérables de n, le produit $n f(n)$ devienne constamment supérieur à la quantité positive A. Alors la différence $s_{n+m} - s_n$ surpassera le produit

$$(52) \qquad A\left\{ \frac{1}{n} + \frac{1}{n+1} + \ldots + \frac{1}{n+m-1} \right\};$$

et, comme ce produit croîtra indéfiniment pour des valeurs croissantes de m, attendu que la série (27) est divergente, il est clair que la série (9) le sera pareillement.

Exemples. Si l'on applique le 3.ᵉ théorême aux deux séries

$$(33) \qquad 0, \quad \frac{l(2)}{2^{\mu}}, \quad \frac{l(3)}{3^{\mu}}, \quad \frac{l(4)}{4^{\mu}}, \quad \text{etc...},$$

$$(34) \qquad 0, \quad \frac{1}{2^{\mu}l(2)}, \quad \frac{1}{3^{\mu}l(3)}, \quad \frac{1}{4^{\mu}l(4)}, \quad \text{etc...},$$

on reconnaîtra que ces deux séries sont l'une et l'autre convergentes, lorsqu'on a $\mu > 1$, l'une et l'autre divergentes, lorsqu'on a $\mu < 1$.

SUR LA VALEUR DE L'INTÉGRALE DÉFINIE

$$\int_{-\infty}^{\infty} e^{-(ax^2+bx+c)}\,dx,$$

a, b, c DÉSIGNANT DES CONSTANTES RÉELLES OU IMAGINAIRES.

L'intégrale

$$\int_{-\infty}^{\infty} e^{-z^2}\,dz = 2\int_0^{\infty} e^{-z^2}\,dz,$$

que l'on réduit, en posant $z = x^{\frac{1}{2}}$, à la forme

(1)
$$\int_0^{\infty} x^{-\frac{1}{2}} e^{-x}\,dx = \Gamma\left(\frac{1}{2}\right),$$

est équivalente, comme l'on sait, à la racine carrée du nombre π, en sorte qu'on a

(2)
$$\int_{-\infty}^{\infty} e^{-z^2}\,dz = \pi^{\frac{1}{2}}.$$

Si l'on prend maintenant

(3)
$$z = a^{\frac{1}{2}}\left(x + \frac{b}{2a}\right),$$

a, b désignant deux constantes réelles dont la première soit positive, on tirera de l'équation (2)

(4)
$$\int_{-\infty}^{\infty} e^{-\left(ax^2+bx+\frac{b^2}{4a}\right)}\,dx = \left(\frac{\pi}{a}\right)^{\frac{1}{2}};$$

et par suite

(5)
$$\int_{-\infty}^{\infty} e^{-(ax^2+bx+c)}\,dx = \left(\frac{\pi}{a}\right)^{\frac{1}{2}} e^{-c+\frac{b^2}{4a}}.$$

Or il est facile de prouver que les formules (4) et (5) s'étendent au cas même où les constantes a, b, c deviennent imaginaires, pourvu que la partie réelle de la constante a demeure positive. On y parvient en effet de la manière suivante.

Soient α, β, λ, μ des constantes réelles, et posons, dans la formule (1) de la page 112,

$$(6) \qquad \varphi(p,r) = \alpha p + \lambda, \qquad \chi(p,r) = (\beta p + \mu)r,$$

$$(7) \qquad p_0 = -\infty, \quad P = \infty, \qquad r_0 = 0, \quad R = 1.$$

Alors, si la fonction f est telle que le produit

$$(8) \qquad p\, f[\alpha p + \lambda + (\beta p + \mu)r\sqrt{-1}]$$

s'évanouisse pour des valeurs infinies mais réelles de p, et conserve toujours une valeur finie entre les limites

$$p = -\infty, \qquad p = \infty; \qquad r = 0, \qquad r = 1,$$

on trouvera

$$(9) \qquad (\alpha + \beta\sqrt{-1})\int_{-\infty}^{\infty} f[(\alpha + \beta\sqrt{-1})p + \lambda + \mu\sqrt{-1}]dp = \alpha\int_{-\infty}^{\infty} f(\alpha p + \lambda)dp.$$

Comme on aura d'ailleurs, en supposant $\alpha > 0$,

$$\alpha\int_{-\infty}^{\infty} f(\alpha\lambda + p)\,dp = \int_{-\infty}^{\infty} f(x)\,dx,$$

et, en supposant $\alpha < 0$,

$$\alpha\int_{-\infty}^{\infty} f(\alpha\lambda + p)\,dp = \int_{\infty}^{-\infty} f(x)\,dx = -\int_{-\infty}^{\infty} f(x)\,dx,$$

on tirera de l'équation (9), en remplaçant dans le premier membre la lettre p par la lettre x.

$$(10) \qquad \int_{-\infty}^{\infty} f[(\alpha + \beta\sqrt{-1})x + \lambda + \mu\sqrt{-1}]dx = \pm \frac{1}{\alpha + \beta\sqrt{-1}}\int_{-\infty}^{\infty} f(x)\,dx.$$

Il importe d'observer que, dans la formule (10), le double signe $\pm$ doit être réduit au signe $+$, lorsque la constante réelle α est positive, et au signe $-$ dans le cas contraire.

$$(235)$$

Soit maintenant

$$(11) \qquad\qquad f(x) = e^{-x^2}.$$

L'expression (8) deviendra

$$-(\alpha^2 - \beta^2 r^2 + 2\alpha\beta r \sqrt{-1})\left(p + \frac{\lambda + \mu r \sqrt{-1}}{\alpha + \beta r \sqrt{-1}}\right)^2$$
$$pe$$

Or cette dernière conservera toujours une valeur finie entre les limites $p = -\infty$, $p = \infty$, $r = 0$, $r = 1$, de manière à s'évanouir avec $\frac{1}{p}$, si l'on a

$$(12) \qquad\qquad \alpha^2 > \beta^2,$$

c'est-à-dire, en d'autres termes, si la partie réelle du carré

$$(\alpha + \beta \sqrt{-1})^2$$

est positive. Donc, si la condition (12) est satisfaite, on aura

$$(13) \qquad \int_{-\infty}^{\infty} e^{-(\alpha + \beta \sqrt{-1})^2 \left(x + \frac{\lambda + \mu \sqrt{-1}}{\alpha + \beta \sqrt{-1}}\right)^2} dx = \pm \frac{1}{\alpha + \beta \sqrt{-1}} \int_{-\infty}^{\infty} e^{-x^2} dx$$
$$= \pm \frac{\pi^{\frac{1}{2}}}{\alpha + \beta \sqrt{-1}}.$$

D'ailleurs, si l'on fait pour abréger

$$(14) \qquad\qquad p = \alpha^2 + \beta^2. \qquad\qquad \tau = \text{arctang} \frac{2\alpha\beta}{\alpha^2 - \beta^2},$$

on trouvera, en supposant $\alpha^2 > \beta^2$,

$$(15) \qquad\qquad a = (\alpha + \beta \sqrt{-1})^2 = p (\cos\tau + \sqrt{-1} \sin\tau),$$

et

$$(16) \qquad\qquad a^{\frac{1}{2}} = p^{\frac{1}{2}}\left(\cos\frac{\tau}{2} + \sqrt{-1} \sin\frac{\tau}{2}\right) = \pm (\alpha + \beta \sqrt{-1}).$$

le double signe devant être réduit au signe $+$ quand α sera positif, et au signe $-$ dans le cas contraire. Par suite la formule (13) donnera

$$(17) \qquad \int_{-\infty}^{\infty} e^{-a\left(x \pm \frac{\lambda + \mu \sqrt{-1}}{a^{\frac{1}{2}}}\right)^2} \, dx = \left(\frac{\pi}{a}\right)^{\frac{1}{2}}.$$

Si, dans l'équation (17), on remplace le rapport constant

$$\pm \frac{\lambda + \mu \sqrt{-1}}{a^{\frac{1}{2}}}$$

par la lettre b, on reproduira la formule (4); puis, en multipliant les deux membres par l'exponentielle

$$e^{-c + \frac{b^2}{4a}},$$

on retrouvera l'équation

$$(5) \qquad \int_{-\infty}^{\infty} e^{-(ax^2 + bx + c)} \, dx = \left(\frac{\pi}{a}\right)^{\frac{1}{2}} e^{-c + \frac{b^2}{4a}},$$

dans laquelle a, b, c pourront être des constantes imaginaires, dont la première seulement devra offrir une partie réelle positive.

Si la partie réelle de la constante a devenait négative, l'intégrale comprise dans le premier membre de l'équation (5) aurait généralement une valeur infinie ou indéterminée.

Si, dans l'équation (4), on pose, pour plus de commodité,

$$(18) \quad a = \rho(\cos \tau + \sqrt{-1} \sin \tau), \quad b = 2\rho_1(\cos \tau_1 + \sqrt{-1} \sin \tau_1), \quad c = \rho_2(\cos \tau_2 + \sqrt{-1} \sin \tau_2),$$

ρ, ρ_1, ρ_2 désignant les modules des constantes a, b, c, et τ un arc renfermé entre les limites $-\dfrac{\pi}{2}$, $\dfrac{\pi}{2}$, on en tirera

$$(19) \quad \left\{ \begin{aligned} &\int_{-\infty}^{\infty} e^{-(\rho x^2 \cos \tau + 2\rho_1 x \cos \tau_1 + \rho_2 \cos \tau_2)} e^{-(\rho x^2 \sin \tau + 2\rho_1 x \sin \tau_1 + \rho_2 \sin \tau_2)\sqrt{-1}} \, dx \\ &= \left(\frac{\pi}{\rho}\right)^{\frac{1}{2}} e^{-\rho_2 \cos \tau_2 + \frac{\rho_1^2 \cos(2\tau_1 - \tau)}{\rho}} e^{\left(-\rho_2 \sin \tau_2 + \frac{\rho_1^2 \sin(2\tau_1 - \tau)}{\rho} - \frac{\tau}{2}\right)\sqrt{-1}} \end{aligned} \right.$$

et par suite

$$(20) \quad \begin{cases} \displaystyle\int_{-\infty}^{\infty} e^{-(\rho x^2 \cos\tau + 2\rho_1 x \cos\tau_1 + \rho_2 \cos\tau_2)} \cos(\rho x^2 \sin\tau + 2\rho_1 x \sin\tau_1 + \rho_2 \sin\tau_2)\, dx \\[2ex] = \left(\dfrac{\pi}{\rho}\right)^{\frac{1}{2}} e^{-\dfrac{\rho_1^2 \cos(\tau - 2\tau_1)}{\rho} - \rho_2 \cos\tau_2} \cos\left(\dfrac{\tau}{2} + \dfrac{\rho_1^2 \sin(\tau - 2\tau_1)}{\rho} + \rho_2 \sin\tau_2\right), \end{cases}$$

$$(21) \quad \begin{cases} \displaystyle\int_{-\infty}^{\infty} e^{-(\rho x^2 \cos\tau + 2\rho_1 x \cos\tau_1 + \rho_2 \cos\tau)} \sin(\rho x^2 \sin\tau + 2\rho_1 x \sin\tau_1 + \rho_2 \sin\tau_2)\, dx \\[2ex] = \left(\dfrac{\pi}{\rho}\right)^{\frac{1}{2}} e^{-\dfrac{\rho_1^2 \cos(\tau - 2\tau_1)}{\rho} - \rho_2 \cos\tau_2} \sin\left(\dfrac{\tau}{2} + \dfrac{\rho_1^2 \sin(\tau - 2\tau_1)}{\rho} + \rho_2 \sin\tau_2\right). \end{cases}$$

Si l'on posait au contraire

$$(22) \qquad a = A + D\sqrt{-1}, \qquad b = B + E\sqrt{-1}, \qquad c = C + F\sqrt{-1},$$

A désignant une quantité positive, et B, C, D, E, F des quantités positives ou négatives; on trouverait

$$(23) \qquad \int_{-\infty}^{\infty} e^{-(Ax^2 + Bx + C)} e^{-(Dx^2 + Ex + F)\sqrt{-1}}\, dx =$$

$$\frac{\pi^{\frac{1}{2}}}{(A^2 + D^2)^{\frac{1}{4}}}\, e^{-C + \dfrac{A(B^2 - E^2) + 2BED}{4(A^2 + D^2)}}\, e^{-\left\{F + \dfrac{(B^2 - E^2)D - 2ABE}{4(A^2 + D^2)} + \dfrac{1}{2}\,\mathrm{arctang}\,\dfrac{D}{A}\right\}\sqrt{-1}},$$

et par suite

$$(24) \qquad \int_{-\infty}^{\infty} e^{-(Ax^2 + Bx + C)} \cos(Dx^2 + Ex + F).\, dx =$$

$$\frac{\pi^{\frac{1}{2}}}{(A^2 + D^2)^{\frac{1}{4}}}\, e^{-C + \dfrac{A(B^2 - E^2) + 2BED}{4(A^2 + D^2)}} \cos\left\{F + \dfrac{(B^2 - E^2)D - 2ABE}{4(A^2 + D^2)} + \dfrac{1}{2}\,\mathrm{arctang}\,\dfrac{D}{A}\right\},$$

$$(25) \qquad \int_{-\infty}^{\infty} e^{-(Ax^2 + Bx + C)} \sin(Dx^2 + Ex + F).\, dx =$$

$$\frac{\pi^{\frac{1}{2}}}{(A^2 + D^2)^{\frac{1}{4}}}\, e^{-C + \dfrac{A(B^2 - E^2) + 2BED}{4(A^2 + D^2)}} \sin\left\{F + \dfrac{(B^2 - E^2)D - 2ABE}{4(A^2 + D^2)} + \dfrac{1}{2}\,\mathrm{arctang}\,\dfrac{D}{A}\right\}.$$

Les équations (20), (21), (24) et (25) comprennent, comme cas particuliers, les formules connues

$$(26) \quad \begin{cases} \displaystyle\int_{-\infty}^{\infty} e^{-\rho x^2 \cos\tau} \cos(\rho x^2 \sin\tau)\,.\,dx = \left(\frac{\pi}{\rho}\right)^{\frac{1}{2}} \cos\frac{\tau}{2}\,, \\[2em] \displaystyle\int_{-\infty}^{\infty} e^{-\rho x^2 \cos\tau} \sin(\rho x^2 \sin\tau)\,.\,dx = \left(\frac{\pi}{\rho}\right)^{\frac{1}{2}} \sin\frac{\tau}{2}\,; \end{cases}$$

$$(27) \quad \begin{cases} \displaystyle\int_{-\infty}^{\infty} e^{-ax^2} \cos sx\,.\,dx = \left(\frac{\pi}{a}\right)^{\frac{1}{2}} e^{-\frac{s^2}{4a}}\,, \\[2em] \displaystyle\int_{-\infty}^{\infty} e^{-ax^2} \sin sx\,.\,dx = 0\,, \end{cases}$$

dont les dernières subsistent pour des valeurs quelconques des constantes a et s, pourvu que la partie réelle de la constante a reste positive.

Lorsque, dans la formule (5), on prend successivement

$$b = 2s\,, \qquad b = -2s\sqrt{-1}\,,$$

et que l'on suppose en outre $a = 1$, $c = 0$, on en conclut

$$(28) \qquad e^{s^2} = \left(\frac{1}{\pi}\right)^{\frac{1}{2}} \int_{-\infty}^{\infty} e^{-x^2} c^{2sx}\,dx\,,$$

et

$$(29) \qquad e^{-s^2} = \left(\frac{1}{\pi}\right)^{\frac{1}{2}} \int_{-\infty}^{\infty} c^{-x^2} c^{2sx\sqrt{-1}}\,dx\,.$$

Les deux équations précédentes subsistent, non-seulement pour des valeurs réelles, mais encore pour des valeurs imaginaires de la constante s, et peuvent être employées utilement dans la solution de plusieurs problèmes.

Lorsqu'on pose, dans la première des formules (27), $a = \dfrac{\theta}{2}$, et que l'on réduit chaque membre à la moitié de sa valeur, on en conclut

$$(30) \qquad \int_{0}^{\infty} e^{-\frac{1}{2}\theta x^2} \cos sx\,dx = \left(\frac{\pi}{2}\right)^{\frac{1}{2}} \frac{e^{-\frac{1}{2}\frac{s^2}{\theta}}}{\theta^{\frac{1}{2}}}\,,$$

θ pouvant être une quantité positive, ou une expression imaginaire dont la partie réelle soit positive. De plus, comme, en vertu de la formule (30),

$$e^{-\frac{1}{2}\theta x^2} \qquad \text{et} \qquad \frac{e^{-\frac{1}{2}\frac{x^2}{\theta}}}{\theta^{\frac{1}{2}}}$$

sont évidemment deux fonctions réciproques de première espèce, on tirera de l'équation (71) de la page (153)

$$(31) \qquad \alpha^{\frac{1}{2}}\left\{\frac{1}{2}+e^{-\frac{1}{2}\theta\alpha^2}+e^{-\frac{4}{2}\theta\alpha^2}+\ldots\right\}=\left(\frac{\beta}{\theta}\right)^{\frac{1}{2}}\left\{\frac{1}{2}+e^{-\frac{1}{2}\frac{\beta^2}{\theta}}+e^{-\frac{4}{2}\frac{\beta^2}{\theta}}+\ldots\right\},$$

α, β désignant deux nombres choisis de manière que l'on ait

$$(32) \qquad \alpha\beta=2\pi.$$

En d'autres termes, on aura

$$(33) \qquad a^{\frac{1}{2}}\left\{\frac{1}{2}+e^{-\theta a^2}+e^{-4\theta a^2}+e^{-9\theta a^2}+\ldots\right\}=\left(\frac{b}{\theta}\right)^{\frac{1}{2}}\left\{\frac{1}{2}+e^{-\frac{b^2}{\theta}}+e^{-4\frac{b^2}{\theta}}+e^{-9\frac{b^2}{\theta}}+\ldots\right\},$$

a, b désignant deux nombres assujettis à la condition

$$(34) \qquad ab=\pi.$$

Si, dans l'équation (33), on réduit la constante θ à l'unité, on retrouvera la formule

$$(35) \qquad a^{\frac{1}{2}}\left\{\frac{1}{2}+e^{-a^2}+e^{-4a^2}+e^{-9a^2}+\ldots\right\}=b^{\frac{1}{2}}\left\{\frac{1}{2}+e^{-b^2}+e^{-4b^2}+e^{-9b^2}+\ldots\right\}$$

déjà obtenue précédemment [page 156]. Si l'on fait, au contraire,

$$(36) \qquad \theta=\cos\tau+\sqrt{-1}\sin\tau,$$

τ désignant un arc réel, compris entre les limites $-\dfrac{\pi}{2}$, $+\dfrac{\pi}{2}$; l'équation (33) pourra être réduite à

$$(37) \quad \begin{cases} a^{\frac{1}{2}}\left(\cos\frac{\tau}{4} + \sqrt{-1}\sin\frac{\tau}{4}\right)\left[\frac{1}{2} + e^{-a^2(\cos\tau + \sqrt{-1}\sin\tau)} + e^{-4a^2(\cos\tau + \sqrt{-1}\sin\tau)} + \ldots\right] = \\[2ex] b^{\frac{1}{2}}\left(\cos\frac{\tau}{4} - \sqrt{-1}\sin\frac{\tau}{4}\right)\left[\frac{1}{2} + e^{-b^2(\cos\tau - \sqrt{-1}\sin\tau)} + e^{-4b^2(\cos\tau - \sqrt{-1}\sin\tau)} + \ldots\right], \end{cases}$$

et l'on en conclura

$$(38) \quad \begin{cases} a^{\frac{1}{2}}\left[\frac{1}{2}\cos\frac{\tau}{4} + e^{-a^2\cos\tau}\cos\left(\frac{\tau}{4} - a^2\sin\tau\right) + e^{-4a^2\cos\tau}\cos\left(\frac{\tau}{4} - 4a^2\sin\tau\right) + \ldots\right] = \\[2ex] b^{\frac{1}{2}}\left[\frac{1}{2}\cos\frac{\tau}{4} + e^{-b^2\cos\tau}\cos\left(\frac{\tau}{4} - b^2\sin\tau\right) + e^{-4b^2\cos\tau}\cos\left(\frac{\tau}{4} - 4b^2\sin\tau\right) + \ldots\right], \end{cases}$$

$$(39) \quad \begin{cases} a^{\frac{1}{2}}\left[\frac{1}{2}\sin\frac{\tau}{4} + e^{-a^2\cos\tau}\sin\left(\frac{\tau}{4} - a^2\sin\tau\right) + e^{-4a^2\cos\tau}\sin\left(\frac{\tau}{4} - 4a^2\sin\tau\right) + \ldots\right] = \\[2ex] -b^{\frac{1}{2}}\left[\frac{1}{2}\sin\frac{\tau}{4} + e^{-b^2\cos\tau}\sin\left(\frac{\tau}{4} - b^2\sin\tau\right) + e^{-4b^2\cos\tau}\sin\left(\frac{\tau}{4} - 4b^2\sin\tau\right) + \ldots\right]. \end{cases}$$

Si maintenant on pose

$$a = b = \sqrt{\pi},$$

l'équation (38) deviendra identique, mais l'équation (39) donnera

$$(40) \quad \frac{1}{2}\sin\frac{\tau}{4} + e^{-\pi\cos\tau}\sin\left(\frac{\tau}{4} - \pi\sin\tau\right) + e^{-4\pi\cos\tau}\sin\left(\frac{\tau}{4} - 4\pi\sin\tau\right) + \ldots = 0,$$

ou, ce qui revient au même,

$$(41) \quad \tan\frac{\tau}{4} = \frac{e^{-\pi\cos\tau}\sin(\pi\sin\tau) + e^{-4\pi\cos\tau}\sin(4\pi\sin\tau) + \text{etc}\ldots}{\frac{1}{2} + e^{-\pi\cos\tau}\cos(\pi\sin\tau) + e^{-4\pi\cos\tau}\cos(4\pi\sin\tau) + \text{etc}\ldots}.$$

Prenons, pour fixer les idées, $\tau = \dfrac{\pi}{6}$. Alors on aura

$$\sin\tau = \frac{1}{2}, \qquad \cos\tau = \frac{\sqrt{3}}{2},$$

et l'on tirera de la formule (41)

$$(42) \qquad \operatorname{tang} \frac{\pi}{24} = \frac{e^{-\frac{\pi\sqrt{3}}{2}} + e^{-9\frac{\pi\sqrt{3}}{2}} + e^{-25\frac{\pi\sqrt{3}}{2}} + \cdots}{\frac{1}{2} + e^{-4\frac{\pi\sqrt{3}}{2}} + e^{-16\frac{\pi\sqrt{3}}{2}} + e^{-36\frac{\pi\sqrt{3}}{2}} + \cdots},$$

Concevons à présent que l'on pose

$$\operatorname{tang} \frac{\tau}{2} = x.$$

On trouvera

$$\sin \frac{\tau}{2} = \frac{x}{\sqrt{1+x^2}}, \qquad \cos \frac{\tau}{2} = \frac{1}{\sqrt{1+x^2}},$$

$$\sin \tau = \frac{2x}{1+x^2}, \qquad 1 - \cos \tau = \frac{2x^2}{1+x^2},$$

$$\operatorname{tang} \frac{\tau}{4} = \frac{1 - \cos \frac{\tau}{2}}{\sin \frac{\tau}{2}} = \frac{(1+x^2)^{\frac{1}{2}} - 1}{x};$$

puis, en désignant par n un nombre entier quelconque,

$$e^{-n^2\pi\cos\tau}\cos(n^2\pi\sin\tau) = e^{-n^2\pi}\frac{e^{n^2\pi(1-\cos\tau+\sqrt{-1}\sin\tau)} + e^{n^2\pi(1-\cos\tau-\sqrt{-1}\sin\pi)}}{2}$$

$$= e^{-n^2\pi}\frac{e^{2n^2\pi x\sqrt{-1}(1+x\sqrt{-1})^{-1}} + e^{-2n^2\pi x\sqrt{-1}(1-x\sqrt{-1})^{-1}}}{2},$$

$$e^{-n^2\pi\cos\tau}\sin(n^2\pi\sin\tau) = e^{-n^2\pi}\frac{e^{n^2\pi(1-\cos\tau+\sqrt{-1}\sin\tau)} - e^{n^2\pi(1-\cos\tau-\sqrt{-1}\sin\tau)}}{2\sqrt{-1}}$$

$$= e^{-n^2\pi}\frac{e^{2n^2\pi x\sqrt{-1}(1+x\sqrt{-1})^{-1}} - e^{-2n^2\pi x\sqrt{-1}(1-x\sqrt{-1})^{-1}}}{2\sqrt{-1}},$$

Cela posé, la formule (41) donnera

$$(43) \qquad \frac{(1+x^2)^{\frac{1}{2}} - 1}{x} = \frac{A_1 x + A_3 x^3 + A_5 x^5 + \text{etc}\ldots}{A_0 + A_2 x^2 + A_4 x^4 + A_6 x^6 + \text{etc}\ldots},$$

les constantes A_0, A_1, A_2, A_3, A_4, etc... étant déterminées par les équations

$$(44) \quad \begin{cases} A_0 = \frac{1}{2} + e^{-\pi} + e^{-4\pi} + e^{-9\pi} + e^{-16\pi} + \text{etc}..., \\[2mm] A_1 = 2\pi\left(e^{-\pi} + 4e^{-4\pi} + 9e^{-9\pi} + 16e^{-16\pi} + \dots\dots\right), \\[2mm] A_2 = 2\pi\left(e^{-\pi} + 4e^{-4\pi} + 9e^{-9\pi} + 16e^{-16\pi} + \dots\dots\right), \\[2mm] \qquad - \frac{4\pi^2}{1.2}\left(e^{-\pi} + 4^2 e^{-4\pi} + 9^2 e^{-9\pi} + 16^2 e^{-16\pi} + \dots\right), \\[2mm] A_3 = -2\pi\left(e^{-\pi} + 4e^{-4\pi} + 9e^{-9\pi} + 16e^{-16\pi} + \dots\dots\right), \\[2mm] \qquad + 4\pi^2\left(e^{-\pi} + 4^2 e^{-4\pi} + 9^2 e^{-9\pi} + 16^2 e^{-16\pi} + \dots\right), \\[2mm] \qquad - \frac{8\pi^3}{1.2.3}\left(e^{-\pi} + 4^3 e^{-4\pi} + 9^3 e^{-9\pi} + 16^3 e^{-16\pi} + \dots\right), \\[2mm] \text{etc}\dots\dots; \end{cases}$$

de telle sorte qu'on aura généralement, pour $n > 0$,

$$(45) \quad A_n = \pm\left(S_n - \frac{n-1}{1} S_{n-1} + \frac{(n-1)(n-2)}{1.2.} S_{n-2} - \dots \mp \frac{n-1}{1} S_2 \pm S_1\right),$$

la valeur de S_n étant

$$(46) \quad S_n = \frac{(2\pi)^n}{1.2.3\dots n}\left(e^{-\pi} + 4^n e^{-4\pi} + 9^n e^{-9\pi} + 16^n e^{-16\pi} + \dots\right),$$

et le double signe $\pm$ devant être réduit au signe $+$ ou au signe $-$, suivant que le nombre entier n sera ou ne sera pas de l'une des formes $4m$, $4m+1$. Si, dans l'équation (45), on attribue au nombre n, 1.° les valeurs impaires

$$1, \quad 3, \quad 5, \dots 2m+1,$$

2.° les valeurs paires

$$2, \quad 4, \quad 6, \dots 2m,$$

on en tirera successivement

$$(47) \quad \begin{cases} A_1 = S_1, \\[4pt] A_3 = -S_3 + 2S_2 - S_1, \\[4pt] A_5 = S_5 - 4S_4 + 6S_3 - 4S_2 + S_1, \\[4pt] \text{etc.}\dots\dots \\[4pt] A_{2m+1} = (-1)^m\left[S_{2m+1} - \dfrac{2m}{1}S_{2m} + \dfrac{2m(2m-1)}{1\cdot 2}S_{2m-2} - \dots + S_1 \right], \end{cases}$$

$$(48) \quad \begin{cases} A_2 = -S_2 + S_1, \\[4pt] A_4 = S_4 - 3S_3 + 3S_2 - S_1, \\[4pt] A_6 = -S_6 + 5S_5 - 10S_4 + 10S_3 - 5S_2 + S_1, \\[4pt] \text{etc.}\dots\dots \\[4pt] A_{2m} = (-1)^m\left[S_{2m} - \dfrac{2m-1}{1}S_{2m-1} + \dfrac{(2m-1)(2m-2)}{1\cdot 2}S_{2m-2} - \dots - S_1 \right]. \end{cases}$$

De plus, comme on a, en vertu de la formule du binome, et en supposant $x^2 < 1$,

$$(49) \quad \frac{(1+x^2)^{\frac{1}{2}} - 1}{x} = \frac{1}{2}\left\{ x - \frac{1}{4}x^3 + \frac{1.3}{4.6}x^5 - \frac{1.3.5}{4.6.8}x^7 + \dots \right\},$$

il est clair que l'équation (43) pourra être présentée sous la forme

$$(50) \qquad A_1 x + A_3 x^3 + A_5 x^5 + \text{etc}\dots =$$

$$\frac{1}{2}\left\{ x - \frac{1}{4}x^3 + \frac{1.3}{4.6}x^5 + \frac{1.3.5}{4.6.8}x^7 + \dots \right\} \left\{ A_0 + A_2 x^2 + A_4 x^4 + A_6 x^6 + \dots \right\}.$$

Lorsque, dans cette dernière, on développe le second membre suivant les puissances ascendantes de x, le développement doit coïncider, quel que soit x, avec le polynome renfermé dans le premier membre; d'où l'on conclut

$$(51) \quad \begin{cases} A_1 = \dfrac{1}{2}A_0, \\[10pt] A_3 = \dfrac{1}{2}A_2 - \dfrac{1}{2.4}A_0, \\[10pt] A_5 = \dfrac{1}{2}A_4 - \dfrac{1}{2.4}A_2 + \dfrac{1.3}{2.4.6}A_0, \\[6pt] \text{etc.}\dots \\[10pt] A_{2m+1} = \dfrac{1}{2}A_{2m} - \dfrac{1}{2.4}A_{2m-2} + \dfrac{1.3}{2.4.6}A_{2m-4} - \dots \pm \dfrac{1.3\dots(2m-1)}{2.4\dots(2m+2)}A_0. \end{cases}$$

Enfin, si l'on reporte dans les formules (51) les valeurs de A_1, A_2, A_3, A_4, ...
tirées des équations (44), ou, ce qui revient au même, des équations (47) et (48), on
trouvera

$$(52) \qquad \frac{1}{4\pi} = \frac{e^{-\pi} + 4e^{-4\pi} + 9e^{-9\pi} + 16e^{-16\pi} + \dots}{\frac{1}{2} + e^{-\pi} + e^{-4\pi} + e^{-9\pi} + e^{-16\pi} + \dots},$$

et l'on obtiendra des relations dignes de remarque entre les sommes désignées par S_1,
S_2, S_3, etc.... On aura, par exemple,

$$(53) \qquad S_3 = \frac{5}{2}\left(S_2 - \frac{1}{2}S_1\right),$$

ou, en d'autres termes,

$$(54) \quad \left\{ \begin{aligned} &e^{-\pi} + 4^3 e^{-4\pi} + 9^3 e^{-9\pi} + 16^3 e^{-16\pi} + \dots \\ &= \frac{15}{4\pi}\left(e^{-\pi} + 4^2 e^{-4\pi} + 9^2 e^{-9\pi} + 16^2 e^{-16\pi} + \dots\right) \\ &\quad - \frac{15}{8\pi^2}\left(e^{-\pi} + 4e^{-4\pi} + 9e^{-9\pi} + 16e^{-16\pi} + \dots\dots\right). \end{aligned} \right.$$

SUR QUELQUES PROPOSITIONS FONDAMENTALES

DU CALCUL DES RÉSIDUS.

Soit $f(z)$ une fonction qui s'évanouisse, lorsqu'on attribue à la variable z des valeurs infinies, réelles ou imaginaires, et supposons que le produit

$$(1) \qquad z f(z)$$

se réduise alors à une constante déterminée $\mathcal{F}$. D'après ce qu'on a dit dans le premier volume des Exercices, page 110, le résidu intégral de la fonction $f(z)$ sera précisément égal à $\mathcal{F}$, en sorte qu'on aura

$$(2) \qquad \mathcal{E}((\, f(z)\,)) = \mathcal{F}.$$

Comme cette dernière formule peut servir à résoudre un grand nombre de problêmes, il importe de bien fixer le sens de la proposition qu'elle renferme. Tel est l'objet dont nous allons d'abord nous occuper.

J'observerai en premier lieu que, dans le cas où l'équation

$$(3) \qquad \frac{1}{f(z)} = 0$$

a une infinité de racines, l'expression *résidu intégral* désigne la limite vers laquelle la somme des résidus partiels de la fonction $f(z)$ converge de plus en plus, à mesure que l'on fait entrer dans cette somme un plus grand nombre de termes. Or la valeur de cette limite peut dépendre de l'ordre dans lequel on range les résidus partiels pour les ajouter les uns aux autres. C'est ce qui arrivera, par exemple, si l'on suppose

$$f(z) = \frac{\pi \cos \pi z}{z \sin \pi z}.$$

Alors l'équation (3), réduite à

$$(4) \qquad z \sin \pi z = 0,$$

aura 1.° deux racines nulles, correspondantes à un résidu pareillement nul, 2.° des racines positives comprises dans la série

$$(5) \qquad 1, \quad 2, \quad 3, \quad 4, \quad \text{etc}\dots ,$$

et auxquelles correspondront les résidus partiels

$$(6) \qquad 1, \quad \frac{1}{2}, \quad \frac{1}{3}, \quad \frac{1}{4}, \quad \text{etc}\dots ;$$

3.° des racines négatives comprises dans la série

$$(7) \qquad -1, \quad -2, \quad -3, \quad -4, \quad \text{etc}\dots ,$$

et auxquelles correspondront les résidus partiels

$$(8) \qquad -1, \quad -\frac{1}{2}, \quad -\frac{1}{3}, \quad -\frac{1}{4}, \quad \text{etc}\dots.$$

Or, si dans l'addition des résidus partiels, on suit l'ordre de grandeur des valeurs numériques des racines, en ajoutant toujours simultanément les résidus qui correspondent
à des racines égales, mais affectées de signes contraires, la somme obtenue sera constamment nulle, et l'on pourra en dire autant de la limite vers laquelle convergera cette
somme, à mesure que l'on y fera entrer un plus grand nombre de termes. Donc, si l'on
considère la notation

$$(9) \qquad \mathcal{E}\left(\left(\frac{\pi\cos\pi z}{z\sin\pi z}\right)\right)$$

comme destinée à représenter la limite de laquelle le résidu

$$(10) \qquad \overset{n}{\underset{-n}{\mathcal{E}}}\,\overset{\infty}{\underset{-\infty}{}}\left(\left(\frac{\pi\cos\pi z}{z\sin\pi z}\right)\right)$$

s'approche indéfiniment pour des valeurs croissantes de n, on aura

$$(11) \qquad \mathcal{E}\left(\left(\frac{\pi\cos\pi z}{z\sin\pi z}\right)\right) = 0.$$

Mais si, dans l'addition des résidus partiels, on n'a point égard à l'ordre de grandeur
des valeurs numériques des racines; si, pour fixer les idées, on ajoute aux n premiers

termes de la série (8) les $n+m$ premiers termes de la série (6), m et n étant deux nombres entiers quelconques, on obtiendra la somme

$$(12) \qquad \frac{1}{n+1} + \frac{1}{n+2} + \cdots + \frac{1}{n+m},$$

qui, se trouvant toujours comprise entre les deux quantités

$$(13) \qquad l\left(1 + \frac{m}{n}\right), \qquad l\left(1 + \frac{m}{n+1}\right),$$

[voyez la page 227], pourra converger vers une limite finie et positive, ou même vers une limite infinie, tandis que les nombres m et n croîtront indéfiniment. On arriverait à des conclusions du même genre, si l'on ajoutait aux n premiers termes de la série (6) les $n+m$ premiers termes de la série (8). Seulement alors la somme obtenue, et la limite vers laquelle cette somme convergerait, deviendraient négatives. Ainsi, dans le cas que nous considérons, le résidu intégral

$$\mathcal{E}((\,f(z)\,)) = \mathcal{E}\left(\left(\frac{\pi\cos\pi z}{z\sin\pi z}\right)\right)$$

aura une valeur générale indéterminée, qui pourra être finie ou infinie, positive ou négative; et la formule (11) ne fournira qu'une valeur particulière de ce même résidu.

Revenons au cas où $f(z)$ désigne une fonction quelconque. Alors l'équation (3) pourra offrir non-seulement des racines réelles, mais encore des racines imaginaires. De plus toute valeur imaginaire de z pourra être présentée sous la forme

$$(14) \qquad z = re^{p\sqrt{-1}},$$

r désignant une quantité positive appelée *module*, et p une variable réelle, comprise entre les deux limites $-\pi$, $+\pi$. Enfin l'on pourra concevoir que les variables réelles r et p représentent deux coordonnées polaires, savoir le rayon vecteur d'un point mobile, ce rayon étant compté à partir d'une origine fixe, et l'angle que fait le même rayon vecteur avec un axe fixe passant par l'origine. Cela posé, imaginons que, dans le plan des coordonnées r et p, on trace une courbe fermée ou un contour fermé, dont la forme varie sans cesse et de manière que ses différents points s'éloignent indéfiniment de l'origine. Supposons d'ailleurs qu'on ajoute les uns aux autres les résidus partiels de la fonction $f(z)$ correspondants à des valeurs de r et de p qui indiquent des points situés dans l'intérieur de la courbe. Le nombre des termes dont se composera la somme ainsi obtenue croîtra sans cesse, et la limite vers laquelle convergera cette somme pourra dépendre de la nature de la courbe dont nous avons parlé. Donc le résidu intégral de la fonction $f(z)$, qui n'est autre que cette limite, aura le plus souvent une valeur générale indéterminée. Mais il n'en sera plus de même si la courbe est réduite à la circonférence d'un cercle dont le centre coïncide avec l'origine, et dont le rayon R croisse de plus en plus. Alors la somme des résidus de $f(z)$ correspondants à des points situés dans l'intérieur du cercle, c'est-à-dire, la somme des résidus correspondants aux racines dont le module sera inférieur à R, se trouvera représentée par la notation

$$(15) \qquad \mathop{\mathcal{E}}_{(0) \ (-\pi)}^{(R) \ (\pi)} ((f(z))),$$

[voyez le 1.er volume des Exercices, page 207], et pourra converger vers une limite déterminée, tandis que le rayon R deviendra de plus en plus grand. Cette dernière limite sera une valeur particulière du résidu intégral

$$\mathcal{E}((f(z))),$$

que nous appellerons *valeur principale*, et qu'il ne faut pas confondre avec la valeur générale ci-dessus mentionnée. Dans l'exemple que nous avons déjà traité, le résidu intégral

$$\mathcal{E}((f(z))) = \mathcal{E}\left(\left(\frac{\pi \cos \pi z}{z \sin \pi z} \right) \right)$$

a pour valeur générale une quantité indéterminée, mais sa valeur principale se réduit à zéro.

Les observations que nous venons de faire s'étendent au cas même où, la fonction $f(z)$ se présentant sous la forme d'une fraction, il s'agirait d'évaluer le résidu intégral relatif aux racines de $\dfrac{1}{f(z)} = 0$, qui rendraient le dénominateur de la fraction nul, ou le numérateur infini. Supposons, pour fixer les idées,

$$f(z) = \frac{f(z)}{F(z)}.$$

Alors les *valeurs principales* des deux expressions

$$\mathcal{E} \, \frac{((f(z)))}{F(z)}, \qquad \mathcal{E} \, \frac{f(z)}{((F(z)))}$$

ne seront autres que les limites vers lesquelles convergeront les résidus

$$ {}^{(R)}_{(0)}\mathcal{E}^{(\pi)}_{(-\pi)}\frac{((\,f(z)\,))}{F(z)} \,, \qquad {}^{(R)}_{(0)}\mathcal{E}^{(\pi)}_{(-\pi)}\frac{f(z)}{((\,F(z)\,))} \,, $$

tandis que le module R deviendra de plus en plus grand.

Il est maintenant facile de s'assurer que; dans la formule (2), le résidu intégral

$$ \mathcal{E}\,((\,f(z)\,)) $$

doit toujours être réduit à sa valeur principale. Effectivement, pour y parvenir, il suffit d'observer que cette formule peut être déduite de l'équation (64) de la page 212 du 1.er volume à l'aide des considérations suivantes.

Supposons que la fonction $f(z)$ ne demeure pas infinie pour $z = 0$. Alors, en remplaçant t par z, $f(t)$ par $f(z)$, et r_0 par zéro, dans l'équation (64) de la page 212 du premier volume, on trouvera

$$ (16) \qquad {}^{(R)}_{(0)}\mathcal{E}^{(\pi)}_{(-\pi)}((\,f(z)\,)) = \frac{1}{2\pi}\int_{-\pi}^{\pi} R\,e^{p\sqrt{-1}}\,f(R\,e^{p\sqrt{-1}})\,dp . $$

J'ajoute que la formule (16) s'étend au cas même où la fonction $f(z)$ devient infinie avec $\dfrac{1}{z}$, pourvu que, dans ce cas, on considère le résidu de $f(z)$ relatif à $z = 0$ comme renfermé dans la somme désignée par la notation

$$ {}^{(R)}_{(0)}\mathcal{E}^{(\pi)}_{(-\pi)}((\,f(z)\,)) \,, $$

En effet, soit m le nombre des racines nulles de l'équation (3), et faisons, pour abréger,

$$ z^m f(z) = f(z) . $$

Les premiers termes du développement de $f(z)$ suivant les puissances ascendantes de z composeront le polynome

$$ \frac{f(0)}{z^m} + \frac{1}{z^{m-1}}\frac{f'(0)}{1} + \frac{1}{z^{m-2}}\frac{f''(0)}{1.2} + \cdots + \frac{1}{z}\frac{f^{(m-1)}(0)}{1.2.3\ldots(m-1)} , $$

et la différence

$$\varpi(z) = f(z) - \left\{ \frac{f(0)}{z^m} + \frac{1}{z^{m-1}} \frac{f'(0)}{1} + \dots + \frac{1}{z} \frac{f^{(m-1)}(0)}{1.2.3\dots(m-1)} \right\}$$

sera une nouvelle fonction de z qui ne deviendra plus infinie avec $\frac{1}{z}$. On aura donc, en vertu de la formule (16),

$$\underset{(0)}{\overset{(R)}{\mathcal{E}}} \underset{(-\pi)}{\overset{(\pi)}{}} ((\varpi(z))) = \frac{1}{2\pi} \int_{-\pi}^{\pi} R e^{p\sqrt{-1}} \varpi(R e^{p\sqrt{-1}}) \, dp.$$

Or, si l'on substitue dans l'équation précédente la valeur de $\varpi(z)$, en observant que l'on a, pour $n > 1$,

$$\mathcal{E}\left(\left(\frac{1}{z^n}\right)\right) = 0 , \qquad \int_{-\pi}^{\pi} \frac{R e^{p\sqrt{-1}}}{R^n e^{np\sqrt{-1}}} = R^{-n+1} \int_{-\pi}^{\pi} e^{-(n-1)p\sqrt{-1}} \, dp = 0 ,$$

et pour $n = 1$,

$$\mathcal{E}\left(\left(\frac{1}{z^n}\right)\right) = \mathcal{E}\left(\left(\frac{1}{z}\right)\right) = 1 , \qquad \int_{-\pi}^{\pi} \frac{R e^{p\sqrt{-1}}}{R^n e^{np\sqrt{-1}}} \, dp = \int_{-\pi}^{\pi} dp = 2\pi ,$$

on obtiendra la formule

$$\underset{(0)}{\overset{(R)}{\mathcal{E}}} \underset{(-\pi)}{\overset{(\pi)}{}} ((f(z))) - \frac{f^{(m-1)}(0)}{1.2.3\dots(m-1)} = \frac{1}{2\pi} \int_{-\pi}^{\pi} R e^{p\sqrt{-1}} f(R e^{p\sqrt{-1}}) \, dp - \frac{f^{(m-1)}(0)}{1.2.3\dots(m-1)}$$

qui pourra être évidemment réduite à la formule (16).

Cela posé, désignons par $\mathcal{J}$ une constante déterminée, et admettons qu'en attribuant au module r des valeurs de plus en plus grandes, on puisse choisir ces valeurs de manière que la différence

$$(17) \qquad \Delta = z f(z) - \mathcal{J} = r e^{p\sqrt{-1}} f(r e^{p\sqrt{-1}}) - \mathcal{J}$$

s'approche indéfiniment de zéro, quel que soit p. En désignant par R une des valeurs dont il s'agit, et par δ la valeur correspondante de l'intégrale

$$(18) \qquad \frac{1}{2\pi} \int_{-\pi}^{\pi} \Delta \, dp ,$$

on conclura de l'équation (16)

$$(19) \qquad \underset{(0)}{\overset{(R)}{\mathcal{E}}} \underset{(-\pi)}{\overset{(\pi)}{}} ((f(z))) = \mathcal{J} + \delta ;$$

puis, en prenant $R = \infty$, et supposant le résidu intégral

$$\mathcal{E}((\,f(z)\,))$$

réduit à sa valeur principale, on trouvera définitivement

(2) $$\mathcal{E}((\,f(z)\,)) = \mathcal{J}$$

La démonstration précédente de la formule (2) subsisterait encore, si les valeurs de la différence

$$\Delta = z\,f(z) - \mathcal{J},$$

correspondantes à de très-grandes valeurs de z, étaient sensiblement nulles pour des valeurs de p sensiblement distinctes de certaines quantités p_0, p_1, p_2, …… et demeuraient finies pour des valeurs de p très-rapprochées de p_0, p_1, p_2, … En effet, les parties de l'intégrale (18), correspondantes à ces dernières valeurs de p, seraient de la forme

(20)
$$\frac{1}{2\pi} \int_{p_0 - \varepsilon_1}^{p_0 + \varepsilon_2} \Delta\, dp = \frac{1}{2\pi} \int_{p_0 - \varepsilon_1}^{p_0 + \varepsilon_2} (\Delta_1 + \Delta_2 \sqrt{-1})\, dp\,,$$

$$= \frac{1}{2\pi} \left\{ \int_{p_0 - \varepsilon_1}^{p_0 + \varepsilon_2} \Delta_1\, dp + \sqrt{-1} \int_{p_0 - \varepsilon_1}^{p_0 + \varepsilon_2} \Delta_2\, dp \right\},$$

ε_1, ε_2 désignant des nombres très-petits, et Δ_1, Δ_2 des quantités finies. Or, chacune des intégrales réelles

$$\int_{p_0 - \varepsilon_1}^{p_0 + \varepsilon_2} \Delta_1\, dp\,, \qquad \int_{p_0 - \varepsilon_1}^{p_0 + \varepsilon_2} \Delta_2\, dp\,,$$

étant égale au produit de la somme $\varepsilon_2 + \varepsilon_1$ par une moyenne entre les diverses valeurs de Δ_1 ou de Δ_2, resterait fort petite dans l'hypothèse admise; et l'on pourrait en dire autant non-seulement de l'expression (20), mais encore de l'intégrale (18), dans laquelle toutes les parties relatives à des valeurs sensibles de Δ seraient sensiblement nulles. Ainsi, pour que notre démonstration subsiste, il suffit que des valeurs de Δ, correspondantes à de très-grands modules de z, demeurent généralement ou très-petites, ou finies, quel que soit l'angle p, et ne puissent cesser d'être très-petites, en devenant finies, que pour certaines valeurs particulières du même angle. Il y a plus; il suffit que cette condition puisse être remplie, pour des modules de z convenablement choisis, mais supérieurs à toute limite assignable, par exemple, pour des modules respectivement égaux aux différents termes d'une série donnée et toujours croissante. Il pourrait d'ailleurs arriver que d'autres valeurs de Δ, qui correspondraient à des modules de z très-considérales, mais pris hors de la série donnée, fussent infinies; et c'est ce qui arrivera d'ordinaire, lorsque l'équation (3) aura une infinité de racines.

Pour faire mieux saisir ces principes, appliquons-les à un cas particulier, et supposons

$$(21) \qquad f(z) = \frac{\left(e^{\frac{1}{2}z} + e^{-\frac{1}{2}z} \right)^2}{z(e^z + e^{-z})} = \frac{1}{z}\left(1 + \frac{2}{e^z + e^{-z}} \right).$$

Comme on trouvera dans ce cas

$$(22) \qquad z\,f(z) = 1 + \frac{2}{e^z + e^{-z}},$$

il est clair que le produit $z\,f(z)$ différera très-peu de l'unité, pour de très-grandes valeurs attribuées au module r de la variable

$$z = r\,e^{p\sqrt{-1}} = r(\cos p + \sqrt{-1}\,\sin p),$$

tant que l'on n'aura pas sensiblement

$$(23) \qquad \cos p = 0,$$

c'est-à-dire,

$$(24) \qquad p = +\frac{\pi}{2}, \qquad \text{ou} \qquad p = -\frac{\pi}{2}.$$

Ainsi, dans le cas présent, on tirera de la formule (22) $f = 1$,

$$(25) \qquad \Delta = z\,f(z) - 1 = \frac{2}{e^z + e^{-z}} = \frac{2}{e^{r\cos p + r\sin p\sqrt{-1}} + e^{-r\cos p - r\sin p\sqrt{-1}}}.$$

D'ailleurs, en prenant $p = \pm\frac{\pi}{2}$, on trouvera $z = \pm r\sqrt{-1}$,

$$(26) \qquad \Delta = \frac{1}{\cos r}.$$

Or, cette dernière valeur de Δ deviendra infinie, si l'on pose

$$(27) \qquad r = \frac{(2n+1)\pi}{2},$$

n étant un nombre entier aussi grand que l'on voudra ; mais elle restera finie, et se réduira simplement à l'unité, si l'on pose

$$(28) \qquad r = n\pi,$$

c'est-à-dire, si l'on prend pour r un terme de la série

$$(29) \qquad 0, \quad \pi, \quad 2\pi, \quad 3\pi, \quad 4\pi, \quad \text{etc....}$$

Il y a plus : si le nombre entier n devient infiniment grand, la valeur de Δ correspondante à $r = n\pi$, restera toujours finie, lorsqu'elle cessera d'être infiniment petite, ou, ce qui revient au même, lorsque l'angle p différera très-peu de l'une des quantités $-\dfrac{\pi}{2}, +\dfrac{\pi}{2}$. Pour le démontrer, nommons $\mathcal{R}$ le module de la différence Δ et $\mathcal{P}$ un arc réel choisi de manière à vérifier l'équation

$$(30) \qquad \mathcal{R}\left(\cos\mathcal{P} + \sqrt{-1}\sin\mathcal{P}\right) = \Delta = \frac{2}{e^{r\cos p + r\sin p\sqrt{-1}} + e^{-r\cos p - r\sin p\sqrt{-1}}}.$$

On tirera de cette équation

$$(31) \qquad \mathcal{R}^2 = \frac{4}{e^{2r\cos p} + 2\cos(2r\sin p) + e^{-2r\cos p}}.$$

Si maintenant on cherche les *maxima* et *minima* de l'expression

$$(32) \qquad e^{2r\cos p} + 2\cos(2r\sin p) + e^{-2r\cos p},$$

en considérant p comme seule variable, on reconnaîtra qu'ils sont donnés par la formule

$$2\cos p . \sin(2r\sin p) + \left(e^{2r\cos p} - e^{-2r\cos p}\right)\sin p = 0,$$

à laquelle on ne peut satisfaire qu'en supposant

$$(33) \qquad \cos p = 0, \qquad \text{ou} \qquad (34) \qquad \sin p = 0,$$

puisqu'on en tirerait dans toute autre hypothèse

$$\frac{e^{2r\cos p} - e^{-2r\cos p}}{4r\cos p} = -\frac{\sin(2r\sin p)}{2r\sin p} < 1,$$

et par suite

$$1 + \frac{(2r\cos p)^2}{1.2.3} + \frac{(2r\cos p)^4}{1.2.3.4.5} + \text{etc...} < 1 \, ,$$

ce qui serait absurde. Il est aisé d'en conclure que l'expression (32) admettra un seul *maximum* correspondant à $\sin p = 0$, savoir,

$$(35) \qquad e^{2r} + 2 + e^{-2r} = (e^r + e^{-r})^2 ,$$

et un seul *minimum* correspondant à $\cos p = 0$, savoir,

$$(36) \qquad 1 + 2\cos 2r + 1 = 4\cos^2 r .$$

Donc la quantité $\Re^2$ sera comprise entre les limites

$$(37) \qquad \left(\frac{2}{e^r + e^{-r}}\right)^2 , \qquad \frac{1}{\cos^2 r} \, ,$$

et le module $\Re$ de la différence Δ ne surpassera jamais la valeur numérique du rapport

$$(38) \qquad \frac{1}{\cos r} .$$

Ce rapport devient infini, comme on devait s'y attendre, quand on suppose

$$r = \frac{(2n+1)\pi}{2} .$$

Mais, si l'on prend $r = n\pi$, la valeur numérique du même rapport, ou la limite supérieure du module $\Re$, se réduira simplement à l'unité. Donc alors, dans la différence Δ, la partie réelle et le coefficient de $\sqrt{-1}$ seront renfermés entre les limites -1, $+1$, et cette différence aura toujours une valeur finie, quand elle cessera d'être infiniment petite, ce qu'il s'agissait de démontrer.

On aura donc, en vertu de la formule (2),

$$(39) \qquad \mathcal{E} \, \frac{\left(e^{\frac{1}{2}z} + e^{-\frac{1}{2}z}\right)^2}{((\, z(e^z + e^{-z})\,))} = 1 \, ,$$

pourvu que l'on réduise le résidu

$$\mathcal{E}\,\frac{\left(e^{\frac{1}{2}z}+e^{-\frac{1}{2}z}\right)^{2}}{((\,z(e^{z}+e^{-z})\,))}$$

à sa valeur principale. La formule (39), étant développée, fournit l'équation connue

$$(40) \qquad 1-\frac{1}{3}+\frac{1}{5}-\frac{1}{7}+\text{etc...}=\frac{\pi}{4}\,.$$

De tout ce qu'on vient de dire, il résulte qu'on peut énoncer le théorême suivant.

1.ᵉʳ Théorême. *Si, en attribuant au module* r *de la variable*

$$z=r(\cos p+\sqrt{-1}\,\sin p)$$

des valeurs infiniment grandes, on peut les choisir de manière que le produit

$$(1) \qquad z\,f(z)$$

devienne sensiblement égal à une constante déterminée $\mathscr{G}$, *quel que soit d'ailleurs l'angle* p, *ou du moins de manière que la différence*

$$z\,f(z)-\mathscr{G}$$

reste toujours finie ou infiniment petite, et ne cesse d'être infiniment petite, en demeurant finie, que dans le voisinage de certaines valeurs particulières de l'angle p ; *on aura*

$$(2) \qquad \mathcal{E}((\,f(z)\,))=\mathscr{G}\,,$$

pourvu que, dans le premier membre de l'équation (2) , *on réduise le résidu intégral*

$$\mathcal{E}((\,f(z)\,))$$

à sa valeur principale.

Corollaire 1.ᵉʳ Lorsque les conditions énoncées dans le théorême précédent sont remplies, la valeur principale du résidu intégral

$$\mathcal{E}((\,f(z)\,))$$

est complètement déterminée par la formule (2). En d'autres termes, l'expression

$$\underset{(o)}{\overset{(R)}{\mathcal{E}}}\underset{(-\pi)}{\overset{(\pi)}{}}((f(z)))$$

s'approche indéfiniment d'une limite fixe, tandis que le nombre R devient de plus en plus grand, et cette limite fixe est précisément la constante $\mathcal{F}$. Donc, si l'on nomme

$$(41) \qquad\qquad r_0, \qquad r_1, \qquad r_2, \;\ldots\; r_n, \;\ldots$$

les divers modules des racines de l'équation (5), rangés par ordre de grandeur, et u_n la somme des résidus partiels, relatifs aux racines qui offrent le module r_n, la série

$$(42) \qquad\qquad u_0, \qquad u_1, \qquad u_2, \;\ldots\; u_n, \;\ldots$$

sera convergente, et l'on aura

$$(43) \qquad\qquad u_0 + u_1 + u_2 + \text{etc}\ldots = \mathcal{F}.$$

Si, au lieu de prolonger la série (42) à l'infini, on l'arrêtait après un certain terme, la somme des termes conservés ne serait pas rigoureusement égale à $\mathcal{F}$, mais la différence entre cette somme et la somme de la série serait représentée par l'intégrale (18). Nous montrerons, dans un autre article, comment on peut calculer par approximation l'intégrale dont il s'agit, et par conséquent le reste de la série (42).

Corollaire 2. Si le nombre des valeurs de p, dans le voisinage desquelles la différence

$$\Delta = z f(z) - \mathcal{F}$$

cesse d'être infiniment petite en demeurant finie, croissait indéfiniment avec le module r de la variable z, alors, pour que l'on pût compter sur l'exactitude de l'équation (7), il deviendrait nécessaire que la somme des intégrales semblables à l'intégrale (20), s'approchât indéfiniment, pour des valeurs croissantes de r, de la limite zéro.

Exemples. Appliquons maintenant le théorème 1 à quelques exemples; et posons successivement

$$(44) \qquad f(z) = \frac{1}{z}\, \frac{e^{2z}+e^{-2z}}{e^{2z}-2+e^{-2z}}, \qquad\qquad (45) \qquad f(z) = \frac{1}{z}\, \frac{e^{2z}+e^{-2z}}{e^{2z}+2+e^{-2z}}.$$

On aura, dans l'un et l'autre cas, $\mathcal{F} = 1$. De plus, les valeurs de Δ, qui correspondent aux valeurs précédentes de $f(z)$, savoir,

$$(46) \quad \Delta = \frac{2}{(e^z - e^{-z})^2} \, , \qquad \text{et} \qquad (47) \quad \Delta = - \frac{2}{(e^z + e^{-z})^2}$$

resteront toujours finies ou infiniment petites, la première, pour toutes les valeurs de r comprises dans la série

$$(48) \quad \frac{1}{2}\pi \, , \qquad \frac{3}{2}\pi \, , \qquad \frac{5}{2}\pi \, , \qquad \frac{7}{2}\pi \, , \qquad \text{etc...} \, ,$$

et la seconde pour toutes les valeurs de r comprises dans la série (29), et ne cesseront d'être infiniment petites, en demeurant finies, que pour des valeurs de p très-voisines de $+\frac{\pi}{2}$ ou de $-\frac{\pi}{2}$.. Cela posé, on tirera de la formule (2)

$$(49) \quad \mathcal{L}\left(\left(\frac{1}{z}\,\frac{e^{2z}+e^{-2z}}{e^{2z}-2+e^{-2z}}\right)\right)=1, \qquad (50) \quad \mathcal{L}\left(\left(\frac{1}{z}\,\frac{e^{2z}+e^{-2z}}{e^{2z}+2+e^{-2z}}\right)\right)=1 \, ,$$

puis, en développant les équations (49) et (50), on retrouvera les formules connues

$$(51) \quad 1 + \frac{1}{4} + \frac{1}{9} + \frac{1}{16} + \text{etc...} = \frac{\pi^2}{6} \, ,$$

$$(52) \quad 1 + \frac{1}{9} + \frac{1}{25} + \frac{1}{49} + \text{etc...} = \frac{\pi^2}{8} \, .$$

Lorsque la série (42) est divergente, l'équation (2) ne saurait subsister, et par conséquent l'on peut être assuré que les conditions énoncées dans le théorème 1 ne sont pas remplies. Ainsi, par exemple, si l'on suppose

$$(53) \quad f(z) = \frac{z^{2m+1}}{e^{z} - e^{-z}} \, ,$$

m désignant un nombre entier quelconque, la série (42) deviendra

$$(54) \quad 0 \, , \qquad -\frac{\pi^m}{2} \, , \qquad +\frac{(2\pi)^m}{2} \, , \qquad -\frac{(3\pi)^m}{2} \, , \qquad +\text{etc...} \, ,$$

et sera divergente. Donc alors il sera impossible d'assigner au module de z une valeur telle que la différence Δ reste finie ou infiniment petite, quel que soit p. Cette conclusion est d'autant plus remarquable qu'on a, dans le cas présent, $\mathcal{F}=0$, et que l'expression

$$\Delta = z f(z) = \frac{z^{2m+2}}{e^{z^2} - e^{-z^2}} = \frac{r^{2m+2}\left[\cos\left(2m+2\right)p + \sqrt{-1}\,\sin\left(2m+2\right)p\right]}{e^{r^2\left(\cos 2p + \sqrt{-1}\,\sin 2p\right)} - e^{-r^2\left(\cos 2p + \sqrt{-1}\,\sin 2p\right)}}$$

s'évanouit en général pour des valeurs infinies du module r de la variable z. Mais, si l'on attribue à l'angle p l'une des valeurs $-\dfrac{\pi}{2}$, $+\dfrac{\pi}{2}$, la même expression réduite à

$$\pm \frac{r^{2m+2}}{\sin^2 r}\,\sqrt{-1}$$

deviendra infinie, quelle que soit la valeur infiniment grande attribuée au module r, ce qui s'accorde avec la conclusion à laquelle nous étions parvenus.

Lorsque, dans la formule (2), on suppose la constante $\mathscr{g}$ réduite à zéro, on obtient, au lieu du 1.er théorème, celui que nous allons énoncer.

2.e Théorème. *Si, en attribuant au module* r *de la variable*

$$z = r\left(\cos p + \sqrt{-1}\,\sin p\right)$$

des valeurs infiniment grandes, on peut les choisir de manière que le produit

$$(1) \qquad\qquad z f(z)$$

devienne sensiblement égal à zéro, quel que soit d'ailleurs l'angle p, *ou du moins de manière que ce produit reste toujours fini ou infiniment petit, et ne cesse d'être infiniment petit, en demeurant fini, que dans le voisinage de certaines valeurs particulières de* p ; *on aura*

$$(55) \qquad\qquad \mathcal{E}\left(\!\left(\,f(z)\,\right)\!\right) = 0,$$

pourvu que, dans le second membre de l'équation (55), on réduise le résidu intégral

$$\mathcal{E}\left(\!\left(\,f(z)\,\right)\!\right)$$

à sa valeur principale.

Exemples. Posons successivement

$$(56) \qquad f(z) = \frac{1}{z^2}\,\frac{e^{z} + e^{-z}}{e^{z} - e^{-z}}, \qquad\qquad (57) \qquad f(z) = \frac{\cot z}{z^2},$$

Alors, si l'on attribue au module de z une valeur infiniment grande prise dans la série (48), le produit $z f(z)$ deviendra infiniment petit, quel que soit l'angle p. Par suite la formule (55) entraînera les deux équations

$$(58) \qquad \mathcal{L}\left(\left(\frac{1}{z^2}\,\frac{e^z+e^{-z}}{e^z-e^{-z}}\right)\right)=0\,. \qquad\qquad (59) \qquad \left(\left(\frac{\cot z}{z^2}\right)\right)=0\,,$$

qui coïncident l'une et l'autre avec la formule (51). Il est d'ailleurs facile de s'assurer que ces deux équations s'accordent entre elles, attendu que, pour passer de la première à la seconde, il suffit de remplacer z par $z\sqrt{-1}$.

Prenons encore

$$(60) \qquad f(z) = \frac{1}{(e^{az}-e^{-az})\cos bz}\,,$$

a et b désignant deux quantités positives. L'équation (3) sera vérifiée non-seulement par la valeur $z=0$, mais encore par les valeurs de z comprises dans les deux séries

$$(61) \qquad \pm\frac{\pi}{a}\sqrt{-1}\,, \qquad \pm\frac{2\pi}{a}\sqrt{-1}\,, \qquad \pm\frac{3\pi}{a}\sqrt{-1}\,, \qquad \text{etc...}\,,$$

$$(62) \qquad \pm\frac{\pi}{2b}\,, \qquad \pm\frac{3\pi}{2b}\,, \qquad \pm\frac{5\pi}{2b}\,, \qquad \text{etc....}$$

Or, si l'on attribue au module de z une valeur infiniment grande, tellement choisie que la différence entre cette valeur et le terme le plus voisin de chacune des suites

$$(63) \qquad \frac{\pi}{a}\,, \qquad \frac{2\pi}{a}\,, \qquad \frac{3\pi}{a}\,, \qquad \text{etc...}\,,$$

$$(64) \qquad \frac{\pi}{2b}\,, \qquad \frac{3\pi}{2b}\,, \qquad \frac{5\pi}{2b}\,, \qquad \text{etc...}\,,$$

soit une quantité finie, le produit $z f(z)$ deviendra infiniment petit, quel que soit l'angle p. On aura donc, en vertu de la formule (55),

$$(65) \qquad \mathcal{L}\,\frac{1}{((\,(e^{az}-e^{-az})\cos bz\,))}=0\,,$$

ou, ce qui revient au même,

$$(66)\quad \frac{1}{a}\left\{\frac{1}{4} - \frac{1}{e^{\frac{\pi b}{a}}+e^{-\frac{\pi b}{a}}} + \frac{1}{e^{\frac{2\pi b}{a}}+e^{-\frac{2\pi b}{a}}} - \frac{1}{e^{\frac{3\pi b}{a}}+e^{-\frac{3\pi b}{a}}} + \cdots\right\}$$
$$= \frac{1}{b}\left\{\frac{1}{e^{\frac{\pi a}{2b}}-e^{-\frac{\pi a}{2b}}} - \frac{1}{e^{\frac{3\pi a}{2b}}-e^{-\frac{3\pi a}{2b}}} + \frac{1}{e^{\frac{5\pi a}{2b}}-e^{-\frac{5\pi a}{2b}}} + \cdots\cdots\cdots\cdots\right\}.$$

Pareillement, si l'on désigne par $f(z)$ et $F(z)$ deux fonctions entières de z, on trouvera successivement

$$(67)\qquad \mathcal{L}\left(\left(\frac{f(z)}{F(z)}\,\frac{1}{(e^{az}-e^{-az})\cos bz}\right)\right) = 0\,,$$

$$(68)\qquad \mathcal{L}\left(\left(\frac{f(z)}{F(z)}\,\frac{1}{(e^{az}-e^{-az})\sin bz}\right)\right) = 0\,,$$

$$(69)\qquad \mathcal{L}\left(\left(\frac{f(z)}{F(z)}\,\frac{1}{(e^{az}+e^{-az})\cos bz}\right)\right) = 0\,.$$

Si l'on suppose, pour plus de commodité, que $\dfrac{f(z)}{F(z)}$ soit une fonction paire de z, et que les racines de l'équation

$$(70)\qquad\qquad F(z) = 0$$

soient inégales entre elles; en désignant par $z_1, z_2, \ldots$ ces mêmes racines, on tirera de la formule (67)

$$(71)\quad \frac{1}{a}\left\{\frac{1}{4}\frac{f(0)}{F(0)} - \frac{f\left(\frac{\pi}{a}\sqrt{-1}\right)}{F\left(\frac{\pi}{a}\sqrt{-1}\right)}\frac{1}{e^{\frac{\pi b}{a}}+e^{-\frac{\pi b}{a}}} + \frac{f\left(\frac{2\pi}{a}\sqrt{-1}\right)}{F\left(\frac{2\pi}{a}\sqrt{-1}\right)}\frac{1}{e^{\frac{2\pi b}{a}}+e^{-\frac{2\pi b}{a}}} - \cdots\right\}$$
$$= \frac{1}{b}\left\{\frac{f\left(\frac{\pi}{2b}\right)}{F\left(\frac{\pi}{2b}\right)}\frac{1}{e^{\frac{\pi a}{2b}}-e^{-\frac{\pi a}{2b}}} - \frac{f\left(\frac{3\pi}{2b}\right)}{F\left(\frac{3\pi}{2b}\right)}\frac{1}{e^{\frac{3\pi a}{2b}}-e^{-\frac{3\pi a}{2b}}} + \cdots\cdots\cdots\cdots\cdots\cdots\right\}$$
$$- \frac{1}{2}\left\{\frac{f(z_1)}{F'(z_1)}\frac{1}{\left(e^{az_1}-e^{-az_1}\right)\cos bz_1} + \frac{f(z_2)}{F'(z_2)}\frac{1}{\left(e^{az_2}-e^{-az_2}\right)\cos bz_2} + \cdots\cdots\right\}$$

Si l'on suppose, au contraire, que $\dfrac{f(z)}{F(z)}$ soit une fonction impaire de z, choisie de manière à s'évanouir pour $z = 0$, on tirera de la formule (68)

$$(72)\ \begin{cases} \dfrac{1}{a}\left\{ \dfrac{\sqrt{-1}\,\mathrm{f}\left(\frac{\pi}{a}\sqrt{-1}\right)}{\mathrm{F}\left(\frac{\pi}{a}\sqrt{-1}\right)}\dfrac{1}{e^{\frac{\pi b}{a}}-e^{-\frac{\pi b}{a}}} - \dfrac{\sqrt{-1}\,\mathrm{f}\left(\frac{2\pi}{a}\sqrt{-1}\right)}{\mathrm{F}\left(\frac{2\pi}{a}\sqrt{-1}\right)}\dfrac{1}{e^{\frac{2\pi b}{a}}-e^{-\frac{2\pi b}{a}}} + \dots \right\} \\[3ex] = \dfrac{1}{b}\left\{ \dfrac{\mathrm{f}\left(\frac{\pi}{b}\right)}{\mathrm{F}\left(\frac{\pi}{b}\right)}\dfrac{1}{e^{\frac{\pi a}{b}}-e^{-\frac{\pi a}{b}}} - \dfrac{\mathrm{f}\left(\frac{2\pi}{b}\right)}{\mathrm{F}\left(\frac{2\pi}{b}\right)}\dfrac{1}{e^{\frac{2\pi a}{b}}-e^{-\frac{2\pi a}{b}}} + \dots \right\} \\[3ex] - \dfrac{\mathrm{f}'(0)}{4ab\,\mathrm{F}(0)} - \dfrac{1}{2}\left\{ \dfrac{\mathrm{f}(z_1)}{\mathrm{F}'(z_1)}\dfrac{1}{\left(e^{az_1}-e^{-az_1}\right)\sin bz_1} + \dfrac{\mathrm{f}(z_2)}{\mathrm{F}'(z_2)}\dfrac{1}{\left(e^{az_2}-e^{-az_2}\right)\sin bz_2} + \dots \right\} \end{cases}$$

Concevons en particulier que l'on pose dans l'équation (71)

$$\frac{\mathrm{f}(z)}{\mathrm{F}(z)} = \frac{1}{z^2+c^2},$$

et dans l'équation (72)

$$\frac{\mathrm{f}(z)}{\mathrm{F}(z)} = \frac{z}{z^2+c^2}.$$

Alors on trouvera

$$(73)\ \begin{cases} \dfrac{1}{a}\left\{ \dfrac{1}{4c^2} - \dfrac{1}{c^2-\left(\frac{\pi}{a}\right)^2}\dfrac{1}{e^{\frac{\pi b}{a}}+e^{-\frac{\pi b}{a}}} + \dfrac{1}{c^2-\left(\frac{2\pi}{a}\right)^2}\dfrac{1}{e^{\frac{2\pi b}{a}}+e^{-\frac{2\pi b}{a}}} - \dots \right\} \\[3ex] = \dfrac{1}{b}\left\{ \dfrac{1}{c^2+\left(\frac{\pi}{2b}\right)^2}\dfrac{1}{e^{\frac{\pi a}{2b}}-e^{-\frac{\pi a}{2b}}} - \dfrac{1}{c^2+\left(\frac{3\pi}{2b}\right)^2}\dfrac{1}{e^{\frac{3\pi a}{2b}}-e^{-\frac{3\pi a}{2b}}} + \dots \right\} \\[3ex] + \dfrac{1}{2c}\dfrac{1}{\left(e^{bc}+e^{-bc}\right)\sin ac}, \end{cases}$$

et

$$(74)\ \begin{cases} \dfrac{1}{a^2c^2-\pi^2}\dfrac{1}{e^{\frac{\pi b}{a}}-e^{-\frac{\pi b}{a}}} - \dfrac{2}{a^2c^2-4\pi^2}\dfrac{1}{e^{\frac{2\pi b}{a}}-e^{-\frac{2\pi b}{a}}} + \dfrac{3}{a^2c^2-9\pi^2}\dfrac{1}{e^{\frac{3\pi b}{a}}-e^{-\frac{3\pi b}{a}}} + \dots \\[3ex] + \dfrac{1}{b^2c^2+\pi^2}\dfrac{1}{e^{\frac{\pi a}{b}}-e^{-\frac{\pi a}{b}}} - \dfrac{2}{b^2c^2+4\pi^2}\dfrac{1}{e^{\frac{2\pi a}{b}}-e^{-\frac{2\pi a}{b}}} + \dfrac{3}{b^2c^2+9\pi^2}\dfrac{1}{e^{\frac{3\pi a}{b}}-e^{-\frac{3\pi a}{b}}} - \dots \\[3ex] = \dfrac{1}{4\pi abc^2} - \dfrac{1}{2\pi}\dfrac{1}{\left(e^{bc}-e^{-bc}\right)\sin ac}, \end{cases}$$

Si, après avoir multiplié par c^2 les deux membres de l'équation (73), on prend $c = \infty$, on retrouvera la formule (66). Ajoutons que, si, après avoir multiplié par la constante a, les deux membres de chacune des formules (73) et (74), on réduit cette constante à zéro, on obtiendra les équations

$$(75)\quad \frac{1}{c^2+\left(\frac{\pi}{2b}\right)^2} - \frac{1}{3}\,\frac{1}{c^2+\left(\frac{3\pi}{2b}\right)^2} + \frac{1}{5}\,\frac{1}{c^2+\left(\frac{5\pi}{2b}\right)^2} - \cdots = \frac{\pi}{4c^2} - \frac{\pi}{2c^2(e^{bc}+e^{-bc})},$$

$$(76)\quad \frac{1}{c^2+\left(\frac{\pi}{b}\right)^2} - \frac{1}{c^2+\left(\frac{2\pi}{b}\right)^2} + \frac{1}{c^2+\left(\frac{3\pi}{b}\right)^2} - \cdots = \frac{1}{2c^2} - \frac{b}{c(e^{bc}-e^{-bc})}$$

qui étaient déjà connues, et peuvent s'écrire ainsi qu'il suit

$$(77)\qquad \mathcal{E}\left(\left(\frac{1}{z(c^2+z^2)\cos bz}\right)\right) = 0,$$

$$(78)\qquad \mathcal{E}\left(\left(\frac{1}{(c^2+z^2)\sin bz}\right)\right) = 0,$$

Lorsqu'on pose, dans l'équation (67),

$$\frac{f(z)}{F(z)} = z^{2m},$$

et dans l'équation (68) ou (69),

$$\frac{f(z)}{F(z)} = z^{2m+1},$$

m désignant un nombre entier quelconque, on obtient les formules

$$(79)\quad \left\{\begin{aligned}
&\frac{(-1)^{m+1}}{a^{2m+1}}\left\{\frac{1}{e^{\frac{\pi b}{a}}+e^{-\frac{\pi b}{a}}} - \frac{2^{2m}}{e^{\frac{2\pi b}{a}}+e^{-\frac{2\pi b}{a}}} + \frac{3^{2m}}{e^{\frac{3\pi b}{a}}+e^{-\frac{3\pi b}{a}}} - \cdots\cdots\cdots\cdots\right\}\\
&= \frac{2}{(2b)^{2m+1}}\left\{\frac{1}{e^{\frac{\pi a}{2b}}-e^{-\frac{\pi a}{2b}}} - \frac{3^{2m}}{e^{\frac{3\pi a}{2b}}-e^{-\frac{3\pi a}{2b}}} + \frac{5^{2m}}{e^{\frac{5\pi a}{2b}}-e^{-\frac{5\pi a}{2b}}} - \cdots\cdots\cdots\cdots\right\},
\end{aligned}\right.$$

$$(80)\quad
\begin{cases}
\dfrac{(-1)^{m+1}}{a^{2m+2}}\left\{\dfrac{1}{e^{\frac{\pi b}{a}}-e^{-\frac{\pi b}{a}}}-\dfrac{2^{2m+1}}{e^{\frac{2\pi b}{a}}-e^{-\frac{2\pi b}{a}}}+\dfrac{3^{2m+1}}{e^{\frac{3\pi b}{a}}-e^{-\frac{3\pi b}{a}}}-\cdots\cdots\cdots\cdots\right\}\\[2em]
=\dfrac{1}{b^{2m+2}}\left\{\dfrac{1}{e^{\frac{\pi a}{b}}-e^{-\frac{\pi a}{b}}}-\dfrac{2^{2m+1}}{e^{\frac{2\pi a}{b}}-e^{-\frac{2\pi a}{b}}}+\dfrac{3^{2m+1}}{e^{\frac{3\pi a}{b}}-e^{-\frac{3\pi a}{b}}}-\cdots\cdots\cdots\cdots\right\}
\end{cases}$$

$$(81)\quad
\begin{cases}
\dfrac{(-1)^{m}}{a^{2m+2}}\left\{\dfrac{1}{e^{\frac{\pi b}{2a}}+e^{-\frac{\pi b}{2a}}}-\dfrac{3^{2m+1}}{e^{\frac{3\pi b}{2a}}+e^{-\frac{3\pi b}{2a}}}+\dfrac{5^{2m+1}}{e^{\frac{5\pi b}{2a}}+e^{-\frac{5\pi b}{2a}}}-\cdots\cdots\cdots\cdots\right\}\\[2em]
=\dfrac{1}{b^{2m+2}}\left\{\dfrac{1}{e^{\frac{\pi a}{2b}}+e^{-\frac{\pi a}{2b}}}-\dfrac{3^{2m+1}}{e^{\frac{3\pi a}{2b}}+e^{-\frac{3\pi a}{2b}}}+\dfrac{5^{2m+1}}{e^{\frac{5\pi a}{2b}}+e^{-\frac{5\pi a}{2b}}}-\cdots\cdots\cdots\cdots\right\}.
\end{cases}$$

Si l'on posait, au contraire, dans l'équation (67),

$$\frac{\mathrm{f}(z)}{\mathrm{F}(z)}=\frac{1}{z^{2m}},$$

et dans l'équation (68) ou (69)

$$\frac{\mathrm{f}(z)}{\mathrm{F}(z)}=\frac{1}{z^{2m+1}};$$

on trouverait

$$(82)\quad
\begin{cases}
(-1)^{m+1}a^{2m-1}\left\{\dfrac{1}{e^{\frac{\pi b}{a}}+e^{-\frac{\pi b}{a}}}-\dfrac{\left(\frac{1}{2}\right)^{2m}}{e^{\frac{2\pi b}{a}}+e^{-\frac{2\pi b}{a}}}+\dfrac{\left(\frac{1}{3}\right)^{2m}}{e^{\frac{3\pi b}{a}}+e^{-\frac{3\pi b}{a}}}-\cdots\cdots\cdots\right\}\\[2em]
=2^{2m}b^{2m-1}\left\{\dfrac{1}{e^{\frac{\pi a}{2b}}-e^{-\frac{\pi a}{2b}}}-\dfrac{\left(\frac{1}{3}\right)^{2m}}{e^{\frac{3\pi a}{2b}}-e^{-\frac{3\pi a}{2b}}}+\dfrac{\left(\frac{1}{5}\right)^{2m}}{e^{\frac{5\pi a}{2b}}-e^{-\frac{5\pi a}{2b}}}-\cdots\cdots\cdots\right\}\\[2em]
-\dfrac{1}{2}\pi^{2m}\,\mathcal{E}\,\dfrac{1}{(e^{az}-e^{-az})\cos bz}\,\dfrac{1}{((z^{2m}))},
\end{cases}$$

$$(83)\quad
\begin{aligned}
&(-1)^{m} a^{2m} \left\{ \dfrac{1}{e^{\frac{\pi b}{a}} - e^{-\frac{\pi b}{a}}} - \dfrac{\left(\frac{1}{2}\right)^{2m+1}}{e^{\frac{2\pi b}{a}} - e^{-\frac{2\pi b}{a}}} + \dfrac{\left(\frac{1}{3}\right)^{2m+1}}{e^{\frac{3\pi b}{a}} - e^{-\frac{3\pi b}{a}}} - \ldots\ldots\ldots \right\} \\[2ex]
&= b^{2m} \left\{ \dfrac{1}{e^{\frac{\pi a}{b}} - e^{-\frac{\pi a}{b}}} - \dfrac{\left(\frac{1}{2}\right)^{2m+1}}{e^{\frac{2\pi a}{b}} - e^{-\frac{2\pi a}{b}}} + \dfrac{\left(\frac{1}{3}\right)^{2m+1}}{e^{\frac{3\pi a}{b}} - e^{-\frac{3\pi a}{b}}} - \ldots\ldots\ldots \right\} \\[2ex]
&\quad - \dfrac{1}{2}\,\pi^{2m+1}\, \mathcal{E}\, \dfrac{1}{(e^{az} - e^{-az})\sin bz}\,\dfrac{1}{((z^{2m+1}))}\,,
\end{aligned}$$

$$(84)\quad
\begin{aligned}
&(-1)^{m+1} a^{2m} \left\{ \dfrac{1}{e^{\frac{\pi b}{2a}} + e^{-\frac{\pi b}{2a}}} - \dfrac{\left(\frac{1}{3}\right)^{2m+1}}{e^{\frac{3\pi b}{2a}} + e^{-\frac{3\pi b}{2a}}} + \dfrac{\left(\frac{1}{5}\right)^{2m+1}}{e^{\frac{5\pi b}{2a}} + e^{-\frac{5\pi b}{2a}}} - \ldots\ldots\ldots \right\} \\[2ex]
&= b^{2m} \left\{ \dfrac{1}{e^{\frac{\pi a}{2b}} + e^{-\frac{\pi a}{2b}}} - \dfrac{\left(\frac{1}{3}\right)^{2m+1}}{e^{\frac{3\pi a}{2b}} + e^{-\frac{3\pi a}{2b}}} + \dfrac{\left(\frac{1}{5}\right)^{2m+1}}{e^{\frac{5\pi a}{2b}} + e^{-\frac{5\pi a}{2b}}} - \ldots\ldots\ldots \right\} \\[2ex]
&\quad - \dfrac{1}{2}\left(\dfrac{\pi}{2}\right)^{2m+1} \mathcal{E}\, \dfrac{1}{(e^{az} + e^{-az})\cos bz}\,\dfrac{1}{((z^{2m+1}))}\,.
\end{aligned}$$

Il est bon d'observer que les équations (79), (80) deviennent inexactes dans le cas où l'on suppose $m = 0$, et doivent alors être remplacées par la formule (66) et la suivante

$$(85)\quad
\begin{aligned}
&-\dfrac{1}{a^2}\left\{ \dfrac{1}{e^{\frac{\pi b}{a}} - e^{-\frac{\pi b}{a}}} - \dfrac{2}{e^{\frac{2\pi b}{a}} - e^{-\frac{2\pi b}{a}}} + \dfrac{3}{e^{\frac{3\pi b}{a}} - e^{-\frac{3\pi b}{a}}} - \ldots \right\} \\[2ex]
&= \dfrac{1}{b^2}\left\{ \dfrac{1}{e^{\frac{\pi a}{b}} - e^{-\frac{\pi a}{b}}} - \dfrac{2}{e^{\frac{2\pi a}{b}} - e^{-\frac{2\pi a}{b}}} + \dfrac{3}{e^{\frac{3\pi a}{b}} - e^{-\frac{3\pi a}{b}}} - \ldots \right\} - \dfrac{1}{4\pi ab}\,.
\end{aligned}$$

Lorsque, dans les formules (82), (83), (84), on pose successivement $m = 0$, $m = 1$, $m = 2$, etc..., on en tire 1.º la formule (66), 2.º celles qui suivent :

(86)
$$\frac{\pi}{24}\frac{b}{a} + \frac{1}{e^{\frac{\pi b}{a}} - e^{-\frac{\pi b}{a}}} - \frac{1}{2}\frac{1}{e^{\frac{2\pi b}{a}} - e^{-\frac{2\pi b}{a}}} + \frac{1}{3}\frac{1}{e^{\frac{3\pi b}{a}} - e^{-\frac{3\pi b}{a}}} - \cdots =$$

$$\frac{\pi}{24}\frac{a}{b} + \frac{1}{e^{\frac{\pi a}{b}} - e^{-\frac{\pi a}{b}}} - \frac{1}{2}\frac{1}{e^{\frac{2\pi a}{b}} - e^{-\frac{2\pi a}{b}}} + \frac{1}{3}\frac{1}{e^{\frac{3\pi a}{b}} - e^{-\frac{3\pi a}{b}}} - \cdots,$$

(87)
$$\frac{1}{e^{\frac{\pi b}{2a}} + e^{-\frac{\pi b}{2a}}} - \frac{1}{3}\frac{1}{e^{\frac{3\pi b}{2a}} + e^{-\frac{3\pi b}{2a}}} + \frac{1}{5}\frac{1}{e^{\frac{5\pi b}{2a}} + e^{-\frac{5\pi b}{2a}}} - \cdots = \frac{\pi}{8}$$

$$-\frac{1}{e^{\frac{\pi a}{2b}} + e^{-\frac{\pi a}{2b}}} + \frac{1}{3}\frac{1}{e^{\frac{3\pi a}{2b}} + e^{-\frac{3\pi a}{2b}}} - \frac{1}{5}\frac{1}{e^{\frac{5\pi a}{2b}} + e^{-\frac{5\pi a}{2b}}} + \cdots,$$

(88)
$$a\left\{\frac{1}{e^{\frac{\pi b}{a}} + e^{-\frac{\pi b}{a}}} - \frac{1}{4}\frac{1}{e^{\frac{2\pi b}{a}} + e^{-\frac{2\pi b}{a}}} + \frac{1}{9}\frac{1}{e^{\frac{3\pi b}{a}} + e^{-\frac{3\pi b}{a}}} - \cdots\right\} =$$

$$4b\left\{\frac{1}{e^{\frac{\pi a}{2b}} - e^{-\frac{\pi a}{2b}}} - \frac{1}{9}\frac{1}{e^{\frac{3\pi a}{2b}} - e^{-\frac{3\pi a}{2b}}} + \frac{1}{25}\frac{1}{e^{\frac{5\pi a}{2b}} - e^{-\frac{5\pi a}{2b}}} - \cdots\right\}$$

$$+\frac{\pi^2}{24}\frac{a^2 - 3b^2}{a},$$

(89)
$$-a^2\left\{\frac{1}{e^{\frac{\pi b}{a}} - e^{-\frac{\pi b}{a}}} - \frac{1}{8}\frac{1}{e^{\frac{2\pi b}{a}} - e^{-\frac{2\pi b}{a}}} + \frac{1}{27}\frac{1}{e^{\frac{3\pi b}{a}} - e^{-\frac{3\pi b}{a}}} - \cdots\right\}$$

$$= b^2\left\{\frac{1}{e^{\frac{\pi a}{b}} - e^{-\frac{\pi a}{b}}} - \frac{1}{8}\frac{1}{e^{\frac{2\pi a}{b}} - e^{-\frac{2\pi a}{b}}} + \frac{1}{27}\frac{1}{e^{\frac{3\pi a}{b}} - e^{-\frac{3\pi a}{b}}} - \cdots\right\}$$

$$-\frac{\pi^3}{1440}\frac{7(a^4+b^4) - 10a^2b^2}{ab},$$

$$\begin{aligned}
(90)\quad & a^2\left\{\frac{1}{e^{\frac{\pi b}{2a}}+e^{-\frac{\pi b}{2a}}}-\frac{1}{27}\frac{1}{e^{\frac{3\pi b}{2a}}+e^{-\frac{3\pi b}{2a}}}+\frac{1}{125}\frac{1}{e^{\frac{5\pi b}{2a}}+e^{-\frac{5\pi b}{2a}}}-\cdots\right\} \\[2ex]
&= b^2\left\{\frac{1}{e^{\frac{\pi b}{2a}}+e^{-\frac{\pi b}{2a}}}-\frac{1}{27}\frac{1}{e^{\frac{3\pi b}{2a}}+e^{-\frac{3\pi b}{2b}}}+\frac{1}{125}\frac{1}{e^{\frac{5\pi a}{2b}}+e^{-\frac{5\pi a}{2b}}}-\cdots\right\} \\[2ex]
&\quad +\frac{\pi^3}{64}(a^2-b^2),
\end{aligned}$$

etc.....

Lorsque, dans ces dernières formules, on pose $b=0$, on retrouve les équations connues

$$(91)\quad\begin{cases}
1-\dfrac{1}{2^2}+\dfrac{1}{3^2}-\dfrac{1}{4^2}+\text{etc}\ldots=\dfrac{\pi^2}{12}, \\[2ex]
1-\dfrac{1}{2^4}+\dfrac{1}{3^4}-\dfrac{1}{4^4}+\text{etc}\ldots=\dfrac{7\pi^4}{720}, \\[2ex]
\text{etc}\ldots\ldots,
\end{cases}$$

$$(92)\quad\begin{cases}
1-\dfrac{1}{3}+\dfrac{1}{5}-\dfrac{1}{7}+\text{etc}\ldots=\dfrac{\pi}{4}, \\[2ex]
1-\dfrac{1}{3^3}+\dfrac{1}{5^3}-\dfrac{1}{7^3}+\text{etc}\ldots=\dfrac{\pi^3}{32}, \\[2ex]
\text{etc}\ldots\ldots
\end{cases}$$

Si l'on prend, au contraire $b=a$. les formules (85), (87), (89) donneront

$$(93)\quad\begin{cases}
\dfrac{1}{e^{\pi}-e^{-\pi}}-\dfrac{2}{e^{2\pi}-e^{-2\pi}}+\dfrac{3}{e^{3\pi}-e^{-3\pi}}-\text{etc}\ldots\ldots=\dfrac{1}{8\pi}, \\[2ex]
\dfrac{1}{e^{\pi}-e^{-\pi}}-\dfrac{1}{2^3}\dfrac{1}{e^{2\pi}-e^{-2\pi}}+\dfrac{1}{3^3}\dfrac{1}{e^{3\pi}-e^{-3\pi}}-\cdots=\dfrac{\pi^3}{720}, \\[2ex]
\dfrac{1}{e^{\pi}-e^{-\pi}}-\dfrac{1}{2^7}\dfrac{1}{e^{2\pi}-e^{-2\pi}}+\dfrac{1}{3^7}\dfrac{1}{e^{3\pi}-e^{-3\pi}}-\cdots=\dfrac{13\pi^7}{907200}, \\[2ex]
\text{etc}\ldots\ldots,
\end{cases}$$

et

$$(94)\quad\begin{cases}
\dfrac{1}{e^{\frac{\pi}{2}}+e^{-\frac{\pi}{2}}}-\dfrac{1}{3}\dfrac{1}{e^{\frac{3\pi}{2}}+e^{-\frac{3\pi}{2}}}+\dfrac{1}{5}\dfrac{1}{e^{\frac{5\pi}{2}}+e^{-\frac{5\pi}{2}}}-\ldots=\dfrac{\pi}{16}\,,\\[4ex]
\dfrac{1}{e^{\frac{\pi}{2}}+e^{-\frac{\pi}{2}}}-\dfrac{1}{3^5}\dfrac{1}{e^{\frac{3\pi}{2}}+e^{-\frac{3\pi}{2}}}+\dfrac{1}{5^5}\dfrac{1}{e^{\frac{5\pi}{2}}+e^{-\frac{5\pi}{2}}}-\ldots=\dfrac{\pi^5}{96}\,,\\[4ex]
\text{etc.....}
\end{cases}$$

En général, si l'on pose $a=b=1$, on tirera de la formule (83), en y remplaçant m par $2m-1$, et de la formule (84), en y remplaçant m par $2m$.

$$(95)\quad \frac{1}{e^{\pi}-e^{-\pi}}-\frac{\left(\frac{1}{2}\right)^{4m-1}}{e^{2\pi}-e^{-2\pi}}+\frac{\left(\frac{1}{3}\right)^{4m-1}}{e^{3\pi}-e^{-3\pi}}-\ldots=\frac{1}{4}\pi^{4m-1}\,\mathcal{E}\,\frac{\left(\left(\left(\frac{1}{z}\right)^{4m-1}\right)\right)}{(e^{z}-e^{-z})\sin z}\,,$$

$$(96)\quad \frac{1}{e^{\frac{\pi}{2}}+e^{-\frac{\pi}{2}}}-\frac{\left(\frac{1}{3}\right)^{4m+1}}{e^{\frac{3\pi}{2}}-e^{-\frac{3\pi}{2}}}+\frac{\left(\frac{1}{5}\right)^{4m+1}}{e^{\frac{5\pi}{2}}+e^{-\frac{5\pi}{2}}}-\ldots=\frac{1}{4}\left(\frac{\pi}{2}\right)^{4m+1}\mathcal{E}\,\frac{\left(\left(\left(\frac{1}{z}\right)^{4m+1}\right)\right)}{(e^{z}+e^{-z})\cos z}\,.$$

Les seconds membres des deux équations qui précèdent peuvent être facilement exprimés par le moyen des nombres de Bernoulli, comme nous le montrerons dans un autre article. Ces équations comprennent d'ailleurs comme cas particuliers les formules (93) et (94). Si l'on y change m en $-m$, elles donneront

$$(97)\quad \frac{1}{e^{\pi}-e^{-\pi}}-\frac{2^{4m+1}}{e^{2\pi}-e^{-2\pi}}+\frac{3^{4m+1}}{e^{3\pi}-e^{-3\pi}}-\ldots=0\,,$$

$$(98)\quad \frac{1}{e^{\frac{\pi}{2}}+e^{-\frac{\pi}{2}}}-\frac{3^{4m-1}}{e^{\frac{3\pi}{2}}+e^{-\frac{3\pi}{2}}}+\frac{5^{4m-1}}{e^{\frac{5\pi}{2}}+e^{-\frac{5\pi}{2}}}-\ldots=0\,;$$

pourvu que le nombre entier m ne se réduise pas à zéro. Les formules (97) et (98) pourraient encore se déduire des équations (80) et (81).

Si l'on pose dans la formule (68)

$$\frac{f(z)}{F(z)}=zf(z^4)\,,\qquad a=b=\pi$$

et dans la formule (69)

$$\frac{\mathrm{f}(z)}{\mathrm{F}(z)} = \frac{1}{z} f(z^4), \qquad a = b = \frac{\pi}{2},$$

$f(z^4)$ désignant une fonction rationnelle de z^4, on tirera de ces formules

$$(99) \quad \left\{ \begin{aligned} &\frac{1}{e^\pi - e^{-\pi}} f(1) - \frac{2}{e^{2\pi} - e^{-2\pi}} f(2^4) + \frac{3}{e^{3\pi} - e^{-3\pi}} f(3^4) - \ldots \\ &= \frac{\pi}{4} \, \mathcal{E} \, \frac{z^2}{(e^{\pi z} - e^{-\pi z}) \sin \pi z} \left(\left(\frac{f(z^4)}{z} \right) \right), \end{aligned} \right.$$

$$(100) \quad \left\{ \begin{aligned} &\frac{1}{e^{\frac{\pi}{2}} + e^{-\frac{\pi}{2}}} f(1) - \frac{\left(\frac{1}{3}\right)}{e^{\frac{3\pi}{2}} + e^{-\frac{3\pi}{2}}} f(3^4) + \frac{\left(\frac{1}{5}\right)}{e^{\frac{5\pi}{2}} + e^{-\frac{5\pi}{2}}} f(5^4) - \ldots \\ &= \frac{\pi}{8} \, \mathcal{E} \, \frac{1}{\left(e^{\frac{\pi z}{2}} + e^{-\frac{\pi z}{2}}\right) \cos \frac{\pi z}{2}} \left(\left(\frac{f(z^4)}{z} \right) \right). \end{aligned} \right.$$

Prenons, pour fixer les idées,

$$f(z^4) = \frac{1}{z^4 + s^4},$$

s désignant une quantité réelle ou une expression imaginaire. Alors les formules (99) et (100) donneront

$$(101) \quad \left\{ \begin{aligned} &\frac{1}{e^\pi - e^{-\pi}} \frac{1}{1 + s^4} - \frac{2}{e^{2\pi} - e^{-2\pi}} \frac{1}{2^4 + s^4} \frac{3}{e^{3\pi} - e^{-3\pi}} \frac{1}{3^4 + s^4} - \ldots \\ &= \frac{1}{8\pi s^4} \left(1 - \frac{4\pi^2 s^2}{e^{\pi s \sqrt{2}} - 2\cos\left(\pi s \sqrt{2}\right) + e^{-\pi s \sqrt{2}}} \right), \end{aligned} \right.$$

$$(102) \quad \left\{ \begin{aligned} &\frac{1}{e^{\frac{\pi}{2}} + e^{-\frac{\pi}{2}}} \frac{1}{1 + s^4} - \frac{\left(\frac{1}{3}\right)}{e^{\frac{3\pi}{2}} + e^{-\frac{3\pi}{2}}} \frac{1}{3^4 + s^4} + \frac{\left(\frac{1}{5}\right)}{e^{\frac{5\pi}{2}} + e^{-\frac{5\pi}{2}}} \frac{1}{5^4 + s^4} - \ldots \\ &= \frac{\pi}{16 s^4} \left(1 - \frac{4}{e^{\frac{\pi s}{\sqrt{2}}} + 2\cos\left(\frac{\pi s}{\sqrt{2}}\right) + e^{-\frac{\pi s}{\sqrt{2}}}} \right). \end{aligned} \right.$$

Jusqu'ici nous avons supposé que les constantes, désignées par a et b dans les formules (67), (68), (69), etc., étaient des quantités positives. Mais il serait facile de prouver, à l'aide du théorême 2, que ces formules peuvent être étendues à des valeurs négatives ou imaginaires des mêmes constantes. Cette observation fournit encore divers résultats dignes de remarque. Si, pour fixer les idées, on pose, dans la formule (68),

$$a = \left(\cos\frac{\theta}{2} + \sqrt{-1}\,\sin\frac{\theta}{2}\right)\sqrt{-1}\,,\qquad b = \cos\frac{\theta}{2} + \sqrt{-1}\,\sin\frac{\theta}{2}\,,\qquad \frac{f(z)}{F(z)} = \frac{1}{z^{2m+1}}\,,$$

m désignant un nombre entier, et θ un arc réel, on trouvera

$$(103)\qquad \mathcal{E}\left(\left(\frac{1}{z^{2m+1}}\,\frac{1}{\sin\left[\left(\cos\frac{\theta}{2}+\sqrt{-1}\,\sin\frac{\theta}{2}\right)z\right]\cdot\sin\left[\left(\cos\frac{\theta}{2}-\sqrt{-1}\,\sin\frac{\theta}{2}\right)z\right]}\right)\right) = 0\,,$$

ou, ce qui revient au même,

$$
(104)\quad
\left\{
\begin{aligned}
&\frac{e^{\pi\sin\theta}\sin(\pi\cos\theta-m\theta)+c^{-\pi\sin\theta}\sin(\pi\cos\theta+m\theta)}{c^{2\pi\sin\theta}-\cos(2\pi\cos\theta)+c^{-2\pi\sin\theta}}\\[6pt]
&-\frac{1}{2^{2m+1}}\,\frac{c^{2\pi\sin\theta}\sin(2\pi\cos\theta-m\theta)+e^{-2\pi\sin\theta}\sin(2\pi\cos\theta+m\theta)}{c^{4\pi\sin\theta}-2\cos(4\pi\cos\theta)+e^{-4\pi\sin\theta}}\\[6pt]
&+\frac{1}{3^{2m+1}}\,\frac{e^{3\pi\sin\theta}\sin(3\pi\cos\theta-m\theta)+e^{-3\pi\sin\theta}\sin(3\pi\cos\theta+m\theta)}{c^{6\pi\sin\theta}-2\cos(6\pi\cos\theta)+c^{-6\pi\sin\theta}}\\[6pt]
&-\;\text{etc}\ldots\\[6pt]
&=\frac{\pi^{2m+1}}{8}\,\mathcal{E}\,\frac{1}{\sin\left[\left(\cos\frac{\theta}{2}+\sqrt{-1}\,\sin\frac{\theta}{2}\right)z\right]\cdot\sin\left[\left(\cos\frac{\theta}{2}-\sqrt{-1}\,\sin\frac{\theta}{2}\right)z\right]}\,\frac{1}{((z^{2m+1}))}\,.
\end{aligned}
\right.
$$

La formule (104) subsiste dans le cas même où l'on y remplace m par $-m$. Seulement le second membre s'évanouit alors, dès que le nombre m devient supérieur à l'unité.

Lorsque, dans la formule (104), on prend $\theta = \dfrac{\pi}{2}$, on est ramené à l'équation (95).

Si l'on prenait, au contraire, $\theta = \dfrac{\pi}{3}$, cette formule donnerait

$$(105)\quad
\begin{aligned}
&\left\{ \frac{1}{e^{\frac{\pi\sqrt{3}}{2}} + e^{-\frac{\pi\sqrt{3}}{2}}} - \frac{1}{3^{2m+1}}\,\frac{1}{e^{\frac{3\pi\sqrt{3}}{2}} + e^{-\frac{3\pi\sqrt{3}}{2}}} + \ldots\ldots \right\} \cos\frac{m\pi}{3} \\[2mm]
&-\left\{ \frac{1}{2^{2m+1}}\,\frac{1}{e^{\pi\sqrt{3}} - e^{-\pi\sqrt{3}}} - \frac{1}{4^{2m+1}}\,\frac{1}{e^{2\pi\sqrt{3}} - e^{-2\pi\sqrt{3}}} + \ldots \right\}\sin\frac{m\pi}{3} \\[2mm]
&= \frac{\pi^{2m+1}}{8}\,\mathcal{E}\,\frac{4}{e^{z} - 2\cos.z\sqrt{3} + e^{-z}}\,\frac{1}{((z^{2m+1}))};
\end{aligned}$$

puis on en conclurait, 1.° en remplaçant m par -1,

$$(106)\quad
\begin{aligned}
&\frac{1}{e^{\frac{\pi\sqrt{3}}{2}} + e^{-\frac{\pi\sqrt{3}}{2}}} - \frac{3}{e^{\frac{3\pi\sqrt{3}}{2}} + e^{-\frac{3\pi\sqrt{3}}{2}}} + \frac{5}{e^{\frac{5\pi\sqrt{3}}{2}} + e^{-\frac{5\pi\sqrt{3}}{2}}} - \ldots\ldots \\[2mm]
&= \frac{1}{4\pi} - \left(\frac{1}{e^{\pi\sqrt{3}} - e^{-\pi\sqrt{3}}} - \frac{2}{e^{2\pi\sqrt{3}} - e^{-2\pi\sqrt{3}}} + \frac{3}{e^{3\pi\sqrt{3}} - e^{-3\pi\sqrt{3}}} - \ldots \right) 2\sqrt{3}\,;
\end{aligned}$$

2.° en remplaçant m par $-m$, et supposant le nombre m supérieur à l'unité,

$$(107)\quad
\begin{aligned}
&\left\{ \frac{1}{e^{\frac{\pi\sqrt{3}}{2}} + e^{-\frac{\pi\sqrt{3}}{2}}} - \frac{3^{2m-1}}{e^{\frac{3\pi\sqrt{3}}{2}} + e^{-\frac{3\pi\sqrt{3}}{2}}} + \ldots\ldots\ldots\ldots \right\} \cos\frac{m\pi}{3} \\[2mm]
&+\left\{ \frac{2^{2m-1}}{e^{\pi\sqrt{3}} - e^{-\pi\sqrt{3}}} - \frac{4^{2m-1}}{e^{2\pi\sqrt{3}} - e^{-2\pi\sqrt{3}}} + \frac{6^{2m-1}}{e^{3\pi\sqrt{3}} - e^{-3\pi\sqrt{3}}} - \ldots \right\}\sin\frac{m\pi}{3} = 0.
\end{aligned}$$

Ajoutons que, si l'on remplace m par $3m$, on tirera des formules (105) et (107)

$$(108)\quad
\begin{aligned}
&\frac{1}{e^{\frac{\pi\sqrt{3}}{2}} + e^{-\frac{\pi\sqrt{3}}{2}}} - \frac{1}{3^{6m+1}}\,\frac{1}{e^{\frac{3\pi\sqrt{3}}{2}} + e^{-\frac{3\pi\sqrt{3}}{2}}} + \text{etc.}\ldots\ldots\ldots\ldots \\[2mm]
&= \frac{(-1)^{m}\,\pi^{6m+1}}{2}\,\mathcal{E}\,\frac{\left(\left(\frac{1}{z}\right)\right)^{6m+1}}{e^{z} - 2\cos.z\sqrt{3} + e^{-z}}\,,
\end{aligned}$$

$$(109) \quad \frac{1}{e^{\frac{\pi\sqrt{3}}{2}}+e^{-\frac{\pi\sqrt{3}}{2}}} - \frac{3^{6m-1}}{e^{\frac{3\pi\sqrt{3}}{2}}+e^{-\frac{3\pi\sqrt{3}}{2}}} + \frac{5^{6m-1}}{e^{\frac{5\pi\sqrt{3}}{2}}+e^{-\frac{5\pi\sqrt{3}}{2}}} - \text{etc.} = \dots$$

On conclura, en particulier, de la formule (108), en prenant $m = 0$,

$$(110) \quad \frac{1}{e^{\frac{\pi\sqrt{3}}{2}}+e^{-\frac{\pi\sqrt{3}}{2}}} - \frac{\left(\frac{1}{3}\right)}{e^{\frac{3\pi\sqrt{3}}{2}}+e^{-\frac{3\pi\sqrt{3}}{2}}} + \frac{\left(\frac{1}{5}\right)}{e^{\frac{5\pi\sqrt{3}}{2}}+e^{-\frac{5\pi\sqrt{3}}{2}}} - \text{etc.} = \frac{\pi}{48}.$$

Parmi les diverses formules que nous venons d'établir, les unes fournissent immédiatement les sommes de certaines séries. Telles sont les formules (93), (94), (95) et suivantes. D'autres servent seulement à transformer les sommes des séries que renferment leurs premiers membres. Or, ces transformations seront souvent fort utiles pour le calcul numérique des sommes dont il s'agit. Ainsi, en particulier, concevons que l'on propose d'évaluer la somme

$$\frac{1}{x-\frac{1}{x}} - \frac{2}{x^2-\frac{1}{x^2}} + \frac{3}{x^3-\frac{1}{x^3}} - \frac{4}{x^4-\frac{1}{x^4}} + \dots$$

pour une valeur de x très-peu différente de l'unité, par exemple, pour $x = 1{,}0001$. Comme, dans la série

$$\frac{1}{1{,}0001-\frac{1}{1{,}0001}}, \quad -\frac{2}{(1{,}0001)^2-\left(\frac{1}{1{,}0001}\right)^2}, \quad \frac{3}{(1{,}0001)^3-\left(\frac{1}{1{,}0001}\right)^3}, \quad \text{etc.}$$

le terme dont le rang est indiqué par le nombre 140000, savoir

$$\frac{140000}{(1{,}0001)^{140000}-\left(\frac{1}{1{,}0001}\right)^{140000}}.$$

surpasse un dixième, il est clair que, pour obtenir à un dixième près et par un calcul direct la somme demandée, il faudra évaluer environ cent quarante mille termes. Par conséquent le calcul direct de la somme demandée sera impraticable. Mais il est aisé de transformer cette somme à l'aide de la formule (85). En effet, si l'on pose dans cette formule

$$e^{\frac{b}{a}} = x = 1{,}0001,$$

et si l'on fait d'ailleurs, pour abréger,

$$X = \frac{\pi^2}{1.x} = \frac{9,8696043}{1(1,0001)} = 98700,977\cdots,$$

on en conclura

$$(111)\quad \frac{1}{x - \frac{1}{x}} - \frac{2}{x^2 - \frac{1}{x^2}} + \frac{3}{x^3 - \frac{1}{x^3}} - \cdots = \frac{1}{1x}\left\{ \frac{1}{4} - \frac{X}{e^X - e^{-X}} + \frac{2X}{e^{2X} - e^{-2X}} - \cdots \right\}$$

Or, dans le second membre de l'équation (111), on pourra négliger sans erreur sensible les termes qui renferment X, et dont le premier, savoir,

$$\frac{-X}{e^X - e^{-X}}$$

a une valeur numérique plus petite que l'expression

$$\left(\frac{1}{10}\right)^{42860}.$$

On aura donc, avec une approximation extrêmement considérable,

$$\frac{1}{x - \frac{1}{x}} - \frac{2}{x^2 - \frac{1}{x^2}} + \frac{3}{x^3 - \frac{1}{x_3}} - \cdots = \frac{1}{41x} = 2500,124997\cdots.$$

Les applications que nous venons de faire de la formule (55) suffisent pour en montrer l'importance. On pourrait, au reste, multiplier indéfiniment ces applications. Parmi les équations remarquables auxquelles on parviendrait de cette manière, nous citerons encore les trois formules

$$(112)\qquad \mathcal{E}\left(\left(\frac{(e^{\pi z} + e^{-\pi z})\cos \pi z}{(e^{\pi z} - e^{-\pi z})\sin \pi z}\, z f(z^4)\right)\right) = 0,$$

$$(113)\qquad \mathcal{E}\left(\left(\frac{1}{(\cos 2\pi z - \cos 2\pi z)(e^{2\pi z} + e^{-2\pi z} - 2\cos 2\pi z)}\, \frac{f(z^4)}{z}\right)\right) = 0,$$

$$(114)\qquad \mathcal{E}\left(\left(\frac{1}{\left(e^{\frac{\pi s}{z}} - e^{-\frac{\pi s}{z}}\right)\sin \pi z}\, \frac{1}{z\left(z^2 + \frac{s^2}{z^2}\right)}\right)\right) = 0,$$

dans lesquelles x, s désignent des quantités réelles ou des expressions imaginaires, et $f(z^4)$ une fonction rationnelle de z^4, qui peut être quelconque dans la formule (115), mais qui doit s'évanouir avec $\dfrac{1}{z}$ dans la formule (112). Si l'on développe ces trois formules, on en tirera

$$(115) \quad \begin{cases} \dfrac{e^{\pi}+e^{-\pi}}{e^{\pi}-e^{-\pi}}\, f(1) + \dfrac{e^{2\pi}+e^{-2\pi}}{e^{2\pi}-e^{-2\pi}}\, 2f(2^4) + \dfrac{e^{3\pi}+e^{-3\pi}}{e^{3\pi}-e^{-3\pi}}\, 3f(3^4) + \ldots \\[2ex] = -\dfrac{\pi}{4}\, \mathcal{E}\, \dfrac{z^2(e^{\pi z}+e^{-\pi z})\cos\pi z}{(e^{\pi z}-e^{-\pi z})\sin\pi z}\left(\left(\dfrac{f(z^4)}{z}\right)\right), \end{cases}$$

$$(116) \quad \begin{cases} \dfrac{1}{\alpha}\, \dfrac{f(\alpha^4)}{e^{2\pi\alpha}-2\cos2\pi x+e^{-2\pi\alpha}} + \dfrac{1}{\alpha+1}\, \dfrac{f[(\alpha+1)^4]}{e^{2\pi(\alpha+1)}-2\cos2\pi x+e^{-2\pi(\alpha+1)}} + \ldots \\[2ex] \qquad\qquad + \dfrac{1}{\alpha-1}\, \dfrac{f[(\alpha-1)^4]}{e^{2\pi(\alpha-1)}-2\cos2\pi x+e^{-2\pi(\alpha-1)}} + \ldots \\[2ex] = \dfrac{\pi}{2}\sin2\pi\alpha\, \mathcal{E}\, \dfrac{1}{(\cos2\pi z-\cos2\pi\alpha)(e^{2\pi z}+e^{-2\pi z}-2\cos2\pi\alpha)}\left(\left(\dfrac{f(z^4)}{z}\right)\right), \end{cases}$$

$$(117) \quad \begin{cases} \dfrac{1}{1+s^2}\, \dfrac{1}{e^{\pi s}-e^{-\pi s}} - \dfrac{1}{4+\dfrac{s^2}{4}}\, \dfrac{\left(\dfrac{1}{2}\right)}{e^{\frac{\pi s}{2}}-e^{-\frac{\pi s}{2}}} + \dfrac{1}{9+\dfrac{s^2}{9}}\, \dfrac{\left(\dfrac{1}{3}\right)}{e^{\frac{\pi s}{3}}-e^{-\frac{\pi s}{3}}} - \ldots \\[3ex] = \dfrac{\pi}{2s}\, \dfrac{2-\left(e^{\pi\sqrt{2s}}+e^{-\pi\sqrt{2s}}\right)\cos(\pi\sqrt{2s})}{4-4\left(e^{\pi\sqrt{2s}}+e^{-\pi\sqrt{2s}}\right)\cos(\pi\sqrt{2s})+e^{2\pi\sqrt{2s}}+2\cos(2\pi\sqrt{2s})+e^{-2\pi\sqrt{2s}}}, \end{cases}$$

Lorsqu'on pose $s=0$, la formule (117) reproduit la première des équations (91). Ajoutons que, si l'on prend

$$f(z^4) = \dfrac{1}{s^4+z^4},$$

les formules (115) et (116) donneront

$$(118) \quad \begin{cases} \dfrac{e^{\pi}+e^{-\pi}}{e^{\pi}-e^{-\pi}}\, \dfrac{1}{1+s^4} + \dfrac{e^{2\pi}+e^{-2\pi}}{e^{2\pi}-e^{-2\pi}}\, \dfrac{2}{2^4+s^4} + \dfrac{e^{3\pi}+e^{-3\pi}}{e^{3\pi}-e^{-3\pi}}\, \dfrac{3}{3^4+s^4} + \ldots \\[2ex] = \dfrac{\pi}{4s^2}\left\{ \dfrac{e^{\pi s\sqrt{2}}+2\cos\pi s\sqrt{2}+e^{-\pi s\sqrt{2}}}{e^{\pi s\sqrt{2}}-2\cos\pi s\sqrt{2}+e^{-\pi s\sqrt{2}}} - \dfrac{1}{\pi^2 s^2}\right\}, \end{cases}$$

$$(119) \quad \left\{ \begin{aligned} & \frac{1}{e^{2\pi\alpha}-2\cos 2\pi\alpha+e^{-2\pi\alpha}} \frac{\left(\frac{1}{\alpha}\right)}{\alpha^4+s^4} + \frac{1}{e^{2\pi(\alpha+1)}-2\cos 2\pi\alpha+e^{-2\pi(\alpha+1)}} \frac{\left(\frac{1}{\alpha+1}\right)}{(\alpha+1)^4+s^4} + \ldots \\ & \qquad + \frac{1}{e^{2\pi(\alpha-1)}-2\cos 2\pi\alpha+e^{-2\pi(\alpha-1)}} \frac{\left(\frac{1}{\alpha-1}\right)}{(\alpha-1)^4+s^4} + \ldots \\ & = \frac{\pi\sin 2\pi\alpha}{s^4} \frac{1}{4(1-\cos 2\pi\alpha)^2} \\ & \quad - \frac{\pi\sin 2\pi\alpha}{s^4} \frac{1}{e^{2\pi s\sqrt{2}}+2\cos 2\pi s\sqrt{2}+e^{-2\pi s\sqrt{2}}-4\cos 2\pi\alpha(e^{\pi s\sqrt{2}}+e^{-\pi s\sqrt{2}})\cos\pi s\sqrt{2}+4\cos^2 2\pi\alpha} \end{aligned} \right.$$

Si, dans ces dernières formules, on fait évanouir s, on en tirera

$$(120) \quad \frac{e^{\pi}+e^{-\pi}}{e^{\pi}-e^{-\pi}} + \frac{1}{2^3} \frac{e^{2\pi}+e^{-2\pi}}{e^{2\pi}-e^{-2\pi}} + \frac{1}{3^3} \frac{e^{3\pi}+e^{-3\pi}}{e^{3\pi}-e^{-3\pi}} + \ldots = \frac{7\pi^3}{180} ,$$

$$(121) \quad \left\{ \begin{aligned} & \frac{1}{\alpha^5} \frac{1}{e^{2\pi\alpha}-2\cos 2\pi\alpha+e^{-2\pi\alpha}} + \frac{1}{(\alpha+1)^5} \frac{1}{e^{2\pi(\alpha+1)}-2\cos 2\pi\alpha+e^{-2\pi(\alpha+1)}} + \ldots \\ & \qquad + \frac{1}{(\alpha-1)^5} \frac{1}{e^{2\pi(\alpha-1)}-2\cos 2\pi\alpha+e^{-2\pi(\alpha-1)}} + \ldots \\ & = \frac{\pi^5}{3} \frac{2+\cos 2\pi\alpha}{(1-\cos 2\pi\alpha)^4} \sin 2\pi\alpha. \end{aligned} \right.$$

On peut encore déduire du théorème 1.er deux propositions qui méritent d'être mentionnées, et que nous allons faire connaître.

5.e Théorème. *Si, en attribuant au module* r *de la variable*

$$z = r(\cos p + \sqrt{-1}\,\sin p)$$

des valeurs infiniment grandes, on peut les choisir de manière que le produit

$$(122) \quad z\,\frac{f(z)-f(-z)}{2}$$

devienne sensiblement égal à une constante déterminée $\tilde{\jmath}$, *quel que soit d'ailleurs l'angle* p, *ou du moins de manière que la différence*

$$(123) \quad z\,\frac{f(z)-f(-z)}{2} - \tilde{\jmath}$$

reste toujours finie ou infiniment petite, et ne cesse d'être infiniment petite, en de-

(275)

meurant finie, que dans le voisinage de certaines valeurs particulières de p *, on aura*

$$(124) \qquad \mathcal{E}((\, f(z)\,)) = \mathcal{F}.$$

pourvu que, dans le premier membre de l'équation (124), on réduise le résidu intégral

$$\mathcal{E}((\, f(z)\,)) ,$$

à sa valeur principale.

Démonstration. Soit $z = z_1$ une racine quelconque de l'équation (5). Si l'on pose

$$z = -t, \qquad z_1 = -t_1,$$

on aura

$$\frac{dz}{dt} = -1 ,$$

et la formule (41) de la page 173 du premier volume donnera

$$(125) \qquad \mathcal{E}\,\frac{(z-z_1)f(z)}{((\,z-z_1\,))} = -\,\mathcal{E}\,\frac{(t-t_1)f(-t)}{((\,t-t_1\,))} .$$

De plus, comme le module de la variable t sera constamment égal au module de la variable z, il est clair que l'équation (125) entraînera la suivante

$$(126) \qquad \overset{(R)}{\underset{(0)}{\mathcal{E}}}\,\overset{(\pi)}{\underset{(-\pi)}{}}((\, f(z)\,)) = -\,\overset{(R)}{\underset{(0)}{\mathcal{E}}}\,\overset{(\pi)}{\underset{(-\pi)}{}}((\, f(-t)\,)) = -\,\overset{(R)}{\underset{(0)}{\mathcal{E}}}\,\overset{(\pi)}{\underset{(-\pi)}{}}((\, f(-z)\,)) .$$

Si maintenant on fait converger le module R vers la limite ∞, on trouvera, en passant aux limites, et supposant les résidus

$$\mathcal{E}((\, f(z)\,)) , \qquad \mathcal{E}((\, f(z)\,)) , \qquad \mathcal{E}\left(\left(\frac{f(z)-f(-z)}{2}\right)\right),$$

réduits à leurs valeurs principales ,

$$(127) \qquad \mathcal{E}((\, f(z)\,)) = -\,\mathcal{E}((\, f(-z)\,)) = \frac{\mathcal{E}((\, f(z)\,)) - \mathcal{E}((\, f(z)\,))}{2} ,$$

et par suite

$$(128) \qquad \mathcal{E}((\, f(z)\,)) = \mathcal{E}\left(\left(\frac{f(z)-f(-z)}{2}\right)\right) .$$

Comme on aura d'ailleurs, en vertu de l'hypothèse admise et du théorème 1.,

$$(129) \qquad \mathcal{E}\left(\left(\frac{f(z)-f(-z)}{2}\right)\right) = \mathcal{F},$$

on trouvera définitivement

$$\mathcal{E}\,((\,f(z)\,)) = \mathcal{F}$$

ce qu'il s'agissait de démontrer.

Dans le cas particulier où la constante $\mathcal{F}$ devient nulle, on obtient, à la place du 5.º théorème, celui que nous allons énoncer.

4.º Théorème. *Si, en attribuant au module* r *de la variable*

$$z = r\,(\cos p + \sqrt{-1}\,\sin p)$$

des valeurs infiniment grandes, on peut les choisir de manière que le produit (122) devienne sensiblement égal à zéro, quel que soit d'ailleurs l'angle p, *ou du moins de manière que ce produit reste toujours fini ou infiniment petit, et ne cesse d'être infiniment petit, en demeurant fini, que dans le voisinage de certaines valeurs particulières de* p ; *on aura*

$$(150) \qquad \mathcal{E}\,((\,f(z)\,)) = 0,$$

pourvu que, dans le second membre de l'équation (150), *on réduise le résidu intégral*

$$\mathcal{E}\,((\,f(z)\,))$$

à sa valeur principale.

Corollaire. Lorsque la fonction $f(z)$ est paire, c'est-à-dire, lorsqu'elle ne change pas de valeur, tandis que la variable z change de signe, on a identiquement, quel que soit z,

$$f(z) = f(-z), \qquad\qquad z\,\frac{f(z) - f(-z)}{2} = 0.$$

Donc alors la valeur principale du résidu intégral

$$\mathcal{E}\,((\,f(z)\,))$$

s'évanouit.

Exemple. Si l'on prend

$$f(z) = \frac{\pi \cos \pi z}{z \sin \pi z}.$$

on obtiendra la formule

$$\mathcal{E}\left(\left(\frac{\pi \cos \pi z}{z \sin \pi z}\right)\right) = 0.$$

qui subsiste effectivement dans le cas où l'on réduit le résidu qu'elle renferme à sa valeur principale, mais peut devenir inexacte dans le cas contraire, ainsi que nous l'avons montré ci-dessus.

SUR LE DÉVELOPPEMENT

DES FONCTIONS D'UNE SEULE VARIABLE

EN FONCTIONS RATIONNELLES.

Soit $f(x)$ une fonction qui devienne infinie pour certaines valeurs de la variable x. On pourra, dans beaucoup de cas, développer cette fonction en une série de fractions rationnelles, par le moyen des formules (59), (60), etc., de la page 112 du premier volume. Mais, pour n'avoir pas d'erreurs à craindre dans l'application des formules de ce genre, il importe de fixer d'une manière précise le sens des notations qu'elles renferment, et les conditions sous lesquelles elles subsistent. On y parviendra sans peine à l'aide des principes exposés dans l'article précédent, et l'on établira ainsi les diverses propositions que nous allons énoncer.

1.ᵉʳ **Théorème.** *Si, en attribuant au module* r *de la variable*

$$z = r(\cos p + \sqrt{-1}\,\sin p)$$

des valeurs infiniment grandes, on peut les choisir de manière que la fonction $f(z)$ *devienne sensiblement égale à une constante déterminée* $\mathcal{J}$, *ou du moins de manière que la différence*

$$(1) \qquad\qquad f(z) - \mathcal{J}$$

reste toujours finie ou infiniment petite, et ne cesse d'être infiniment petite, en demeurant finie, que dans le voisinage de certaines valeurs particulières de l'angle p ; *on aura*

$$(2) \qquad\qquad f(x) = \mathcal{L}\,\frac{((\,f(z)\,))}{x - z} + \mathcal{J}\,.$$

pourvu que, dans le second membre de l'équation (2), *on réduise le résidu intégral*

$$\mathcal{L}\,\frac{((\,f(z)\,))}{x - z}$$

à sa valeur principale.

Démonstration. Pour déduire cette proposition du premier théorème de l'article précédent, il suffit de substituer à la fonction $f(z)$, dans la formule (2) de la page 255, le rapport

$$\frac{f(z)}{z-x},$$

et d'observer que, dans l'hypothèse admise, le produit

$$z\,\frac{f(z)}{z-x} = \frac{1}{1-\dfrac{x}{z}}\,f(z)$$

deviendra généralement égal à $\mathscr{F}$, pour des valeurs infinies de z. Cela posé, la formule citée se trouvera remplacée par la suivante

$$\mathcal{E}\left(\left(\frac{f(z)}{z-x}\right)\right) = f(x) - \mathcal{E}\,\frac{((\,f(z)\,))}{x-z} = \mathscr{F}$$

qui coïncide évidemment avec l'équation (2).

Exemple. Si l'on prend

$$f(x) = \frac{(e^{x}-e^{-x})^{2}}{e^{2x}+e^{-2x}},$$

la fonction

$$f(z) = f[r\,(\cos p + \sqrt{-1}\,\sin p)]$$

conservera une valeur finie, quand le module r sera un nombre infiniment grand pris dans la série

$$\frac{\pi}{2}\,,\qquad \pi\,,\qquad \frac{3\pi}{2}\,,\qquad 2\pi\,,\qquad \frac{5\pi}{2}\,,\qquad 3\pi\,,\qquad \text{etc...}\,;$$

et cette valeur différera très-peu de l'unité, à moins que l'angle p ne devienne sensiblement égal à $\pm\dfrac{\pi}{2}$. Par suite on trouvera $\mathscr{F}=1$, et l'équation (2) donnera

$$(5)\qquad \frac{(e^{x}-e^{-x})^{2}}{e^{2x}+e^{-2x}} = 1 + \mathcal{E}\,\frac{1}{x-z}\,\frac{(e^{z}-e^{-z})^{2}}{((e^{2z}+e^{-2z}))}$$

$$= 1 + \frac{\sqrt{-1}}{2}\left\{\left(\frac{1}{x-\frac{\pi}{4}\sqrt{-1}} - \frac{1}{x+\frac{\pi}{4}\sqrt{-1}}\right)\tan g\,\frac{\pi}{4} + \left(\frac{1}{x-\frac{3\pi}{4}\sqrt{-1}} - \frac{1}{x+\frac{3\pi}{4}\sqrt{-1}}\right)\tan g\,\frac{3\pi}{4} + \cdots\right\}.$$

ou, ce qui revient au même,

$$(4)\quad \frac{(e^{x}-e^{-x})^{2}}{e^{2x}+e^{-2x}} = 1 - \frac{\pi}{4}\left\{\frac{1}{x^{2}+\left(\frac{\pi}{4}\right)^{2}} - \frac{3}{x^{2}+\left(\frac{3\pi}{4}\right)^{2}} + \frac{5}{x^{2}+\left(\frac{5\pi}{4}\right)^{2}} - \text{etc.}\right\}.$$

Dans le cas particulier où la constante $\mathcal{J}$ devient nulle, on obtient, à la place du théorème premier, la proposition suivante.

2.e Théorème. *Si, en attribuant au module* r *de la variable*

$$z = r\left(\cos p + \sqrt{-1}\,\sin p\right)$$

des valeurs infiniment grandes, on peut les choisir de manière que la fonction $f(z)$ *devienne sensiblement égale à zéro, quel que soit d'ailleurs l'angle* p, *ou du moins de manière que cette fonction reste toujours finie ou infiniment petite, et ne cesse d'être infiniment petite, en demeurant finie, que dans le voisinage de certaines valeurs particulières de* p ; *on aura*

$$(5)\qquad f(x) = \mathcal{E}\,\frac{((\,f(z)\,))}{x-z},$$

pourvu que, dans le second membre de l'équation (5), *on réduise le résidu intégral*

$$\mathcal{E}\,\frac{((\,f(z)\,))}{x-z}$$

à sa valeur principale.

Exemples. Si l'on prend successivement pour $f(x)$ les quatre fonctions

$$\frac{1}{\sin x}, \qquad \frac{1}{\cos x}, \qquad \frac{1}{e^{x}-e^{-x}}, \qquad \frac{1}{e^{x}+e^{-x}},$$

on tirera de la formule (5)

$$(6)\quad \frac{1}{\sin x} = \mathcal{E}\,\frac{1}{(x-z)\,((\sin z))} = \frac{1}{x} - \left(\frac{1}{x-\pi} + \frac{1}{x+\pi}\right) + \left(\frac{1}{x-2\pi} + \frac{1}{x+2\pi}\right) - \dots$$

$$(7)\quad \frac{1}{\cos x} = \mathcal{E}\,\frac{1}{(x-z)\,((\cos z))} = \left(\frac{1}{x+\frac{\pi}{2}} - \frac{1}{x-\frac{\pi}{2}}\right) - \left(\frac{1}{x+\frac{3\pi}{2}} - \frac{1}{x-\frac{3\pi}{2}}\right) + \dots$$

$$(8)\quad \frac{1}{e^{x}-e^{-x}} = \mathcal{E}\,\frac{1}{(x-z)\,((e^{z}-e^{-z}))} = \frac{1}{2x} - \frac{1}{2}\left(\frac{1}{x-\pi\sqrt{-1}} + \frac{1}{x+\pi\sqrt{-1}}\right) + \frac{1}{2}\left(\frac{1}{x-2\pi\sqrt{-1}} + \frac{1}{x+2\pi\sqrt{-1}}\right) - \dots$$

$$(9) \quad \frac{1}{e^x+e^{-x}} = \mathcal{E} \, \frac{1}{(x-z)\,((e^z+e^{-z}))} = \left(\frac{1}{\pi+2x\sqrt{-1}} + \frac{1}{\pi-x\sqrt{-1}} \right) - \left(\frac{1}{3\pi+2x\sqrt{-1}} + \frac{1}{3\pi-2x\sqrt{-1}} \right) + \cdots$$

ou, ce qui revient au même,

$$(10) \qquad \frac{1}{\sin x} = \frac{1}{x} + 2x \left\{ \frac{1}{\pi^2-x^2} - \frac{1}{4\pi^2-x^2} + \frac{1}{9\pi^2-x^2} - \cdots \right\},$$

$$(11) \qquad \frac{1}{\cos x} = 4\pi \left\{ \frac{1}{\pi^2-4x^2} - \frac{3}{9\pi^2-4x^2} + \frac{5}{25\pi^2-4x^2} - \cdots \right\},$$

$$(12) \qquad \frac{1}{e^x-e^{-x}} = \frac{1}{2x} - x \left\{ \frac{1}{\pi^2+x^2} - \frac{1}{4\pi^2+x^2} + \frac{1}{9\pi^2+x^2} - \cdots \right\},$$

$$(13) \qquad \frac{1}{e^x+e^{-x}} = 2\pi \left\{ \frac{1}{\pi^2+4x^2} - \frac{3}{9\pi^2+4x^2} + \frac{5}{25\pi^2+4x^2} - \cdots \right\}.$$

Ces diverses équations s'accordent avec celles qu'Euler a données, dans l'*Introduction à l'Analyse des infiniment petits*. Si, après avoir développé les deux membres de chacune d'elles suivant les puissances ascendantes de x, on égale entre eux les coefficients des puissances semblables, on retrouvera les formules connues

$$(14) \quad \left\{ \begin{aligned} 1 - \frac{1}{2^2} + \frac{1}{3^2} - \frac{1}{4^2} + \cdots &= \frac{\pi^2}{12} = \frac{1}{6}(2-1)\frac{\pi^2}{1.2}, \\[2ex] 1 - \frac{1}{2^4} + \frac{1}{3^4} - \frac{1}{4^4} + \cdots &= \frac{7\pi^4}{720} = \frac{1}{30}(2^3-1)\frac{\pi^4}{1.2.3.4}, \\[2ex] 1 - \frac{1}{2^6} + \frac{1}{3^6} - \frac{1}{4^6} + \cdots &= \frac{31\pi^6}{30240} = \frac{1}{42}(2^5-1)\frac{\pi^6}{1.2.3.4.5.6}, \end{aligned} \right.$$

etc..... ;

$$(15) \quad \left\{ \begin{aligned} 1 - \frac{1}{3} + \frac{1}{5} - \frac{1}{7} + \cdots &= \frac{\pi}{4}, \\[2ex] 1 - \frac{1}{3^3} + \frac{1}{5^3} - \frac{1}{7^3} + \cdots &= \frac{\pi^3}{32}, \\[2ex] 1 - \frac{1}{3^5} + \frac{1}{5^5} - \frac{1}{7^5} + \cdots &= \frac{5\pi^5}{1536}, \end{aligned} \right.$$

etc......

(281)

Les équations (14), dans lesquelles les fonctions $\frac{1}{6}$, $\frac{1}{3o}$, $\frac{1}{42}$,... sont précisément les nombres de Bernouilli, pourraient être immédiatement déduites des formules (71) de la page 349 du premier volume.

3.ᵉ Théorême. *Si, en attribuant au module   r   de la variable*

$$z = r\,(\cos p + \sqrt{-1}\,\sin p)$$

des valeurs infiniment grandes, on peut les choisir de manière que les deux fonctions

$$(16) \qquad \frac{f(z)+f(-z)}{2}\,, \qquad\qquad (17) \qquad \frac{f(z)-f(-z)}{2z}$$

deviennent sensiblement égales, la première à une constante déterminée $\mathcal{F}$, la seconde à une autre constante $\mathcal{F}_1$, ou du moins de manière que chacune des différences

$$(18) \qquad \frac{f(z)+f(-z)}{2} - \mathcal{F}\,, \qquad\qquad (19) \qquad \frac{f(z)-f(-z)}{2z} - \mathcal{F}_1$$

reste toujours finie ou infiniment petite, et ne cesse d'être infiniment petite, en demeurant finie, que dans le voisinage de certaines valeurs particulières de l'angle   p, on aura

$$(20) \qquad f(x) = \mathcal{E}\,\frac{(\!(\,f(z)\,)\!)}{x-z} + \mathcal{F} + x\,\mathcal{F}_1\,,$$

pourvu que, dans le second membre de l'équation (20), on réduise le résidu intégral

$$\mathcal{E}\,\frac{(\!(\,f(z)\,)\!)}{x-z}$$

à sa valeur principale.

Démonstration. Pour déduire cette proposition du théorême 3 de l'article précédent, il suffit de substituer à la fonction $f(z)$,   dans la formule (124) de la page 275, le rapport

$$\frac{f(z)}{z-x}\,,$$

et d'observer que, dans l'hypothèse admise, le produit

$$3\,\frac{\dfrac{f(z)}{z-x}-\dfrac{f(-z)}{-z-x}}{2}=\frac{\dfrac{f(z)+f(-z)}{2}+x\,\dfrac{f(z)-f(-z)}{2z}}{1-\dfrac{x^2}{z^2}}$$

se réduira généralement à

$$\mathscr{F}+x\,\mathscr{F}_1$$

pour des valeurs infinies du module de z. Cela posé, la formule citée se trouvera remplacée par la suivante

$$\mathcal{E}\left(\left(\frac{f(z)}{z-x}\right)\right)=f(x)-\mathcal{E}\,\frac{((\,f(z)\,))}{x-z}=\mathscr{F}+x\,\mathscr{F}_1,$$

qui coïncide évidemment avec l'équation (20).

Exemples. Si l'on prend

$$f(x)=\cot\frac{1}{x}\,,$$

on trouvera

$$\frac{f(z)+f(-z)}{2}=0\,,\qquad\frac{f(z)-f(-z)}{2z}=\frac{\cos\frac{1}{z}}{z\sin\frac{1}{z}}\,,$$

et par suite

$$\mathscr{F}=0\,,\qquad\mathscr{F}_1=1\,,$$

Cela posé, la formule (20) donnera

$$(21)\qquad\cot\frac{1}{x}=x+\mathcal{E}\,\frac{\left(\left(\cot\frac{1}{z}\right)\right)}{x-z}$$

$$=x-\frac{1}{\pi^2}\left(\frac{1}{x-\frac{1}{\pi}}+\frac{1}{x+\frac{1}{\pi}}\right)-\frac{1}{4\pi^2}\left(\frac{1}{x-\frac{1}{2\pi}}+\frac{1}{x+\frac{1}{2\pi}}\right)-\cdots$$

$$=x-2x\left\{\frac{1}{\pi^2x^2-1}+\frac{1}{4\pi^2x^2-1}+\frac{1}{9\pi^2x^2-1}+\text{etc.}\cdots\right\}.$$

Soit encore

$$(22)\qquad f(x)=\frac{\sin\dfrac{ba}{x-a}}{\sin\dfrac{ca^2}{x^2-a^2}}\,,$$

a , b , c désignant trois constantes réelles ou imaginaires ; et supposons le module du rapport $\frac{b}{c}$ égal ou inférieur à $\frac{1}{2}$, afin que la fonction $f(z)$ conserve une valeur finie quand on attribue à $z - a$ une valeur très-peu différente de zéro. On aura sensiblement, pour de très-grandes valeurs du module de z ,

$$\frac{f(z)+f(-z)}{2} = \frac{b}{c} \,, \qquad \frac{f(z)-f(-z)}{2z} = \frac{b}{ac} \,,$$

et l'on en conclura

$$\mathcal{J} = \frac{b}{c} \,, \qquad \mathcal{J}_1 = \frac{b}{ac} \,.$$

Cela posé, la formule (20) donnera

$$(23) \qquad \frac{\sin \dfrac{ba}{x-a}}{\sin \dfrac{ca^2}{x^2-a^2}} = \frac{b}{c}\left(1+\frac{x}{a}\right) + \mathcal{E} \, \frac{1}{x-z} \, \frac{\sin \dfrac{ba}{z-a}}{\left(\left(\sin \dfrac{ca^2}{z^2-a^2}\right)\right)} \,,$$

ou , ce qui revient au même,

$$(24) \qquad \frac{\sin \dfrac{ba}{x-a}}{\sin \dfrac{ca^2}{x^2-a^2}} = \frac{b}{c}\left(1+\frac{x}{a}\right)$$

$$\frac{\cos\dfrac{\pi b}{c}\sin\dfrac{b\sqrt{\pi(\pi+c)}}{c}}{\sqrt{\pi(\pi+c)}} \cdot \frac{cax}{ca^2+\pi(a^2-x^2)} + \frac{\cos\dfrac{2\pi b}{c}\sin\dfrac{b\sqrt{2\pi(2\pi+c)}}{c}}{\sqrt{2\pi(2\pi+c)}} \cdot \frac{cax}{ca^2+2\pi(a^2-x^2)} - \ldots$$

$$\frac{\cos\dfrac{\pi b}{c}\sin\dfrac{b\sqrt{\pi(\pi-c)}}{c}}{\sqrt{\pi(\pi-c)}} \cdot \frac{cax}{ca^2-\pi(a^2-x^2)} + \frac{\cos\dfrac{2\pi b}{c}\sin\dfrac{b\sqrt{2\pi(2\pi-c)}}{c}}{\sqrt{2\pi(2\pi-c)}} \cdot \frac{cax}{ca^2-2\pi(a^2-x^2)} - \ldots$$

$$\frac{\sin\dfrac{\pi b}{c}\cos\dfrac{b\sqrt{\pi(\pi+c)}}{c}}{\pi} \cdot \frac{ca^2}{ca^2+\pi(a^2-x^2)} + \frac{\sin\dfrac{2\pi b}{c}\cos\dfrac{b\sqrt{2\pi(2\pi+c)}}{c}}{2\pi} \cdot \frac{ca^2}{ca^2+2\pi(a^2-x^2)} - \ldots$$

$$\frac{\sin\dfrac{\pi b}{c}\cos\dfrac{b\sqrt{\pi(\pi-c)}}{c}}{\pi} \cdot \frac{ca^2}{ca^2-\pi(a^2-x^2)} + \frac{\sin\dfrac{2\pi b}{c}\cos\dfrac{b\sqrt{2\pi(2\pi-c)}}{c}}{2\pi} \cdot \frac{ca^2}{ca^2-2\pi(a^2-x^2)} - \ldots$$

Si, pour fixer les idées, on prend $b = 1$, $c = 2$, on tirera de l'équation (24)

$$(25)\qquad \frac{\sin \dfrac{a}{x-a}}{\sin \dfrac{2a^2}{x^2-a^2}} = \frac{1}{2}\left(1+\frac{x}{a}\right)$$

$$-\frac{\cos \dfrac{\sqrt{\pi(\pi+2)}}{2}}{\pi}\,\frac{2a^2}{2a^2+\pi(a^2-x^2)} - \frac{\cos \dfrac{\sqrt{\pi(\pi-2)}}{2}}{\pi}\,\frac{2a^2}{2a^2-\pi(a^2-x^2)}$$

$$-\frac{\sin \dfrac{\sqrt{2\pi(2\pi+2)}}{2}}{\sqrt{2\pi(2\pi+2)}}\,\frac{2ax}{2a^2+2\pi(a^2-x^2)} - \frac{\sin \dfrac{\sqrt{2\pi(2\pi-2)}}{2}}{\sqrt{2\pi(2\pi-2)}}\,\frac{2ax}{2a^2-2\pi(a^2-x^2)}$$

$$+\frac{\cos \dfrac{\sqrt{3\pi(3\pi+2)}}{2}}{3\pi}\,\frac{2a^2}{2a^2+3\pi(a^2-x^2)} + \frac{\cos \dfrac{\sqrt{3\pi(3\pi-2)}}{2}}{3\pi}\,\frac{2a^2}{2a^2-3\pi(a^2-x^2)}$$

$$+\frac{\sin \dfrac{\sqrt{4\pi(4\pi+2)}}{2}}{\sqrt{4\pi(4\pi+2)}}\,\frac{2ax}{2a^2+4\pi(a^2-x^2)} + \frac{\sin \dfrac{\sqrt{4\pi(4\pi-2)}}{2}}{\sqrt{4\pi(4\pi-2)}}\,\frac{2ax}{2a^2-4\pi(a^2-x^2)}$$

— etc.....

Si l'on prenait $b = 1$, $c = 1$, l'équation (24) se réduirait à la formule (30) de la page 139 du premier volume. Mais, comme on aurait alors $\dfrac{b}{c} = 1 > \dfrac{1}{2}$, on ne pourrait plus compter sur l'exactitude de l'équation (24). Nous avons effectivement reconnu par un calcul numérique que la formule (30) de la page 139 du premier volume est inexacte.

Si, après avoir développé les deux membres de l'équation (24) suivant les puissances ascendantes de x, on égale entre eux les coefficients des puissances semblables, on obtiendra de nouvelles formules, savoir,

$$(26)\quad\begin{cases}
\dfrac{\sin b}{\sin c} = \dfrac{b}{c} - \dfrac{c\sin\dfrac{\pi b}{c}\cos\dfrac{b\sqrt{\pi(\pi+c)}}{c}}{\pi(\pi+c)} + \dfrac{c\sin\dfrac{2\pi b}{c}\cos\dfrac{b\sqrt{2\pi(2\pi+c)}}{c}}{2\pi(2\pi+c)} + \cdots \\[4ex]
\qquad\quad + \dfrac{c\sin\dfrac{\pi b}{c}\cos\dfrac{b\sqrt{\pi(\pi-c)}}{c}}{\pi(\pi-c)} - \dfrac{c\sin\dfrac{2\pi b}{c}\cos\dfrac{b\sqrt{2\pi(2\pi-c)}}{c}}{2\pi(2\pi-c)} + \cdots, \\[4ex]
\dfrac{b\cos b}{\sin c} = \dfrac{b}{c} - \dfrac{c\cos\dfrac{\pi b}{c}\sin\dfrac{b\sqrt{\pi(\pi+c)}}{c}}{(\pi+c)\sqrt{\pi(\pi+c)}} + \dfrac{c\cos\dfrac{2\pi b}{c}\sin\dfrac{b\sqrt{2\pi(2\pi+c)}}{c}}{(2\pi+c)\sqrt{2\pi(2\pi+c)}} + \cdots \\[4ex]
\qquad\quad + \dfrac{c\cos\dfrac{\pi b}{c}\sin\dfrac{b\sqrt{\pi(\pi-c)}}{c}}{(\pi-c)\sqrt{\pi(\pi-c)}} - \dfrac{c\cos\dfrac{2\pi b}{c}\sin\dfrac{b\sqrt{2\pi(2\pi-c)}}{c}}{(2\pi-c)\sqrt{2\pi(2\pi-c)}} + \cdots, \\[4ex]
\text{etc.}\ldots\ldots
\end{cases}$$

puis, en posant $b = x$, $c = 2x$, on en conclura

$$(27)\quad\begin{aligned}
\frac{1}{\cos x} = 1 - 4x &\left\{ \frac{\cos\dfrac{\sqrt{\pi(\pi+2x)}}{2}}{\pi(\pi+2x)} - \frac{\cos\dfrac{\sqrt{3\pi(3\pi+2x)}}{2}}{3\pi(3\pi+2x)} + \text{etc.}\ldots\ldots\ldots \right. \\[3ex]
+ 4x &\left. \frac{\cos\dfrac{\sqrt{\pi(\pi-2x)}}{2}}{\pi(\pi-2x)} - \frac{\cos\dfrac{\sqrt{3\pi(3\pi-2x)}}{2}}{3\pi(3\pi-2x)} + \text{etc.}\ldots\ldots\ldots \right\},
\end{aligned}$$

$$(28)\quad\begin{aligned}
\frac{1}{\sin x} = \frac{1}{x} &- \frac{\sin\sqrt{\pi(\pi+x)}}{(\pi+x)\sqrt{\pi(\pi+x)}} + \frac{\sin\sqrt{2\pi(2\pi+x)}}{(2\pi+x)\sqrt{2\pi(2\pi+x)}} - \text{etc.}\ldots\ldots\ldots \\[3ex]
&+ \frac{\sin\sqrt{\pi(\pi-x)}}{(\pi-x)\sqrt{\pi(\pi-x)}} - \frac{\sin\sqrt{2\pi(2\pi-x)}}{(2\pi-x)\sqrt{2\pi(2\pi-x)}} + \text{etc.}\ldots\ldots\ldots
\end{aligned}$$

Si l'on remplace, dans ces dernières x par πx, elles donneront

$$(29) \qquad \frac{1}{\cos \pi x} = 1$$

$$+ \frac{4x}{\pi} \left\{ \begin{array}{l} \dfrac{\cos.\frac{\pi}{2}\left(1-2x\right)^{\frac{1}{2}}}{1-2x} - \dfrac{1}{3^2}\dfrac{\cos.\frac{3\pi}{2}\left(1-\frac{2}{3}x\right)^{\frac{1}{2}}}{1-\frac{2}{3}x} + \dfrac{1}{5^2}\dfrac{\cos.\frac{5\pi}{2}\left(1-\frac{2}{5}x\right)^{\frac{1}{2}}}{1-\frac{2}{5}x} - \cdots \\[2em] - \dfrac{\cos.\frac{\pi}{2}\left(1+2x\right)^{\frac{1}{2}}}{1+2x} + \dfrac{1}{3^2}\dfrac{\cos.\frac{3\pi}{2}\left(1+\frac{2}{3}x\right)^{\frac{1}{2}}}{1+\frac{2}{3}x} - \dfrac{1}{5^2}\dfrac{\cos.\frac{5\pi}{2}\left(1+\frac{2}{5}x\right)^{\frac{1}{2}}}{1+\frac{2}{5}x} + \cdots \end{array} \right.$$

$$(30) \qquad \frac{1}{\sin \pi x} = \frac{1}{\pi x}$$

$$+ \frac{1}{\pi^2} \left\{ \begin{array}{l} \dfrac{\sin.\pi\left(1-x\right)^{\frac{1}{2}}}{\left(1-x\right)^{\frac{1}{2}}} - \dfrac{1}{2^2}\dfrac{\sin.2\pi\left(1-\frac{x}{2}\right)^{\frac{1}{2}}}{\left(1-\frac{x}{2}\right)^{\frac{1}{2}}} + \dfrac{1}{3^2}\dfrac{\sin.3\pi\left(1-\frac{x}{3}\right)^{\frac{1}{2}}}{\left(1-\frac{x}{3}\right)^{\frac{1}{2}}} + \cdots \\[2em] - \dfrac{\sin.\pi\left(1+x\right)^{\frac{1}{2}}}{\left(1+x\right)^{\frac{1}{2}}} + \dfrac{1}{2^2}\dfrac{\sin.2\pi\left(1+\frac{x}{2}\right)^{\frac{1}{2}}}{\left(1+\frac{x}{2}\right)^{\frac{1}{2}}} - \dfrac{1}{3^2}\dfrac{\sin.3\pi\left(1+\frac{x}{3}\right)^{\frac{1}{2}}}{\left(1+\frac{x}{3}\right)^{\frac{1}{2}}} + \cdots \end{array} \right.$$

Enfin, si après avoir développé les deux membres de l'équation (29) ou (3o) suivant les puissances ascendantes de x, on égale entre eux les coefficients des puissances semblables, on obtiendra des formules qui pourront être réduites aux équations connues

$$(31) \left\{ \begin{array}{l} 1 + \dfrac{1}{3^2} + \dfrac{1}{5^2} + \dfrac{1}{7^2} + \cdots = \dfrac{\pi^2}{8} = \dfrac{1}{6}\,\dfrac{2^2-1}{2}\,\dfrac{\pi^2}{1.2}\,, \\[1.5em] 1 + \dfrac{1}{3^4} + \dfrac{1}{5^4} + \dfrac{1}{7^4} + \cdots = \dfrac{\pi^4}{96} = \dfrac{1}{30}\,\dfrac{2^4-1}{2}\,\dfrac{\pi^4}{1.2.3.4}\,, \\[1.5em] 1 + \dfrac{1}{3^6} + \dfrac{1}{5^6} + \dfrac{1}{7^6} + \cdots = \dfrac{\pi^6}{960} = \dfrac{1}{42}\,\dfrac{2^6-1}{2}\,\dfrac{\pi^6}{1.2.3.4.5.6}\,, \end{array} \right.$$

etc.

$$(32) \quad \begin{cases} 1 + \dfrac{1}{2^2} + \dfrac{1}{3^2} + \dfrac{1}{4^2} + \ldots = \dfrac{\pi^2}{6} = \dfrac{1}{6}\,\dfrac{2\pi^2}{1.2}, \\[2ex] 1 + \dfrac{1}{2^4} + \dfrac{1}{3^4} + \dfrac{1}{4^4} + \ldots = \dfrac{\pi^4}{90} = \dfrac{1}{30}\,\dfrac{2^3\pi^4}{1.2.3.4}, \\[2ex] 1 + \dfrac{1}{2^6} + \dfrac{1}{3^6} + \dfrac{1}{4^6} + \ldots = \dfrac{\pi^6}{945} = \dfrac{1}{42}\,\dfrac{2^5\pi^6}{1.2.3.4.5.6}, \\[2ex] \text{etc.....} \end{cases}$$

Il serait facile de vérifier numériquement, dans des cas particuliers, les formules (24), (25), (26), (27) et (28). Ainsi, par exemple, si l'on prend $x = \dfrac{\pi}{2}$, la formule (27) deviendra identique, et la formule (28) donnera

$$(35) \qquad \frac{\pi^2}{4} - \frac{\pi}{2} = 0,896\ldots$$

$$= \frac{\sin\frac{\pi\sqrt{2.1}}{2}}{1.\sqrt{2.1}} - \frac{\sin\frac{\pi\sqrt{4.3}}{2}}{3.\sqrt{4.3}} + \frac{\sin\frac{\pi\sqrt{6.5}}{2}}{5.\sqrt{6.5}} - \frac{\sin\frac{\pi\sqrt{8.7}}{2}}{7.\sqrt{8.7}} + \frac{\sin\frac{\pi\sqrt{10.9}}{2}}{9.\sqrt{10.9}} - \text{etc.....}$$

$$- \frac{\sin\frac{\pi\sqrt{2.3}}{2}}{3.\sqrt{2.3}} + \frac{\sin\frac{\pi\sqrt{4.5}}{2}}{5.\sqrt{4.5}} - \frac{\sin\frac{\pi\sqrt{6.7}}{2}}{7.\sqrt{6.7}} + \frac{\sin\frac{\pi\sqrt{8.9}}{2}}{9.\sqrt{8.9}} - \frac{\sin\frac{\pi\sqrt{10.11}}{2}}{11.\sqrt{10.11}} + \text{etc.....}$$

$$= 0,56263\ldots + 0,07176\ldots + 0,02672\ldots + 0,01384\ldots + 0,00845\ldots + \text{etc.....}$$

$$+ 0,08829\ldots + 0,03020\ldots + 0,01510\ldots + 0,00904\ldots + 0,00601\ldots + \text{etc.....}$$

Afin d'évaluer plus aisément la somme des sinus que renferme l'équation précédente, nous observerons que l'on a sensiblement, pour de très-grandes valeurs du nombre entier n,

$$(-1)^{n-1}\left\{ \frac{\sin\frac{\pi\sqrt{2n.2n-1}}{2}}{(2n-1)\sqrt{2n.2n-1}} - \frac{\sin\frac{\pi\sqrt{2n.2n+1}}{2}}{(2n+1)\sqrt{2n.2n+1}} \right\} = \frac{2}{4n^2}\sin\frac{\pi}{4} = \frac{\sqrt{2}}{4n^2}\,.$$

On trouvera d'ailleurs

$$\frac{\sin\frac{\pi\sqrt{2.1}}{1}}{1.\sqrt{2.1}} - \frac{\sin\frac{\pi\sqrt{2.3}}{2}}{3.\sqrt{2.3}} = 0,56263\ldots + 0,08829\ldots = \frac{\sqrt{2}}{4} + 0,2973.\ldots\,,$$

$$- \frac{\sin\frac{\pi\sqrt{4.3}}{2}}{3.\sqrt{4.3}} + \frac{\sin\frac{\pi\sqrt{4.5}}{2}}{5.\sqrt{4.5}} = 0,07176\ldots + 0,03020\ldots = \frac{\sqrt{2}}{16} + 0,0155.\ldots\,,$$

$$\frac{\sin\frac{\pi\sqrt{6.5}}{2}}{5.\sqrt{6.5}} - \frac{\sin\frac{\pi\sqrt{6.7}}{2}}{7.\sqrt{6.7}} = 0,02672\ldots + 0,01510\ldots = \frac{\sqrt{2}}{36} + 0,0025.\ldots\,,$$

$$- \frac{\sin\frac{\pi\sqrt{8.7}}{2}}{7.\sqrt{8.7}} + \frac{\sin\frac{\pi\sqrt{8.9}}{2}}{9.\sqrt{8.9}} = 0,01384.\ldots + 0,00904\ldots = \frac{\sqrt{2}}{64} + 0,0007.\ldots\,,$$

$$\frac{\sin\frac{\pi\sqrt{10.9}}{2}}{9.\sqrt{10.9}} - \frac{\sin\frac{\pi\sqrt{10.11}}{2}}{11.\sqrt{10.11}} = 0,00845\ldots + 0,00601\ldots = \frac{\sqrt{2}}{100} + 0,0003.\ldots\,,$$

etc.…,

et par conséquent

$$\frac{\sin\frac{\pi\sqrt{2.1}}{2}}{1.\sqrt{2.1}} - \frac{\sin\frac{\pi\sqrt{4.3}}{2}}{3.\sqrt{4.3}} + \frac{\sin\frac{\pi\sqrt{6.5}}{2}}{5.\sqrt{6.5}} - \frac{\sin\frac{\pi\sqrt{8.5}}{2}}{7.\sqrt{8.7}} + \frac{\sin\frac{\pi\sqrt{10.9}}{2}}{9.\sqrt{10.9}} - \text{etc.}\ldots$$

$$- \frac{\sin\frac{\pi\sqrt{2.3}}{2}}{3.\sqrt{2.3}} + \frac{\sin\frac{\pi\sqrt{4.5}}{2}}{5.\sqrt{4.5}} - \frac{\sin\frac{\pi\sqrt{6.7}}{2}}{7.\sqrt{6.7}} + \frac{\sin\frac{\pi\sqrt{8.9}}{2}}{9.\sqrt{8.9}} - \frac{\sin\frac{\pi\sqrt{10.11}}{2}}{11.\sqrt{10.11}} + \text{etc.}\ldots$$

$$= \frac{\sqrt{2}}{4}\left(1 + \frac{1}{4} + \frac{1}{9} + \ldots\right) + 0,2973.. + 0,0135.. + 0,0025.. + 0,0007.. + 0,0003.. + \ldots$$

$$= \frac{\sqrt{2}}{4}\frac{\pi^2}{6} + 0,515\ldots = 0,581\ldots + 0,515\ldots = 0,896\ldots\,,$$

ainsi que l'on devait s'y attendre.

Lorsqu'on attribue au rapport $\frac{c}{\pi}$, ou au produit $2x$, dans les formules (24),

(26), (29), ou bien à la variable x dans la formule (30), une valeur réelle supérieure à π, les sinus renfermés dans un ou plusieurs termes de ces formules se changent en exponentielles. Ainsi, par exemple, on tirera de la formule (30), 1.° en supposant la variable x comprise entre les limites $x = 1$, $x = 2$,

$$(34) \qquad \frac{1}{\sin \pi x} = \frac{1}{\pi x}$$

$$+ \frac{1}{\pi^2} \left\{ \begin{array}{l} \dfrac{e^{\pi\sqrt{x-1}} - e^{-\pi\sqrt{x-1}}}{2(x-1)^{\frac{3}{2}}} - \dfrac{1}{2^2} \dfrac{\sin. 2\pi\left(1 - \dfrac{x}{2}\right)^{\frac{1}{2}}}{\left(1 - \dfrac{x}{2}\right)^{\frac{1}{2}}} + \dfrac{1}{3^2} \dfrac{\sin. 3\pi\left(1 - \dfrac{x}{3}\right)^{\frac{1}{2}}}{\left(1 - \dfrac{x}{3}\right)^{\frac{1}{2}}} - \cdots \\[4ex] \dfrac{\sin. \pi(1 + x)^{\frac{1}{2}}}{(1 + x)^{\frac{1}{2}}} + \dfrac{1}{2^2} \dfrac{\sin. 2\pi\left(1 + \dfrac{x}{2}\right)^{\frac{1}{2}}}{\left(1 + \dfrac{x}{2}\right)} - \dfrac{1}{3^2} \dfrac{\sin. 3\pi\left(1 + \dfrac{x}{3}\right)^{\frac{1}{2}}}{\left(1 + \dfrac{x}{3}\right)} + \cdots \end{array} \right\},$$

2.° en supposant la variable x comprise entre les limites $x = 2$, $x = 3$,

$$(35) \qquad \frac{1}{\sin \pi x} = \frac{1}{\pi x}$$

$$+ \frac{1}{\pi^2} \left\{ \begin{array}{l} \dfrac{e^{\pi\sqrt{x-1}} - e^{-\pi\sqrt{x-1}}}{2(x-1)^{\frac{1}{2}}} + \dfrac{1}{2^2} \dfrac{e^{\pi\sqrt{2(x-2)}} - e^{-\pi\sqrt{2(x-2)}}}{2\left(\dfrac{x}{2} - 1\right)^{\frac{1}{2}}} + \dfrac{1}{3^2} \dfrac{\sin. 3\pi\left(1 - \dfrac{x}{3}\right)^{\frac{1}{2}}}{\left(1 - \dfrac{x}{3}\right)^{\frac{1}{2}}} - \cdots \\[4ex] \dfrac{\sin. \pi(1 + x)^{\frac{1}{2}}}{(1 + x)^{\frac{1}{2}}} - \dfrac{1}{2^2} \dfrac{\sin. 2\pi\left(1 + \dfrac{x}{2}\right)^{\frac{1}{2}}}{\left(1 + \dfrac{x}{2}\right)^{\frac{1}{2}}} - \dfrac{1}{3^2} \dfrac{\sin. 3\pi\left(1 + \dfrac{x}{3}\right)^{\frac{1}{2}}}{\left(1 + \dfrac{x}{3}\right)^{\frac{1}{2}}} + \cdots \end{array} \right\},$$

etc.....

Dans le cas où les constantes $\mathcal{F}$ et $\mathcal{F}_1$ s'évanouissent, le troisième théorème coïncide avec la proposition que nous allons énoncer.

4.° Théorème. *Si, en attribuant au module* r *de la variable*

$$z = r (\cos p + \sqrt{-1} \sin p)$$

des valeurs infiniment grandes, on peut les choisir de manière que les deux fonctions

$$(16) \qquad \frac{f(z)+f(-z)}{2} \, , \qquad\qquad (17) \qquad \frac{f(z)-f(-z)}{2z}$$

deviennent sensiblement nulles, quel que soit d'ailleurs l'angle p *, ou du moins de manière que chacune de ces fonctions reste toujours finie ou infiniment petite, et ne cesse d'être infiniment petite, en demeurant finie, que dans le voisinage de certaines valeurs particulières de* p *, on aura*

$$(36) \qquad f(x) = \mathcal{E} \, \frac{((\, f(z)\,))}{x-z} \, ,$$

pourvu que, dans le second membre de l'équation (36) *, on réduise le résidu intégral*

$$\mathcal{E} \, \frac{((\, f(z)\,))}{x-z}$$

à sa valeur principale.

Exemple. Supposons

$$f(x) = \frac{1}{e^{ax} - 2\cos bx + e^{-ax}} \, ,$$

a et b désignant deux constantes réelles ou imaginaires. Les expressions (16) et (17) deviendront infiniment petites, quand on attribuera au module de la variable z des valeurs infiniment grandes, mais sensiblement distinctes de celles que fournit l'équation

$$e^{az} - 2\cos bz + e^{-az} = 0,$$

et l'on tirera de la formule (56)

$$\frac{1}{e^{ax}-2\cos bx+e^{-ax}} = \frac{1}{(a^2+b^2)x^2}$$

$$(37) \left\{ \begin{aligned}
&- \frac{2\pi}{\sin\dfrac{2\pi b}{b-a\sqrt{-1}}} \frac{1}{2^2\pi^2-(b-a\sqrt{-1})^2 x^2} - \frac{4\pi}{\sin\dfrac{4\pi b}{b-a\sqrt{-1}}} \frac{1}{4^2\pi^2-(b-a\sqrt{-1})^2 x^2} \\[2ex]
&- \frac{6\pi}{\sin\dfrac{6\pi b}{b-a\sqrt{-1}}} \frac{1}{6^2\pi^2-(b-a\sqrt{-1})^2 x^2} - \ldots \\[2ex]
&- \frac{2\pi}{\sin\dfrac{2\pi b}{b+a\sqrt{-1}}} \frac{1}{2^2\pi^2-(b+a\sqrt{-1})^2 x^2} - \frac{4\pi}{\sin\dfrac{4\pi b}{b+a\sqrt{-1}}} \frac{1}{4^2\pi^2-(b+a\sqrt{-1})^2 x^2} \\[2ex]
&- \frac{6\pi}{\sin\dfrac{6\pi b}{b+a\sqrt{-1}}} \frac{1}{6^2\pi^2-(b+a\sqrt{-1})^2 x^2} - \ldots
\end{aligned} \right.$$

Si, pour plus de simplicité, on prend $\;b = a,\;$ on trouvera

$$(38)\qquad \frac{1}{e^{ax}-2\cos ax+e^{-ax}}=\frac{1}{2a^2x^2}$$

$$-\pi a^2 x^2\left\{\frac{1}{e^\pi-e^{-\pi}}\;\frac{1}{\pi^4+\frac14 a^4x^4}-\frac{2}{e^{2\pi}-e^{-2\pi}}\;\frac{1}{(2\pi)^4+\frac14 a^4x^4}+\frac{3}{e^{3\pi}-e^{-3\pi}}\;\frac{1}{(3\pi)^4+\frac14 a^4x^4}-\cdots\right\}.$$

Si l'on prenait, au contraire $\;b=\dfrac12\sqrt{a^2+b^2},\;$ on en conclurait $\;b=\pm\dfrac{a}{\sqrt3},$

$$(39)\qquad \frac{1}{e^{ax}-2\cos\dfrac{ax}{\sqrt3}+e^{-ax}}=-\frac{3}{4a^2x^2}$$

$$-2\pi\left\{\frac{1}{e^{\frac{\pi\sqrt3}{2}}+e^{-\frac{\pi\sqrt3}{2}}}\;\frac{\pi^2+\frac14 a^2x^2}{\pi^4+\frac12\pi^2 a^2x^2+\frac1{9}a^4x^4}-\frac{3}{e^{\frac{3\pi\sqrt3}{2}}+e^{-\frac{3\pi\sqrt3}{2}}}\;\frac{(3\pi)^2+\frac14 a^2x^2}{(3\pi)^4+\frac13(3\pi)^2 a^2x^2+\frac1{9}a^4x^4}+\cdots\right\}$$

$$-\frac{2\pi a^2 x^2}{\sqrt3}\left\{\frac{1}{e^{\pi\sqrt3}-e^{-\pi\sqrt3}}\;\frac{1}{(2\pi)^4+\frac13(2\pi)^2 a^2x^2+\frac1{9}a^4x^4}-\frac{2}{e^{2\pi\sqrt3}-e^{-2\pi\sqrt3}}\;\frac{1}{(4\pi)^4+\frac13(4\pi)^2 a^2x^2+\frac1{9}a^4x^4}+\cdots\right\}$$

L'équation (38) s'accorde avec la formule (101) de la page 268. De plus, si, après avoir développé suivant les puissances ascendantes de $\;x\;$ les deux membres de l'équation (38) ou (39), on compare entre eux les coefficients des puissances semblables, on sera immédiatement ramené aux formules (93), (95), (105), (108) et (110) de l'article précédent.

Il est bon d'observer que l'expression (16) est toujours nulle, dans le cas où $\;f(x)\;$ désigne une fonction impaire de la variable $\;x,\;$ c'est-à-dire une fonction qui change de signe, quand on y remplace $\;x\;$ par $\;-x.\;$ Alors, la formule (36) subsistera, si, pour des valeurs du module de $\;z\;$ infiniment grandes et convenablement choisies, l'expression (17) reste toujours finie ou infiniment petite, et finie seulement dans le voisinage de certaines valeurs particulières de l'angle $\;p.$

Exemples. Si l'on prend successivement pour $\;f(x)\;$ les deux fonctions impaires

$$\cot x,\qquad \frac{e^x+e^{-x}}{e^x-e^{-x}},$$

on tirera de la formule (36)

$$(40)\qquad \cot x=\mathcal{L}\,\frac{((\cot z))}{x-z},$$

$$(41) \qquad \frac{e^x + e^{-x}}{e^x - e^{-x}} = \mathcal{E} \frac{\left(\left(\frac{e^z + e^{-z}}{e^z - e^{-z}}\right)\right)}{x - z}$$

ou, ce qui revient au même,

$$(42) \qquad \cot x = \frac{1}{x} - 2x \left\{ \frac{1}{\pi^2 - x^2} + \frac{1}{4\pi^2 - x^2} + \frac{1}{9\pi^2 - x^2} + \cdots \right\},$$

$$(43) \qquad \frac{e^x + e^{-x}}{e^x - e^{-x}} = \frac{1}{x} + 2x \left\{ \frac{1}{\pi^2 + x^2} + \frac{1}{4\pi^2 + x^2} + \frac{1}{9\pi^2 + x^2} + \cdots \right\}.$$

Ces dernières équations étaient déjà connues, ainsi que plusieurs autres du même genre que l'on pourrait aisément déduire de la formule (36).

Supposons encore que l'on prenne successivement, pour $f(x)$, les deux fonctions impaires

$$\frac{1}{(e^{a^2 x^2} - e^{-a^2 x^2}) \sin bx} \; , \qquad\qquad \frac{1}{(e^{a^2 x^2} + e^{-a^2 x^2}) \sin bx} \; ,$$

a, b désignant deux constantes réelles et positives. L'expression (17) deviendra nulle à très-peu près, quand on attribuera au module de z des valeurs très-considérables, mais sensiblement distinctes de celles qui vérifient l'équation

$$\frac{1}{f(z)} = 0 \, ,$$

et l'on tirera de la formule (36)

$$(44) \qquad \frac{1}{(e^{a^2 x^2} - e^{-a^2 x^2}) \sin bx} = \mathcal{E} \frac{1}{x - z} \frac{1}{(((e^{a^2 z^2} - e^{-a^2 z^2}) \sin bz))} \; ,$$

$$(45) \qquad \frac{1}{(e^{a^2 x^2} + e^{-a^2 x^2}) \sin bx} = \mathcal{E} \frac{1}{x - z} \frac{1}{(((e^{a^2 z^2} + e^{-a^2 z^2}) \sin bz))} \; ,$$

ou, ce qui revient au même,

(46)
$$\frac{1}{(e^{a^2x^2}-e^{-a^2x^2})\sin bx} = \frac{b}{12a^2}\,\frac{1}{x} + \frac{1}{2a^2b}\,\frac{1}{x^3}$$

$$+2bx\left\{\frac{1}{\left(e^{\left(\frac{\pi a}{b}\right)^2}-e^{-\left(\frac{\pi a}{b}\right)^2}\right)(\pi^2-b^2x^2)} - \frac{1}{\left(e^{\left(\frac{2\pi a}{b}\right)^2}-e^{-\left(\frac{2\pi a}{b}\right)^2}\right)(4\pi^2-b^2x^2)} + \dots\dots\dots\dots\right\}$$

$$-2ax\left\{\frac{(\pi+a^2x^2)\left\{e^{\frac{b\sqrt{2\pi}}{2a}}+e^{-\frac{b\sqrt{2\pi}}{2a}}\right\}\sin\frac{b\sqrt{2\pi}}{2a}+(\pi-a^2x^2)\left\{e^{\frac{b\sqrt{2\pi}}{2a}}-e^{-\frac{b\sqrt{2\pi}}{2a}}\right\}\cos\frac{b\sqrt{2\pi}}{2a}}{\left\{e^{\frac{b\sqrt{2\pi}}{a}}-2\cos\frac{b\sqrt{2\pi}}{a}+e^{-\frac{b\sqrt{2\pi}}{a}}\right\}(\pi^2+a^4x^4)\sqrt{2\pi}}\right.$$

$$\left.-\frac{(2\pi+a^2x^2)\left\{e^{\frac{b\sqrt{4\pi}}{2a}}+e^{-\frac{b\sqrt{4\pi}}{2a}}\right\}\sin\frac{b\sqrt{4\pi}}{2a}+(2\pi-a^2x^2)\left\{e^{\frac{b\sqrt{4\pi}}{2a}}-e^{-\frac{b\sqrt{4\pi}}{2a}}\right\}\cos\frac{b\sqrt{4\pi}}{2a}}{\left\{e^{\frac{b\sqrt{4\pi}}{a}}-2\cos\frac{b\sqrt{4\pi}}{a}+e^{-\frac{b\sqrt{4\pi}}{a}}\right\}(4\pi^2+a^4x^4)\sqrt{4\pi}}\right.$$

$$\left.+\ \text{etc.}\dots\right\}$$

(47)
$$\frac{1}{(e^{a^2x^2}+e^{-a^2x^2})\sin bx} = \frac{1}{2bx}$$

$$+2bx\left\{\frac{1}{\left(e^{\left(\frac{\pi a}{b}\right)^2}+e^{-\left(\frac{\pi a}{b}\right)^2}\right)(\pi^2-b^2x^3)} - \frac{1}{\left(e^{\left(\frac{2\pi a}{b}\right)^2}+e^{-\left(\frac{2\pi a}{b}\right)^2}\right)(4\pi^2-b^2x^2)} + \dots\dots\dots\dots\right\}$$

$$-4ax\left\{\frac{(\pi+2a^2x^2)\left\{e^{\frac{b\sqrt{\pi}}{2a}}-e^{-\frac{b\sqrt{\pi}}{2a}}\right\}\cos\frac{b\sqrt{\pi}}{2a}-(\pi-2a^2x^2)\left\{e^{\frac{b\sqrt{\pi}}{2a}}+e^{-\frac{b\sqrt{\pi}}{2a}}\right\}\sin\frac{b\sqrt{\pi}}{2a}}{\left\{e^{\frac{b\sqrt{\pi}}{a}}-2\cos\frac{b\sqrt{\pi}}{a}+e^{-\frac{b\sqrt{\pi}}{a}}\right\}(\pi^2+4a^4x^4)\sqrt{\pi}}\right.$$

$$\left.-\frac{(3\pi+2a^2x^2)\left\{e^{\frac{b\sqrt{3\pi}}{2a}}-e^{-\frac{b\sqrt{3\pi}}{2a}}\right\}\cos\frac{b\sqrt{3\pi}}{2a}-(3\pi-2a^2x^2)\left\{e^{\frac{b\sqrt{3\pi}}{2a}}-e^{-\frac{b\sqrt{3\pi}}{2a}}\right\}\sin\frac{b\sqrt{3\pi}}{2a}}{\left\{e^{\frac{b\sqrt{3\pi}}{a}}-2\cos\frac{b\sqrt{3\pi}}{a}+e^{-\frac{b\sqrt{3\pi}}{a}}\right\}(9\pi^2+4a^4x^4)\sqrt{3\pi}}\right.$$

$$\left.+\ \text{etc.}\dots\right\}$$

Si, pour fixer les idées, on prend $a=1$, $b=\sqrt{\pi}$, les formules (46) et (47) donneront

$$(48)\qquad \frac{1}{(e^{x^2}-e^{-x^2})\sin.\pi^{\frac{1}{2}}x}=\frac{\sqrt{\pi}}{2x}\left\{\frac{1}{6}+\frac{1}{\pi x^2}\right\}$$

$$+\frac{2x}{\sqrt{\pi}}\left\{\frac{1}{e^\pi-e^{-\pi}}\frac{1}{\pi-x^2}-\frac{1}{e^{4\pi}-e^{-4\pi}}\frac{1}{4\pi-x^2}+\frac{1}{e^{9\pi}-e^{-9\pi}}\frac{1}{9\pi-x^2}-\cdots\cdots\right\}$$

$$-\frac{2x}{\sqrt{\pi}}\left\{\frac{(\pi+x^2)\left(e^{\frac{\pi\sqrt{2}}{2}}+e^{-\frac{\pi\sqrt{2}}{2}}\right)\sin\frac{\pi\sqrt{2}}{2}+(\pi-x^2)\left(e^{\frac{\pi\sqrt{2}}{2}}-e^{-\frac{\pi\sqrt{2}}{2}}\right)\cos\frac{\pi\sqrt{2}}{2}}{(e^{\pi\sqrt{2}}-2\cos.\pi\sqrt{2}+e^{-\pi\sqrt{2}})(\pi^2+x^4)\sqrt{2}}\right.$$

$$\frac{(2\pi+x^2)\left(e^{\frac{\pi\sqrt{4}}{2}}+e^{-\frac{\pi\sqrt{4}}{2}}\right)\sin\frac{\pi\sqrt{4}}{2}+(2\pi-x^2)\left(e^{\frac{\pi\sqrt{4}}{2}}-e^{-\frac{\pi\sqrt{4}}{2}}\right)\cos\frac{\pi\sqrt{4}}{2}}{(e^{\pi\sqrt{4}}-2\cos.\pi\sqrt{4}+e^{-\pi\sqrt{4}})(4\pi^2+x^4)\sqrt{4}}$$

$$\left.+\,\text{etc.....},\right.$$

et

$$(49)\qquad \frac{1}{(e^{x^2}+e^{-x^2})\sin.\pi^{\frac{1}{2}}x}=\frac{1}{2x\sqrt{\pi}}$$

$$+\frac{2x}{\sqrt{\pi}}\left\{\frac{1}{e^\pi+e^{-\pi}}\frac{1}{\pi-x^2}-\frac{1}{e^{4\pi}+e^{-4\pi}}\frac{1}{4\pi-x^2}+\frac{1}{e^{9\pi}+e^{-9\pi}}\frac{1}{9\pi-x^2}-\cdots\cdots\right\}$$

$$-\frac{4x}{\sqrt{\pi}}\left\{\frac{(\pi+2x^2)\left(e^{\frac{\pi}{2}}-e^{-\frac{\pi}{2}}\right)\cos\frac{\pi}{2}-(\pi-2x^2)\left(e^{\frac{\pi}{2}}+e^{-\frac{\pi}{2}}\right)\sin\frac{\pi}{2}}{(e^\pi-2\cos\pi+e^{-\pi})(\pi^2+4x^4)\sqrt{1}}\right.$$

$$\frac{(5\pi+2x^2)\left(e^{\frac{\pi\sqrt{3}}{2}}-e^{-\frac{\pi\sqrt{3}}{2}}\right)\cos\frac{\pi\sqrt{5}}{2}-(5\pi-2x^2)\left(e^{\frac{\pi\sqrt{3}}{2}}-e^{-\frac{\pi\sqrt{3}}{2}}\right)\sin\frac{\pi\sqrt{3}}{2}}{(e^{\pi\sqrt{3}}-3\cos.\pi\sqrt{5}+e^{-\pi\sqrt{3}})(9\pi^2+4x^4)\sqrt{3}}$$

$$\left.+\,\text{etc......}\right.$$

Si, dans chacune des formules qui précèdent, on développait les deux membres suivant les puissances ascendantes de x, la comparaison des coefficients des puissances semblables fournirait une infinité d'équations nouvelles. Ainsi, par exemple, on tirerait des formules (46) et (47), en supposant $b=\sqrt{\pi}$,

(50)
$$\frac{1}{e^{\pi a^2}-e^{-\pi a^2}} - \frac{1}{4}\,\frac{1}{e^{4\pi a^2}-e^{-4\pi a^2}} + \frac{1}{9}\,\frac{1}{e^{9\pi a^2}-e^{-9\pi a^2}} - \text{etc.}\dots$$

$$= \frac{7\pi^3}{1440\,a^2} - \frac{\pi a^2}{24} + \frac{a}{1.\sqrt{2}}\cdot\frac{\left(e^{\frac{\pi\sqrt{2}}{2a}}+e^{-\frac{\pi\sqrt{2}}{2a}}\right)\sin\dfrac{\pi\sqrt{2}}{2a}+\left(e^{\frac{\pi\sqrt{2}}{2a}}-e^{-\frac{\pi\sqrt{2}}{2a}}\right)\cos\dfrac{\pi\sqrt{2}}{2a}}{e^{\frac{\pi\sqrt{2}}{a}}-2\cos\dfrac{\pi\sqrt{2}}{a}+e^{-\frac{\pi\sqrt{2}}{a}}}$$

$$-\frac{a}{2.\sqrt{4}}\cdot\frac{\left(e^{\frac{\pi\sqrt{4}}{2a}}+e^{-\frac{\pi\sqrt{4}}{2a}}\right)\sin\dfrac{\pi\sqrt{4}}{2a}+\left(e^{\frac{\pi\sqrt{4}}{2a}}-e^{-\frac{\pi\sqrt{4}}{2a}}\right)\cos\dfrac{\pi\sqrt{4}}{2a}}{e^{\frac{\pi\sqrt{4}}{a}}-2\cos\dfrac{\pi\sqrt{4}}{a}+e^{-\frac{\pi\sqrt{4}}{a}}}$$

$$+ \text{etc.}\dots,$$

et

(51)
$$\frac{1}{e^{\pi a^2}+e^{-\pi a^2}} - \frac{1}{4}\,\frac{1}{e^{4\pi a^2}+e^{-4\pi a^2}} + \frac{1}{9}\,\frac{1}{e^{9\pi a^2}-e^{-9\pi a^2}} - \text{etc.}\dots$$

$$= \frac{\pi^2}{24} + \frac{2a}{1.\sqrt{1}}\cdot\frac{\left(e^{\frac{\pi\sqrt{1}}{2a}}-e^{-\frac{\pi\sqrt{1}}{2a}}\right)\cos\dfrac{\pi\sqrt{1}}{2a}-\left(e^{\frac{\pi\sqrt{1}}{2a}}+e^{-\frac{\pi\sqrt{1}}{2a}}\right)\sin\dfrac{\pi\sqrt{1}}{2a}}{e^{\frac{\pi\sqrt{1}}{a}}-2\cos\dfrac{\pi\sqrt{1}}{2a}+e^{-\frac{\pi\sqrt{1}}{a}}}$$

$$-\frac{2a}{3.\sqrt{3}}\cdot\frac{\left(e^{\frac{\pi\sqrt{3}}{2a}}-e^{-\frac{\pi\sqrt{3}}{2a}}\right)\cos\dfrac{\pi\sqrt{3}}{2a}-\left(e^{\frac{\pi\sqrt{3}}{2a}}+e^{-\frac{\pi\sqrt{3}}{2a}}\right)\sin\dfrac{\pi\sqrt{3}}{2a}}{e^{\frac{\pi\sqrt{3}}{a}}-2\cos\dfrac{\pi\sqrt{3}}{a}+e^{-\frac{\pi\sqrt{3}}{a}}},$$

$$+ \text{etc.}\dots$$

Il est important de se rappeler qu'on n'a le droit de compter sur l'exactitude des formules obtenues dans cet article et dans l'article précédent qu'autant que l'on suppose les résidus qu'elles comprennent réduits à leurs valeurs principales. Ainsi, en particulier, on doit, dans la formule (40), considérer le résidu

(52)
$$\mathcal{E}\,\frac{((\cot z))}{x-z}$$

comme désignant la limite vers laquelle converge l'expression

$$(53) \qquad \overset{(R)}{\underset{(0)}{\mathcal{E}}}\ \overset{(\pi)}{\underset{(-\pi)}{}}\ \frac{((\cot z))}{x-z}\ .$$

tandis que le module R devient infiniment grand. De plus, comme toutes les racines de l'équation

$$(54) \qquad \frac{1}{\cot z} = 0$$

sont réelles, il est clair que la limite dont il s'agit coïncide avec celle vers laquelle converge le résidu

$$(55) \qquad \overset{+N}{\underset{-N}{\mathcal{E}}}\ \overset{\infty}{\underset{-\infty}{}}\ \frac{((\cot z))}{x-z}\ ,$$

tandis que le nombre N croît de plus en plus. Si à ce dernier résidu on substituait le suivant

$$(56) \qquad \overset{+N}{\underset{-M}{\mathcal{E}}}\ \overset{\infty}{\underset{-\infty}{}}\ \frac{((\cot z))}{x-z}\ ,$$

alors, en faisant croître indéfiniment les nombres M et N, on obtiendrait encore pour limite l'une des valeurs qui conviennent au résidu intégral. Mais cette valeur pourrait différer de $\cot x$. Concevons, pour fixer les idées, que, n désignant un nombre entier aussi grand que l'on voudra, on suppose M compris entre les deux nombres $n\pi$, $(n+1)\pi$, et N entre les deux nombres $2n\pi$, $(2n+1)\pi$. On trouvera, dans cette hypothèse,

$$(57) \quad \left\{ \begin{aligned} & \overset{N}{\underset{-M}{\mathcal{E}}}\ \overset{\infty}{\underset{-\infty}{}}\ \frac{((\cot z))}{x-z} = \frac{1}{x} \\[4pt] & + \frac{1}{x+\pi} + \frac{1}{x+2\pi} + \dots + \frac{1}{x+n\pi} \\[4pt] & + \frac{1}{x-\pi} + \frac{1}{x-2\pi} + \dots + \frac{1}{x-n\pi} + \frac{1}{x-(n+1)\pi} + \dots + \frac{1}{x-2n\pi}\ , \end{aligned} \right.$$

ou, ce qui revient au même,

$$(58) \quad \overset{+N}{\underset{-M}{\mathcal{E}}}\ \overset{\infty}{\underset{-\infty}{}}\ \frac{((\cot z))}{x-z} = \frac{1}{x} - 2x\left\{ \frac{1}{\pi^2-x^2} + \frac{1}{4\pi^2-x^2} + \dots + \frac{1}{n^2\pi^2-x^2} \right\}$$
$$- \left\{ \frac{1}{(n+1)\pi-x} + \dots\dots\dots\dots + \frac{1}{2n\pi-x} \right\}.$$

Or, si l'on observe que la somme

$$\frac{1}{(n+1)\pi - x} + \frac{1}{(n+2)\pi - x} + \cdots + \frac{1}{2n\pi - x}$$

$$= \frac{1}{\pi}\left\{ \frac{1}{n+1-\dfrac{x}{\pi}} + \frac{1}{n+2-\dfrac{x}{\pi}} + \cdots + \frac{1}{2n-\dfrac{x}{\pi}} \right\},$$

toujours comprise entre les deux quantités

$$\frac{1}{\pi}\,l\left\{ 1 + \frac{n}{n-\dfrac{x}{\pi}} \right\}, \qquad \frac{1}{\pi}\,l\left\{ 1 + \frac{n}{n+1-\dfrac{x}{\pi}} \right\},$$

doit se réduire avec elle, pour une valeur infinie de n, au rapport

$$\frac{l(2)}{\pi},$$

on reconnaîtra immédiatement que le second membre de l'équation (58) a pour limite, non plus la fonction $\cot x$, mais la différence

$$(59) \qquad \cot x - \frac{l(2)}{\pi}.$$

USAGE DU CALCUL DES RÉSIDUS

POUR LA SOMMATION OU LA TRANSFORMATION DES SÉRIES

DONT LE TERME GÉNÉRAL EST UNE FONCTION PAIRE DU NOMBRE QUI REPRÉSENTE
LE RANG DE CE TERME.

Dans le bel ouvrage qui a pour titre *Introduction à l'Analyse des infiniment petits*, et dans le tome II de ses *Opuscules analytiques*, Euler est parvenu, en développant certaines fonctions exponentielles ou circulaires, à des séries dignes de remarque, desquelles on déduit aisément d'autres séries du même genre que j'ai considérées dans un Mémoire présenté à l'Institut en 1814 [voyez le tome I.er des Mémoires des Savants étrangers, pages 763 et 783], et qui depuis ont été reproduites dans divers ouvrages. Or il importe d'observer qu'à l'aide du calcul des résidus on peut, non-seulement parvenir, plus directement qu'on ne l'avait encore fait, à la sommation des séries ci-dessus mentionnées, mais encore sommer ou transformer un grand nombre d'autres séries. C'est ce que je vais montrer dans cet article.

Lorsque, dans une série, le terme général est exprimé à l'aide du nombre n, qui indique son rang, cette série est nécessairement de la forme

$$(1) \qquad f(1), \quad f(2), \quad f(3), \dots f(n), \quad \text{etc}\dots,$$

$f(z)$ désignant une fonction donnée de z. De plus, si la fonction $f(z)$ est paire, c'est-à-dire, si elle conserve la même valeur, tandis que la variable z change de signe, on aura identiquement

$$(2) \qquad f(z) = f(-z),$$

et par conséquent la série (1) pourra être présentée sous la forme

$$(3) \qquad \frac{f(1)+f(-1)}{2}, \quad \frac{f(2)+f(-2)}{2}, \quad \frac{f(3)+f(-3)}{2}, \quad \text{etc}\dots.$$

Enfin, comme les quantités

(299)

$$(4) \qquad \begin{cases} 0, & 1, & 2, & 3, & 4, \dots \\ -1, & -2, & -3, & -4, \dots \end{cases}$$

comprennent toutes les racines de l'équation

$$(5) \qquad \sin \pi z = 0 ,$$

et que la fonction $\sin \pi z$ a pour dérivée $\pi \cos \pi z$, on trouvera, en admettant que la série (3) soit convergente,

$$(6) \qquad \left\{ \begin{aligned} & f(0) + f(1) + f(2) + f(3) + \dots \\ & \quad + f(-1) + f(-2) + f(-3) + \dots \end{aligned} \right\} = \mathcal{E} \, f(z) \, \frac{\pi \cos \pi z}{((\sin \pi z))} ;$$

ou du moins

$$(7) \qquad \left\{ \begin{aligned} & f(1) + f(2) + f(3) + \dots\dots\dots \\ & \quad + f(-1) + f(-2) + f(-3) + \dots\dots\dots \end{aligned} \right\} = \mathcal{E} \, \frac{f(z)}{z} \left(\left(\frac{\pi z \cos \pi z}{\sin \pi z} \right) \right).$$

Les deux équations qui précèdent peuvent servir l'une et l'autre à la sommation ou à la transformation de la série (1) ou (3). Mais la première suppose que $f(z)$ conserve une valeur finie pour $z = 0$.

Si l'on désignait par $f(z)$, non plus une fonction paire, mais une fonction quelconque de z, le binome

$$(8) \qquad f(z) + f(-z)$$

serait une fonction paire de la même variable, et la somme de la série qui aurait pour terme général

$$(9) \qquad f(n) + f(-n) ,$$

ou bien

$$(10) \qquad \frac{f(n) + f(-n)}{2}$$

se déduirait encore de la formule (6) ou (7).

Supposons maintenant la fonction $f(z)$ telle que, pour des valeurs infiniment grandes, mais convenablement choisies, du module r de la variable z, l'un des produits

$$(11) \qquad z\,f(z)\,, \qquad\qquad (12) \qquad z\,\frac{f(z)+f(-z)}{2}$$

reste toujours fini ou infiniment petit, et fini seulement dans le voisinage de certaines valeurs particulières du quotient $\dfrac{z}{r}$. Concevons d'ailleurs que, pour satisfaire à ces conditions, il suffise d'attribuer au module r des valeurs infiniment grandes, qui diffèrent sensiblement des termes d'une certaine série. On pourra remplir encore ces conditions, après avoir multiplié le produit (11) ou (12) par le facteur

$$(13) \qquad \frac{\cos \pi z}{\sin \pi z};$$

et le théorème 2 de la page 258, ou le théorème 4 de la page 276 donnera

$$(14) \qquad \mathcal{E}\left(\left(f(z)\,\frac{\pi \cos \pi z}{\sin \pi z}\right)\right) = 0\,.$$

En combinant l'équation (14) avec les formules (6) et (7), on obtiendra les suivantes

$$(15) \qquad \left\{ \begin{array}{l} f(0)+f(1)+f(2)+f(3)+\dots \\ \quad + f(-1)+f(-2)+f(-3)+\dots \end{array} \right\} = -\,\mathcal{E}\,\frac{\pi \cos \pi z}{\sin \pi z}\,((\,f(z)\,))\,,$$

$$(16) \qquad \left\{ \begin{array}{l} f(1)+f(2)+f(3)+\dots\dots\dots \\ \quad + f(-1)+f(-2)+f(-3)+\dots\dots\dots \end{array} \right\} = -\,\mathcal{E}\,\frac{\pi z \cos \pi z}{\sin \pi z}\left(\left(\frac{f(z)}{z}\right)\right)\,,$$

dont la première suppose que $f(z)$ conserve une valeur finie pour $z = 0$. Observons enfin que, dans les formules (15) et (16), on peut à l'expression

$$(17) \qquad \frac{\pi \cos \pi z}{\sin \pi z}$$

substituer l'expression équivalente

$$(18) \qquad \frac{d\,l\,\sin \pi z}{dz}\,.$$

Il s'agit à présent de constater l'utilité de ces formules pour la sommation ou la transformation des séries.

Concevons d'abord que la fonction $f(z)$ se réduise à une fraction rationnelle. Si, dans cette fraction, le degré du dénominateur surpasse le degré du numérateur, le produit (11), ou du moins le produit (12) remplira les conditions prescrites, et par conséquent la somme de la série (1) ou (3) sera déterminée par l'une des formules (15), (16). Ainsi, par exemple, si l'on prend

$$(19) \qquad f(z) = \frac{1}{z^{2m}} \, ,$$

m désignant un nombre entier quelconque, la formule (16) donnera

$$(20) \qquad 1 + \frac{1}{2^{2m}} + \frac{1}{3^{2m}} + \frac{1}{4^{2m}} + \ldots = - \frac{1}{2} \int \frac{d\,l\sin \pi z}{dz} \; \frac{1}{((z^{2m}))} \, ;$$

puis on en conclura, en posant $\pi z = t$,

$$(21) \qquad 1 + \frac{1}{2^{2m}} + \frac{1}{3^{2m}} + \frac{1}{4^{2m}} + \ldots = - \frac{1}{2} \pi^{2m} \int \frac{d\,l\sin t}{dt} \; \frac{1}{((t^{2m}))} \, .$$

Comme on aura d'ailleurs

$$(22) \qquad l \sin t = l(t) + l \left(1 - \frac{t^2}{1.2.3} + \frac{t^4}{1.2.3.4.5} - \ldots \right) =$$

$$l(t) - \left(\frac{t^2}{1.2.3} - \frac{t^4}{1.2.3.4.5} + \ldots \right) - \frac{1}{2} \left(\frac{t^2}{1.2.3} - \frac{t^4}{1.2.3.4.5} + \ldots \right)^2 - \frac{1}{3} \left(\frac{t^2}{1.2.3} - \frac{t^4}{1.2.3.4.5} + \ldots \right)^3 - \ldots$$

on tirera de la formule (21)

$$(23) \qquad 1 + \frac{1}{2^{2m}} + \frac{1}{3^{2m}} + \frac{1}{4^{2m}} + \ldots =$$

$$m \pi^{2m} S \left\{ \frac{1}{p+q+r+..} \; \frac{1.2.3..(p+q+r+..)}{(1.2.3..p)(1.2.3..q)(1.2.3..r)..} \left(\frac{1}{1.2.3} \right)^{p} \left(- \frac{1}{1.2.3.4.5} \right)^{q} \left(\frac{1}{1.2.3.4.5.6.7} \right)^{r} .. \right\}$$

le signe S indiquant une somme de termes semblables à celui qui est renfermé entre les parenthèses, et devant s'étendre à tous les systèmes de valeurs entières nulles ou positives de p, q, r, ... qui vérifient la condition

$$(24) \qquad p + 2q + 3r + \ldots = m.$$

De même, si l'on prend

$$f(z) = \frac{1}{(4z+1)^{2m}},$$

la formule (15) donnera

$$(25) \qquad 1 + \frac{1}{3^{2m}} + \frac{1}{5^{3m}} + \frac{1}{7^{2m}} + \ldots = -\mathcal{L} \frac{d\,l\sin \pi z}{dz} \frac{1}{((\,(4z+1)^{2m}\,))},$$

puis, on en conclura, en posant $\quad 4z+1 = \frac{2}{\pi} t$,

$$(26) \qquad 1 + \frac{1}{3^{2m}} + \frac{1}{5^{2m}} + \frac{1}{7^{2m}} + \ldots = -\frac{1}{2}\left(\frac{\pi}{2}\right)^{2m} \mathcal{L} \frac{d\,l(1-\sin t)}{dt} \frac{1}{((\,t^{2m}\,))}.$$

Comme on aura d'ailleurs

$$(27) \qquad l(1 - \sin t) = l\left(1 - \frac{t}{1} + \frac{t^3}{1.2.3} - \frac{t^5}{1.2.3.4.5} + \ldots\right)$$

$$= -\left(\frac{t}{1} - \frac{t^3}{1.2.3} + \ldots\right) - \frac{1}{2}\left(\frac{t}{1} - \frac{t^3}{1.2.3} + \ldots\right)^2 - \frac{1}{3}\left(\frac{t}{1} - \frac{t^3}{1.2.3} + \ldots\right)^3 - \ldots,$$

on tirera de la formule (26)

$$(28) \qquad 1 + \frac{1}{3^{2m}} + \frac{1}{5^{2m}} + \frac{1}{7^{2m}} + \ldots =$$

$$m\left(\frac{\pi}{2}\right)^{2m} S\left\{ \frac{1}{p+q+r+\ldots} \frac{1.2.3\ldots(p+q+r+\ldots)}{(1.2.3\ldots p)(1.2.3\ldots q)(1.2.3\ldots r)\ldots} \left(\frac{1}{1}\right)^p \left(-\frac{1}{1.2.3}\right)^q \left(\frac{1}{1.2.3.4.5}\right)^r \ldots \right\}$$

le signe $\,S\,$ indiquant une somme de termes semblables à celui qui est renfermé entre les accolades, et devant s'étendre à toutes les valeurs entières, nulles ou positives, de p, q, r,... qui vérifient la condition

$$(29) \qquad p + 3q + 5r + \ldots = 2m.$$

De plus, comme on a évidemment

$$(30) \quad 1 + \frac{1}{3^{2m}} + \frac{1}{5^{2m}} + \frac{1}{7^{2m}} + \ldots = \left(1 - \frac{1}{2^{2m}}\right)\left(1 + \frac{1}{2^{2m}} + \frac{1}{3^{2m}} + \frac{1}{4^{2m}} + \ldots\right),$$

on peut affirmer que les sommes indiquées par le signe $\,S\,$ dans les équations (23) et (28) sont entre elles dans le rapport de $\,2^{2m}-1\,$ à l'unité. C'est ce que l'on vérifiera aisément dans les cas particuliers. On trouvera, par exemple,

$$(31) \quad \begin{cases} \dfrac{1}{2} = (2^2 - 1)\, \dfrac{1}{1.2.3}\,, \\[2ex] \dfrac{1}{4} - \dfrac{1}{1.2.3} = (2^4 - 1) \left\{ \dfrac{1}{2} \left(\dfrac{1}{1.2.3} \right)^2 - \dfrac{1}{1.2.3.4.5} \right\}\,, \\[2ex] \text{etc....} \end{cases}$$

Si l'on prenait pour valeur de $f(z)$, non plus le rapport $\dfrac{1}{(4z+1)^{2m}}$, mais le rapport

$$\frac{1}{(4z+1)^{2m+1}}\,,$$

alors, à la place de l'équation (28), on obtiendrait la formule

$$(32) \qquad 1 - \frac{1}{3^{2m+1}} + \frac{1}{5^{2m+1}} - \frac{1}{7^{2m+1}} + \ldots =$$

$$\frac{2m+1}{2} \left(\frac{\pi}{2} \right)^{2m+1} S \left\{ \frac{1}{p+q+r+\ldots} \frac{1.2.3\ldots(p+q+r+\ldots)}{(1.2.3\ldots p)(1.2.3\ldots q)(1.2.3\ldots r)\ldots} \left(\frac{1}{1} \right)^p \left(-\frac{1}{1.2.3} \right)^q \left(\frac{1}{1.2.3.4.5} \right)^r \ldots \right\}\,,$$

le signe S devant s'étendre à toutes les valeurs entières, nulles ou positives, de p, q, r, $\ldots$ qui vérifient la condition

$$(33) \qquad p + 3q + 5r + \ldots = 2m + 1.$$

Les formules (23) et (32), dont la première était déjà connue [voyez le 1.er volume, page 349], comprennent, comme cas particuliers, les équations (71) [ibidem], et les équations (15) de la page 280.

Supposons encore que l'on prenne

$$f(z) = \frac{1}{(s+z)^m}\,,$$

s désignant une quantité réelle ou une expression imaginaire. La formule (15) donnera

$$(34) \quad \frac{1}{s^m} + \frac{1}{(s+1)^m} + \frac{1}{(s-1)^m} + \frac{1}{(s+2)^m} + \frac{1}{(s-2)^m} + \ldots = - \mathcal{E} \, \frac{d\,l\sin\pi z}{dz} \, \frac{1}{((\,(s+z)^m\,))}\,,$$

puis on en conclura, en posant $z = \dfrac{t}{\pi} - s$,

$$(55) \quad \frac{1}{s^m} + \frac{1}{(s+1)^m} + \frac{1}{(s-1)^m} + \frac{1}{(s+2)^m} + \frac{1}{(s-2)^m} + \ldots = - \mathcal{E} \, \frac{d\,\mathrm{l}\sin(t-\pi s)}{dt} \, \frac{1}{((\,t^m\,))}$$

$$= - \mathcal{E} \, \frac{d\,\mathrm{l}(\cos t - \cot \pi s . \sin t)}{dt} \, \frac{1}{((\,t^m\,))} .$$

Comme on aura d'ailleurs, pour des valeurs de t peu différentes de zéro,

$$(56) \qquad\qquad \mathrm{l}(\cos t - \cot \pi s . \sin t) =$$

$$- \left(\frac{t}{1} \cot \pi s + \frac{t^2}{1.2} - \frac{t^3}{1.2.3} \cot \pi s - \ldots \right) - \frac{1}{2} \left(\frac{t}{1} \cot \pi s + \frac{t^2}{1.2} - \frac{t^3}{1.2.3} \cot \pi s - \ldots \right)^2 - \ldots ,$$

on tirera de la formule (55)

$$(37) \qquad \frac{1}{s^m} + \frac{1}{(s+1)^m} + \frac{1}{(s-1)^m} + \frac{1}{(s+2)^m} + \frac{1}{(s-2)^m} + \ldots =$$

$$m \pi^m S \left\{ \frac{1}{p+q+r+\ldots} \frac{1.2.3\ldots(p+q+r+\ldots)}{(1.2.3\ldots p)(1.2.3\ldots q)(1.2.3\ldots r)\ldots} \left(\frac{\cot \pi s}{1} \right)^p \left(\frac{1}{1.2} \right)^q \left(- \frac{\cot \pi s}{1.2.3} \right)^r \ldots \right\} ,$$

le signe S devant être étendu à toutes les valeurs entières, nulles ou positives, de p, q, r, $\ldots$ qui vérifient l'équation (24). Si, pour fixer les idées, on réduit le nombre m à l'unité, la formule (37) donnera

$$(38) \qquad \frac{1}{s} + \frac{1}{s-1} + \frac{1}{s+1} + \frac{1}{s-2} + \frac{1}{s+2} + \ldots = \pi \cot \pi s .$$

Si, dans cette dernière, on remplace s par $s\sqrt{-1}$, on trouvera

$$(39) \quad \frac{1}{s} + \frac{1}{s+\sqrt{-1}} + \frac{1}{s-\sqrt{-1}} + \frac{1}{s+2\sqrt{-1}} + \frac{1}{s-2\sqrt{-1}} + \ldots = \pi \, \frac{e^{\pi s}+e^{-\pi s}}{e^{\pi s}-e^{-\pi s}} .$$

Les formules (38) et (39) coïncident avec les équations connues

$$(40) \quad \left\{ \begin{array}{l} \dfrac{1}{1-s^2} + \dfrac{1}{4-s^2} + \dfrac{1}{9-s^2} + \ldots = \dfrac{1}{2s^2} - \dfrac{\pi}{2s} \cot \pi s , \\[2ex] \dfrac{1}{1+s^2} + \dfrac{1}{4+s^2} + \dfrac{1}{9+s^2} + \ldots = \dfrac{\pi}{2s} \dfrac{e^{\pi s}+e^{-\pi s}}{e^{\pi s}-e^{-\pi s}} - \dfrac{1}{2s^2} . \end{array} \right.$$

Concevons à présent que, $f(z)$ désignant une fraction rationnelle dans laquelle le degré du dénominateur surpasse le degré du numérateur, et a, b deux constantes positives dont la première soit la plus petite, on prenne successivement pour $f(z)$ les fonctions

$$(41) \qquad \frac{e^{az}+e^{-az}}{e^{bz}+e^{-bz}}\, f(z)\,, \qquad \frac{e^{az}+e^{-az}}{e^{bz}-e^{-bz}}\, f(z)\,, \qquad \frac{e^{az}-e^{-az}}{e^{bz}+e^{-bz}}\, f(z)\,, \qquad \frac{e^{az}-e^{-az}}{e^{bz}-e^{-bz}}\, f(z)\,.$$

Alors les équations (15) et (16) serviront à transformer les séries comprises dans leurs premiers membres. Ainsi, par exemple, si l'on prend

$$f(z) = \frac{e^{az}+e^{-az}}{e^{bz}-e^{-bz}}\, f(z)\,,$$

on tirera de la formule (16)

$$(42) \qquad \frac{e^{a}+e^{-a}}{e^{b}-e^{-b}}\,[f(1)-f(-1)] + \frac{e^{2a}+e^{-2a}}{e^{2b}-e^{-2b}}\,[f(2)-f(-2)] + \ldots =$$

$$\frac{\pi}{b}\left\{ \frac{e^{\frac{\pi^2}{b}}+e^{-\frac{\pi^2}{b}}}{e^{\frac{\pi^2}{b}}-e^{-\frac{\pi^2}{b}}}\cdot\frac{f\left(\frac{\pi\sqrt{-1}}{b}\right)-f\left(-\frac{\pi\sqrt{-1}}{b}\right)}{\sqrt{-1}}\cos\frac{a\pi}{b} - \frac{e^{\frac{2\pi^2}{b}}+e^{-\frac{2\pi^2}{b}}}{e^{\frac{2\pi^2}{b}}-e^{-\frac{2\pi^2}{b}}}\cdot\frac{f\left(\frac{2\pi\sqrt{-1}}{b}\right)-f\left(-\frac{2\pi\sqrt{-1}}{b}\right)}{\sqrt{-1}}\cos\frac{2a\pi}{b} + \ldots \right\}$$

$$-\pi\, \mathcal{E}\, \frac{z^2\cos\pi z}{\sin\pi z}\, \frac{e^{az}+e^{-az}}{e^{bz}-e^{-bz}}\left(\left(\frac{f(z)}{z^2}\right)\right)\,.$$

Si l'on suppose en particulier $f(z) = \dfrac{1}{z}$, on trouvera

$$(43) \qquad \frac{e^{a}+e^{-a}}{e^{b}-e^{-b}} + \frac{1}{2}\,\frac{e^{2a}+e^{-2a}}{e^{2b}-e^{-2b}} + \frac{1}{3}\,\frac{e^{3a}+e^{-3a}}{e^{3b}-e^{-3b}} + \ldots = \frac{2\pi^2-3a^2+b^2}{12\,b}$$

$$-\left\{ \frac{e^{\frac{\pi^2}{b}}+e^{-\frac{\pi^2}{b}}}{e^{\frac{\pi^2}{b}}-e^{-\frac{\pi^2}{b}}}\cos\frac{a\pi}{b} - \frac{1}{2}\,\frac{e^{\frac{2\pi^2}{b}}+e^{-\frac{2\pi^2}{b}}}{e^{\frac{2\pi^2}{b}}-e^{-\frac{2\pi^2}{b}}}\cos\frac{2a\pi}{b} + \frac{1}{3}\,\frac{e^{\frac{3\pi^2}{b}}+e^{-\frac{3\pi^2}{b}}}{e^{\frac{3\pi^2}{b}}-e^{-\frac{3\pi^2}{b}}}\cos\frac{3a\pi}{b} + \ldots \right\}$$

Si les produits (11) et (12) ne remplissent, ni l'un ni l'autre, les conditions que nous avons indiquées, on ne pourra plus se servir des formules (15) et (16) pour sommer ou transformer la série (1) ou (3); mais on parviendra souvent au même but à l'aide des nouvelles formules que nous allons établir.

Si, dans la formule (7), on remplace successivement $f(z)$ par les deux produits

$$f(z)\cos az, \qquad f(z)\sin az,$$

a désignant une quantité positive, on obtiendra les équations

$$(44) \qquad [f(1)+f(-1)]\cos a+[f(2)+f(-2)]\cos 2a+\ldots = \mathcal{E}\,\frac{f(z)}{z}\left(\left(\frac{\pi z\cos az.\cos\pi z}{\sin\pi z}\right)\right).$$

$$(45) \qquad [f(1)-f(-1)]\sin a+[f(2)-f(-2)]\sin 2a+\ldots = \mathcal{E}\,f(z)\left(\left(\frac{\pi\sin az\cos\pi z}{\sin\pi z}\right)\right).$$

Soit d'ailleurs $2k\pi$ celui des multiples de la circonférence 2π, qui diffère le moins de la somme $a+\pi$, en sorte qu'on ait

$$(46) \qquad\qquad a+\pi = 2k\pi + \alpha,$$

k désignant un nombre entier, et α une quantité positive ou négative, mais comprise entre les limites $-\pi$, $+\pi$. On aura évidemment, pour toutes les valeurs entières, positives ou négatives, de la variable z,

$$(47) \qquad \left\{\begin{array}{l} \cos az\cos\pi z = \cos(a+\pi)z = \cos(2k\pi z+\alpha z) = \cos\alpha z, \\[2mm] \sin az\cos\pi z = \sin(a+\pi)z = \sin(2k\pi z+\alpha z) = \sin\alpha z. \end{array}\right.$$

Par suite, les formules (44) et (45) pourront s'écrire comme il suit :

$$(48) \qquad [f(1)+f(-1)]\cos a+[f(2)+f(-2)]\cos 2a+\ldots = \mathcal{E}\,\frac{f(z)}{z}\left(\left(\frac{\pi z\cos\alpha z}{\sin\pi z}\right)\right),$$

$$(49) \qquad [f(1)-f(-1)]\sin a+[f(2)-f(-2)]\sin 2a+\ldots = \mathcal{E}\,f(z)\left(\left(\frac{\pi\sin\alpha z}{\sin\pi z}\right)\right).$$

Supposons maintenant que l'un des produits (11), (12) remplisse les conditions précédemment indiquées. Il en sera de même, à plus forte raison, de l'un des produits

$$(50) \qquad z\,f(z)\,\frac{\cos\alpha z}{\sin\pi z}, \qquad\qquad (51) \qquad z\,\frac{f(z)+f(-z)}{2}\,\frac{\cos\alpha z}{\sin\pi z},$$

et le théorème 2 de la page 258 ou le théorème 4 de la page 276 donnera

$$(52) \qquad\qquad \mathcal{E}\left(\left(f(z)\,\frac{\pi\cos\alpha z}{\sin\pi z}\right)\right) = 0.$$

En combinant cette dernière formule avec l'équation (48), on en tirera

$$(53) \quad [f(1) + f(-1)]\cos a + [f(2) + f(-2)]\cos 2a + \ldots = -\mathcal{L}\,\frac{\pi z \cos \alpha z}{\sin \pi z}\left(\left(\frac{f(z)}{z}\right)\right).$$

Il est bon d'observer que les formules (52) et (53) subsistent dans le cas même où aucun des produits (11), (12) ne satisfait aux conditions énoncées, pourvu que ces conditions soient remplies par l'une des expressions (50) et (51).

Si l'on supposait la fonction $f(z)$ telle que, pour des valeurs infiniment grandes, mais convenablement choisies, du module r de la variable z, l'un des produits

$$(11) \qquad z\,f(z), \qquad\qquad\qquad (54) \qquad z\,\frac{f(z) - f(-z)}{2}$$

restât toujours fini ou infiniment petit, et fini seulement dans le voisinage de certaines valeurs particulières du quotient $\dfrac{z}{r}$, on pourrait en général affirmer que les mêmes conditions seraient remplies par l'un des produits

$$(55) \qquad z\,f(z)\,\frac{\sin \alpha z}{\sin \pi z}, \qquad\qquad (56) \qquad z\,\frac{f(z) - f(-z)}{2}\,\frac{\sin a z}{\sin \pi z},$$

et le théorême 2 de la page 258 ou le théorême 4 de la page 276 donnerait

$$(57) \qquad\qquad \mathcal{L}\left(\left(f(z)\,\frac{\pi \sin \alpha z}{\sin \pi z}\right)\right) = 0.$$

En combinant cette dernière formule avec l'équation (49), on en tirera

$$(58)\;\; [f(1) - f(-1)]\sin a + [f(2) - f(-2)]\sin 2a + \ldots = -\mathcal{L}\,\frac{\pi \sin \alpha z}{\sin \pi z}\,((f(z))).$$

Les formules (57) et (58) continuent de substituer, dans le cas même où aucun des produits (11), (54) ne satisfait aux conditions énoncées, pourvu que ces conditions soient remplies par l'une des expressions (55), (56).

Lorsqu'on substitue, dans les formules (53) et (58), la valeur de a tirée de l'équation (46), on en conclut

$$(59)\;\; [f(1) + f(-1)]\cos \alpha - [f(2) + f(-2)]\cos 2\alpha + \ldots = \mathcal{L}\,\frac{\pi z \cos \alpha z}{\sin \pi z}\left(\left(\frac{f(z)}{z}\right)\right),$$

$$(60) \quad [f(1) - f(-1)]\sin \alpha - [f(2) - f(-2)]\sin 2\alpha + \ldots = \mathcal{E}\, \frac{\pi \sin \alpha z}{\sin \pi z}\, ((\,f(z)\,)).$$

Pour montrer l'utilité de ces diverses formules, concevons d'abord que $f(z)$ désigne une fraction rationnelle. Si, dans cette fraction, la différence entre le degré du dénominateur et le degré du numérateur surpasse l'unité, ou bien encore, si, cette différence étant réduite à l'unité, la constante α n'est pas précisément égale à π, les expressions (50), (55) rempliront les conditions prescrites, et par suite les équations (55), (58) feront connaître les sommes des séries renfermées dans leurs premiers membres. Ces séries ne diffèrent pas de celles que nous avons considérées dans le Mémoire présenté à l'Institut en 1814 [voyez les Mémoires présentés par divers savants et publiés en 1827, page 785]. Si, pour fixer les idées, on pose

$$f(z) = \frac{1}{s+z}\ ,$$

s désignant une quantité réelle ou une expression imaginaire, on tirera de l'équation (53)

$$(61) \quad \left(\frac{1}{s+1} + \frac{1}{s-1}\right)\cos a + \left(\frac{1}{s+2} + \frac{1}{s-2}\right)\cos 2a + \left(\frac{1}{s+3} + \frac{1}{s-3}\right)\cos 3a + .. = \pi \frac{\cos \alpha s}{\sin \pi s} - \frac{1}{s}\,,$$

et de l'équation (58)

$$(62) \quad \left(\frac{1}{s+1} - \frac{1}{s-1}\right)\sin a + \left(\frac{1}{s+2} - \frac{1}{s-2}\right)\sin 2a + \left(\frac{1}{s+3} - \frac{1}{s-3}\right)\sin 3a + .. = -\frac{\pi \sin \alpha s}{\sin \pi s}\,.$$

Les formules (61) et (62) coïncident avec deux équations données par Euler, dans le tome II des Opuscules analytiques, et peuvent s'écrire comme il suit :

$$(63) \quad \frac{\cos a}{1-s^2} + \frac{\cos 2a}{4-s^2} + \frac{\cos 3a}{9-s^2} + \ldots = \frac{1}{2s^2} - \frac{\pi}{2s}\frac{\cos \alpha s}{\sin \pi s}\,,$$

$$(64) \quad \frac{\sin a}{1-s^2} + \frac{2\sin 2a}{4-s^2} + \frac{3\sin 3a}{9-s^2} + \ldots = -\frac{\pi}{2}\frac{\sin \alpha s}{\sin \pi s}\,.$$

Si l'on y remplace s par $s\sqrt{-1}$, on en conclura

$$(65) \quad \frac{\cos a}{1+s^2} + \frac{\cos 2a}{4+s^2} + \frac{\cos 3a}{9+s^2} + \ldots = \frac{\pi}{2s}\frac{e^{\alpha s} + e^{-\alpha s}}{e^{\pi s} - e^{-\pi s}} - \frac{1}{2s^2}\,,$$

$$(66) \quad \frac{\sin a}{1+s^2} + \frac{2\sin 2a}{4+s^2} + \frac{3\sin 3a}{9+s^2} + \ldots = -\frac{\pi}{2}\frac{e^{\alpha s} - e^{-\alpha s}}{e^{\pi s} - e^{-\pi s}}\,.$$

Lorsque, dans les quatre formules précédentes, on substitue la valeur de α tirée de l'équation (46), on trouve

$$(67)\qquad \frac{\cos\alpha}{1-s^2} - \frac{\cos 2\alpha}{4-s^2} + \frac{\cos 3\alpha}{9-s^2} - \ldots = \frac{\pi}{2s}\,\frac{\cos\alpha s}{\sin\pi s} - \frac{1}{2s^2},$$

$$(68)\qquad \frac{\sin\alpha}{1-s^2} - \frac{2\sin 2\alpha}{4-s^2} + \frac{3\sin 3\alpha}{9-s^2} - \ldots = \frac{\pi}{2}\,\frac{\sin\alpha s}{\sin\pi s}.$$

$$(69)\qquad \frac{\cos\alpha}{1+s^2} - \frac{\cos 2\alpha}{4+s^2} + \frac{\cos 3\alpha}{9+s^2} - \ldots = -\frac{\pi}{2s}\,\frac{e^{\alpha s}+e^{-\alpha s}}{e^{\pi s}-e^{-\pi s}} + \frac{1}{2s^2},$$

$$(70)\qquad \frac{\sin\alpha}{1+s^2} - \frac{2\sin 2\alpha}{4+s^2} + \frac{3\sin 3\alpha}{9+s^2} - \ldots = \frac{\pi}{2}\,\frac{e^{\alpha s}-e^{-\alpha s}}{e^{\pi s}-e^{-\pi s}}.$$

Ces dernières supposent que la constante α demeure comprise entre les limites $-\pi$, $+\pi$.

Lorsqu'après avoir développé, suivant les puissances ascendantes de s, les deux membres de l'équation (67) ou (68), on égale entre eux les coefficients des puissances semblables, on en tire

$$(71)\quad\begin{cases} \cos\alpha - \dfrac{\cos 2\alpha}{2^2} + \dfrac{\cos 3\alpha}{3^2} - \dfrac{\cos 4\alpha}{4^2} + \ldots = \dfrac{\pi^2}{12} - \dfrac{1}{2}\,\dfrac{\alpha^2}{1.2}, \\[2ex] \cos\alpha - \dfrac{\cos 2\alpha}{2^4} + \dfrac{\cos 3\alpha}{3^4} - \dfrac{\cos 4\alpha}{4^4} + \ldots = \dfrac{7\pi^4}{720} - \dfrac{\pi^2}{12}\,\dfrac{\alpha^2}{1.2} + \dfrac{1}{2}\,\dfrac{\alpha^4}{1.2.3.4}, \\[2ex] \text{etc.}\ldots\,, \end{cases}$$

et

$$(72)\quad\begin{cases} \sin\alpha - \dfrac{\sin 2\alpha}{2} + \dfrac{\sin 3\alpha}{3} - \dfrac{\sin 4\alpha}{4} + \ldots = \dfrac{1}{2}\,\dfrac{\alpha}{1}, \\[2ex] \sin\alpha - \dfrac{\sin 2\alpha}{2^3} + \dfrac{\sin 3\alpha}{3^3} - \dfrac{\sin 4\alpha}{4^3} + \ldots = \dfrac{\pi^2}{12}\,\dfrac{\alpha}{1} - \dfrac{1}{2}\,\dfrac{\alpha^3}{1.2.3}, \\[2ex] \text{etc.}\ldots\ldots \end{cases}$$

Les formules précédentes supposent encore que la valeur numérique de la constante α est inférieure à π. On peut, au reste, les déduire immédiatement des équations (59) et (60). En effet, si l'on pose, dans l'équation (59),

(310)

$$f(z) = \frac{1}{z^{2m}},$$

et dans l'équation (60)

$$f(z) = \frac{1}{z^{2m+1}},$$

on trouvera, quel que soit le nombre entier m,

$$(73) \qquad \cos\alpha - \frac{\cos 2\alpha}{2^{2m}} + \frac{\cos 3\alpha}{3^{2m}} - \frac{\cos 4\alpha}{4^{2m}} + \ldots = \mathcal{E}\,\frac{\pi\cos\alpha z}{2\sin\pi z}\left(\left(\frac{1}{z^{2m}}\right)\right),$$

et

$$(74) \qquad \sin\alpha - \frac{\sin 2\alpha}{2^{2m+1}} + \frac{\sin 3\alpha}{3^{2m+1}} - \frac{\sin 4\alpha}{4^{2m+1}} + \ldots = \mathcal{E}\,\frac{\pi\sin\alpha z}{2\sin\pi z}\left(\left(\frac{1}{z^{2m+1}}\right)\right).$$

Il est d'ailleurs facile de s'assurer que le second membre de la formule (73) ou (74) équivaut à la somme qu'on obtient quand on ajoute les uns aux autres les $m+1$ premiers termes de la série

$$1 - \frac{\alpha^2}{1.2} + \frac{\alpha^4}{1.2.3.4} - \text{etc.}\ldots = \cos\alpha,$$

ou

$$\alpha - \frac{\alpha^3}{1.2.3} + \frac{\alpha^5}{1.2.3.4.5} - \text{etc.}\ldots = \sin\alpha,$$

après les avoir respectivement multipliés par les $m+1$ premiers termes de la suite

$$(75) \qquad \frac{1}{2},\quad -\frac{\pi^2}{12},\quad \frac{7\pi^4}{720},\quad \frac{31\pi^6}{30240},\quad \text{etc.}\ldots,$$

pris dans un ordre inverse. Or, dans la série (75), le deuxième terme et les suivants sont précisément les quantités qui forment les seconds membres des équations (14) de la page 280.

Lorsque, $f(z)$ désignant une fraction rationnelle, dans laquelle le degré de dénominateur surpasse d'une unité le degré du numérateur, la constante α devient précisément égale à π, les produits (12) et (51) remplissent les conditions ci-dessus indiquées; mais on ne peut plus en dire autant des produits (11) et (55), ni même des produits (54) et (56), qui, pour des valeurs infinies de z, se réduisent généralement à une constante déterminée $\mathcal{J}$. Donc alors les formules (52), (53), et par suite les équations (61), (63), (65), (67), (69) continuent de subsister, mais les formules (57), (58), (62), (64), (66), (68), (70) deviennent inexactes. Toutefois il est aisé de voir comment ces dernières formules doivent être modifiées dans le cas dont il s'agit.

Alors en effet, pour déterminer le résidu intégral compris dans le premier membre de l'équation (57), il faudra recourir, non plus au théorême 4 de la page 276, mais au théorême 3 de la page 274, et l'on aura en conséquence

$$\mathcal{E}\left(\left(f(z)\frac{\pi\sin\alpha z}{\sin\pi z}\right)\right) = \pi\,\mathcal{E}((f(z))) = \pi\mathcal{F}.$$

Il en résulte qu'on devra au second membre de la formule (58) ajouter le produit $\pi\mathcal{F}$, et au second membre de la formule (62) le nombre π; ce qui suffira pour rendre ces seconds membres égaux aux deux premiers, c'est-à-dire, à zéro. De même, à la place des formules (68) et (70), on obtiendra deux équations identiques. Quant aux formules (67) et (69), si l'on y pose $\alpha = \pi$, on retrouvera les équations (40).

Si l'on prenait pour $f(z)$, non plus une fraction rationnelle, mais l'une des expressions (41), les formules (59) et (60) serviraient à la transformation des séries que renferment leurs premiers membres. Ainsi, par exemple, si l'on prend

$$f(z) = \frac{e^{az}-e^{-az}}{e^{bz}-e^{-bz}}\,f(z),$$

$f(z)$ désignant une fonction rationnelle, et a, b deux constantes positives dont la première soit la plus petite, la formule (60) donnera

$$(76)\qquad \frac{e^{a}-e^{-a}}{e^{b}-e^{-b}}[f(1)-f(-1)]\sin\alpha - \frac{e^{2a}-e^{-2a}}{e^{2b}-e^{-2b}}[f(2)-f(-2)]\sin2\alpha + \ldots =$$

$$\frac{\pi}{b}\left\{\frac{e^{\frac{\pi a}{b}}-e^{-\frac{\pi a}{b}}}{e^{\frac{\pi i}{b}}-e^{-\frac{\pi i}{b}}}\frac{f\left(\frac{\pi\sqrt{-1}}{b}\right)-f\left(-\frac{\pi\sqrt{-1}}{b}\right)}{\sqrt{-1}}\sin\frac{a\pi}{b} - \frac{e^{\frac{2\pi a}{b}}-e^{-\frac{2\pi a}{b}}}{e^{\frac{2\pi i}{b}}-e^{-\frac{2\pi i}{b}}}\frac{f\left(\frac{2\pi\sqrt{-1}}{b}\right)-f\left(-\frac{2\pi\sqrt{-1}}{b}\right)}{\sqrt{-1}}\sin\frac{2a\pi}{b} + \ldots\right\}$$

$$+\,\pi\mathcal{E}\,\frac{\sin\alpha z}{\sin\pi z}\frac{e^{az}-e^{-az}}{e^{bz}-e^{-bz}}((f(z))).$$

Si l'on suppose en particulier $f(z)=\dfrac{1}{z}$, on trouvera

$$(77)\qquad \frac{e^{a}-e^{-a}}{e^{b}-e^{-b}}\sin\alpha - \frac{1}{2}\frac{e^{2a}-e^{-2a}}{e^{2b}-e^{-2b}}\sin2\alpha + \frac{1}{3}\frac{e^{3a}-e^{-3a}}{e^{3b}-e^{-3b}}\sin3\alpha - \ldots\ldots = \frac{a\alpha}{2b}$$

$$-\left\{\frac{e^{\frac{\pi a}{b}}-e^{-\frac{\pi a}{b}}}{e^{\frac{\pi i}{b}}-e^{-\frac{\pi i}{b}}}\sin\frac{a\pi}{b} - \frac{1}{2}\frac{e^{\frac{2\pi a}{b}}-e^{-\frac{2\pi a}{b}}}{e^{\frac{2\pi i}{b}}-e^{-\frac{2\pi i}{b}}}\sin\frac{2a\pi}{b} + \frac{1}{3}\frac{e^{\frac{3\pi a}{b}}-e^{-\frac{3\pi a}{b}}}{e^{\frac{3\pi i}{b}}-e^{-\frac{3\pi i}{b}}}\sin\frac{3a\pi}{b} + \ldots\right\}$$

Dans les formules (76) et (77), on ne doit plus regarder les constantes α et a comme liées entre elles par l'équation (46).

Il arrive souvent que les séries, comprises dans les équations (16), (59) et (60), sont transformées par ces équations en d'autres séries, dont les différents termes sont équivalents, au signe près, à ceux des premières. Alors les sommes des séries que l'on considère peuvent être évidemment déduites des équations elles-mêmes. C'est ce qui arrivera en particulier si, dans la formule (16), on pose

$$f(z) = \frac{e^{\pi z} + e^{-\pi z}}{e^{\pi z} - e^{-\pi z}}\, z f(z^4) ,$$

$f(z)$ désignant une fonction rationnelle de z, qui s'évanouisse avec $\dfrac{1}{z}$. Dans ce cas, on se trouvera immédiatement ramené à l'équation (115) de la page 273. De même, si l'on pose, dans la formule (59),

$$f(z) = \frac{e^{\alpha z} + e^{-\alpha z}}{e^{\pi z} - e^{-\alpha z}}\, z f(z^4) ,$$

et dans la formule (60),

$$f(z) = \frac{e^{\alpha z} - e^{-\alpha z}}{e^{\pi z} - e^{-\pi z}}\, \frac{f(z^4)}{z} ,$$

$f(z)$ désignant une fonction rationnelle quelconque de la variable z, et α une quantité comprise entre les limites $-\pi$, $+\pi$, on en conclura

$$(78) \quad \left\{ \begin{aligned} &\frac{e^{\alpha} + e^{-\alpha}}{e^{\pi} - e^{-\pi}} f(1) \cos\alpha - 2\frac{e^{2\alpha} + e^{-2\alpha}}{e^{2\pi} - e^{-2\pi}} f(2^4) \cos 2\alpha + 3\frac{e^{3\alpha} + e^{-3\alpha}}{e^{3\pi} - e^{-3\pi}} f(3^4) \cos 3\alpha - \ldots \\ &\qquad = \frac{\pi}{4}\, \mathcal{E}\, \frac{z^2 (e^{\alpha z} + e^{-\alpha z}) \cos\alpha z}{(e^{\pi z} - e^{-\pi z}) \sin\pi z} \left(\left(\frac{f(z^4)}{z}\right)\right) , \end{aligned} \right.$$

et

$$(79) \quad \left\{ \begin{aligned} &\frac{e^{\alpha} - e^{-\alpha}}{e^{\pi} - e^{-\pi}} f(1) \sin\alpha - \frac{1}{2}\frac{e^{2\alpha} - e^{-2\alpha}}{e^{2\pi} - e^{-2\pi}} f(2^4) \sin 2\alpha + \frac{1}{3}\frac{e^{3\alpha} - e^{-3\alpha}}{e^{3\pi} - e^{-3\pi}} f(3^4) \sin 3\alpha - \ldots \\ &\qquad = \frac{\pi}{4}\, \mathcal{E}\, \frac{(e^{\alpha z} - e^{-\alpha z}) \sin\alpha z}{(e^{\pi z} - e^{-\pi z}) \sin\pi z} \left(\left(\frac{f(z^4)}{z}\right)\right) . \end{aligned} \right.$$

Si, pour fixer les idées, on prend

$$f(z^4) = \frac{1}{z^{4m}} ,$$

m étant un nombre entier, on trouvera

$$(80)\quad\left\{\begin{aligned}
&\frac{e^{\alpha}+e^{-\alpha}}{e^{\pi}-e^{-\pi}}\cos\alpha-\frac{1}{2^{4m-1}}\frac{e^{2\alpha}+e^{-2\alpha}}{e^{2\pi}-e^{-2\pi}}\cos2\alpha+\frac{1}{3^{4m-1}}\frac{e^{3\alpha}+e^{-3\alpha}}{e^{3\pi}-e^{-3\pi}}\cos3\alpha-\ldots\\
&\qquad=\frac{\pi}{4}\,\mathcal{E}\,\frac{(e^{\alpha z}+e^{-\alpha z})\cos\alpha z}{(e^{\pi z}-e^{-\pi z})\sin\pi z}\left(\left(\frac{1}{z^{4m-1}}\right)\right),
\end{aligned}\right.$$

et

$$(81)\quad\left\{\begin{aligned}
&\frac{e^{\alpha}-e^{-\alpha}}{e^{\pi}-e^{-\pi}}\sin\alpha-\frac{1}{2^{4m+1}}\frac{e^{2\alpha}-e^{-2\alpha}}{e^{2\pi}-e^{-2\pi}}\sin2\alpha+\frac{1}{3^{4m+1}}\frac{e^{3\alpha}-e^{-3\alpha}}{e^{3\pi}-e^{-3\pi}}\sin3\alpha-\ldots\\
&\qquad=\frac{\pi}{4}\,\mathcal{E}\,\frac{(e^{\alpha z}-e^{-\alpha z})\sin\alpha z}{(e^{\pi z}-e^{-\pi z})\sin\pi z}\left(\left(\frac{1}{z^{4m+1}}\right)\right).
\end{aligned}\right.$$

Si l'on prend au contraire

$$f(z^4)=\frac{1}{s^4+z^4},$$

on aura

$$(82)\quad\left\{\begin{aligned}
&\frac{e^{\alpha}+e^{-\alpha}}{e^{\pi}-e^{-\pi}}\frac{\cos\alpha}{1+s^4}-\frac{e^{2\alpha}+e^{-2\alpha}}{e^{2\pi}-e^{-2\pi}}\frac{2\cos2\alpha}{2^4+s^4}+\frac{e^{3\alpha}+e^{-3\alpha}}{e^{3\pi}-e^{-3\pi}}\frac{3\cos3\alpha}{3^4+s^4}-\ldots\ldots\ldots\\
&\qquad=\frac{\pi}{4s^2}\left\{\frac{1}{\pi^2 s^2}-\frac{e^{\alpha s\sqrt{2}}+2\cos(\alpha s\sqrt{2})+e^{-\alpha s\sqrt{2}}}{e^{\pi s\sqrt{2}}-2\cos(\alpha s\sqrt{2})+e^{-\pi s\sqrt{2}}}\right\},
\end{aligned}\right.$$

et

$$(83)\quad\left\{\begin{aligned}
&\frac{e^{\alpha}-e^{-\alpha}}{e^{\pi}-e^{-\pi}}\frac{\sin\alpha}{1+s^4}-\frac{e^{2\alpha}-e^{-2\alpha}}{e^{2\pi}-e^{-2\pi}}\frac{\frac{1}{2}\sin2\alpha}{2^4+s^4}+\frac{e^{3\alpha}-e^{-3\alpha}}{e^{3\pi}-e^{-3\pi}}\frac{\frac{1}{3}\sin3\alpha}{3^4+s^4}-\ldots\ldots\ldots\\
&\qquad=\frac{\pi}{4s^4}\left\{\frac{\alpha^2}{\pi^2}-\frac{e^{\alpha s\sqrt{2}}-2\cos(\alpha s\sqrt{2})+e^{-\alpha s\sqrt{2}}}{e^{\pi s\sqrt{2}}-2\cos(\pi s\sqrt{2})+e^{-\pi s\sqrt{2}}}\right\}.
\end{aligned}\right.$$

Lorsque, dans les formules (80) et (81), on pose successivement $m=0$, $m=1$, etc..., on en conclut

$$(84)\quad\left\{\begin{aligned}
&\frac{e^{\alpha}+e^{-\alpha}}{e^{\pi}-e^{-\pi}}\cos\alpha-\frac{e^{2\alpha}+e^{-2\alpha}}{e^{2\pi}-e^{-2\pi}}2\cos2\alpha+\frac{e^{3\alpha}+e^{-3\alpha}}{e^{3\pi}-e^{-3\pi}}3\cos3\alpha-\ldots=\frac{1}{4\pi},\\[4pt]
&\frac{e^{\alpha}+e^{-\alpha}}{e^{\pi}-e^{-\pi}}\frac{\cos\alpha}{1^3}-\frac{e^{2\alpha}+e^{-2\alpha}}{e^{2\pi}-e^{-2\pi}}\frac{\cos2\alpha}{2^3}+\frac{e^{3\alpha}+e^{-3\alpha}}{e^{3\pi}-e^{-3\pi}}\frac{\cos3\alpha}{3^3}-\ldots=\frac{\pi^4-15\alpha^4}{360.\pi},\\[4pt]
&\text{etc...},
\end{aligned}\right.$$

et

$$(85) \begin{cases} \dfrac{e^{\alpha}-e^{-\alpha}}{e^{\pi}-e^{-\pi}}\dfrac{\sin\alpha}{1} - \dfrac{e^{2\alpha}-e^{-2\alpha}}{e^{2\pi}-e^{-2\pi}}\dfrac{\sin 2\alpha}{2} + \dfrac{e^{3\alpha}-e^{-3\alpha}}{e^{3\pi}-e^{-3\pi}}\dfrac{\sin 3\alpha}{3} - \cdots = \dfrac{\alpha^2}{4\pi}, \\[2em] \dfrac{e^{\alpha}-e^{-\alpha}}{e^{\pi}-e^{-\pi}}\dfrac{\sin\alpha}{1^5} - \dfrac{e^{2\alpha}-e^{-2\alpha}}{e^{2\pi}-e^{-2\pi}}\dfrac{\sin 2\alpha}{2^5} + \dfrac{e^{3\alpha}-e^{-3\alpha}}{e^{3\pi}-e^{-3\pi}}\dfrac{\sin 3\alpha}{3^5} - \cdots = \dfrac{\alpha^2(\pi^4-\alpha^4)}{360.\pi}, \\[2em] \text{etc.....} \end{cases}$$

Si, dans les mêmes formules, on remplaçait m par $-m$, on en tirerait, pour des valeurs de m positives et différentes de zéro,

$$(86) \quad \frac{e^{\alpha}+e^{-\alpha}}{e^{\pi}-e^{-\pi}}\cos\alpha - 2^{4m+1}\frac{e^{2\alpha}+e^{-2\alpha}}{e^{2\pi}-e^{-2\pi}}\cos 2\alpha + 3^{4m+1}\frac{e^{3\alpha}+e^{-3\alpha}}{e^{3\pi}-e^{-3\pi}}\cos 3\alpha - \cdots = 0,$$

$$(87) \quad \frac{e^{\alpha}-e^{-\alpha}}{e^{\pi}-e^{-\pi}}\sin\alpha - 2^{4m-1}\frac{e^{2\alpha}-e^{-2\alpha}}{e^{2\pi}-e^{-2\pi}}\sin 2\alpha + 3^{4m-1}\frac{e^{3\pi}-e^{-3\pi}}{e^{3\pi}-e^{-3\pi}}\sin 3\alpha - \cdots = 0.$$

Les formules (78), (79) et suivantes comprennent, comme cas particuliers, les équations (93), (94), (95), (96), (97), (98), (99), (100), (101), (102), (115), (118), (119) et (120) de l'avant-dernier article.

Si la constante α, que l'on suppose renfermée entre les limites $-\pi$, $+\pi$, devenait précisément égale à l'une de ces limites, les formules (78), (79) ne pourraient plus subsister qu'autant que la fonction $f(z)$ s'évanouirait avec $\dfrac{1}{z}$, et alors la seconde de ces formules deviendrait identique, tandis que la première coïnciderait avec l'équation (115) de la page 273.

SUR UN MÉMOIRE D'EULER

QUI A POUR TITRE

NOVA METHODUS FRACTIONES QUASCUMQUE RATIONALES IN FRACTIONES SIMPLICES RESOLVENDI.

On trouve, dans les *Acta Academiæ Petropolitanæ* pour l'année 1780, un Mémoire d'Euler qui a pour titre *Nova Methodus fractiones quascumque rationales in fractiones simplices resolvendi*. Ce Mémoire, dont je n'avais pas connaissance à l'époque où j'établissais les bases du calcul des résidus, a des rapports assez directs avec ce même calcul pour qu'il soit convenable de les signaler. Le procédé que l'auteur emploie pour déduire d'une fraction rationnelle $f(z) = \dfrac{P}{Q}$, dans laquelle P, Q désignent deux fonctions entières de la variable z, les fractions simples correspondantes à un diviseur linéaire $z - a$ de la fonction Q, consiste à faire croître la valeur a de z d'une quantité infiniment petite ω, puis à développer la fraction $\dfrac{P}{Q}$ suivant les puissances ascendantes de ω, en posant $z = a + \omega$, et enfin à chercher, dans le développement obtenu, les termes qui deviennent infinis pour $\omega = 0$, c'est-à-dire, ceux qui renferment des puissances négatives de $z - a$. Il en résulte que, dans le cas particulier où la fonction Q est une seule fois divisible par le facteur $z - a$, la fraction simple qui se rapporte à ce facteur, et se présente sous la forme $\dfrac{\alpha}{z - a}$, a pour numérateur le coefficient de $\dfrac{1}{\omega}$ dans le développement de $f(a + \omega)$, ou ce que j'ai nommé le *résidu* de $f(z)$ relatif à $z = a$. Il serait aisé d'en conclure que la fraction simple $\dfrac{\alpha}{z - a}$, c'est-à-dire, la partie de $f(z)$ correspondante au facteur $z - a$ est précisément le résidu de $\dfrac{f(u)}{z - u}$ relatif à la valeur a de la variable u, ou ce qui revient au même, le coefficient de $\dfrac{1}{\omega}$ dans le développement du rapport

$$\frac{f(a + \omega)}{z - a - \omega}$$

(316)

suivant les puissances ascendantes de ω. Mais Euler n'a point énoncé cette proposition, comprise dans la formule (5) de la page 279, et qui, s'étendant au cas même où
la fonction Q devient divisible par une puissance entière quelconque de $z - a$,
fournit, pour la décomposition de $\dfrac{P}{Q}$ en fractions simples, une règle uniforme, également
ment applicable, quelle que soit la nature des racines, réelles ou imaginaires, égales
ou inégales de l'équation $Q = 0$.

L'illustre géomètre que je viens de citer observe encore que le procédé dont il a fait
usage peut être employé à la décomposition des fonctions transcendantes en fractions
rationnelles. Mais les huit dernières pages du Mémoire, qui sont relatives à cet objet,
offrent seulement un exemple de cette décomposition, et n'indiquent pas les conditions
auxquelles les fonctions transcendantes doivent satisfaire pour que le procédé dont il
s'agit leur soit applicable. Au reste, on concevra facilement comment il a pu arriver
qu'Euler, dans son Mémoire, n'ait rien dit à ce sujet. Car la recherche des conditions
dont nous venons de parler, et des propositions fondamentales qui s'y rattachent dans
le calcul des résidus, exige la connaissance des relations qui existent entre les résidus des fonctions et les intégrales définies. Par conséquent elle suppose [voyez le
1.ᵉʳ volume des Exercices, pages 95 et suiv.] la détermination de la différence entre
les deux valeurs que peut prendre une intégrale double suivant l'ordre dans lequel on
effectue les intégrations. Or cette différence a été signalée et calculée pour la première
fois, à l'aide de la théorie des intégrales définies singulières, dans le Mémoire que j'ai
présenté à l'Institut le 22 août 1814, et que l'on trouve inséré, avec le rapport appro-
batif de MM. Lacroix et Legendre, dans le recueil des Mémoires des savants étrangers
pour l'année 1827. Quoiqu'il en soit, la fonction qu'Euler a choisie pour exemple, étant
une de celles qui remplissent les conditions énoncées dans le 4.ᵉ théorème de la page
289, vérifie l'équation (36) de la page 290; et en effet les calculs effectués dans la
dernière partie du Mémoire que je viens de rappeler conduisent définitivement l'auteur
à une formule qui n'est que le développement de la suivante

$$\frac{\sin x}{\operatorname{tang} x - \cos x} = \mathcal{L} \frac{1}{x - z} \left(\left(\frac{\sin z}{\operatorname{tang} z - \cos z}\right)\right)$$

$$= \left(1 + \frac{1}{\sqrt{5}}\right) \mathcal{L} \frac{1}{x - z} \frac{\cos z}{((2 \sin z + 1 + \sqrt{5}))} + \left(1 - \frac{1}{\sqrt{5}}\right) \mathcal{L} \frac{1}{x - z} \frac{\cos z}{((2 \sin z + 1 - \sqrt{5}))} .$$

MÉTHODE POUR DÉVELOPPER

DES FONCTIONS D'UNE OU DE PLUSIEURS VARIABLES

EN SÉRIES COMPOSÉES DE FONCTIONS DE MÊME ESPÈCE.

Soit

$$(1) \qquad f(x, y, \ldots r)$$

une fonction qui renferme, avec les variables indépendantes $x, y \ldots$ une autre variable à laquelle on attribue successivement, 1.° une certaine valeur représentée par s, 2.° d'autres valeurs r_1, r_2, r_3, etc.... respectivement égales aux diverses racines d'une équation transcendante. On pourra, dans un grand nombre de cas, développer la fonction de $x, y, \ldots$ désignée par

$$(2) \qquad f(x, y, \ldots s)$$

en une série dont les différents termes soient respectivement proportionnels aux fonctions de même espèce désignées par

$$(3) \qquad f(x, y, \ldots r_1), \qquad f(x, y, \ldots r_2), \qquad f(x, y, \ldots r_3), \qquad \text{etc}\ldots ;$$

c'est-à-dire que l'on pourra choisir les coefficients R_1, R_2, R_3, etc.... de manière à vérifier l'équation

$$(4) \qquad f(x, y, \ldots s) = R_1 f(x, y, \ldots r_1) + R_2 f(x, y, \ldots r_2) + \text{etc}\ldots$$

Souvent en effet l'on y parviendra, en suivant la méthode que nous allons indiquer.

Supposons qu'aucune des fonctions (3) ne devienne infinie, et soit

$$(5) \qquad F(r) = 0 ,$$

l'équation transcendante à laquelle appartiennent les racines r_1, r_2, ... Si cette équation n'a pas de racines égales, il suffira, pour déterminer convenablement les coefficients R_1, R_2, etc... de trouver une nouvelle fonction $\varphi(r)$, qui reste finie quand on attribue à la variable r l'une des valeurs r_1, r_2, etc..., et qui satisfasse à la formule

$$(6) \qquad f(x, y, \dots s) = \mathcal{E} \frac{\varphi(r) \cdot f(x, y, \dots r)}{((\, F(r) \,))} \, ,$$

En effet, cette fonction étant trouvée, la formule (6) donnera

$$(7) \qquad f(x, y, \dots s) = \frac{\varphi(r_1)}{F'(r_1)} f(x, y, \dots r_1) + \frac{\varphi(r_2)}{F'(r_2)} f(x, y, \dots r_2) + \text{etc}\dots ,$$

et par conséquent on vérifiera l'équation (5) en prenant

$$(8) \qquad R_1 = \frac{\varphi(r_1)}{F'(r_1)} \, , \qquad R_2 = \frac{\varphi(r_2)}{F'(r_2)} \, , \qquad R_3 = \frac{\varphi(r_3)}{F'(r_3)} \, , \quad \text{etc}\dots$$

D'ailleurs, comme on a identiquement

$$(9) \qquad f(x, y, \dots s) = \mathcal{E} \frac{f(x, y, \dots r)}{((\, r - s \,))} \, ,$$

la formule (6) pourra être réduite à

$$(10) \qquad \mathcal{E} \frac{f(x, y, \dots r)}{((\, r - s \,))} = \mathcal{E} \frac{\varphi(r) f(x, y, \dots r)}{((\, F(r) \,))} \, ,$$

et l'on tirera de cette dernière, en admettant que $\varphi(r)$ conserve une valeur finie pour $r = s$,

$$(11) \qquad \mathcal{E} \frac{F(r) - (r - s) \varphi(r)}{((\, (r - s) F(r) \,))} f(x, y, \dots r) = 0 \, .$$

Posons maintenant

$$(12) \qquad F(r) - (r - s) \varphi(r) = \chi(r) \, ;$$

on en conclura

$$(13) \qquad \varphi(r) = \frac{F(r) - \chi(r)}{r - s} \, .$$

Or, pour que la valeur précédente de $\varphi(r)$ ne devienne pas infinie en vertu de la supposition $r = s$, il faudra que l'on ait

(319)

$$(14) \qquad \mathrm{F}(s) = \chi(s).$$

On trouvera par suite

$$(15) \qquad \varphi(r) = \frac{\mathrm{F}(r) - \mathrm{F}(s)}{r - s} - \frac{\chi(r) - \chi(s)}{r - s} \, ;$$

puis, en faisant, pour abréger,

$$\frac{\chi(r) - \chi(s)}{r - s} = \psi(r) \, ,$$

on obtiendra la formule

$$(16) \qquad \varphi(r) = \frac{\mathrm{F}(r) - \mathrm{F}(s)}{r - s} - \psi(r) \, ,$$

dans laquelle $\psi(r)$ désignera une fonction qui devra, ainsi que $\varphi(r)$, conserver une valeur finie, non-seulement pour $r = s$, mais encore pour chacune des valeurs de r représentées par r_1, r_2, etc....

Concevons à présent que l'on substitue dans la formule (11) la valeur de $\varphi(r)$ donnée par l'équation (16). La formule (11) deviendra

$$(17) \qquad \mathcal{L} \frac{\mathrm{F}(s) + (r-s)\psi(r)}{((\,(r-s)\mathrm{F}(r)\,))} \mathrm{f}(x, y, \ldots r) = 0 \, ,$$

ou, ce qui revient au même,

$$(18) \qquad \mathrm{F}(s) \, \mathcal{L} \frac{\mathrm{f}(x, y \ldots r)}{((\,(r-s)\,\mathrm{F}(r)\,))} + \mathcal{L} \frac{\psi(r)\mathrm{f}(x, y, \ldots r)}{((\,\mathrm{F}(r)\,))} = 0 \, ;$$

et il ne restera plus qu'à choisir la fonction $\psi(r)$ de manière à vérifier l'équation (17) ou (18). Or, dans le premier membre de l'équation (18), le second terme disparaîtra évidemment si l'on suppose

$$(19) \qquad \psi(r) = 0 \, .$$

De plus, si la fonction $\mathrm{f}(x, y, \ldots r)$ conserve une valeur finie pour toutes les valeurs finies de r, on aura identiquement

$$(20) \qquad \mathcal{L} \frac{\mathrm{f}(x, y, \ldots r)}{((\,(r-s)\mathrm{F}(r)\,))} = \mathcal{L} \left(\left(\frac{\mathrm{f}(x, y, \ldots r)}{(r-s)\mathrm{F}(r)} \right) \right) .$$

Enfin, si l'on représente par ρ le module de la variable r, et, si l'on suppose que le rapport

(320)

$$(21) \qquad \frac{\mathrm{f}(x,y,\dots r)}{\mathrm{F}(r)}$$

devienne généralement nul, pour des valeurs infinies de ρ, convenablement choisies, on pourra en dire autant du produit

$$(22) \qquad r\,\frac{\mathrm{f}(x,y,\dots r)}{(r-s)\mathrm{F}(r)} = \frac{1}{1-\dfrac{s}{r}}\,\frac{\mathrm{f}(x,y,\dots r)}{\mathrm{F}(r)},$$

et l'on conclura du 2.° théorême de la page 258 que la valeur principale du résidu intégral

$$(23) \qquad \mathcal{E}\left(\left(\frac{\mathrm{f}(x,y,\dots r)}{(r-s)\mathrm{F}(r)}\right)\right)$$

s'évanouit. Ajoutons que cette valeur principale s'évanouira encore en vertu du théorême cité, si, pour des valeurs infinies de ρ convenablement choisies, le rapport (21) est toujours fini ou infiniment petit, quel que soit le quotient $\dfrac{r}{\rho}$, et fini seulement dans le voisinage de certaines valeurs particulières de l'angle τ déterminé par l'équation

$$(24) \qquad r = \rho\,(\cos\tau + \sqrt{-1}\,\sin\tau).$$

Donc, si ces conditions sont remplies, le premier terme de la formule (18) sera égal à zéro, et l'on vérifiera l'équation (6) en prenant

$$(25) \qquad \varphi(r) = \frac{\mathrm{F}(r)-\mathrm{F}(s)}{r-s}.$$

D'ailleurs la valeur de r, désignée par s, est entièrement arbitraire, et peut être considérée comme une nouvelle variable. On peut donc énoncer la proposition suivante.

1.ᵉʳ Théorême. *Soit*

$$(1) \qquad \mathrm{f}(x,y,\dots r)$$

une fonction des variables indépendantes $x, y, \dots r$, *qui demeure finie pour toutes les valeurs finies de* r, *et* s *une autre variable indépendante de* r. *Si, pour des valeurs infiniment grandes, mais convenablement choisies, du module* ρ *de la variable* r, *le rapport*

$$(21) \qquad \frac{\mathrm{f}(x,y,\dots r)}{\mathrm{F}(r)}$$

reste toujours fini ou infiniment petit, et fini seulement dans le voisinage de certaines valeurs particulières du quotient $\dfrac{r}{\rho}$, *on aura*

$$(26) \qquad \mathrm{f}(x, y, \ldots s) = \mathcal{E} \, \frac{\mathrm{F}(r) - \mathrm{F}(s)}{r - s} \, \frac{\mathrm{f}(x, y, \ldots r)}{((\,\mathrm{F}(r)\,))} ,$$

ou, ce qui revient au même,

$$(27) \qquad \mathrm{f}(x, y, \ldots s) = \mathcal{E} \, \frac{1}{s - r} \, \frac{\mathrm{f}(x, y, \ldots r)}{((\,\mathrm{F}(r)\,))} ,$$

pourvu que l'on réduise le résidu intégral, compris dans le second membre de l'équation (26) *ou* (27), *à sa valeur principale.*

Corollaire 1.ᵉʳ Il est important d'observer que le théorême précédent ne doit pas être restreint au cas où les racines de l'équation (5) sont inégales. Ajoutons que l'on peut déduire immédiatement l'équation (27) de la formule (5) de la page 279, en substituant, dans cette formule, la lettre s à la lettre x, et posant d'ailleurs

$$f(s) = \frac{\mathrm{f}(x, y, \ldots s)}{\mathrm{F}(s)} .$$

Corollaire 2. Souvent, pour que les conditions énoncées dans le théorême 1.ᵉʳ puissent être remplies, il est nécessaire de supposer les variables x, y, ... comprises entre certaines limites. Alors on n'est en droit de considérer la formule (26) comme exacte, qu'autant que l'on attribue aux variables x, y, ... des valeurs renfermées entre les limites dont il s'agit.

Corollaire 3. Comme on a identiquement

$$(28) \qquad \frac{\mathrm{F}(r) - \mathrm{F}(s)}{r - s} = \int_0^1 \mathrm{F}'[r + \lambda(s - r)]\,d\lambda ,$$

il est clair que l'équation (26) peut être présentée sous la forme

$$(29) \qquad \mathrm{f}(x, y, \ldots s) = \mathcal{E} \, \frac{\mathrm{f}(x, y, \ldots r) \displaystyle\int_0^1 \mathrm{F}'[r + \lambda(s - r)]\,d\lambda}{((\,\mathrm{F}(r)\,))} .$$

Si, dans l'équation (26), on remplace successivement $\mathrm{f}(x, y, \ldots r)$ par les trois fonctions

$$e^{rx}, \qquad \cos rx, \qquad \sin rx,$$

on obtiendra, au lieu du premier théorême, ceux que nous allons énoncer.

2.° Théorème. *Soient* r, s, x *trois variables indépendantes; et* $F(r)$ *une fonction donnée de* r. *Si, pour des valeurs infiniment grandes, mais convenablement choisies, du module* ρ *de la variable* r, *le rapport*

$$(30) \qquad \frac{e^{rx}}{F(r)}$$

reste toujours fini ou infiniment petit, et fini seulement dans le voisinage de certaines valeurs particulières du quotient $\dfrac{r}{\rho}$, *on aura*

$$(31) \qquad e^{sx} = \mathcal{E}\, \frac{F(r) - F(s)}{r - s}\; \frac{e^{rx}}{((\,F(r)\,))}\,,$$

ou, ce qui revient au même,

$$(32) \qquad e^{sx} = F(s)\, \mathcal{E}\, \frac{1}{s - r}\; \frac{e^{rx}}{((\,F(r)\,))}\,,$$

pourvu que l'on réduise le résidu intégral, compris dans le second membre de l'équation (31) *ou* (32), *à sa valeur principale.*

Corollaire. En combinant l'équation (31) avec la formule (28), on en conclut

$$(33) \qquad e^{sx} = \mathcal{E}\, \frac{e^{rx} \displaystyle\int_0^1 F'[r + \lambda(s - r)]\,d\lambda}{((\,F(r)\,))}\,.$$

Exemples. Supposons

$$(34) \qquad F(r) = e^{ar} - 1\,,$$

a désignant une constante positive. Alors, l'équation (5) étant réduite à

$$(35) \qquad e^{ar} - 1 = 0\,,$$

les racines de cette équation seront respectivement

$$(36) \qquad 0\,, \quad \pm \frac{2\pi}{a}\sqrt{-1}\,, \quad \pm \frac{4\pi}{a}\sqrt{-1}\,, \quad \pm \frac{6\pi}{a}\sqrt{-1}\,, \quad \text{etc}\ldots\,,$$

et elles auront pour modules les différents termes de la série

$$(37) \qquad 0\,, \quad \frac{2\pi}{a}\,, \quad \frac{4\pi}{a}\,, \quad \frac{6\pi}{a}\,, \quad \text{etc}\ldots\,,$$

Cela posé, si l'on attribue au module ρ de la variable r une valeur infiniment grande, prise dans la série

$$(38) \qquad \frac{\pi}{a}, \qquad \frac{3\pi}{a}, \qquad \frac{5\pi}{a}, \qquad \frac{7\pi}{a}, \qquad \text{etc...},$$

et à la variable x une valeur positive, renfermée entre les limites o, a, le rapport (30), réduit à la forme

$$(39) \qquad \frac{e^{rx}}{e^{ar}-1},$$

sera toujours fini ou infiniment petit, et ne cessera d'être infiniment petit, en conservant une valeur finie, que dans le cas où le quotient $\dfrac{r}{\rho}$ différera très-peu de $\pm\sqrt{-1}$. On aura donc, en vertu de l'équation (32), pour des valeurs de x renfermées entre les limites $x = o$, $x = a$,.

$$(40) \qquad e^{sx} = (e^{as} - 1)\,\mathcal{L}\,\frac{1}{s-r}\,\frac{e^{rx}}{((e^{ar}-1))}$$

$$= \frac{e^{as}-1}{a}\left\{\frac{1}{s} + \left(\frac{e^{\frac{2\pi x}{a}\sqrt{-1}}}{s-\frac{2\pi}{a}\sqrt{-1}} + \frac{e^{-\frac{2\pi x}{a}\sqrt{-1}}}{s-\frac{2\pi}{a}\sqrt{-1}}\right) + \left(\frac{e^{\frac{4\pi x}{a}\sqrt{-1}}}{s+\frac{4\pi}{a}\sqrt{-1}} + \frac{e^{-\frac{4\pi x}{a}\sqrt{-1}}}{s+\frac{4\pi}{a}\sqrt{-1}}\right) + \cdots\right\},$$

ou, ce qui revient au même,

$$(41) \quad e^{sx} = 2(e^{as}-1)\left\{\frac{1}{2as} + \frac{as\cos\frac{2\pi x}{a} - 2\pi\sin\frac{2\pi x}{a}}{4\pi^2 + a^2 s^2} + \frac{as\cos\frac{4\pi x}{a} - 4\pi\sin\frac{4\pi x}{a}}{16\pi^2 + a^2 s^2} + \cdots\right\}$$

L'équation (41) pourrait être aisément déduite des formules (65) et (66) de la page 308.

Supposons encore

$$(42) \qquad F(r) = e^{ar} - 2\cos br + e^{-ar},$$

a, b désignant deux constantes positives, et faisons, pour plus de commodité,

$$(43) \qquad c = \sqrt{a^2 + b^2}, \qquad \theta = \text{arctang}\,\frac{b}{a}.$$

L'équation (5) deviendra

$$(44) \qquad e^{ar} - 2\cos br + e^{-ar} = 0,$$

puis on en tirera, en désignant par n un nombre entier quelconque,

$$(45) \qquad r = \pm \frac{2n\pi\sqrt{-1}}{a \pm b\sqrt{-1}} = \pm \frac{2n\pi}{c}(\cos\theta \mp \sqrt{-1}\sin\theta)\sqrt{-1}.$$

Donc les racines de l'équation (44) auront pour modules les différents termes de la série

$$(46) \qquad 0, \quad \frac{2\pi}{c}, \quad \frac{4\pi}{c}, \quad \frac{6\pi}{c}, \quad \text{etc....}$$

Cela posé, il est facile de reconnaître que, si l'on attribue au module ρ de la variable r une valeur infiniment grande prise dans la série

$$(47) \qquad \frac{\pi}{c}, \quad \frac{3\pi}{c}, \quad \frac{5\pi}{c}, \quad \frac{7\pi}{c}, \quad \text{etc...},$$

et à la variable x une valeur positive renfermée entre les limites 0, a, le rapport

$$(48) \qquad \frac{e^{rx}}{\mathrm{F}(r)} = \frac{e^{rx}}{e^{ar} - 2\cos br + e^{-ar}}$$

restera infiniment petit, quel que soit d'ailleurs le quotient $\dfrac{r}{\rho}$. Donc, en vertu de l'équation (32), on aura, pour des valeurs de x renfermées entre les limites $x = 0$, $x = a$,

$$(49) \qquad e^{sx} = (e^{as} - 2\cos bs + e^{-as})\, \mathcal{E}\, \frac{1}{s-r}\, \frac{e^{rx}}{((e^{ar} - 2\cos br + e^{-ar}))},$$

ou, ce qui revient au même,

$$(50) \qquad \frac{e^{sx}}{e^{as} - 2\cos bs + e^{-as}} = \frac{1 + sx}{(a^2 + b^2)s^2}$$

$$- \mathop{S}_{n=1}^{n=\infty} \frac{1}{2\sin\dfrac{2n\pi b}{b - a\sqrt{-1}}} \left\{ \frac{e^{\frac{2n\pi x}{b - a\sqrt{-1}}}}{2n\pi - (b - a\sqrt{-1})s} + \frac{e^{-\frac{2n\pi x}{b - a\sqrt{-1}}}}{2n\pi + (b - a\sqrt{-1})s} \right\}$$

$$- \mathop{S}_{n=1}^{n=\infty} \frac{1}{2\sin\dfrac{2n\pi b}{b + a\sqrt{-1}}} \left\{ \frac{e^{\frac{2n\pi x}{b + a\sqrt{-1}}}}{2n\pi - (b + a\sqrt{-1})s} + \frac{e^{-\frac{2n\pi x}{b + a\sqrt{-1}}}}{2n\pi + (b + a\sqrt{-1})s} \right\},$$

le signe S s'étendant à toutes les valeurs entières et positives de n.

Si l'on fait maintenant $b = a$, on trouvera, pour toutes les valeurs de x renfermées entre les limites b et a,

$$(51) \qquad \frac{e^{sx}}{e^{as} - 2\cos as + e^{-as}} = \frac{1+sx}{2a^2s^2}$$

$$- \sum_{n=1}^{n=\infty} \frac{(-1)^n e^{\frac{n\pi x}{a}}}{(e^{n\pi} - e^{-n\pi})\sqrt{-1}} \left\{ \frac{e^{\frac{n\pi x}{a}\sqrt{-1}}}{2n\pi - (1 - \sqrt{-1})as} - \frac{e^{-\frac{n\pi x}{a}\sqrt{-1}}}{2n\pi - (1 + \sqrt{-1})as} \right\}$$

$$+ \sum_{n=1}^{n=\infty} \frac{(-1)^n e^{-\frac{n\pi x}{a}}}{(e^{n\pi} - e^{-n\pi})\sqrt{-1}} \left\{ \frac{e^{\frac{n\pi x}{a}\sqrt{-1}}}{2n\pi + (1 + \sqrt{-1})as} - \frac{e^{-\frac{n\pi x}{a}\sqrt{-1}}}{2n\pi + (1 - \sqrt{-1})as} \right\},$$

ou, ce qui revient au même,

$$(52) \qquad \frac{e^{sx}}{e^{as} - 2\cos as + e^{-as}} = \frac{1+sx}{2a^2s^2}$$

$$\frac{1}{e^{\pi} - e^{-\pi}} \left\{ \frac{\frac{as}{2}\cos\frac{\pi x}{a} - \left(\pi - \frac{as}{2}\right)\sin\frac{\pi x}{a}}{\pi^2 - \pi as + \frac{1}{2}a^2s^2} e^{\frac{\pi x}{a}} - \frac{\frac{as}{2}\cos\frac{\pi x}{a} - \left(\pi + \frac{as}{2}\right)\sin\frac{\pi x}{a}}{\pi^2 + \pi as + \frac{1}{2}a^2s^2} e^{-\frac{\pi x}{a}} \right\}$$

$$+ \frac{1}{e^{2\pi} - e^{-2\pi}} \left\{ \frac{\frac{as}{2}\cos\frac{2\pi x}{a} - \left(2\pi - \frac{as}{2}\right)\sin\frac{2\pi x}{a}}{2^2\pi^2 - 2\pi as + \frac{1}{2}a^2s^2} e^{\frac{2\pi x}{a}} - \frac{\frac{as}{2}\cos\frac{2\pi x}{a} - \left(2\pi + \frac{as}{2}\right)\sin\frac{2\pi x}{a}}{2^2\pi^2 + 2\pi as + \frac{1}{2}a^2s^2} e^{-\frac{2\pi x}{a}} \right\}$$

$$- \text{etc.....}$$

Si l'on prenait, au contraire, $b = \frac{1}{2}c = \frac{1}{2}\sqrt{a^2+b^2}$, on trouverait $b = \frac{a}{\sqrt{3}}$,

$$(53) \qquad \frac{e^{sx}}{e^{as} - 2\cos\frac{as}{\sqrt{3}} + e^{-as}} = \frac{3}{4}\frac{1+sx}{a^2s^2}$$

$$- \sum_{n=1}^{n=\infty} \frac{1}{2\sin\frac{(1+3^{\frac{1}{2}}\sqrt{-1})n\pi}{2}} \left\{ \frac{e^{\frac{n\pi x\sqrt{3}}{2a}} e^{\frac{3n\pi x}{2a}\sqrt{-1}}}{2n\pi - \frac{as}{\sqrt{3}} + as\sqrt{-1}} + \frac{e^{-\frac{n\pi x\sqrt{3}}{2a}} e^{-\frac{3n\pi x}{2a}\sqrt{-1}}}{2n\pi + \frac{as}{\sqrt{3}} - as\sqrt{-1}} \right\}$$

$$- \sum_{n=1}^{n=\infty} \frac{1}{2\sin\frac{(1-3^{\frac{1}{2}}\sqrt{-1})n\pi}{2}} \left\{ \frac{e^{\frac{n\pi x\sqrt{3}}{2a}} e^{-\frac{3n\pi x}{2a}\sqrt{-1}}}{2n\pi - \frac{as}{\sqrt{3}} - as\sqrt{-1}} + \frac{e^{-\frac{n\pi x\sqrt{3}}{2a}} e^{\frac{3n\pi x}{2a}\sqrt{-1}}}{2n\pi + \frac{as}{\sqrt{3}} + as\sqrt{-1}} \right\},$$

ou, ce qui revient au même,

$$(54) \qquad \frac{e^{sx}}{e^{as} - 2\cos\dfrac{as}{\sqrt{3}} + e^{-as}} = \frac{3}{4}\,\frac{1+sx}{a^2 s^2}$$

$$- \frac{1}{e^{\frac{\pi\sqrt{3}}{2}} + e^{-\frac{\pi\sqrt{3}}{2}}}\left\{ \frac{\left(\pi - \dfrac{as}{2\sqrt{3}}\right)\cos\dfrac{3\pi x}{2a} + \dfrac{as}{2}\sin\dfrac{3\pi x}{2a}}{\pi^2 - \pi\dfrac{as}{\sqrt{3}} + \dfrac{a^2 s^2}{3}}\, e^{\frac{\pi x\sqrt{3}}{2a}} + \frac{\left(\pi + \dfrac{as}{2\sqrt{3}}\right)\cos\dfrac{3\pi x}{2a} + \dfrac{as}{2}\sin\dfrac{3\pi x}{2a}}{\pi^2 + \pi\dfrac{as}{\sqrt{3}} + \dfrac{a^2 s^2}{3}}\, e^{-\frac{\pi x\sqrt{3}}{2a}} \right\}$$

$$+ \frac{1}{e^{\pi\sqrt{3}} - e^{-\pi\sqrt{3}}}\left\{ \frac{\left(2\pi - \dfrac{as}{2\sqrt{3}}\right)\sin\dfrac{3\pi x}{a} - \dfrac{as}{2}\cos\dfrac{3\pi x}{a}}{2^2\pi^2 - 2\pi\dfrac{as}{\sqrt{3}} + \dfrac{a^2 s^2}{3}}\, e^{\frac{\pi x\sqrt{3}}{a}} - \frac{\left(2\pi + \dfrac{as}{2\sqrt{3}}\right)\sin\dfrac{3\pi x}{a} - \dfrac{as}{2}\cos\dfrac{3\pi x}{a}}{2^2\pi^2 + 2\pi\dfrac{as}{\sqrt{3}} + \dfrac{a^2 s^2}{3}}\, e^{-\frac{\pi x\sqrt{3}}{a}} \right\}$$

+ etc.....

En développant les deux membres de chacune des équations qui précèdent suivant les puissances ascendantes de x, et comparant ensuite les coefficients des puissances semblables, on obtiendrait de nouvelles équations dignes de remarque, parmi lesquelles se trouvent comprises les formules (37), (38), (39) des pages 290 et 291.

Supposons enfin

$$(55) \qquad \mathrm{F}(r) = e^{ar^2} - 2\cos br^2 + e^{-ar^2}$$

a, b désignant toujours deux constantes positives. L'équation (5) deviendra

$$(56) \qquad e^{ar^2} - 2\cos br^2 + e^{-ar^2} = 0\,;$$

puis l'on en tirera, en adoptant les notations (43), et désignant par n un nombre entier quelconque,

$$(57) \qquad r^2 = \frac{\pm 2n\pi\sqrt{-1}}{a \pm b\sqrt{-1}} = \pm\frac{2n\pi}{c}(\cos\theta \mp \sqrt{-1}\sin\theta)\sqrt{-1}\,,$$

ou, ce qui revient au même,

$$(58) \qquad r^2 = \frac{2n\pi}{c}\left\{\cos\left(\theta \mp \frac{\pi}{2}\right) \mp \sqrt{-1}\sin\left(\theta \mp \frac{\pi}{2}\right)\right\}.$$

On trouvera par suite

$$(59) \qquad r = \pm\left(\frac{2n\pi}{c}\right)^{\frac{1}{2}}\left\{\cos\left(\frac{\theta}{2} \mp \frac{\pi}{4}\right) \mp \sqrt{-1}\sin\left(\frac{\theta}{2} \mp \frac{\pi}{4}\right)\right\}.$$

(327)

Donc les racines de l'équation (56) auront pour modules les différents termes de la série

$$(60) \qquad 0, \qquad \left(\frac{2\pi}{c}\right)^{\frac{1}{2}}, \qquad \left(\frac{4\pi}{c}\right)^{\frac{1}{2}}, \qquad \left(\frac{6\pi}{c}\right)^{\frac{1}{2}}, \qquad \text{etc.....}$$

Cela posé, il est facile de reconnaître que, si l'on attribue au module ρ de la variable r une valeur infiniment grande prise dans la série

$$(61) \qquad \left(\frac{\pi}{c}\right)^{\frac{1}{2}}, \qquad \left(\frac{3\pi}{c}\right)^{\frac{1}{2}}, \qquad \left(\frac{5\pi}{c}\right)^{\frac{1}{2}}, \qquad \left(\frac{7\pi}{c}\right)^{\frac{1}{2}}, \qquad \text{etc...,}$$

le rapport

$$(62) \qquad \frac{e^{rx}}{\mathrm{F}(r)} = \frac{e^{rx}}{e^{ar^2} \mp 2\cos br^2 + e^{-ar^2}}$$

sera toujours infiniment petit, quelles que soient les valeurs du quotient $\dfrac{r}{\rho}$ et de la variable x. Donc, en vertu de la formule (32), on aura, pour toutes les valeurs possibles de x,

$$(63) \qquad e^{sx} = (e^{as^2} - 2\cos bs^2 + e^{-as^2}) \, \mathcal{E} \, \frac{1}{s-r} \, \frac{e^{rx}}{((e^{ar^2} - 2\cos br^2 + e^{-ar^2}))} \, .$$

Si maintenant on effectue les opérations indiquées par le signe $\mathcal{E}$, l'équation (63) offrira le développement de l'exponentielle e^{sx} en une série d'exponentielles de même forme, dans lesquelles la variable x aura pour coefficients non plus la quantité s, mais les diverses racines de l'équation (56). Si l'on fait en particulier $b = a$, l'équation (56) se trouvera réduite à

$$(64) \qquad e^{ar^2} - 2\cos ar^2 + e^{-ar^2} = 0 \, ,$$

puis en posant, pour abréger,

$$(65) \qquad N = \left(\frac{n\pi\sqrt{2}}{a}\right)^{\frac{1}{2}} \, ,$$

on tirera de la formule (63)

$$(66)\qquad \frac{e^{sx}}{e^{as^2} - 2\cos as^2 + e^{-as^2}} = \frac{1}{2a^2s^4}\left(1 + \frac{sx}{1} + \frac{s^2x^2}{1.2} + \frac{s^3x^3}{1.2.3}\right)$$

$$+ \sum_{n=1}^{n=\infty} \frac{(-1)^n N}{4n\pi(e^{n\pi} - e^{-n\pi})} \left\{ \begin{array}{l}
\dfrac{e^{Nx\left(\cos\frac{\pi}{8} + \sqrt{-1}\sin\frac{\pi}{8}\right)}}{\left(se^{-\frac{\pi}{8}\sqrt{-1}} - N\right)\sqrt{-1}} - \dfrac{e^{Nx\left(\cos\frac{\pi}{8} - \sqrt{-1}\sin\frac{\pi}{8}\right)}}{\left(se^{\frac{\pi}{8}\sqrt{-1}} - N\right)\sqrt{-1}} \\[3.5ex]
-\dfrac{e^{-Nx\left(\cos\frac{\pi}{8} + \sqrt{-1}\sin\frac{\pi}{8}\right)}}{\left(se^{-\frac{\pi}{8}\sqrt{-1}} + N\right)\sqrt{-1}} + \dfrac{e^{-Nx\left(\cos\frac{\pi}{8} - \sqrt{-1}\sin\frac{\pi}{8}\right)}}{\left(se^{\frac{\pi}{8}\sqrt{-1}} + N\right)\sqrt{-1}} \\[3.5ex]
+\dfrac{e^{-Nx\left(\sin\frac{\pi}{8} - \sqrt{-1}\cos\frac{\pi}{8}\right)}}{se^{-\frac{\pi}{8}\sqrt{-1}} - N\sqrt{-1}} + \dfrac{e^{-Nx\left(\sin\frac{\pi}{8} + \sqrt{-1}\cos\frac{\pi}{8}\right)}}{se^{\frac{\pi}{8}\sqrt{-1}} + N\sqrt{-1}} \\[3.5ex]
-\dfrac{e^{Nx\left(\sin\frac{\pi}{8} - \sqrt{-1}\cos\frac{x}{8}\right)}}{se^{-\frac{\pi}{8}\sqrt{-1}} + N\sqrt{-1}} - \dfrac{e^{Nx\left(\sin\frac{\pi}{8} + \sqrt{-1}\cos\frac{\pi}{8}\right)}}{se^{\frac{\pi}{8}\sqrt{-1}} - N\sqrt{-1}}
\end{array} \right\},$$

ou, ce qui revient au même,

$$(67)\qquad \frac{e^{sx}}{e^{as^2} - 2\cos as^2 + e^{-as^2}} = \frac{1}{2a^2s^4}\left(1 + \frac{sx}{1} + \frac{s^2x^2}{1.2} + \frac{s^3x^3}{1.2.3}\right)$$

$$+ \sum_{n=1}^{n=\infty} \frac{(-1)^n N}{2n\pi(e^{n\pi} - e^{-n\pi})} \left\{ \begin{array}{l}
\dfrac{s\sin\left(\frac{\pi}{8} + Nx\sin\frac{\pi}{8}\right) - N\sin\left(Nx\sin\frac{\pi}{8}\right)}{s^2 - 2sN\cos\frac{\pi}{8} + N^2}\, e^{Nx\cos\frac{\pi}{8}} \\[3.5ex]
\dfrac{s\sin\left(\frac{\pi}{8} - Nx\sin\frac{\pi}{8}\right) - N\sin\left(Nx\sin\frac{\pi}{8}\right)}{s^2 + 2sN\cos\frac{\pi}{8} + N^2}\, e^{-Nx\cos\frac{\pi}{8}} \\[3.5ex]
+\dfrac{s\cos\left(\frac{\pi}{8} + Nx\cos\frac{\pi}{8}\right) - N\sin\left(Nx\cos\frac{\pi}{8}\right)}{s^2 + 2sN\sin\frac{\pi}{8} + N^2}\, e^{-Nx\sin\frac{\pi}{8}} \\[3.5ex]
\dfrac{s\cos\left(\frac{\pi}{8} - Nx\cos\frac{\pi}{8}\right) - N\sin\left(Nx\cos\frac{\pi}{8}\right)}{s^2 - 2sN\sin\frac{\pi}{8} + N^2}\, e^{Nx\sin\frac{\pi}{8}}
\end{array} \right\}.$$

Il importe d'observer qu'il n'est pas permis d'attribuer aux constantes a et b, dans la formule (63), des valeurs nulles, mais seulement des valeurs très-petites. Si l'une de ces constantes s'évanouissait, si l'on supposait, par exemple, $b = o$, le résidu intégral, compris dans la formule dont il s'agit, aurait une valeur principale indéterminée, et la série des résidus partiels qui le composent deviendrait divergente. Alors aussi les conditions énoncées dans le 2.ᵉ théorème ne pourraient plus être remplies; et le rapport (62) deviendrait infini, lorsqu'on attribuerait au module ρ de la variable r une valeur infiniment grande, et à l'angle τ, déterminé par l'équation (24), l'une des deux valeurs $-\frac{\pi}{4}$, $+\frac{\pi}{4}$, ou l'une des deux valeurs $-\frac{3\pi}{4}$, $+\frac{5\pi}{4}$.

5.ᵉ Théorème. *Soient* r, s, x *trois variables indépendantes, et* $F(r)$ *une fonction donnée de* r. *Si, pour des valeurs infiniment grandes, mais convenablement choisies, du module* ρ *de la variable* r, *le rapport*

$$(68) \qquad \frac{\cos r x}{F(r)}$$

reste toujours fini ou infiniment petit, et fini seulement dans le voisinage de certaines valeurs particulières du quotient $\dfrac{r}{\rho}$, *on aura*

$$(69) \qquad \cos sx = \mathcal{E}\, \frac{F(r) - F(s)}{r - s}\, \frac{\cos sx}{((\,F(r)\,))},$$

ou, ce qui revient au même,

$$(70) \qquad \cos sx = F(s)\, \mathcal{E}\, \frac{1}{s-r}\, \frac{\cos rx}{((\,F(r)\,))},$$

pourvu que l'on réduise le résidu intégral compris dans le second membre de l'équation (69) *ou* (70) *à sa valeur principale.*

Corollaire. En combinant l'équation (69) avec la formule (28), on en conclut

$$(71) \qquad \cos sx = \mathcal{E}\, \frac{\cos rx \displaystyle\int_0^1 F'[r + \lambda(s-r)]\,d\lambda}{((\,F(r)\,))}.$$

Exemples. Supposons d'abord

$$(72) \qquad F(r) = \sin a r,$$

a désignant une quantité positive. Alors, si l'on attribue au module ρ de la variable r une valeur infiniment grande, prise dans la série

$$(73) \qquad \frac{\pi}{2a}, \quad \frac{3\pi}{2a}, \quad \frac{5\pi}{2a}, \quad \frac{7\pi}{2a}, \quad \text{etc...},$$

et à la variable x une valeur réelle renfermée entre les limites $-a$, $+a$, le rapport (68), réduit à la forme

$$(74) \qquad \frac{\cos rx}{\sin ar}$$

sera toujours fini ou infiniment petit, et ne cessera d'être infiniment petit, en demeurant fini, que dans le cas où le quotient $\dfrac{r}{\rho}$ différera très-peu de ± 1. On aura donc, en vertu de l'équation (70), pour des valeurs de x renfermées entre les limites $x = -a$, $x = a$,

$$(75) \qquad \cos sx = \cos as \underset{s-r}{\mathcal{E}} \frac{1}{((\sin ar))} \frac{\cos rx}{},$$

ou, ce qui revient au même,

$$(76) \quad \cos sx = 2as \sin as \left\{ \frac{1}{2a^2 s^2} + \frac{\cos \frac{\pi x}{a}}{\pi^2 - a^2 s^2} - \frac{\cos \frac{2\pi x}{a}}{4\pi^2 - a^2 s^2} + \frac{\cos \frac{3\pi x}{a}}{9\pi^2 - a^2 s^2} - \cdots \right\},$$

Si l'on prenait, au contraire,

$$(77) \qquad F(r) = \cos ar,$$

on trouverait, entre les limites $x = 0$, $x = a$,

$$(78) \qquad \cos sx = \cos as \underset{s-r}{\mathcal{E}} \frac{1}{((\cos ar))} \frac{\cos rx}{},$$

ou, ce qui revient au même,

$$(79) \quad \cos sx = 4\pi \cos as \left\{ \frac{\cos \frac{\pi x}{2a}}{\pi^2 - 4a^2 s^2} - \frac{3\cos \frac{3\pi x}{2a}}{9\pi^2 - 4a^2 s^2} + \frac{5\cos \frac{5\pi x}{2a}}{25\pi^2 - 4a^2 s^2} - \cdots \right\}.$$

Supposons encore

$$(80) \qquad F(r) = \sin ar + r \cos ar,$$

a désignant toujours une constante positive. Alors, si l'on attribue au module ρ de la variable r une valeur infiniment grande, mais sensiblement distincte de celle que fournit l'équation

$$(81) \qquad \sin ar + r \cos ar = 0,$$

et à la variable x une valeur réelle renfermée entre les limites $-a$, $+a$, le rapport (68) réduit à

$$(82) \qquad \frac{\cos rx}{\sin ar + r \cos ar}$$

sera toujours fini ou infiniment petit, et ne cessera d'être infiniment petit, en demeurant fini, que dans le cas où le quotient $\dfrac{r}{\rho}$ différera très-peu de ± 1. On aura donc, en vertu de la formule (70), pour des valeurs de x comprises entre les limites $x = -a$, $x = a$,

$$(83) \qquad \cos sx = (\sin as + s \cos as) \, \mathcal{E} \, \frac{1}{s-r} \, \frac{\cos rx}{((\sin ar + r \cos ar))},$$

ou, ce qui revient au même,

$$(84) \qquad \cos sx = (\sin as + s \cos as) \, S \, \frac{\cos rx}{(s-r)[(a+r)\cos ar - ar \sin ar]},$$

Dans la formule (84), le signe S, placé devant le terme

$$\frac{\cos rx}{(s-r)[(a+r)\cos ar - ar \sin ar]}$$

indique la somme des valeurs que prend ce terme, quand on y substitue successivement, au lieu de r, les diverses racines de l'équation (81). Il est bon d'observer que cette équation peut s'écrire comme il suit

$$(85) \qquad \tang ar = - r,$$

et qu'elle a toutes ses racines réelles [voyez le 1.er volume, page 301].

Supposons enfin

$$F(r) = e^{ar^2} - 2\cos br^2 + e^{-ar^2},$$

a et b désignant deux constantes positives. Alors, si l'on attribue au module ρ de la variable r une valeur infiniment grande prise dans la série (61), le rapport (68) restera infiniment petit, quelles que soient les valeurs du quotient $\dfrac{r}{\rho}$ et de la variable

x. Donc, en vertu de l'équation (70), on aura, pour toutes les valeurs possibles de x,

$$(86)\qquad \cos sx = \left(e^{as^2} - 2\cos bs^2 + e^{-as^2}\right)\, \mathcal{E}\, \frac{1}{s-r}\cdot \frac{\cos rx}{\left(\left(e^{ar^2} - 2\cos br^2 + e^{-ar^2}\right)\right)}.$$

Dans cette dernière formule, comme dans l'équation (63), les constantes a et b peuvent être aussi petites que l'on voudra; mais il n'est pas permis de supposer que l'une d'elles s'évanouisse.

Si l'on fait en particulier $b = a$, on tirera de la formule (86)

$$(87)\qquad \frac{\cos sx}{e^{as^2} - 2\cos as^2 + e^{-as^2}} = \frac{1}{2a^2 s^4}\left(1 - \frac{s^2 x^2}{1.2}\right)$$

$$+\, S\, \frac{(-1)^n}{e^{n\pi} - e^{-n\pi}}\left\{ \frac{\cos\left\{Nx\left(\cos\frac{\pi}{8} + \sqrt{-1}\sin\frac{\pi}{8}\right)\right\}}{as^2 - (2n\pi - as^2)\sqrt{-1}} + \frac{\cos\left\{Nx\left(\cos\frac{\pi}{8} - \sqrt{-1}\sin\frac{\pi}{8}\right)\right\}}{as^2 + (2n\pi - as^2)\sqrt{-1}} \right.$$
$$\left. -\, \frac{\cos\left\{Nx\left(\sin\frac{\pi}{8} - \sqrt{-1}\cos\frac{\pi}{8}\right)\right\}}{as^2 + (2n\pi + as^2)\sqrt{-1}} - \frac{\cos\left\{Nx\left(\sin\frac{\pi}{8} + \sqrt{-1}\cos\frac{\pi}{8}\right)\right\}}{as^2 - (2n\pi + as^2)\sqrt{-1}} \right\}$$

ou, ce qui revient au même,

$$(88)\qquad \frac{\cos sx}{e^{as^2} - 2\cos as^2 + e^{-as^2}} = \frac{1}{2a^2 s^4}\left(1 - \frac{s^2 x^2}{1.2}\right)$$

$$+\, \sum_{n=1}^{n=\infty} \frac{(-1)^n}{e^{n\pi} - e^{-n\pi}}\left\{ \frac{\frac{1}{2}as^2\left\{e^{Nx\sin\frac{\pi}{8}} + e^{-Nx\sin\frac{\pi}{8}}\right\}\cos\left(Nx\cos\frac{\pi}{8}\right)}{2n^2\pi^2 - 2n\pi as^2 + a^2 s^4} \right.$$
$$+\, \frac{\left(n\pi - \frac{1}{2}as^2\right)\left\{e^{Nx\sin\frac{\pi}{8}} - e^{-Nx\sin\frac{\pi}{8}}\right\}\sin\left(Nx\cos\frac{\pi}{8}\right)}{2n^2\pi^2 - 2n\pi as^2 + a^2 s^4}$$
$$-\, \frac{\frac{1}{2}as^2\left\{e^{Nx\cos\frac{\pi}{8}} + e^{-Nx\cos\frac{\pi}{8}}\right\}\cos\left(Nx\sin\frac{\pi}{8}\right)}{2n^2\pi^2 + 2n\pi as^2 + a^2 s^4}$$
$$\left. -\, \frac{\left(n\pi + \frac{1}{2}as^2\right)\left\{e^{Nx\cos\frac{\pi}{8}} - e^{-Nx\cos\frac{\pi}{8}}\right\}\sin\left(Nx\sin\frac{\pi}{8}\right)}{2n^2\pi^2 + 2n\pi as^2 + a^2 s^4} \right\},$$

la valeur de N étant toujours déterminée par l'équation (65). Lorsque, dans la formule (88), on pose $as^2 = 2\pi$, on en conclut

$$(89) \quad \cos sx = \frac{1}{2}\left(\frac{e^\pi - e^{-\pi}}{2\pi}\right)^2\left(1 - \frac{s^2 x^2}{1.2}\right)$$

$$+ \frac{(e^\pi - e^{-\pi})^2}{2\pi} \overset{n=\infty}{\underset{n=1}{S}} \frac{(-1)^n}{e^{n\pi} - e^{-n\pi}} \left\{ \begin{aligned} &\frac{1}{(n-1)^2+1}\left(e^{Nx\sin\frac{\pi}{8}} + e^{-Nx\sin\frac{\pi}{8}}\right)\cos\left(Nx\cos\frac{\pi}{8}\right) \\ &+ \frac{n-1}{(n-1)^2+1}\left(e^{Nx\sin\frac{\pi}{8}} - e^{-Nx\sin\frac{\pi}{8}}\right)\sin\left(Nx\cos\frac{\pi}{8}\right) \\ &- \frac{1}{(n+1)^2+1}\left(e^{Nx\cos\frac{\pi}{8}} + e^{-Nx\cos\frac{\pi}{8}}\right)\cos\left(Nx\sin\frac{\pi}{8}\right) \\ &- \frac{n+1}{(n+1)^2+1}\left(e^{Nx\cos\frac{\pi}{8}} - e^{-Nx\cos\frac{\pi}{8}}\right)\sin\left(Nx\sin\frac{\pi}{8}\right), \end{aligned} \right.$$

la valeur de N étant déterminée par l'équation

$$(90) \quad N = \left(\frac{1}{2}\right)^{\frac{1}{4}} s\sqrt{n}.$$

4.ᵉ Théorème. *Soient* r, s, x *trois variables indépendantes, et* $F(r)$ *une fonction donnée de* r. *Si, pour des valeurs infiniment grandes, mais convenablement choisies, du module* ρ *de la variable* r, *le rapport*

$$(91) \quad \frac{\sin rx}{F(r)}$$

reste toujours fini ou infiniment petit, et fini seulement dans le voisinage de certaines valeurs particulières du rapport $\dfrac{r}{\rho}$, *on aura*

$$(92) \quad \sin sx = \mathcal{L}\, \frac{F(r) - F(s)}{r - s}\, \frac{\sin rx}{((F(r)))},$$

ou, ce qui revient au même,

II.ᵉ Année.   44

$$(95) \qquad \sin sx = \mathrm{F}(s) \, \mathcal{L} \, \frac{1}{s-r} \, \frac{\sin rx}{((\, \mathrm{F}(r)\,))} \,,$$

pourvu que l'on réduise le résidu intégral, compris dans le second membre de l'équation (92) *ou* (93) *, à sa valeur principale.*

Corollaire. En combinant l'équation (92) avec la formule (28), on en conclut

$$(94) \qquad \sin sx = \mathcal{L} \, \frac{\sin rx \displaystyle\int_0^1 \mathrm{F}'[r+\lambda(s-r)]d\lambda}{((\, \mathrm{F}(r)\,))} \,.$$

Exemples. Supposons d'abord

$$\mathrm{F}(r) = \sin ar \,,$$

a désignant une constante positive. On tirera de la formule (93), pour toutes les valeurs de x renfermées entre les limites $x=0$, $x=a$,

$$(95) \qquad \sin sx = \sin as \, \mathcal{L} \, \frac{1}{s-r} \, \frac{\sin rx}{((\, \sin ar\,))} \,,$$

ou, ce qui revient au même,

$$(96) \qquad \sin sx = 2\pi \sin as \left\{ \frac{\sin \frac{\pi x}{a}}{\pi^2 - a^2 s^2} - \frac{2\sin \frac{2\pi x}{a}}{4\pi^2 - a^2 s^2} + \frac{3\sin \frac{3\pi x}{a}}{9\pi^2 - a^2 s^2} - \text{etc.} \right\}.$$

Si l'on prenait au contraire

$$\mathrm{F}(r) = \cos ar \,,$$

on trouverait, entre les limites $x=0$, $x=a$,

$$(97) \qquad \sin sx = \sin as \, \mathcal{L} \, \frac{1}{s-r} \, \frac{\sin rx}{((\, \cos ar\,))} \,,$$

ou, ce qui revient au même,

$$(98) \qquad \sin sx = 8 as \cos as \left\{ \frac{\sin \frac{\pi x}{2a}}{\pi^2 - 4a^2 s^2} - \frac{\sin \frac{3\pi x}{2a}}{9\pi^2 - 4a^2 s^2} + \frac{\sin \frac{5\pi x}{2a}}{25\pi^2 - 4a^2 s^2} - \text{etc.} \right\}.$$

Il est bon d'observer qu'on pourrait déduire l'équation (96) de la formule (76) et l'équation (98) de la formule (79), à l'aide d'une différenciation et d'une intégration relatives à la variable x.

Supposons encore

$$F(r) = \sin ar + r \cos ar.$$

On trouvera entre les limites $x = -a$, $x = a$,

$$(99) \qquad \sin sx = (\sin as + s \cos as)\, \mathcal{E}\, \frac{1}{s-r}\, \frac{\sin rx}{((\,\sin ar + r \cos ar\,))}.$$

ou, ce qui revient au même,

$$(100) \qquad \sin sx = (\sin as + s \cos as)\, S\, \frac{\sin rx}{(s-r)[(a+r)\cos ar - ar \sin ar]},$$

la somme que le signe S indique devant être étendue à toutes les valeurs de r qui vérifient l'équation (81).

Supposons enfin

$$F(r) = e^{ar^2} - 2 \cos br^2 + e^{-ar^2},$$

a et b désignant deux constantes positives, qui soient l'une et l'autre différentes de zéro. On trouvera, pour toutes les valeurs possibles de la variable x,

$$(101) \qquad \sin sx = (e^{as^2} - 2 \cos bs^2 + e^{-as^2})\, \mathcal{E}\, \frac{1}{s-r}\, \frac{\sin sx}{((\,e^{ar^2} - 2 \cos br^2 + e^{-ar^2}\,))}.$$

Si l'on fait en particulier $b = a$, on tirera de la formule (101)

$$(102) \qquad \frac{\sin sx}{e^{as^2} - 2 \cos as^2 + e^{-as^2}} = \frac{x}{2 a^2 s^3}\left(1 - \frac{s^2 x^2}{2.3}\right)$$

$$+ \sum_{n=1}^{n=\infty} \frac{(-1)^n N as \sqrt{2}}{2n\pi (e^{n\pi} - e^{-n\pi})} \left(\frac{e^{-\frac{\pi}{8}\sqrt{-1}} \sin\left[Nx\left(\cos\frac{\pi}{8} + \sqrt{-1}\sin\frac{\pi}{8}\right)\right]}{as^2 - (2n\pi - as^2)\sqrt{-1}} + \frac{e^{\frac{\pi}{8}\sqrt{-1}} \sin\left[Nx\left(\cos\frac{\pi}{8} - \sqrt{-1}\sin\frac{\pi}{8}\right)\right]}{as^2 + (2n\pi - as^2)\sqrt{-1}} \right.$$

$$\left. - \frac{e^{-\frac{\pi}{8}\sqrt{-1}} \sin\left[Nx\left(\sin\frac{\pi}{8} - \sqrt{-1}\cos\frac{\pi}{8}\right)\right]}{2n\pi + as^2 - as^2\sqrt{-1}} - \frac{e^{\frac{\pi}{8}\sqrt{-1}} \sin\left[Nx\left(\sin\frac{\pi}{8} + \sqrt{-1}\cos\frac{\pi}{8}\right)\right]}{2n\pi + as^2 + as^2\sqrt{-1}} \right)$$

la valeur de N étant déterminée par l'équation (65). Lorsque, dans la formule (102), on pose $as^2 = 2\pi$, on en conclut

$$(103) \qquad \frac{\sin sx}{(e^{\pi}-e^{-\pi})^2} = \frac{sx}{8\pi^2}\left(1 - \frac{s^2 x^2}{2.3}\right)$$

$$+ \sum_{n=1}^{n=\infty} \frac{(-1)^n N\sqrt{2}}{2n\pi s(e^{n\pi}-e^{-n\pi})} \left\{ \begin{array}{l} \dfrac{e^{-\frac{\pi}{8}\sqrt{-1}}\sin\left[Nx\left(\cos\frac{\pi}{8}+\sqrt{-1}\sin\frac{\pi}{8}\right)\right]}{1-(n-1)\sqrt{-1}} + \dfrac{e^{\frac{\pi}{8}\sqrt{-1}}\sin\left[Nx\left(\cos\frac{\pi}{8}-\sqrt{-1}\sin\frac{\pi}{8}\right)\right]}{1+(n-1)\sqrt{-1}} \\[3em] \dfrac{e^{-\frac{\pi}{8}\sqrt{-1}}\sin\left[Nx\left(\sin\frac{\pi}{8}-\sqrt{-1}\cos\frac{\pi}{8}\right)\right]}{n+1-\sqrt{-1}} - \dfrac{e^{\frac{\pi}{8}\sqrt{-1}}\sin\left[Nx\left(\sin\frac{\pi}{8}+\sqrt{-1}\cos\frac{\pi}{8}\right)\right]}{n+1+\sqrt{-1}} \end{array}\right.$$

ou, ce qui revient au même,

$$(104) \qquad \frac{\pi s\sqrt{2}}{(e^{\pi}-e^{-\pi})^2}\sin sx = \frac{s^2\sqrt{2}}{8\pi}\left(1 - \frac{s^2 x^2}{2.3}\right)$$

$$+ \sum_{n=1}^{n=\infty} \frac{(-1)^n N}{n(e^{n\pi}-e^{-n\pi})} \left\{ \begin{array}{l} \dfrac{\cos\frac{\pi}{8}+(n-1)\sin\frac{\pi}{8}}{(n-1)^2+1}\left(e^{Nx\sin\frac{\pi}{8}}+e^{-Nx\sin\frac{\pi}{8}}\right)\sin\left(Nx\cos\frac{\pi}{8}\right) \\[2.5em] + \dfrac{\sin\frac{\pi}{8}-(n-1)\cos\frac{\pi}{8}}{(n-1)^2+1}\left(e^{Nx\sin\frac{\pi}{8}}-e^{-Nx\sin\frac{\pi}{8}}\right)\cos\left(Nx\cos\frac{\pi}{8}\right) \\[2.5em] - \dfrac{\sin\frac{\pi}{8}+(n+1)\cos\frac{\pi}{8}}{(n+1)^2+1}\left(e^{Nx\cos\frac{\pi}{8}}+e^{-Nx\cos\frac{\pi}{8}}\right)\sin\left(Nx\sin\frac{\pi}{8}\right) \\[2.5em] - \dfrac{\cos\frac{\pi}{8}-(n+1)\sin\frac{\pi}{8}}{(n+1)^2+1}\left(e^{Nx\cos\frac{\pi}{8}}-e^{-Nx\cos\frac{\pi}{8}}\right)\cos\left(Nx\sin\frac{\pi}{8}\right), \end{array}\right.$$

la valeur de N étant déterminée par l'équation (90).

Dans les applications que nous venons de faire de la formule (29), $f(x,y,\dots r)$ a été remplacée par des fonctions des seules variables x et r. Mais il serait facile d'assigner aux expressions $f(x,y,\dots r)$, $F(r)$ une multitude de valeurs propres à remplir, du moins entre certaines limites, les conditions énoncées dans le théorême 1.er, et tellement choisies que $f(x,y,\dots r)$ renfermât, avec x et r, d'autres variables y, z ...... Ainsi, par exemple, on conclura sans peine du théorême dont il s'agit que l'équation

$$(105) \quad (e^{s^2 x}+e^{-s^2 x})\cos sy = (e^{as^2}-2\cos bs^2+e^{-as^2})\mathcal{E}\frac{1}{s-r}\frac{(e^{r^2 x}+e^{-r^2 x})\cos ry}{((e^{ar^2}-2\cos br^2+e^{-ar^2}))},$$

dans laquelle a, b désignent deux constantes positives, mais différentes de zéro, subsiste pour toutes les valeurs réelles de x comprises entre les limites $x = - a$, $x = + a$, et pour des valeurs quelconques de y.

Lorsqu'à l'aide de l'équation (26) ou (27) on a développé la fonction $f(x, y, \ldots s)$ en une série composée de fonctions de même espèce, il est souvent facile de trouver une infinité d'autres séries semblables à la première, et que l'on puisse encore considérer comme des développements de la fonction $f(x, y, \ldots s)$. En effet, pour y parvenir, il suffira de substituer, dans la formule (6), non plus la valeur de $\varphi(r)$ que détermine l'équation (25), mais celle que fournit l'équation (16), et de prendre pour $\psi(r)$ une fonction propre à vérifier la condition

$$(106) \qquad \mathcal{L} \frac{\psi(r) f(x, y, \ldots r)}{((\, F(r)\,))} = 0 .$$

Or cette condition sera remplie, si l'on suppose 1.° que la fonction $\psi(r)$ conserve une valeur finie, pour toutes les valeurs finies de r, 2.° que, pour des valeurs infiniment grandes, mais convenablement choisies, du module ρ de la variable r, le produit

$$(107) \qquad r \frac{\psi(r) f(x, y, \ldots r)}{F(r)}$$

reste toujours fini ou infiniment petit, quel que soit le quotient $\dfrac{r}{\rho}$, et fini seulement dans le voisinage de certaines valeurs particulières du même quotient. Alors on n'altèrera pas l'équation (26) ou (27), en ajoutant au second membre le terme

$$(108) \qquad \mathcal{L} \frac{\psi(r) f(x, y, \ldots r)}{((\, F(r)\,))} .$$

On peut donc énoncer la proposition suivante.

2.° Théorème. *Les mêmes choses étant posées que dans le théorème 1.ᵉʳ, si la fonction* $\psi(r)$, *conservant une valeur finie pour toutes les valeurs finies de la variable* r, *est telle que, pour des valeurs infiniment grandes, mais convenablement choisies, du module* ρ *de cette variable, le produit* (107) *reste toujours fini ou infiniment petit, et fini seulement dans le voisinage de certaines valeurs particulières du quotient* $\dfrac{r}{\rho}$, *on aura*

$$(109) \qquad f(x, y, \ldots s) = \mathcal{L} \frac{F(r) - F(s)}{r - r} \frac{f(x, y, \ldots r)}{((\, F(r)\,))} + \mathcal{L} \frac{\psi(r) f(x, y, \ldots r)}{((\, F(r)\,))} ,$$

ou, ce qui revient au même,

$$(110) \qquad f(x,y,\ldots s) = F(s)\, \mathcal{E}\, \frac{1}{s-r}\, \frac{f(x,y,\ldots r)}{((\, F(r)\,))} + \mathcal{E}\, \frac{\psi(r)\, f(x,y,\ldots r)}{((\, F(r)\,))},$$

pourvu que l'on réduise chaque résidu intégral à sa valeur principale.

Corollaire. Rien n'empêche de supposer que la fonction $\psi(r)$, comprise dans la formule (109) ou (110), renferme avec la variable r la quantité s. Il en résulte que, dans le cas où la formule (110) subsiste, on n'altère pas cette formule, en y remplaçant $\psi(r)$ par le produit $F(s)\psi(r)$, en sorte qu'on a encore

$$(111) \qquad f(x,y,\ldots s) = F(s)\, \mathcal{E}\, \left(\frac{1}{s-r} + \psi(r)\right)\frac{f(x,y,\ldots r)}{((\, F(r)\,))}.$$

Exemples. Concevons d'abord que l'on réduise $f(x,y,\ldots r)$ à l'une des fonctions $\cos rx$, $\sin rx$. Alors, en désignant par a une constante positive, par b une autre constante choisie arbitrairement, et posant de plus

$$F(r) = \sin ar + r\cos ar, \qquad \psi(r) = b,$$

on tirera de la formule (106), pour toutes les valeurs de x renfermées entre les limites $x = -a$, $x = a$,

$$(112) \qquad \mathcal{E}\, \frac{b\cos rx}{((\sin ar + r\cos ar))} = 0, \qquad (113) \qquad \mathcal{E}\, \frac{b\sin rx}{((\sin ar + r\cos ar))} = 0,$$

et par conséquent on pourra aux équations (83) et (99) substituer les deux suivantes

$$(114) \qquad \cos sx = (\sin as + s\cos as)\, \mathcal{E}\, \left(\frac{1}{s-r} + b\right)\frac{\cos rx}{((\sin ar + r\cos ar))},$$

$$(115) \qquad \sin sx = (\sin as + s\cos as)\, \mathcal{E}\, \left(\frac{1}{s-r} + b\right)\frac{\sin rx}{((\sin ar + r\cos ar))},$$

ou, ce qui revient au même, les formules

$$(116) \qquad \cos sx = (\sin as + s\cos as)\, S\left\{\left(\frac{1}{s-r} + b\right)\frac{\cos rx}{(a+r)\cos ar - ar\sin ar}\right\},$$

$$(117) \qquad \sin sx = (\sin as + s\cos as)\, S\left\{\left(\frac{1}{s-r} + b\right)\frac{\sin rx}{(a+r)\cos ar - ar\sin ar}\right\},$$

dans lesquelles les sommes indiquées par le signe S doivent être étendues à toutes les racines de l'équation (81). Si l'on posait, au contraire,

$$F(r) = e^{ar} - 2\cos ar^2 + e^{-ar^2},$$

alors, en désignant par α, β des constantes quelconques, et prenant pour $\psi(r)$ une fonction entière des monomes

$$r, \qquad \cos\alpha r, \qquad \cos\beta r, \qquad \text{etc...,}$$

on tirerait de la formule (106), pour des valeurs quelconques de x,

$$(118) \quad \mathcal{E} \frac{\psi(r)\cos rx}{((e^{ar^2} - 2\cos ar^2 + e^{-ar^4}))} = 0, \qquad (119) \quad \mathcal{E} \frac{\psi(r)\sin rx}{((e^{ar^2} - 2\cos ar^2 + e^{-ar^4}))} = 0;$$

et par conséquent on pourrait, sans altérer les équations (88) et (102), ajouter à leurs seconds membres les résidus compris dans les formules (118) et (119). Si, pour fixer les idées, on suppose $\psi(r) = r$, la formule (118) donnera

$$(120)\; \frac{x^2}{4a} = \mathop{S}_{n=1}^{n=\infty} \frac{(-1)^n}{e^{n\pi} - e^{-n\pi}} \left\{ \begin{array}{l} \dfrac{\cos\left\{Nx\left(\cos\dfrac{\pi}{8} + \sqrt{-1}\sin\dfrac{\pi}{8}\right)\right\}}{1+\sqrt{-1}} + \dfrac{\cos\left\{Nx\left(\cos\dfrac{\pi}{8} - \sqrt{-1}\sin\dfrac{\pi}{8}\right)\right\}}{1-\sqrt{-1}} \\[2em] \dfrac{\cos\left\{Nx\left(\sin\dfrac{\pi}{8} - \sqrt{-1}\cos\dfrac{\pi}{8}\right)\right\}}{1+\sqrt{-1}} - \dfrac{\cos\left\{Nx\left(\sin\dfrac{\pi}{8} + \sqrt{-1}\cos\dfrac{\pi}{8}\right)\right\}}{1-\sqrt{-1}} \end{array} \right.$$

la valeur de N étant déterminée par l'équation (90).

Prenons enfin

$$\mathrm{f}(x,y,\ldots r) = (e^{r^2 x} + e^{-r^2 x})\cos ry, \qquad \text{et} \qquad \mathrm{F}(r) = e^{ar^2} - 2\cos br^2 + e^{-ar^2},$$

a, b désignant deux constantes positives. Alors, en supposant toujours que $\psi(r)$ représente une fonction entière des monomes

$$r, \qquad \cos\alpha r, \qquad \cos\beta r, \qquad \text{etc...,}$$

on tirera de la formule (106), pour toutes les valeurs réelles de x comprises entre les limites $-a$, $+a$, et pour des valeurs quelconques de y,

$$(121) \qquad \mathcal{E} \frac{\psi(r)(e^{r^2 x} + e^{-r^2 x})\cos ry}{((e^{ar^4} - 2\cos br^2 + e^{-ar^4}))} = 0.$$

Par conséquent l'équation (105) pourra être remplacée par la formule

$$(122) \qquad (e^{s^2 x} + e^{-s^2 x})\cos sy =$$

$$(e^{as^2} - 2\cos bs^2 + e^{-as^2})\, \mathcal{E} \left(\frac{1}{s-r} + \psi(r)\right) \frac{(e^{r^2 x} + e^{-r^2 x})\cos ry}{((e^{ar^2} - 2\cos br^2 + e^{-ar^4}))},$$

En terminant cet article, nous ferons remarquer que, dans le cas où plusieurs des racines r_1, r_2, r_3, ... de l'équation (5) deviennent égales entre elles, le développement de la fonction

(340)
$$\mathrm{f}(x,y,\ldots s)\,,$$

déduit de la formule (26), (27), (109), ou (110), renferme non-seulement les fonctions de même espèce

$$\mathrm{f}(x,y,\ldots r_1)\,,\qquad \mathrm{f}(x,y,\ldots r_2)\,,\qquad \mathrm{f}(x,y,\ldots r_3)\,,\qquad \text{etc\ldots}\,,$$

mais encore les valeurs que prennent quelques-unes des fonctions dérivées

$$(123)\qquad \frac{d\,\mathrm{f}(x,y,\ldots r)}{dr}\,,\qquad \frac{d^2\mathrm{f}(x,y,\ldots r)}{dr^2}\,,\qquad \text{etc\ldots}\,,$$

quand on y substitue les valeurs de r qui représentent des racines égales de l'équation (5). Telle est la raison pour laquelle les développements des fonctions

$$e^{sx}\,,\qquad \cos sx\,,\qquad \sin sx\,,$$

fournis par les équations (50), (51), (53), (66), (87), (102), (103), renferment non-seulement des fonctions de même espèce, c'est-à-dire, des exponentielles, des cosinus, ou des sinus de la forme

$$e^{rx}\,,\qquad \cos rx\,,\qquad \sin rx\,,$$

mais encore des termes proportionnels à quelques-unes des puissances entières de la variable x. En effet, ces puissances représentent, au signe près, ce que deviennent quelques-unes des dérivées de e^{rx}, de $\cos rx$, ou de $\sin rx$, quand on y pose $r = 0$.

Au reste, lorsque l'équation (5) a des racines égales, et qu'en vertu de cette égalité, certains termes du développement de $\mathrm{f}(x,y,\ldots s)$ prennent des formes particulières, on peut aisément les ramener à la forme générale, en faisant entrer dans leur composition des quantités infiniment petites. En effet, les valeurs des fonctions (123) correspondantes à une valeur donnée r_1 de la variable r peuvent être remplacées par les polynomes

$$\frac{1}{\varepsilon}\,\mathrm{f}(x,y,\ldots r_1 + \varepsilon) - \frac{1}{\varepsilon}\,\mathrm{f}(x,y,\ldots r_1)$$

$$\frac{1}{2\,\varepsilon^2}\mathrm{f}(x,y,\ldots r_1 + 2\varepsilon) - \frac{1}{\varepsilon^2}\,\mathrm{f}(x,y,\ldots r_1 + \varepsilon) + \frac{1}{2\,\varepsilon^2}\,\mathrm{f}(x,y,\ldots r_1)\,,$$

etc\ldots,

dans lesquels ε désigne un nombre infiniment petit, et chacun des termes contenus dans ces polynomes est simplement proportionnel à une certaine valeur de la fonction

$$\mathrm{f}(x,y,\ldots r)\,.$$

Dans d'autres articles, nous ferons voir comment, à l'aide des principes ci-dessus établis, on peut développer une fonction quelconque en séries d'exponentielles, de sinus, de cosinus, etc\ldots

SUR LES RÉSIDUS DES FONCTIONS

EXPRIMÉES PAR DES INTÉGRALES DÉFINIES.

Le résidu intégral d'une fonction $f(r)$ de la variable r peut être facilement déterminé, dans un grand nombre de cas, à l'aide du théorême 3 de la page 274, c'est-à-dire à l'aide de l'équation

$$(1) \qquad \underset{}{\mathcal{E}}((f(r))) = \mathcal{F},$$

dans laquelle $\mathcal{F}$ désigne la valeur du produit

$$(2) \qquad r\, \frac{f(r) - f(-r)}{2},$$

correspondante à des valeurs infinies réelles ou imaginaires de cette variable. De plus, comme l'expression (2) n'est pas altérée, quand on y remplace r par $-r$, les valeurs infinies dont il est ici question, pourront être choisies de telle manière que leurs parties réelles soient positives. Donc, si l'on suppose

$$(3) \qquad r = \rho(\cos\tau + \sqrt{-1}\,\sin\tau),$$

ρ désignant le module de r, et τ un arc réel, il suffira, pour trouver $\mathcal{F}$, d'attribuer au module ρ des valeurs infinies, et à l'arc τ des valeurs comprises entre les limites $-\dfrac{\pi}{2}$, $+\dfrac{\pi}{2}$.

Concevons maintenant que $f(r)$ renferme, avec la variable r, d'autres variables indépendantes, $x, y, \ldots$, et se présente sous la forme

$$(4) \qquad f(r) = \frac{\varphi(r)\,f(x,r)}{F(r)},$$

ou

$$(5) \qquad f(r) = \frac{\varphi(r)\,f(x,y,\ldots r)}{F(r)},$$

$\gamma(r)$, $f(x,r)$, $f(x,y,\dots r)$ désignant des fonctions qui restent finies pour toutes les valeurs finies de r. $\mathcal{F}$ se changera en une certaine fonction $\mathcal{F}(x)$, ou $\mathcal{F}(x,y,\dots)$ des variables x, y,…; et l'équation (1) donnera

$$(6) \qquad \mathcal{E}\, \frac{\varphi(r)\, f(x,r)}{((\,F(r)\,))} = \mathcal{F}(x) \;.$$

ou

$$(7) \qquad \mathcal{E}\, \frac{\varphi(r)\, f(x,y,\dots r)}{((\,F(r)\,))} = \mathcal{F}(x,y,\dots) \;.$$

Or, parmi les applications que l'on peut faire des deux formules qui précèdent, on doit principalement remarquer celles que nous allons obtenir, en remplaçant les fonctions $f(x,r)$, $f(x,y,\dots r)$ par des intégrales définies.

Supposons d'abord que l'on attribue à la variable x une valeur réelle qui surpasse une quantité désignée par x_0, en sorte qu'on ait

$$(8) \qquad x > x_0 \,;$$

et prenons d'ailleurs

$$(9) \qquad f(x,r) = \int_{x_0}^{x} e^{r(x-\mu)} f(\mu)\, d\mu \;,$$

$f(\mu)$ désignant une fonction qui reste finie entre les limites de l'intégration. On tirera de la formule (4)

$$(10) \qquad f(r) = \frac{\varphi(r)}{F(r)} \int_{x_0}^{x} e^{r(x-\mu)} f(\mu)\, d\mu \;,$$

et par suite l'expression (2) deviendra

$$(11) \qquad \frac{1}{2}\, \frac{\varphi(r)}{F(r)}\, r \int_{x_0}^{x} e^{r(x-\mu)} f(\mu)\, d\mu - \frac{1}{2}\, \frac{\varphi(-r)}{F(-r)}\, r \int_{x_0}^{x} e^{-r(x-\mu)} f(\mu)\, d\mu \;.$$

Concevons à présent que, pour des valeurs infinies de r dont la partie réelle soit positive, le produit

$$(12) \qquad \frac{\varphi(r)}{F(r)}\, r \int_{x_0}^{x} e^{r(x-\mu)} f(\mu)\, d\mu$$

se réduise à zéro, et le rapport

$$(13) \qquad \frac{\varphi(-r)}{F(-r)}$$

à la constante c. Il est clair que ces mêmes valeurs réduiront la différence (11) au produit

$$(14) \qquad -\frac{1}{2}\, c f(x).$$

Effectivement, pour démontrer cette assertion, il suffit d'observer que, si, dans l'intégrale

$$(15) \qquad r \int_{x_0}^{x} e^{-r(x-\mu)} f(\mu)\, d\mu\,,$$

on substitue la valeur de r tirée de l'équation (3), en attribuant au module ρ une valeur très-considérable, puis à l'arc τ une valeur comprise entre les limites $-\frac{\pi}{2}$, $+\frac{\pi}{2}$, et faisant de plus

$$(16) \qquad x - \mu = \epsilon z\,,$$

on trouvera sensiblement

$$r \int_{x_0}^{x} e^{-r(x-\mu)} f(\mu)\, d\mu = (\cos\tau + \sqrt{-1}\sin\tau) f(x) \int_{0}^{\rho(x-x_0)} e^{-z(\cos\tau + \sqrt{-1}\sin\tau)}\, dz$$

$$= (\cos\tau + \sqrt{-1}\sin\tau) f(x) \int_{0}^{\infty} e^{-z(\cos\tau + \sqrt{-1}\sin\tau)}\, dz\,,$$

ou, ce qui revient au même,

$$(17) \qquad r \int_{x_0}^{x} e^{-r(x-\mu)} f(\mu)\, d\mu = f(x).$$

Cela posé, on aura

$$(18) \qquad \tilde{f}(x) = -\frac{1}{2}\, c f(x)\,,$$

et la formule (6) donnera

$$(19) \qquad \mathcal{L}\, \frac{\gamma(r) \int_{x_0}^{x} e^{-r(x-\mu)} f(\mu)\, d\mu}{((\mathrm{F}(r)))} = -\frac{1}{2}\, c f(x).$$

Ajoutons qu'en vertu du théorème 5 de la page 274, l'équation (19) continuera de subsister, si, pour des valeurs infiniment grandes, mais convenablement choisies, du module ρ de la variable r, et pour des valeurs positives de $\cos\tau$, l'expression (12) et la différence

$$(20) \qquad \frac{\varphi(-r)}{F(-r)} = c,$$

restent toujours finies ou infiniment petites, mais finies seulement dans le voisinage de certaines valeurs particulières du quotient $\dfrac{r}{\rho}$. Remarquons enfin que, si l'on désigne par ξ_1, ξ_2 deux quantités comprises entre les limites x_0, x, on pourra disposer de ces quantités de manière à vérifier les équations

$$\int_{x_0}^{x} e^{\rho(x-\mu)\cos\tau}\cos[\rho(x-\mu)\sin\tau]f(\mu)\,d\mu = f(\xi_1)\int_{x_0}^{x} e^{\rho(x-\mu)\cos\tau}\cos[\rho(x-\mu)\sin\tau]\,d\mu$$

$$= \frac{e^{\rho(x-x_0)\cos\tau}\cos[\rho(x-x_0)\sin\tau-\tau]-\cos\tau}{\rho}f(\xi_1),$$

$$\int_{x_0}^{x} e^{\rho(x-\mu)\cos\tau}\sin[\rho(x-\mu)\sin\tau]f(\mu)\,d\mu = f(\xi_2)\int_{x_0}^{x} e^{\rho(x-\mu)\cos\tau}\sin[\rho(x-\mu)\sin\tau)\,d\mu$$

$$= \frac{e^{\rho(x-x_0)\cos\tau}\sin[\rho(x-x_0)\sin\tau-\tau]+\sin\tau}{\rho}f(\xi_2),$$

et par conséquent de manière à vérifier la formule

$$(21) \qquad \int_{x_0}^{x} e^{r(x-\mu)}f(\mu)\,d\mu = \int_{x_0}^{x} e^{\rho(\cos\tau+\sqrt{-1}\,\sin\tau)(x-\mu)}f(\mu)\,d\mu =$$

$$\frac{e^{\rho(x-x_0)\cos\tau}\cos[\rho(x-x_0)\sin\tau-\tau]-\cos\tau}{\rho}f(\xi_1) + \sqrt{-1}\,\frac{e^{\rho(x-x_0)\cos\tau}\sin[\rho(x-x_0)\sin\tau-\tau]+\sin\tau}{\rho}f(\xi_2);$$

d'où il est aisé de conclure que, pour des valeurs positives de $\cos\tau$, l'expression (12) sera finie ou infiniment petite, lorsque le produit

$$(22) \qquad \frac{\varphi(r)}{F(r)}e^{r(x-x_0)}$$

sera lui-même fini ou infiniment petit. On peut donc énoncer la proposition suivante.

1.er Théorème. *Soient* $\varphi(r)$ *et* $f(\mu)$ *des fonctions de* r *et de* μ, *qui demeurent finies, la première pour toutes les valeurs finies de* r, *et la seconde pour les valeurs de* μ *comprises entre les limites*

$$\mu = x_0 , \qquad \mu = x > x_0 .$$

Soient de plus c *une constante déterminée,* $F(r)$ *une fonction quelconque de la variable* r , *et* ρ *le module de cette variable, en sorte qu'on ait*

$$r = \rho(\cos\tau + \sqrt{-1}\,\sin\tau).$$

Si, pour des valeurs de ρ *infiniment grandes, mais convenablement choisies, et pour des valeurs positives de* $\cos\tau$, *les expressions*

$$(20) \qquad \frac{\varphi(-r)}{F(-r)} - c , \qquad\qquad (22) \qquad \frac{\varphi(r)}{F(r)}\,e^{\,r(x-x_0)}$$

restent toujours finies ou infiniment petites, et finies seulement dans le voisinage de certaines valeurs particulières de $\cos\tau$, *on aura*

$$(19) \qquad \mathcal{E}\,\frac{\varphi(r)\displaystyle\int_{x_0}^{x} e^{r(x-\mu)}f(\mu)\,d\mu}{(\!(\,F(r)\,)\!)} = -\frac{1}{2}\,c\,f(x) ,$$

pourvu que l'on réduise le résidu intégral

$$\mathcal{E}\,\frac{\varphi(r)\displaystyle\int_{x_0}^{x} e^{r(x-\mu)}f(\mu)\,d\mu}{(\!(\,F(r)\,)\!)}$$

à sa valeur principale.

Nota. Si l'on supposait précisément $x = x_0$, le premier membre de la formule (19) s'évanouirait, et par conséquent, cette formule deviendrait inexacte. Ajoutons que, si les conditions énoncées dans le 1.er théorême sont remplies seulement pour des valeurs de x renfermées entre certaines limites, la formule (19) ne devra pas être étendue hors de ces limites.

Exemples. Soient

$$F(r) = e^{ar} - 1 , \qquad\text{et}\qquad \varphi(r) = 1 .$$

a désignant une quantité positive. Le rapport

$$\frac{\varphi(-r)}{F(-r)} = -\frac{1}{1 - e^{-ar}}$$

se réduira généralement à la quantité -1 pour les valeurs infinies de r dont la partie réelle sera positive; et, si l'on pose en conséquence $c = -1$, les expressions (20) et (22) deviendront respectivement

$$(23) \qquad 1 - \frac{1}{1 - e^{-ar}} = - \frac{1}{e^{ar} - 1}, \qquad\qquad (24) \qquad \frac{e^{r(x - x_0)}}{e^{ar} - 1}.$$

Or, il est facile de reconnaître que, si l'on attribue au module ρ de la variable r une valeur infiniment grande prise dans la série

$$(25) \qquad \frac{\pi}{a}, \qquad \frac{3\pi}{a}, \qquad \frac{5\pi}{a}, \qquad \frac{7\pi}{a}, \qquad \text{etc...},$$

et à $\cos\tau$ une valeur positive, en supposant d'ailleurs la variable x renfermée entre les limites x_0, $x_0 + a$, chacune des expressions (23), (24) sera toujours finie ou infiniment petite, et finie seulement dans le voisinage des valeurs de τ déterminées par la formule $\cos\tau = 0$. Donc, en vertu de l'équation (19), on aura, pour toutes les valeurs de x comprises entre les limites x_0, $x_0 + a$,

$$(26) \qquad \mathcal{E} \frac{\int_{x_0}^x e^{r(x - \mu)} f(\mu)\, d\mu}{((e^{ar} - 1))} = \frac{1}{2} f(x),$$

ou, ce qui revient au même,

$$(27) \qquad \frac{1}{2} f(x) =$$

$$\frac{1}{a} \int_{x_0}^x f(\mu)\, d\mu + \frac{2}{a} \int_{x_0}^x \cos \frac{2\pi(x - \mu)}{a} f(\mu)\, d\mu + \frac{2}{a} \int_{x_0}^x \cos \frac{4\pi(x - \mu)}{a} f(\mu)\, d\mu + \ldots;$$

puis, en faisant, pour plus de commodité,

$$\frac{2\pi(x - \mu)}{a} = \nu,$$

on trouvera

$$(28) \qquad \frac{\pi}{2} f(x) = \frac{1}{2} \int_0^{\frac{2\pi(x - x_0)}{a}} f\left(x - \frac{a\nu}{2\pi} \right) d\nu$$

$$+ \int_0^{\frac{2\pi(x - x_0)}{a}} \cos\nu . f\left(x - \frac{a\nu}{2\pi} \right) d\nu + \int_0^{\frac{2\pi(x - x_0)}{a}} \cos 2\nu . f\left(x - \frac{a\nu}{2\pi} \right) d\nu + \text{etc...}$$

Si, dans l'équation (27), on pose $x_0 = 0$, $a = 2\pi$, on aura simplement

$$(29) \qquad \frac{\pi}{2} f(x) = \frac{1}{2} \int_{x_0}^{x} f(x - \nu)\, d\nu$$

$$+ \int_0^x \cos\nu \cdot f(x-\nu)\, d\nu + \int_0^x \cos 2\nu \cdot f(x-\nu)\, d\nu + \int_0^x \cos 3\nu \cdot f(x-\nu)\, d\nu + \text{etc} \ldots ;$$

puis, en prenant $f(x) = 1$, on obtiendra l'équation connue

$$(30) \qquad \frac{\pi}{2} = \frac{x}{2} + \sin x + \frac{1}{2} \sin 2x + \frac{1}{3} \sin 3x + \text{etc}\ldots$$

Si l'on posait, au contraire,

$$f(x) = \cos x, \qquad \text{ou} \qquad f(x) = \sin x,$$

on trouverait successivement

$$(31) \quad \begin{cases} \dfrac{\pi}{2} \cos x = \dfrac{x}{2} \cos x + \dfrac{1}{4} \sin x + \dfrac{2}{1.3} \sin 2x + \dfrac{3}{2.4} \sin 3x + \dfrac{4}{3.5} \sin 4x + \text{etc}\ldots \\[2ex] \dfrac{\pi}{2} \sin x = \dfrac{x}{2} \sin x + \dfrac{1}{2} + \dfrac{1}{4} \cos x - \dfrac{1}{1.3} \cos 2x - \dfrac{1}{2.4} \cos 3x - \dfrac{1}{3.5} \cos 4x - \ldots \end{cases}$$

Les formules (29), (30) et (31), dont la seconde entraîne les deux dernières, exigent que la variable x reste comprise entre les limites 0 et 2π. Elles deviendraient inexactes, si l'on supposait précisément $x = 0$.

Soient encore

$$F(r) = e^{ar} - r, \qquad \varphi(r) = r,$$

a désignant une quantité positive. Si l'on attribue à la variable r des valeurs infinies qui offrent une partie réelle positive, et restent sensiblement distinctes des racines de l'équation

$$(32) \qquad e^{ar} = r,$$

puis à la variable x une valeur réelle comprise entre les limites x_0, $x_0 + a$; le rapport

$$\frac{\varphi(-r)}{F(-r)} = -\frac{1}{1 + \dfrac{1}{r} e^{-ar}}$$

se réduira généralement à la constante $c = -1$, tandis que les expressions (20) et (22), savoir,

$$(33) \qquad 1 - \frac{1}{1 + \frac{1}{r} e^{-ar}} = \frac{1}{e^{ar} + r}, \qquad\qquad (34) \qquad \frac{r\, e^{r(x-x_0)}}{e^{ar} - r},$$

seront toujours finies ou infiniment petites, et finies seulement dans le voisinage des valeurs de τ qui correspondront aux racines de l'équation (32). Donc, en vertu de l'équation (19), on aura, pour toutes les valeurs de x renfermées entre les limites $x = x_0$, $x = x_0 + a$,

$$(35) \qquad \frac{r \displaystyle\int_{x_0}^{x} e^{r(x-\mu)} f(\mu)\, d\mu}{((e^{ar} - r))} = \frac{1}{2} f(x),$$

ou, ce qui revient au même,

$$(36) \qquad \frac{1}{2} f(x) = \frac{1}{2}\, S \left\{ \frac{r}{r-1} \int_{x_0}^{x} e^{r(x-\mu)} f(\mu)\, d\mu \right\},$$

le signe S devant être étendu à toutes les racines de l'équation (32).

Si l'on prenait

$$F(r) = e^{ar} - r, \qquad \varphi(r) = b + r,$$

b désignant une nouvelle constante, les conditions énoncées dans le théorème 1.er seraient toujours remplies, et l'on tirerait de la formule (19), pour toutes les valeurs de x renfermées entre les limites x_0, $x + a$,

$$(37) \qquad \mathcal{E}\, \frac{(b+r) \displaystyle\int_{x_0}^{x} e^{r(x-\mu)} f(\mu)\, d\mu}{((e^{ar} - r))} = \frac{1}{2} f(x).$$

Il suit de l'équation (37) que l'expression

$$(38) \qquad \mathcal{E}\, \frac{(b+r) \displaystyle\int_{x_0}^{x} e^{r(x-\mu)} f(\mu)\, d\mu}{((e^{ar} - r))}$$

a une valeur indépendante de la constante b, ce qui tient à ce qu'on a généralement

$$(39) \qquad \mathcal{E}\, \frac{\displaystyle\int_{x_0}^{x} e^{r(x-\mu)} f(\mu)\, d\mu}{((e^{ar} - r))} = 0.$$

Soient enfin

$$\mathrm{F}(r) = e^{ar} - 2br + e^{-ar}, \qquad \varphi(r) = e^{-ar},$$

a, b désignant deux constantes positives. Alors le théorème 1.er donnera, pour toutes les valeurs de x comprises entre les limites $x = x_0$, $x = x_0 + 2a$,

$$(40) \qquad \mathcal{E}\,\frac{e^{-ar}\displaystyle\int_{x_0}^{x} e^{r(x-\mu)} f(\mu)\,d\mu}{((e^{ar} - 2br + e^{-ar}))} = -\frac{1}{2} f(x).$$

Au contraire, si, en supposant

$$\mathrm{F}(r) = e^{ar} - 2br + e^{-ar},$$

on prenait

$$\varphi(r) = e^{-ar} - 2br,$$

ou plus généralement

$$\varphi(r) = e^{-ar} + \alpha + \beta r,$$

α, β désignant deux nouvelles constantes; l'équation (19), réduite à l'une des formes

$$(41) \qquad \mathcal{E}\,\frac{(e^{-ar} - 2br)\displaystyle\int_{x_0}^{x} e^{r(x-\mu)} f(\mu)\,d\mu}{((e^{ar} - 2br + e^{-ar}))} = -\frac{1}{2} f(x),$$

$$(42) \qquad \mathcal{E}\,\frac{[e^{-ar} + \alpha + \beta r]\displaystyle\int_{x_0}^{x} e^{r(x-\mu)} f(\mu)\,d\mu}{((e^{ar} - 2br + e^{-ar}))} = -\frac{1}{2} f(x)$$

ne subsisterait plus que pour des valeurs de x renfermées entre les limites $x = x_0$, $x = x_0 + a$.

Concevons maintenant que l'on attribue à la variable x une valeur particulière qui soit inférieure à une certaine quantité X, en sorte qu'on ait

$$(43) \qquad x < X.$$

Alors, par des raisonnements semblables à ceux dont nous avons fait usage pour démontrer le théorème 1.er, on établira sans difficulté la proposition suivante.

2.e Théorème. *Soient* $\varphi(r)$, *et* $f(\mu)$ *des fonctions de* r *et de* μ, *qui dé-*

meurent finies, la première pour toutes les valeurs finies de r , *et la seconde pour les valeurs de* μ *comprises entre les limites*

$$\mu = x , \qquad \mu = X > x ,$$

Soit de plus C *une constante déterminée ,* $F(r)$ *une fonction quelconque de la variable* r , *et* ρ *le module de cette variable, en sorte qu'on ait*

$$r = \rho \left(\cos\tau + \sqrt{-1} \sin\tau \right) .$$

Si , pour des valeurs de ρ *infiniment grandes, mais convenablement choisies, et pour des valeurs positives de* $\cos\tau$, *les expressions*

$$(44) \qquad \frac{\varphi(r)}{F(r)} - C , \qquad\qquad (45) \qquad \frac{\varphi(-r)}{F(-r)} e^{r(X-x)}$$

restent toujours finies ou infiniment petites, et finies seulement dans le voisinage de certaines valeurs particulières de $\cos\tau$, *on aura*

$$(46) \qquad \mathcal{E} \frac{\varphi(r) \displaystyle\int_x^X e^{r(x-\mu)} f(\mu) d\mu}{((F(r)))} = \frac{1}{2} C f(x) ,$$

pourvu que l'on réduise le résidu intégral

$$\mathcal{E} \frac{\varphi(r) \displaystyle\int_x^X e^{r(x-\mu)} f(\mu) d\mu}{((F(r)))}$$

à sa valeur principale.

Si l'on supposait précisément $x = X$, le premier membre de la formule (43) se réduirait à zéro, et par conséquent cette formule deviendrait inexacte. Ajoutons que , si les conditions énoncées dans le 2.ᵉ théorême sont remplies seulement pour des valeurs de x renfermées entre certaines limites , la formule (46) ne devra pas être étendue hors de ces limites.

Exemples. Si l'on prend

$$F(r) = e^{ar} - 1 , \qquad \varphi(r) = 1 ,$$

a désignant une quantité positive, alors, en attribuant à r de très-grandes valeurs dont la partie réelle soit positive, on trouvera sensiblement

$$\frac{\varphi(r)}{F(r)} = \frac{e^{ar}}{e^{ar}-1} = \frac{1}{1-e^{-ar}} = 1.$$

Par suite on pourra prendre $C = 1$, et l'on tirera du théorême 2, pour toutes les valeurs de x comprises entre les limites $x = X - a$, $x = X$,

$$(47) \qquad \mathcal{E}\,\frac{e^{ar}\displaystyle\int_x^X e^{r(x-\mu)}f(\mu)\,d\mu}{((\,e^{ar}-1\,))} = \frac{1}{2}f(x)\,,$$

ou, ce qui revient au même,

$$(48) \qquad \frac{1}{2}f(x) =$$

$$\frac{1}{a}\int_x^X f(\mu)\,d\mu + \frac{2}{a}\int_x^X \cos\frac{2\pi(x-\mu)}{a}f(\mu)\,d\mu + \frac{2}{a}\int_x^X \cos\frac{4\pi(x-\mu)}{a}f(\mu)\,d\mu + \text{etc.},$$

puis, en faisant, pour plus de commodité,

$$\frac{2\pi(\mu-x)}{a} = v,$$

on trouvera

$$(49) \qquad \frac{\pi}{2}f(x) = \frac{1}{2}\int_0^{\frac{2\pi(X-x)}{a}} f\left(x + \frac{av}{2\pi}\right)dv$$

$$+ \int_0^{\frac{2\pi(X-x)}{a}} \cos v.f\left(x + \frac{av}{2\pi}\right)dv + \int_0^{\frac{2\pi(X-x)}{a}} \cos 2v.f\left(x + \frac{av}{2\pi}\right)dv + \text{etc.}\dots$$

Soit encore

$$F(r) = e^{ar} - r,$$

a désignant une constante positive. Alors, si l'on prend

$$\varphi(r) = e^{ar},$$

on tirera de la formule (46), pour toutes les valeurs de x renfermées entre les limites $x = X - a$, $x = X$,

$$(50) \qquad \mathcal{E}\; \frac{e^{ar}\int_{x}^{X} e^{r(x-\mu)} f(\mu)\, d\mu}{((e^{ar}-r))} = \frac{1}{2} f(x).$$

Soit enfin

$$\mathbf{F}(r) = e^{ar} - 2br + e^{-ar}.$$

Alors en prenant

$$\varphi(r) = e^{ar},$$

on trouvera, pour toutes les valeurs de x renfermées entre les limites $x = X - 2a$, $x = X$,

$$(51) \qquad \mathcal{E}\; \frac{e^{ar}\int_{x}^{X} e^{r(x-\mu)} f(\mu)\, d\mu}{((e^{ar}-2br+e^{-ar}))} = \frac{1}{2} f(x).$$

Si l'on prend au contraire

$$\varphi(r) = e^{ar} - 2br,$$

ou plus généralement

$$\varphi(r) = e^{ar} + \alpha + \beta r,$$

$f(r)$ désignant une fonction entière de r, on obtiendra, au lieu de l'équation (51), les deux formules

$$(52) \qquad \mathcal{E}\; \frac{(e^{ar}-2br)\int_{x}^{X} e^{r(x-\mu)} f(\mu)\, d\mu}{((e^{ar}-2br+e^{-ar}))} = \frac{1}{2} f(x),$$

$$(53) \qquad \mathcal{E}\; \frac{[e^{ar}+\alpha+\beta r]\int_{x}^{X} e^{r(x-\mu)} f(\mu)\, d\mu}{((e^{ar}-2br+e^{-ar}))} = \frac{1}{2} f(x),$$

dont chacune ne subsistera plus que pour des valeurs de x renfermées entre les limites $x = X - a$, $x = X$.

On peut encore déduire des théorêmes 1 et 2 une proposition qui mérite d'être remarquée, et que nous allons faire connaître.

5.ᵉ Théorême. *Soient* $\mathbf{F}(r)$ *et* $f(x)$ *deux fonctions de* r *et de* x *qui demeurent finies, la première pour toutes les valeurs finies du module* ρ *de la variable* r, *la seconde pour toutes les valeurs réelles de* x *renfermées entre les limites*

$x = x_0$, $x = X > x_0$. *Concevons en outre que la fonction* $F(r)$ *puisse être partagée en deux autres* $\varphi(r)$, $\chi(r)$, *qui demeurent finies elles-mêmes avec la variable* r, *de telle sorte que, pour des valeurs de* r *infiniment grandes, mais dont les modules soient convenablement choisis, et dont les parties réelles soient positives, chacun des rapports*

$$(54) \qquad \frac{\varphi(-r)}{F(-r)}, \qquad\qquad (55) \qquad \frac{\chi(r)}{F(r)}$$

reste toujours fini ou infiniment petit, et fini seulement dans le voisinage de certaines valeurs particulières du quotient $\dfrac{r}{\rho}$. *Enfin supposons chacune des quantités* x_0, X, *ou plutôt la différence* $X - x_0$, *choisie de manière que les conditions ci-dessus énoncées ne cessent pas d'être remplies, quand aux rapports (54) et (55) on substitue les produits de ces rapports par l'exponentielle*

$$e^{r(X - x_0)},$$

c'est-à-dire, les deux expressions

$$(56) \qquad \frac{\varphi(-r)}{F(-r)} e^{r(X - x_0)}, \qquad\qquad (57) \qquad \frac{\chi(r)}{F(r)} e^{r(X - x_0)}.$$

Alors on trouvera, pour toutes les valeurs de x *comprises entre les limites* x_0, X.

$$(58) \qquad f(x) = \mathcal{E} \frac{\varphi(r) \int_{x_0}^{X} e^{r(x - \mu)} f(\mu)\, d\mu}{((F(r)))},$$

ou, ce qui revient au même,

$$(59) \qquad f(x) = - \mathcal{E} \frac{\chi(r) \int_{x_0}^{X} e^{r(x - \mu)} f(\mu)\, d\mu}{((F(r)))},$$

pourvu que l'on réduise le résidu intégral **renfermé** *dans l'équation (58) ou (59) à sa valeur principale.*

Démonstration. Si les conditions énoncées dans le 3.ᵉ théorème se trouvent remplies, et que l'on attribue à la variable r des valeurs infiniment grandes, mais dont les modules soient convenablement choisis, et dont les parties réelles soient positives, non-seulement les expressions (56), (57), et, à plus forte raison, les deux produits

$$(60) \qquad \frac{\varphi(-r)}{F(-r)}\, e^{\,r(X-x)}, \qquad\qquad (61) \qquad \frac{\chi(r)}{F(r)}\, e^{\,r(x-x_0)},$$

seront toujours finis ou infiniment petits, et finis seulement dans le voisinage de certaines valeurs particulières du quotient $\dfrac{r}{\rho}$; mais on pourra encore en dire autant des différences

$$(62) \qquad \frac{\varphi(r)}{F(r)} - 1, \qquad\qquad (63) \qquad \frac{\chi(-r)}{F(-r)} - 1,$$

puisqu'en vertu de l'équation identique

$$(64) \qquad\qquad \varphi(r) + \chi(r) = F(r),$$

ces différences sont équivalentes, au signe près, la première à la fraction (55), la seconde à la fraction (54). Par suite, le théorême 1.er fournira l'équation

$$(65) \qquad \mathcal{E}\, \frac{\chi(r)\displaystyle\int_{x_0}^{x} e^{r(x-\mu)} f(\mu)\,d\mu}{((\,F(r)\,))} = -\frac{1}{2}\, f(x),$$

tandis que le théorême 2 donnera

$$(66) \qquad \mathcal{E}\, \frac{\varphi(r)\displaystyle\int_{x}^{X} e^{r(x-\mu)} f(\mu)\,d\mu}{((\,F(r)\,))} = \frac{1}{2}\, f(x).$$

De plus, comme la formule (64) permet de remplacer, dans les équations (65) et (66), $\chi(r)$ par $F(r) - \varphi(r)$, ou plus simplement par $-\varphi(r)$, et $\varphi(r)$ par $F(r) - \chi(r)$, ou plus simplement par $-\chi(r)$, on trouvera encore

$$(67) \qquad \mathcal{E}\, \frac{\varphi(r)\displaystyle\int_{x_0}^{x} e^{r(x-\mu)} f(\mu)\,d\mu}{((\,F(r)\,))} = \frac{1}{2}\, f(x),$$

et

$$(68) \qquad \mathcal{E}\, \frac{\chi(r)\displaystyle\int_{x}^{X} e^{r(x-\mu)} f(\mu)\,d\mu}{((\,F(r)\,))} = -\frac{1}{2}\, f(x).$$

Si maintenant on combine entre elles, par voie d'addition, 1.º les formules (66) et (67) 2.º les formules (65) et (68), on obtiendra précisément les équations (58) et (59).

Nota. Il est bon d'observer qu'en égalant à zéro les rapports (54) et (55), on obtiendra les deux formules

$$\frac{1}{1 + \dfrac{\chi(-r)}{\varphi(-r)}} = 0 , \qquad \frac{1}{1 + \dfrac{\varphi(r)}{\chi(r)}} = 0 ,$$

desquelles on tirera $\dfrac{\chi(-r)}{\varphi(-r)} = \dfrac{1}{0}$, ou, ce qui revient au même,

$$(69) \qquad \frac{\varphi(-r)}{\chi(-r)} = 0 ,$$

et

$$(70) \qquad \frac{\varphi(r)}{\chi(r)} = \frac{1}{0} .$$

De même, en égalant à zéro les rapports (56) et (57), on obtiendra les équations

$$\frac{e^{r(X-x_0)}}{1 + \dfrac{\chi(-r)}{\varphi(-r)}} = 0 , \qquad \frac{e^{r(X-x_0)}}{1 + \dfrac{\varphi(r)}{\chi(r)}} = 0 ,$$

que l'on pourra présenter sous les formes

$$\frac{\chi(-r)}{\varphi(-r)} e^{-r(X-x_0)} + e^{-r(X-x_0)} = \frac{1}{0} , \qquad \frac{\varphi(r)}{\chi(r)} e^{-r(X-x_0)} + e^{-r(X-x_0)} = \frac{1}{0} .$$

et desquelles on tirera, en attribuant à r des valeurs dont les parties réelles restent positives,

$$\frac{\chi(-r)}{\varphi(-r)} e^{-r(X-x_0)} = \frac{1}{0} ,$$

ou, ce qui revient au même,

$$(71) \qquad \frac{\varphi(-r)}{\chi(-r)} e^{-r(X-x_0)} = 0 ,$$

et

$$(72) \qquad \frac{\varphi(r)}{\chi(r)} e^{-r(X-x_0)} = \frac{1}{0} .$$

Cela posé, pour satisfaire aux conditions énoncées dans le 3.ᵉ théorème, il faudra évidemment décomposer $f(r)$ en deux fonctions telles que le rapport de la première à la seconde, savoir,

$$(73) \qquad \frac{\varphi(r)}{\chi(r)}$$

devienne généralement, pour des valeurs infinies de la variable r, infiniment grand ou infiniment petit, suivant que la partie réelle de cette variable sera positive ou négative, et choisir ensuite la différence $X - x_0$, de manière que l'expression

$$(74) \qquad \frac{\varphi(r)}{\chi(r)} e^{-r(X-x_0)},$$

c'est-à-dire, le rapport (73) multiplié par l'exponentielle $e^{-r(X-x_0)}$ jouisse encore de la même propriété.

Exemples. Soit d'abord

$$F(r) = e^{ar} - 1,$$

a désignant une constante positive. Si l'on prend, dans ce cas,

$$\varphi(r) = e^{ar}, \qquad \chi(r) = -1,$$

le rapport

$$\frac{\varphi(r)}{\chi(r)} = -e^{ar}$$

deviendra, pour des valeurs infinies de la variable r, infiniment grand, ou infiniment petit, suivant que la partie réelle de r sera positive ou négative; et, pour que le produit

$$\frac{\varphi(r)}{\chi(r)} e^{-r(X-x_0)} = -e^{r(a-X+x_0)}$$

jouisse encore de la même propriété, il sera évidemment nécessaire que la différence $X - x_0$ reste inférieure à la constante a, c'est-à-dire, que la quantité X, supérieure à x_0, reste inférieure à la limite $x_0 + a$. D'ailleurs il est facile de s'assurer que, si l'on prend $F(r) = e^{ar} - 1$, $\varphi(r) = e^{ar}$, $\chi(r) = -1$, $X > x_0$ et $< x_0 + a$, les conditions énoncées dans le 3.ᵉ théorème seront toutes remplies. Alors en effet les expressions (54), (55), (56), (57) s'évanouiront pour des valeurs infinies de la variable r, tant que la partie réelle de cette variable, étant positive, ne deviendra pas sensiblement égale à zéro; et, quand cette partie réelle différera très-peu de zéro, il suffira, pour que les mêmes expressions conservent des valeurs finies, d'attribuer au module de r des valeurs infiniment grandes prises dans la série (25). Donc, en vertu du 3.ᵉ théorême et des formules (58), (59), on aura, entre les limites $x = x_0$, $x = X < x_0 + a$,

$$(75) \qquad f(x) = \mathcal{E} \, \frac{e^{ar} \displaystyle\int_{x_0}^{X} e^{r(x-\mu)} f(\mu) \, d\mu}{((e^{ar} - 1))},$$

ou, ce qui revient au même,

$$(76) \qquad f(x) = \mathcal{E} \, \frac{\displaystyle\int_{x_0}^{X} e^{r(x-\mu)} f(\mu) \, d\mu}{((e^{ar} - 1))}.$$

Si l'on développe les seconds membres de ces dernières formules, on obtiendra la suivante

$$(77) \qquad f(x) =$$

$$\frac{1}{a} \int_{x_0}^{X} f(\mu) \, d\mu + \frac{2}{a} \int_{x_0}^{X} \cos \frac{2\pi(x-\mu)}{a} f(\mu) \, d\mu + \frac{2}{a} \int_{x_0}^{X} \cos \frac{4\pi(x-\mu)}{a} f(\mu) \, d\mu + \dots \, ;$$

puis, en posant $x_0 = 0$, $X = a = 2\pi$, on retrouvera une équation que M. Fourier a donnée dans son premier Mémoire sur la théorie de la chaleur, savoir,

$$(78) \qquad \pi f(x) = \frac{1}{2} \int_{0}^{2\pi} f(\mu) \, d\mu$$

$$+ \int_{0}^{2\pi} \cos(x-\mu) \cdot f(\mu) \, d\mu + \int_{0}^{2\pi} \cos 2(x-\mu) \cdot f(\mu) \, d\mu + \int_{0}^{2\pi} \cos 3(x-\mu) \cdot f(\mu) \, d\mu + \dots$$

Soit encore

$$F(r) = e^{ar} + 1.$$

Alors, en prenant $\varphi(r) = e^{ar}$, $\chi(r) = 1$, on tirera des formules (58) et (59), pour les valeurs de x comprises entre les limites $x = x_0$, $x = X < x_0 + a$,

$$(79) \qquad f(x) = \mathcal{E} \, \frac{e^{ar} \displaystyle\int_{x_0}^{X} e^{r(x-\mu)} f(\mu) \, d\mu}{((e^{ar}+1))} = - \mathcal{E} \, \frac{\displaystyle\int_{x_0}^{X} e^{r(x-\mu)} f(\mu) \, d\mu}{((e^{ar}+1))},$$

ou, ce qui revient au même,

II.ᵉ ANNÉE.

$$(80) \qquad f(x) =$$

$$\frac{2}{a}\left\{ \int_{x_0}^{X}\cos\frac{\pi(x-\mu)}{a}f(\mu)\,d\mu + \int_{x_0}^{X}\cos\frac{3\pi(x-\mu)}{a}f(\mu)\,d\mu + \int_{x_0}^{X}\cos\frac{5\pi(x-\mu)}{a}f(\mu)\,d\mu + \dots \right\};$$

puis, en posant $x_0 = 0$, $X = a = \pi$, ou bien $x_0 = 0$, $X = a = 2\pi$, on obtiendra les deux équations

$$(81) \qquad \frac{\pi}{2}f(x) =$$

$$\int_{0}^{\pi}\cos(x-\mu)\cdot f(\mu)\,d\mu + \int_{0}^{\pi}\cos 3(x-\mu)\cdot f(\mu)\,d\mu + \int_{0}^{\pi}\cos 5(x-\mu)\cdot f(\mu)\,d\mu + \text{etc.}\dots,$$

$$(82) \qquad \pi f(x) =$$

$$\int_{0}^{2\pi}\cos\frac{x-\mu}{2}f(\mu)\,d\mu + \int_{0}^{2\pi}\cos\frac{3(x-\mu)}{2}f(\mu)\,d\mu + \int_{0}^{2\pi}\cos\frac{5(x-\mu)}{2}f(\mu)\,d\mu + \text{etc.}\dots$$

De même, si l'on supposait

$$F(r) = e^{ar} - e^{a\alpha},$$

α désignant une constante réelle, alors, en prenant $\varphi(r) = e^{ar}$, $\chi(r) = e^{a\alpha}$, on trouverait, pour les valeurs de x comprises entre les limites $x = x_0$, $x = X < x_0 + a$,

$$(83) \qquad f(x) = \mathcal{E}\,\frac{e^{ar}\displaystyle\int_{x_0}^{X}e^{r(x-\mu)}f(\mu)\,d\mu}{((e^{ar} - e^{a\alpha}))},$$

ou, ce qui revient au même,

$$(84) \qquad \frac{a}{2}f(x) = \int_{x_0}^{X}e^{\alpha(x-\mu)}f(\mu)\,d\mu$$

$$+ \int_{x_0}^{X}e^{\alpha(x-\mu)}\cos\frac{2\pi(x-\mu)}{a}f(\mu)\,d\mu + \int_{x_0}^{X}e^{\alpha(x-\mu)}\cos\frac{4\pi(x-\mu)}{a}f(\mu)\,d\mu + \text{etc.}\dots$$

Cette dernière formule continue de subsister, dans le cas où l'on remplace la constante réelle α par une constante imaginaire $\alpha + \beta\sqrt{-1}$, α, β désignant deux quantités réelles, et se divise alors en deux équations, savoir,

(359)

$$\text{(85)} \qquad \frac{a}{2} f(x) = \frac{1}{2} \int_{x_0}^{X} e^{a(x-\mu)} \cos\beta(x-\mu) . f(\mu)\, d\mu +$$

$$\int_{x_0}^{X} e^{a(x-\mu)} \cos\beta(x-\mu) . \cos\frac{2\pi(x-\mu)}{a} f(\mu)\, d\mu + \int_{x_0}^{X} e^{a(x-\mu)} \cos\beta(x-\mu) . \cos\frac{4\pi(x-\mu)}{a} f(\mu)\, d\mu + \ldots,$$

et

$$\text{(86)} \qquad 0 = \frac{1}{2} \int_{x_0}^{X} e^{a(x-\mu)} \sin\beta(x-\mu) . f(\mu)\, d\mu +$$

$$\int_{x_0}^{X} e^{a(x-\mu)} \sin\beta(x-\mu) . \cos\frac{2\pi(x-\mu)}{a} f(\mu)\, d\mu + \int_{x_0}^{X} e^{a(x-\mu)} \sin\beta(x-\mu) . \cos\frac{4\pi(x-\mu)}{a} f(\mu)\, d\mu + \ldots$$

Soit maintenant

$$\mathrm{F}(r) = e^{ar} - 1.$$

Alors, si l'on prend $\varphi(r) = e^{ar}$, $\chi(r) = -r$, le rapport

$$\frac{\varphi(r)}{\chi(r)} = -\frac{1}{2} e^{ar}$$

deviendra, pour des valeurs infinies de la variable r, infiniment grand ou infiniment petit, suivant que la partie réelle de r sera positive ou négative; et, pour que le produit

$$\frac{\varphi(r)}{\chi(r)} e^{-r(x-x_0)} = -\frac{1}{r} e^{r(a-X+x_0)}$$

jouisse encore de la même propriété, il sera nécessaire que la quantité X, supérieure à x_0, reste inférieure à $x_0 + a$. D'ailleurs il est aisé d'assurer que, si l'on suppose $\varphi(r) = e^{ar}$, $\chi(r) = -r$, $X - x_0 > 0$ et $< a$, toutes les conditions énoncées dans le 5.ᵉ théorème seront remplies. Donc, en vertu des formules (58) et (59), on aura, pour les valeurs de x renfermées entre les limites $x = x_0$, $x = X < x_0 + a$,

$$\text{(87)} \qquad f(x) = \mathcal{E}\, \frac{e^{ar} \int_{x_0}^{X} e^{r(x-\mu)} f(\mu)\, d\mu}{((e^{ar} - r))} = \mathcal{E}\, \frac{r \int_{x_0}^{X} e^{r(x-\mu)} f(\mu)\, d\mu}{((e^{ar} - r))},$$

ou, ce qui revient au même,

$$(88) \qquad f(x) = \frac{1}{a} \, S \left\{ \frac{r}{r-1} \int_{x_0}^{X} e^{r(x-\mu)} f(\mu) \, d\mu \right\},$$

le signe S devant être étendu à toutes les racines de l'équation (32).

Supposons encore

$$F(r) = e^{ar} - 2br + e^{-ar},$$

a et b désignant deux constantes positives. Alors, en prenant

$$\varphi(r) = e^{ar} - br, \qquad \chi(r) = e^{-ar} - br,$$

on tirera de la formule (58), pour des valeurs de x comprises entre les limites $x = x_0$, $x = X < x_0 + a$,

$$(89) \qquad f(x) = \mathcal{E} \, \frac{(e^{ar} - br) \int_{x}^{X} e^{r(x-\mu)} f(\mu) \, d\mu}{((e^{ar} - 2br + e^{-ar}))} \,,$$

et de la formule (59)

$$(90) \qquad f(x) = \mathcal{E} \, \frac{(br - e^{-ar}) \int_{x_0}^{X} e^{r(x-\mu)} f(\mu) \, d\mu}{((e^{ar} - 2br + e^{-ar}))} \,.$$

Si, dans la même hypothèse, on prenait

$$\varphi(r) = e^{ar} + \alpha + \beta r, \qquad \chi(r) = e^{-ar} - \alpha - (\beta + 2b)r,$$

α, β désignant deux constanses arbitraires, la formule (58) donnerait

$$(91) \qquad f(x) = \mathcal{E} \, \frac{(e^{ar} + \alpha + \beta r) \int_{x_0}^{X} e^{r(x-\mu)} f(\mu) \, d\mu}{((e^{ar} - 2br + e^{-ar}))} \,,$$

la valeur de x devant toujours être renfermée entre les limites $x = x_0$, $x = X > x_0 + a$.

Aux applications que nous venons de faire des formules (58) et (59), on pourrait en ajouter un grand nombre d'autres. Ainsi, par exemple, si l'on désigne par a une quantité positive, par b, A, B des constantes quelconques, et par $f(r)$, $f_1(r)$ des fonctions entières de r, on tirera de la formule (58), pour des valeurs de x comprises entre les limites $x = x_0$, $x = X < x_0 + a$,

$$(92) \qquad f(x) = \mathcal{E} \, \frac{e^{ar} \mathrm{f}(r) \displaystyle\int_{x_0}^{X} e^{r(x-\mu)} f(\mu)\, d\mu}{((\, e^{ar} \mathrm{f}(r) + \mathrm{f}_1(r) \,))},$$

et, pour des valeurs de x comprises entre les limites $x = x_0$, $x = X < x_0 + 2a$,

$$(93) \qquad f(x) = \mathcal{E} \, \frac{e^{ar} \mathrm{f}(r) \displaystyle\int_{x_0}^{X} e^{r(x-\mu)} f(\mu)\, d\mu}{((\, e^{ar} \mathrm{f}(r) + e^{-ar} \mathrm{f}_1(r) \,))},$$

$$(94) \qquad f(x) = \mathcal{E} \, \frac{e^{ar} \mathrm{f}(r) \displaystyle\int_{x_0}^{X} e^{r(x-\mu)} \mathrm{f}(\mu)\, d\mu}{((\, e^{ar} \mathrm{f}(r) - e^{a(b-r)} \mathrm{f}(b-r) \,))},$$

$$(95) \qquad f(x) = \mathcal{E} \, \frac{(A+r)(B+r) e^{ar} \displaystyle\int_{x_0}^{X} e^{r(x-\mu)} f(\mu)\, d\mu}{((\, (A+r)(B+r) e^{ar} - (A-r)(B-r) e^{-ar} \,))},$$

$$(96) \qquad f(x) = \mathcal{E} \, \frac{(e^{ar} \cos br - 1) \displaystyle\int_{x_0}^{X} e^{r(x-\mu)} f(\mu)\, d\mu}{((\, (e^{ar} + e^{-ar}) \cos br - 2 \,))},$$

$$(97) \qquad f(x) = \mathcal{E} \, \frac{(e^{ar} \cos br + 1) \displaystyle\int_{x_0}^{X} e^{r(x-\mu)} f(\mu)\, d\mu}{((\, (e^{ar} + e^{-ar}) \cos br + 2 \,))},$$

etc.....

Ces diverses formules sont fort utiles dans la solution des problèmes de physique mathématique, surtout quand elles sont combinées avec celles qui se déduisent de la proposition suivante.

4.e Théorème. *Soit* $\varphi(x,r)$ *et* $f(\mu)$ *deux fonctions de* x, r *et* μ, *qui demeurent finies, la première pour toutes les valeurs de* x *et de* r, *la seconde pour toutes les valeurs de* μ *comprises entre les limites* $\mu = x_0$, $\mu = X > x_0$. *Soient de plus* $\mathrm{F}(r)$ *une fonction quelconque de la variable* r, *et* ρ *le module de cette variable. Si, pour des valeurs infiniment grandes, mais convenablement choisies, du module* ρ, *chacun des produits*

$$(98) \qquad \frac{\varphi(x,r)}{\mathrm{F}(r)}\, e^{-rx_0}, \qquad\qquad (99) \qquad \frac{\varphi(x,r)}{\mathrm{F}(r)}\, e^{-rX},$$

reste toujours fini ou infiniment petit, et fini seulement dans le voisinage de certaines valeurs particulières du quotient $\dfrac{r}{\rho}$, *on aura*

$$(100) \qquad \underset{\mathcal{E}}{} \ \frac{\varphi(x,r) \displaystyle\int_{x_0}^{X} e^{-r\mu} f(\mu)\, d\mu}{((\ \mathrm{F}(r) \ ))} = 0 ,$$

pourvu que l'on réduise le résidu intégral

$$\underset{\mathcal{E}}{} \ \frac{\varphi(x,r) \displaystyle\int_{x_0}^{X} e^{-r\mu} f(\mu)\, d\mu}{((\ \mathrm{F}(r) \ ))}$$

à sa valeur principale

Démonstration. La valeur générale de r pouvant être exprimée, à l'aide du module ρ et d'un arc réel τ, par une équation de la forme

$$r = \rho\,(\cos\tau + \sqrt{-1}\,\sin\tau) ,$$

on trouvera, par un calcul semblable à celui dont nous nous sommes servis pour établir la formule (21),

$$(101) \quad \left\{
\begin{aligned}
\int_{x_0}^{X} e^{-r\mu} f(\mu)\, d\mu &= \int_{x_0}^{X} e^{-\rho(\cos\tau + \sqrt{-1}\,\sin\tau)\mu} f(\mu)\, d\mu \\[2ex]
&= \frac{e^{-\rho x_0 \cos\tau}\cos(\tau+\rho x_0 \sin\tau) - e^{-\rho X \cos\tau}\cos(\tau+\rho X \sin\tau)}{\rho}\, f(\xi_1) \\[2ex]
&\quad - \frac{e^{-\rho x_0 \cos\tau}\sin(\tau+\rho x_0 \sin\tau) - e^{-\rho X \cos\tau}\sin(\tau+\rho X \sin\tau)}{\rho}\, f(\xi_2)\cdot\sqrt{-1} ,
\end{aligned}
\right.$$

ξ_1 , ξ_2 désignant deux quantités comprises entre les limites x_0 , X ; puis l'on en conclura

$$(102) \qquad r\,\frac{\varphi(x,r) \displaystyle\int_{x_0}^{X} e^{-r\mu} f(\mu)\, d\mu}{\mathrm{F}(r)}$$

$$= \frac{\varphi(x,r)}{\mathrm{F}(r)}\, e^{-\rho x_0 \cos\tau}[\cos(\tau+\rho x_0\sin\tau)+\sqrt{-1}\sin(\tau+\rho x_0\sin\tau)][f(\xi_1)\cos(\tau+\rho x_0\sin\tau)-\sqrt{-1}\,f(\xi_2)\sin(\tau+\rho x_0\sin\tau)]$$

$$- \frac{\varphi(x,r)}{\mathrm{F}(r)}\, e^{-\rho X \cos\tau}[\cos(\tau+\rho X\sin\tau)+\sqrt{-1}\sin(\tau+\rho X\sin\tau)][f(\xi_1)\cos(\tau+\rho X\sin\tau)-\sqrt{-1}\,f(\xi_2)\sin(\tau+\rho X\sin\tau)]$$

Cela posé, il est clair que, si les conditions énoncées dans le théorème 4 sont remplies, le produit

$$(103) \qquad r\,\frac{\varphi(x,r)\displaystyle\int_{x_0}^{X}e^{-r\mu}f(\mu)\,d\mu}{F(r)}$$

restera toujours fini ou infiniment petit pour de très-grandes valeurs du module ρ de la variable r, et fini seulement dans le voisinage de certaines valeurs particulières du quotient $\dfrac{r}{\rho}$. Par suite, le théorème 2 de la page 258 entraînera la formule (100).

Nota. Si les conditions énoncées dans le théorème 4 se trouvent remplies seulement pour les valeurs de x comprises entre certaines limites, par exemple, entre les limites $x = x_0$, $x = X$, la formule (100) ne devra pas être étendue hors de ces limites.

Exemples. Soient d'abord

$$F(r) = e^{ar}f(r) - e^{a(b-r)}f(b-r),$$

et

$$\varphi(x,r) = e^{ar}e^{-r(x-2x_0)},$$

a désignant une quantité positive, b une constante quelconque, et $f(r)$ une fonction entière de r. Alors, si l'on suppose la variable x renfermée entre les limites x_0, X, et $X - x_0 < a$, les expressions

$$\frac{\varphi(x,r)}{F(r)}e^{-rx_0} = \frac{e^{ar}e^{-r(x-x_0)}f(r)}{e^{ar}f(r) - e^{a(b-r)}f(b-r)}\,,$$

$$\frac{\varphi(x,r)}{F(r)}e^{-rX} = \frac{e^{ar}e^{-r(x+X-2x_0)}f(r)}{e^{ar}f(r) - e^{a(b-r)}f(b-r)}$$

rempliront évidemment les conditions énoncées dans le théorème 4. Donc, en vertu de ce théorème, on aura, entre les limites $x = x_0$, $x = X < x_0 + a$,

$$(104) \qquad \pounds\,\frac{e^{ar}f(r)\displaystyle\int_{x_0}^{X}e^{-r(x+\mu-2x_0)}f(\mu)\,d\mu}{((\,e^{ar}f(r) - e^{a(b-r)}f(b-r)\,))} = 0.$$

Si l'on combine cette dernière équation avec la formule (94) par voie d'addition ou de soustraction, l'on obtiendra les deux suivantes :

$$(105) \qquad f(x) = \mathcal{E} \; \frac{e^{ar}[e^{r(x-x_0)}+e^{-r(x-x_0)}]\,\mathrm{f}(r)\displaystyle\int_{x_0}^{X}e^{-r(\mu-x_0)}f(\mu)\,d\mu}{((\,e^{ar}\mathrm{f}(r)-e^{a(b-r)}\mathrm{f}(b-r)\,))},$$

$$(106) \qquad f(x) = \mathcal{E} \; \frac{e^{ar}[e^{r(x-x_0)}-e^{-r(x-x_0)}]\,\mathrm{f}(r)\displaystyle\int_{x_0}^{X}e^{-r(\mu-x_0)}f(\mu)\,d\mu}{((\,e^{ar}\mathrm{f}(r)-e^{a(b-r)}\mathrm{f}(b-r)\,))}.$$

Si, pour fixer les idées, on prend

$$b = 0, \qquad \mathrm{f}(r) = 1,$$

les équations (105) et (106) donneront

$$(107) \qquad f(x) = \mathcal{E} \; \frac{e^{ar}[e^{r(x-x_0)}+e^{-r(x-x_0)}]\displaystyle\int_{x_0}^{X}e^{-r(\mu-x_0)}f(\mu)\,d\mu}{((\,e^{ar}-e^{-ar}\,))},$$

et

$$(108) \qquad f(x) = \mathcal{E} \; \frac{e^{ar}[e^{r(x-x_0)}-e^{-r(x-x_0)}]\displaystyle\int_{x_0}^{X}e^{-r(\mu-x_0)}f(\mu)\,d\mu}{((\,e^{ar}-e^{-ar}\,))},$$

ou, ce qui revient au même,

$$(109) \qquad f(x) = \frac{1}{a}\int_{x_0}^{X}f(\mu)\,d\mu$$

$$+\frac{2}{a}\left\{\cos\frac{\pi(x-x_0)}{a}\int_{x_0}^{X}\cos\frac{\pi(\mu-x_0)}{a}f(\mu)\,d\mu+\cos\frac{2\pi(x-x_0)}{a}\int_{x_0}^{X}\cos\frac{2\pi(\mu-x_0)}{a}f(\mu)\,d\mu+\dots\right\},$$

et

$$(110) \qquad f(x) =$$

$$\frac{2}{a}\left\{\sin\frac{\pi(x-x_0)}{a}\int_{x_0}^{X}\sin\frac{\pi(\mu-x_0)}{a}f(\mu)\,d\mu+\sin\frac{2\pi(x-x_0)}{a}\int_{x_0}^{X}\sin\frac{2\pi(\mu-x_0)}{a}f(\mu)\,d\mu+\dots\right\},$$

puis, en posant $x_0 = 0$, $X = a$, on en déduira les formules connues

$$(111) \qquad f(x) = \frac{1}{a}\mathop{\mathrm{S}}_{n=-\infty}^{n=\infty}\left\{\cos\frac{n\pi x}{a}\int_{0}^{a}\cos\frac{n\pi\mu}{a}f(\mu)\,d\mu\right\},$$

$$(112) \qquad f(x) = \frac{1}{a}\mathop{\mathrm{S}}_{n=-\infty}^{n=\infty}\left\{\sin\frac{n\pi x}{a}\int_{0}^{a}\sin\frac{n\pi\mu}{a}f(\mu)\,d\mu\right\}.$$

dans lesquelles le signe S s'étend à toutes les valeurs entières, positives, nulles ou négatives de n. Ces dernières formules, qui subsistent pour les valeurs de x renfermées entre les limites $x = 0$, $x = a$, peuvent être employées avec avantage, la première dans la théorie des instruments à vent et dans celle de la propagation des ondes à la surface d'un fluide que renfermerait un canal terminé par deux plans perpendiculaires à son axe, la seconde dans la théorie des cordes vibrantes. Si, dans les mêmes formules, on remplace la constante a par l'unité, on obtiendra deux équations qui pourront s'écrire comme il suit :

$$(113) \qquad f(x) = \int_0^1 f(\mu)\, d\mu + 2 \sum_{n=1}^{n=\infty} \left\{ \cos n\pi x \int_0^1 \cos n\pi\mu . f(\mu)\, d\mu \right\},$$

$$(114) \qquad f(x) = 2 \sum_{n=1}^{n=\infty} \left\{ \sin n\pi x \int_0^1 \sin n\pi\mu . f(\mu)\, d\mu \right\},$$

et dont la seconde a été donnée par Lagrange dans le tome III des anciens Mémoires de Turin. Si l'on suppose, au contraire, $a = \pi$, on trouvera, pour des valeurs de x renfermées entre les limites 0, π,

$$(115) \qquad \pi f(x) = \int_0^\pi f(\mu)\, d\mu + 2 \sum_{n=1}^{n=\infty} \left\{ \cos n x \int_0^\pi \cos n\mu . f(\mu)\, d\mu \right\},$$

$$(116) \qquad \pi f(x) = 2 \sum_{n=1}^{n=\infty} \left\{ \sin n x \int_0^\pi \sin n\mu . f(\mu)\, d\mu \right\}.$$

Les deux équations précédentes sont contenues dans le Mémoire déjà cité de M. Fourier, pages 508 et 511. Mais on doit observer que la première avait été donnée par Euler dans un Mémoire qui porte la date du 26 mai 1777, et qui se trouve imprimé dans les *Nova acta Academiæ Petropolitanæ* pour l'année 1793. Quant à l'équation (116), on peut la déduire immédiatement de la formule (114) donnée par Lagrange, en remplaçant, dans cette formule, la fonction $f(x)$ par $f(\pi x)$, et les variables x, μ par les rapports $\frac{x}{\pi}$, $\frac{\mu}{\pi}$. On déduirait de même les formules (111) et (112) des équations (115) et (116), en remplaçant la fonction $f(x)$ par $f\left(\frac{\pi x}{a}\right)$, et les variables x, μ par les rapports $\frac{ax}{\pi}$, $\frac{a\mu}{\pi}$. Remarquons enfin 1.° que, pour obtenir l'équation (116), il suffit de substituer la fonction $f(x)$ à la fonction dérivée $f'(x)$, dans l'équation (115) différenciée par rapport à la variable x, et combinée avec la formule

$$\int \cos n\mu . f(\mu)\, d\mu = f(\mu)\, \frac{\sin n\mu}{n} - \frac{1}{n} \int \sin n\mu . f(\mu)\, d\mu ,$$

de laquelle on tire

$$(117) \qquad \int_0^\pi \cos n\mu . f(\mu)\, d\mu = - \frac{1}{n} \int_0^\pi \sin n\mu . f'(\mu)\, d\mu ;$$

2.° que, si l'on ajoute, membre à membre, les équations (115) et (116), on obtiendra une autre équation comprise dans la formule (77).

Lorsque, dans les équations (115) et (116), on prend successivement $f(x) = 1$, $f(x) = x$, $f(x) = x^2$, etc..., on en conclut, pour des valeurs de x renfermées entre les limites 0, π,

$$(118) \quad \begin{cases} \cos x + \dfrac{\cos 3x}{3^2} + \dfrac{\cos 5x}{5^2} + \ldots = \dfrac{\pi(\pi - 2x)}{8} , \\[2ex] \cos x + \dfrac{\cos 3x}{3^4} + \dfrac{\cos 5x}{5^4} + \ldots = \dfrac{\pi(\pi - 2x)(\pi^2 + 2\pi x - 2x^2)}{96} , \\[2ex] \text{etc.....,} \end{cases}$$

et

$$(119) \quad \begin{cases} \sin x + \dfrac{\sin 3x}{3} + \dfrac{\sin 5x}{5} + \ldots = \dfrac{\pi}{4} , \\[2ex] \sin x + \dfrac{\sin 3x}{3^3} + \dfrac{\sin 5x}{5^3} + \ldots = \dfrac{\pi x(\pi - x)}{8} , \\[2ex] \text{etc.....} \end{cases}$$

On pourrait arriver aux mêmes résultats, en partant des formules (75) et (74) de la page 510. En effet, si l'on pose, dans ces formules, $x = x - \pi$, on en tirera, pour des valeurs de x comprises entre les limites $x = 0$, $x = 2\pi$,

$$(120) \quad \cos x + \frac{\cos 2x}{2^{2m}} + \frac{\cos 3x}{3^{2m}} + \frac{\cos 4x}{4^{2m}} + \ldots = - \mathcal{L} \, \frac{\pi \cos(x-\pi)z}{2 \sin \pi z} \left(\left(\frac{1}{z^{2m}} \right) \right) ,$$

et

$$(121) \quad \sin x + \frac{\sin 2x}{2^{2m+1}} + \frac{\sin 3x}{3^{2m+1}} + \frac{\sin 4x}{4^{2m+1}} + \ldots = - \mathcal{L} \, \frac{\pi \sin(x-\pi)z}{2 \sin \pi z} \left(\left(\frac{1}{z^{2m+1}} \right) \right) ,$$

puis, en remplaçant x par $2x$, on trouvera, pour des valeurs de x renfermées entre les limites 0, π,

$$(122) \qquad \frac{\cos 2x}{2^{2m}} + \frac{\cos 4x}{4^{2m}} + \frac{\cos 6x}{6^{2m}} + \dots = - \mathcal{L}\, \frac{\pi \cos(2v-\pi)z}{2^{2m+1}\sin \pi z}\left(\left(\frac{1}{z^{2m}}\right)\right),$$

et

$$(123) \qquad \frac{\sin 2x}{2^{2m+1}} + \frac{\sin 4x}{4^{2m+1}} + \frac{\sin 6x}{6^{2m+1}} + \dots = - \mathcal{L}\, \frac{\pi \sin(2x-\pi)z}{2^{2m+2}\sin \pi z}\left(\left(\frac{1}{z^{2m+1}}\right)\right).$$

Si maintenant on combine la formule (120) avec la formule (122), ou la formule (121) avec la formule (123), on obtiendra les suivantes :

$$(124) \qquad \cos x + \frac{\cos 3x}{3^{2m}} + \frac{\cos 5x}{5^{2m}} + \dots = \pi \mathcal{L}\, \frac{\cos(2x-\pi)z - 2^{2m}\cos(x-\pi)z}{2^{2m+1}\sin \pi z}\left(\left(\frac{1}{z^{2m}}\right)\right),$$

$$(125) \qquad \sin x + \frac{\sin 3x}{3^{2m+1}} + \frac{\sin 5x}{5^{2m+1}} + \dots = \pi \mathcal{L}\, \frac{\sin(2x-\pi)z - 2^{2m+1}\sin(x-\pi)z}{2^{2m+2}\sin \pi z}\left(\left(\frac{1}{z^{2m+1}}\right)\right),$$

qui subsistent pour des valeurs de x positives, mais inférieures à π, et qui, étant développées, reproduisent les équations (118) et (119). Il est bon d'observer que la première des équations (119) cesse d'être exacte, quand la variable x devient précisément équivalente à l'une des limites 0, π. Mais, si, dans la même formule, on attribue successivement à x les deux valeurs $\frac{\pi}{2}$, $\frac{\pi}{4}$, on retrouvera deux équations données par Leibnitz et par Euler, savoir,

$$1 - \frac{1}{5} + \frac{1}{7} + \dots = \frac{\pi}{4}\,, \qquad 1 + \frac{1}{3} - \frac{1}{5} - \frac{1}{7} + \frac{1}{9} + \frac{1}{11} - \dots = \frac{\pi}{2\sqrt{2}}\,.$$

Lorsque, dans les équations (115) et (116), on prend $f(x) = e^{sx}$, on en conclut, pour des valeurs de x comprises entre 0 et π,

$$(126)\quad e^{sx} = \frac{2s}{\pi}(e^{s\pi}-1)\left(\frac{1}{2s^2} + \frac{\cos 2x}{s^2+4} + \frac{\cos 4x}{s^2+16} + \dots\right) - \frac{2s}{\pi}(e^{s\pi}+1)\left(\frac{\cos x}{s^2+1} + \frac{\cos 3x}{s^2+9} + \dots\right),$$

et

$$(127)\quad e^{sx} = \frac{2}{\pi}(e^{s\pi}+1)\left(\frac{\sin x}{s^2+1} + \frac{3\sin 3x}{s^2+9} + \dots\right) - \frac{2}{\pi}(e^{s\pi}-1)\left(\frac{2\sin 2x}{s^2+4} + \frac{4\sin 4x}{s^2+16} + \dots\right).$$

Si, après avoir développé les deux membres des formules précédentes suivant les puissances ascendantes de s, on égalait entre eux les coefficients des puissances semblables, on retrouverait les équations (118) et (119), avec celles que comprennent les formules (122) et (123).

Lorsque, dans la formule (115), on pose $\mu = 2\nu$, et $f(x) = \cos^s \dfrac{x}{2}$, s désignant une quantité positive quelconque, on en conclut

$$(128) \qquad \frac{\pi}{2} \cos^s \frac{x}{2} = \int_0^{\frac{\pi}{2}} \cos^s \nu \,.\, d\nu + 2 \sum_{n=1}^{n=\infty} \left\{ \cos nx \int_0^{\frac{\pi}{2}} \cos 2n\nu \,.\, \cos^s \nu \, d\nu \right\}.$$

D'ailleurs, j'ai prouvé, dans le Mémoire sur les intégrales définies prises entre des limites imaginaires [page 40], qu'on a généralement, pour des valeurs positives de s et de t,

$$(129) \qquad \int_0^{\frac{\pi}{2}} \cos t\nu \,.\, \cos^s \nu \, d\nu = \frac{\pi}{2^{s+1}} \frac{\Gamma(s+1)}{\Gamma\left(\dfrac{s+t}{2}+1\right)\Gamma\left(\dfrac{s-t}{2}+1\right)}.$$

On aura donc par suite

$$(130) \qquad \int_0^{\frac{\pi}{2}} \cos 2n\nu \,.\, \cos^s \nu \,.\, d\nu = \frac{\pi}{2^{s+1}} \frac{\Gamma(s+1)}{\Gamma\left(\dfrac{s}{2}+n+1\right)\Gamma\left(\dfrac{s}{2}-n+1\right)}$$

$$= \frac{\pi}{2^{s+1}} \frac{\Gamma(s+1)}{\left[\Gamma\left(\dfrac{s}{2}+1\right)\right]^2} \frac{s(s-2)\ldots(s-2n+2)}{(s+2)(s+4)\ldots(s+2n)},$$

et l'équation (128) donnera, entre les limites $x = 0$, $x = \pi$, ou même entre les limites $x = -\pi$. $x = \pi$,

$$(131) \quad \cos^s \frac{x}{2} = \frac{1}{2^{s-1}} \frac{\Gamma(s+1)}{\left[\Gamma\left(\dfrac{s}{2}+1\right)\right]^2} \left\{ \frac{1}{2} + \frac{s}{s+2} \cos x + \frac{s(s-2)}{(s+2)(s+4)} \cos 2x + \ldots \right\};$$

puis, en remplaçant x par $2x$, on trouvera, pour des valeurs numériques de x plus petites que $\dfrac{\pi}{2}$,

$$(132) \quad \cos^s x = \frac{1}{2^{s-1}} \frac{\Gamma(s+1)}{\left[\Gamma\left(\frac{s}{2}+1\right)\right]^2} \left\{ \frac{1}{2} + \frac{s}{s+2}\cos 2x + \frac{s(s-2)}{(s+2)(s+4)}\cos 4x + \dots \right\}.$$

Si, dans la formule (132), on pose successivement $s = 2m$, $s = 2m-1$, m désignant un nombre entier quelconque, on obtiendra les deux équations

$$(133) \quad \cos^{2m} x = 2\frac{1.3.5\dots(2m-1)}{2.4.6\dots 2m}\left\{ \frac{1}{2} + \frac{m}{m+1}\cos 2x + \frac{m(m-1)}{(m+1)(m+2)}\cos 4x + \dots \right\},$$

$$(134) \quad \cos^{2m-1} x = \frac{4}{\pi}\frac{2.4.6\dots(2m-2)}{1.3.5\dots(2m-1)}\left\{ \frac{1}{2} + \frac{2m-1}{2m+1}\cos 2x + \frac{(2m-1)(2m-3)}{(2m+1)(2m+3)}\cos 4x + \dots \right\},$$

qui fournissent les développements de $\cos^{2m} x$ et de $\cos^{2m-1} x$ en deux séries dont l'une s'arrête, tandis que l'autre est composée d'un nombre infini des termes. Si l'on fait, en particulier $m = 1$, $m = 2$, etc..., on tirera de l'équation (133)

$$(135) \quad \begin{cases} \cos^2 x = \dfrac{1}{2} + \dfrac{1}{2}\cos 2x = \dfrac{1}{2}(1 + \cos 2x) \\[2ex] \cos^4 x = \dfrac{3}{4}\left(\dfrac{1}{2} + \dfrac{2}{3}\cos 2x + \dfrac{2.1}{3.4}\cos 4x\right) = \dfrac{1}{8}(3 + 4\cos 2x + \cos 4x), \\[2ex] \text{etc......,} \end{cases}$$

et de l'équation (134)

$$(136) \quad \begin{cases} \cos x = \dfrac{4}{\pi}\left\{ \dfrac{1}{2} + \dfrac{\cos 2x}{1.3} - \dfrac{\cos 4x}{3.5} + \dfrac{\cos 6x}{5.7} - \dfrac{\cos 8x}{7.9} + \dots\dots\dots \right\}, \\[2ex] \cos^3 x = \dfrac{24}{\pi}\left\{ \dfrac{1}{2.9} + \dfrac{\cos 2x}{1.3.5} + \dfrac{\cos 4x}{1.3.5.7} - \dfrac{\cos 6x}{3.5.7.9} + \dfrac{\cos 8x}{5.7.9.11} - \dots \right\}, \\[2ex] \text{etc......} \end{cases}$$

Ajoutons que, si l'on prend $x = 0$, on tirera de la formule (132)

$$(137) \quad \frac{1}{2} + \frac{s}{s+2} + \frac{s(s-2)}{(s+2)(s+4)} + \frac{s(s-2)(s-4)}{(s+2)(s+4)(s+6)} + \dots = 2^{s-1}\frac{\left[\Gamma\left(\frac{s}{2}+1\right)\right]^2}{\Gamma(s+1)},$$

et des formules (136)

(570)

$$(158) \quad \begin{cases} \dfrac{1}{1.3} - \dfrac{1}{3.5} + \dfrac{1}{5.7} - \dfrac{1}{7.9} + \ldots\ldots = \dfrac{\pi}{4} - \dfrac{1}{2}\,, \\[2ex] \dfrac{1}{1.3.5.7} - \dfrac{1}{3.5.7.9} + \dfrac{1}{5.7.9.11} - \ldots = \dfrac{\pi}{24} - \dfrac{11}{90}\,, \\[2ex] \text{etc.}\ldots\ldots \end{cases}$$

Revenons maintenant à la formule (109). Si l'on y suppose

$$x_0 = 0\,, \qquad X = \frac{\pi}{2}\,, \qquad a = \frac{\pi}{\alpha}\,, \qquad f(x) = \cos^s x\,,$$

s désignant toujours une quantité positive, on obtiendra l'équation

$$(159) \qquad \cos^s x =$$

$$\frac{\alpha}{2^s}\,\Gamma(s+1)\left\{ \frac{\left(\frac{1}{2}\right)}{\left[\Gamma\left(\frac{s}{2}+1\right)\right]^2} + \frac{\cos \alpha x}{\Gamma\left(\frac{s+\alpha}{2}+1\right)\Gamma\left(\frac{s-\alpha}{2}+1\right)} + \frac{\cos 2\alpha x}{\Gamma\left(\frac{s+2\alpha}{2}+1\right)\Gamma\left(\frac{s-2\alpha}{2}+1\right)} + \ldots \right\},$$

qui subsiste pour les valeurs de x comprises entre les limites $x = -\dfrac{\pi}{2}$, $x = \dfrac{\pi}{2}$, et pour des valeurs de α positives, mais inférieures à 2. Si l'on prenait précisément $\alpha = 2$, l'équation (159) coïnciderait avec la formule (132). De plus, si l'on combine l'équation (159) avec celle que l'on en déduit, quand on remplace α par 2α, on trouvera, entre les limites $\alpha = 0$, $\alpha = 1$; $x = -\dfrac{\pi}{2}$, $x = \dfrac{\pi}{2}$,

$$(140) \quad \cos^s x = \frac{\alpha}{2^{s-1}}\,\Gamma(s+1)\left\{ \frac{\cos \alpha x}{\Gamma\left(\frac{s+\alpha}{2}+1\right)\Gamma\left(\frac{s-\alpha}{2}+1\right)} + \frac{\cos 3\alpha x}{\Gamma\left(\frac{s+3\alpha}{2}+1\right)\Gamma\left(\frac{s-3\alpha}{2}+1\right)} + \ldots \right\}$$

Lorsque, dans cette dernière formule, on pose successivement $\alpha = 1$, puis $s = 2m$ et $s = 2m - 1$, m désignant un nombre entier, on en conclut

$$(141) \qquad \cos^s x =$$

$$\frac{1}{2^{s-2}}\,\frac{\Gamma(s+1)}{\left[\Gamma\left(\frac{s+1}{2}\right)\right]^2}\left\{ \frac{1}{s+1}\cos x + \frac{s-1}{(s+1)(s+3)}\cos 3x + \frac{(s-1)(s-3)}{(s+1)(s+3)(s+5)}\cos 5x + \ldots \right\},$$

$$(142) \qquad \cos^{2m} x =$$

$$\frac{4}{\pi} \frac{2.4\ldots\ldots 2m}{3.5\ldots(2m+1)} \left\{ \cos x + \frac{2m-1}{2m+3} \cos 3x + \frac{(2m-1)(2m-3)}{(2m+3)(2m+5)} \cos 5x + \ldots \right\},$$

$$(143) \qquad \cos^{2m-1} x =$$

$$2 \frac{1.3\ldots(2m-1)}{2.4\ldots\ldots 2m} \left\{ \cos x + \frac{m-1}{m+1} \cos 3x + \frac{(m-1)(m-2)}{(m+1)(m+2)} \cos 5x + \ldots\ldots \right\}.$$

On aura, par exemple, entre les limites $x = -\dfrac{\pi}{2}$, $x = \dfrac{\pi}{2}$,

$$(144) \quad \left\{ \begin{aligned} 1 &= \frac{4}{\pi} \left\{ \cos x - \frac{\cos 3x}{3} + \frac{\cos 5x}{5} - \frac{\cos 7x}{7} + \frac{\cos 9x}{9} - \ldots \right\}, \\[2ex] \cos^2 x &= \frac{8}{\pi} \left\{ \frac{\cos x}{1.3} + \frac{\cos 3x}{1.3.5} - \frac{\cos 5x}{3.5.7} + \frac{\cos 7x}{5.7.9} - \frac{\cos 9x}{7.9.11} + \ldots \right\}, \end{aligned} \right.$$

et, pour une valeur quelconque de x,

$$(145) \quad \left\{ \begin{aligned} &\cos x = \cos x, \\[2ex] &\cos^3 x = \frac{3}{4} \left(\cos x + \frac{1}{3} \cos 3x \right) = \frac{1}{4} \left(3\cos x + \cos 3x \right), \\[2ex] &\text{etc.....} \end{aligned} \right.$$

Si l'on prend $x = 0$, les formules (141) et (144) donneront

$$(146) \qquad 1 + \frac{s-1}{s+3} + \frac{(s-1)(s-3)}{(s+3)(s+5)} + \ldots = 2^{s-2} \frac{s+1}{\Gamma(s+1)} \left[\Gamma\left(\frac{s+1}{2} \right) \right]^2,$$

et

$$(147) \quad \left\{ \begin{aligned} &\frac{1}{3} - \frac{1}{5} + \frac{1}{7} - \frac{1}{9} + \ldots\ldots\ldots = \frac{\pi}{4}, \\[2ex] &\frac{1}{1.3.5} - \frac{1}{3.5.7} + \frac{1}{5.7.9} + \ldots = \frac{\pi}{8} - \frac{1}{3}, \\[2ex] &\text{etc.....} \end{aligned} \right.$$

Enfin, si, dans la formule (139), on pose $\alpha = \dfrac{1}{2}$, alors, en ayant égard à l'équation connue

$$(148) \qquad \Gamma(2s) = 2^{2s-1}\,\pi^{-\frac{1}{2}}\,\Gamma(s)\,\Gamma\!\left(s+\frac{1}{2}\right),$$

on trouvera, entre les limites $x = -\dfrac{\pi}{2}$, $x = \dfrac{\pi}{2}$,

$$(149) \qquad \left(\frac{\pi}{2}\right)^{\frac{1}{2}} \frac{\Gamma\!\left(s+\frac{1}{2}\right)}{\Gamma(s+1)} \cos^s x =$$

$$\cos\frac{x}{2} + \frac{2s+1}{2s+3}\cos\frac{3x}{2} + \frac{(2s+1)(2s-1)}{(2s+5)(2s+1)}\cos\frac{5x}{2} + \frac{(2s+1)(2s-1)(2s-3)}{(2s+7)(2s+3)(2s-1)}\cos\frac{7x}{2} + \ldots\ldots =$$

$$\cos\frac{x}{2} + \frac{2s+1}{2s+3}\cos\frac{3x}{2} + \frac{2s-1}{2s+5}\cos\frac{5x}{2} + \frac{(2s+1)(2s-3)}{(2s+7)(2s+3)}\cos\frac{7x}{2} + \frac{(2s-1)(2s-5)}{(2s+9)(2s+5)}\cos\frac{9x}{2} + \ldots$$

puis on en conclura, en prenant $s = m + \dfrac{1}{2}$,

$$(150) \qquad \frac{2.4\ldots(2m+2)}{1.3\ldots(2m+1)}\,\frac{1}{\sqrt{2}}\,\cos^{m+\frac{1}{2}} x =$$

$$\cos\frac{x}{2} + \frac{m+1}{m+2}\cos\frac{3x}{2} + \frac{m}{m+3}\cos\frac{5x}{2} + \frac{(m+1)(m-1)}{(m+2)(m+4)}\cos\frac{7x}{2} + \frac{m(m-2)}{(m+3)(m+5)}\cos\frac{9x}{2} + \ldots$$

On aura, par exemple,

$$(151) \quad
\begin{cases}
\dfrac{\pi}{2\sqrt{2}} = \cos\dfrac{x}{2} + \dfrac{1}{3}\cos\dfrac{3x}{2} - \dfrac{1}{5}\cos\dfrac{5x}{2} - \dfrac{1}{7}\cos\dfrac{7x}{2} + \dfrac{1}{9}\cos\dfrac{9x}{2} + \ldots, \\[2ex]
\dfrac{\pi\cos x}{4\sqrt{2}} = \dfrac{1}{3}\cos\dfrac{x}{2} + \dfrac{1}{1.5}\cos\dfrac{3x}{2} + \dfrac{1}{3.7}\cos\dfrac{5x}{2} - \dfrac{1}{5.9}\cos\dfrac{7x}{2} - \dfrac{1}{7.11}\cos\dfrac{9x}{2} + \ldots, \\[2ex]
\text{etc.}\ldots,
\end{cases}$$

et

$$(152)\ \begin{cases} 2^{\frac{1}{2}}\cos^{\frac{1}{2}}x = \cos\dfrac{x}{2} + \dfrac{1}{2}\cos\dfrac{3x}{2} - \dfrac{1}{2.4}\cos\dfrac{7x}{2} + \dfrac{1.3}{2.4.6}\cos\dfrac{11x}{2} - \dfrac{1.3.5}{2.4.6.8}\cos\dfrac{15x}{2} + \ldots, \\[2mm] \dfrac{4\sqrt[3]{2}}{3}\cos^{\frac{1}{3}}x = \cos\dfrac{x}{2} + \dfrac{2}{3}\cos\dfrac{3x}{2} + \dfrac{1}{4}\cos\dfrac{5x}{2} - \dfrac{1}{4.6}\cos\dfrac{9x}{2} + \dfrac{1.3}{4.6.8}\cos\dfrac{13x}{2} - \ldots, \\[2mm] \text{etc.....} \end{cases}$$

Ajoutons que, si l'on pose $x = 0$, dans la formule (149), elle donnera

$$(153)\ \ 1 + \frac{2s+1}{2s+3} + \frac{2s-1}{2s+5} + \frac{(2s-3)(2s+1)}{(2s+7)(2s+3)} + \frac{(2s-5)(2s-1)}{(2s+9)(2s+5)} + \ldots = \left(\frac{\pi}{2}\right)^{\frac{1}{2}}\frac{\Gamma(s+\frac{1}{2})}{\Gamma(s+1)},$$

Soient maintenant, dans l'équation (100),

$$F(r) = e^{ar} + 1, \qquad \varphi(x,r) = e^{ar}e^{-r(x-2x_0)},$$

a désignant toujours une constante positive. Alors, si l'on suppose la variable x renfermée entre les limites x_0, X, et $X - x_0 < \dfrac{a}{2}$, les expressions (98), (99) rempliront les conditions énoncées dans le théorême 4. Donc, en vertu de ce théorême, on aura, entre les limites $x = x_0$, $x = X < x_0 + \dfrac{a}{2}$,

$$(154)\qquad \mathcal{E}\,\frac{e^{ar}\displaystyle\int_{x_0}^{X}e^{-r(x+\mu-2x_0)}f(\mu)\,d\mu}{((\,e^{ar}+1\,))} = 0,$$

Si l'on combine cette dernière formule avec l'équation (79) par voie d'addition ou de soustraction, on en tirera

$$(155)\qquad f(x) = \mathcal{E}\,\frac{e^{ar}[e^{r(x-x_0)}+e^{-r(x-x_0)}]\displaystyle\int_{x_0}^{X}e^{-r(\mu-x_0)}f(\mu)\,d\mu}{((\,e^{ar}+1\,))},$$

et

$$(156)\qquad f(x) = \mathcal{E}\,\frac{e^{ar}[e^{r(x-x_0)}-e^{-r(x-x_0)}]\displaystyle\int_{x_0}^{X}e^{-r(\mu-x_0)}f(\mu)\,d\mu}{((\,e^{ar}+1\,))},$$

ou, ce qui revient au même,

II.ᵉ Année.

$$(157) \qquad f(x) =$$

$$\frac{4}{a}\left\{ \cos\frac{\pi(x-x_0)}{a}\int_{x_0}^{X}\cos\frac{\pi(\mu-x_0)}{a}f(\mu)\,d\mu + \cos\frac{3\pi(x-x_0)}{a}\int_{x_0}^{X}\cos\frac{3\pi(\mu-x_0)}{a}f(\mu)\,d\mu + \ldots \right\},$$

et

$$(158) \qquad f(x) =$$

$$\frac{4}{a}\left\{ \sin\frac{\pi(x-x_0)}{a}\int_{x}^{X}\sin\frac{\pi(\mu-x_0)}{a}f(\mu)\,d\mu + \sin\frac{3\pi(x-x_0)}{a}\int_{x_0}^{X}\sin\frac{3\pi(\mu-x_0)}{a}f(\mu)\,d\mu + \ldots \right\};$$

puis, en prenant $x_0 = 0$, $2X = a = \pi$, on trouvera, pour des valeurs de x comprises entre les limites c et $\frac{\pi}{2}$,

$$(159) \qquad f(x) = \frac{4}{\pi}\mathop{S}_{n=0}^{n=\infty}\left\{ \cos(2n+1)x\int_{0}^{\frac{\pi}{2}}\cos(2n+1)\mu\cdot f(\mu)\,d\mu \right\},$$

et

$$(160) \qquad f(x) = \frac{4}{\pi}\mathop{S}_{n=0}^{n=\infty}\left\{ \sin(2n+1)x\int_{0}^{\frac{\pi}{2}}\sin(2n+1)\mu\cdot f(\mu)\,d\mu \right\}.$$

Les formules (159) et (160) s'accordent avec celles que M. Poisson a données dans le 18.ᵉ cahier du Journal de l'École Polytechnique [page 425]. La première comprend comme cas particulier l'équation (140).

Les applications que nous venons de faire du théorême 4, suffisent pour montrer le parti qu'on peut en tirer. Il serait facile d'étendre indéfiniment ces applications, et de combiner ensuite les formules obtenues avec celles que fournit le théorême 3. En opérant de la sorte, et désignant par a une constante positive, par b, A, B des constantes quelconques, enfin par $f(r)$ et $f_1(r)$ des fonctions entières de r, on trouvera, par exemple, 1.º pour des valeurs de x comprises entre les limites $x = x_0$, $x = X < x_0 + a$,

$$(161) \qquad f(x) = \mathcal{E}\,\frac{[f(b-r)e^{r(x-x_0)} - f(r)e^{(b-r)(x-x_0)}]e^{ar}f_1(r)\int_{x_0}^{X}e^{-r(\mu-x_0)}f(\mu)\,d\mu}{((\,f(b-r)f_1(r)e^{ar} - f(r)f_1(b-r)e^{a(b-r)}\,))},$$

et

$$(162) \qquad f(x) = \mathcal{E}\,\frac{[(A+r)e^{(x-x_0)} - (A-r)e^{-r(x-x_0)}](B+r)\int_{x_0}^{X}e^{r(a+x_0-\mu)}f(\mu)\,d\mu}{((\,(A+r)(B+r)e^{ar} - (A-r)(B-r)e^{-ar}\,))},$$

2.º pour des valeurs de x comprises entre les limites $x = 0$, $x = a$,

$$(163) \qquad f(x) = \mathcal{E} \, \frac{[(A+r)e^{rx}-(A-r)e^{-rx}](B+r) \int_{0}^{u} e^{r(a-\mu)} f(\mu)\, d\mu}{(((A+r)(B+r)e^{ar} - (A-r)(B-r)e^{-ar}))} ,$$

$$(164) \qquad f(x) =$$

$$\mathcal{E} \, \frac{(1-e^{-ar}\cos ar)[e^{rx}-\cos rx-\sin rx]-e^{ar}\sin ar[e^{-rx}-\cos rx+\sin rx]}{(((e^{ar}+e^{-ar})\cos ar - 2))} \int_{0}^{a} e^{-r\mu} f(\mu)\, d\mu ,$$

$$(165) \qquad f(x) =$$

$$- \mathcal{E} \, \frac{(1+e^{-ar}\cos ar)(e^{rx}-\cos rx-\sin rx)+e^{-ar}\sin ar(e^{-rx}-\cos rx-\sin rx)}{(((c^{ar}+e^{-ar})\cos ar + 2))} \int_{0}^{a} e^{-r\mu} f(\mu)\, d\mu .$$

Les formules (163), (164), (165) peuvent être employées avec succès, la première, quand on recherche les lois suivant lesquelles la chaleur se propage dans une barre métallique. et les deux dernières quand il s'agit de déterminer les vibrations d'une lame élastique très-étroite, dont les extrémités sont fixes, ou l'une fixe et l'autre mobile. On peut consulter à ce sujet le Mémoire que j'ai publié en février 1827 sur l'application du calcul des résidus aux questions de physique.

En terminant cet article, je ferai observer qu'il serait facile de généraliser les formules auxquelles nous sommes parvenus, de manière à en obtenir d'autres qui serviraient à transformer non plus une fonction $f(x)$ de la seule variable x, mais une fonction $f(x,y,\ldots)$ de plusieurs variables x, $y,\ldots$ Ainsi, en particulier, si l'on remplace, dans la formule (76), $f(x)$ par $f(x,y)$, on trouvera, entre les limites $x = x_0$, $x = X < x_0 + a$,

$$(166) \qquad f(x,y) = \mathcal{E} \, \frac{\int_{x_0}^{X} e^{r(x-\mu)} f(\mu,y)\, d\mu}{((e^{ar} - 1))} .$$

D'ailleurs on trouvera de même, entre les limites $y = y_0$, $y = Y < y_0 + b$,

$$(167) \qquad f(x,y) = \mathcal{E} \, \frac{\int_{y_0}^{Y} e^{s(y-\nu)} f(x,\nu)\, d\nu}{((e^{bs} - 1))} ,$$

b désignant une quantité positive, et le signe $\mathcal{E}$ étant relatif à la variable s. On

aura donc par suite, entre les limites $\quad x = x_0, \quad x = X < x_1 + a ; \quad y = y_0,$
$y = Y < y_0 + b,$

$$(168) \qquad f(x,y) = \mathcal{L}\mathcal{L} \, \frac{\displaystyle\int_{x_0}^{X}\int_{y_0}^{Y} e^{r(x-\mu)} e^{s(y-\nu)} f(\mu,\nu)\, d\mu\, d\nu}{((e^{br} - 1))\,((e^{bs} - 1))} \, .$$

Pour déduire cette dernière équation de la formule (7), il suffirait de poser

$$F(r) = e^{ar} - 1 , \quad \varphi(r) = 1 , \quad f(x,y,r) = \mathcal{L} \, \frac{\displaystyle\int_{x_0}^{X}\int_{y_0}^{Y} e^{r(x-\mu)} e^{s(y-\nu)} f(\mu,\nu)\, d\mu\, d\nu}{((e^{bs} - 1))} \, .$$

Post Scriptum. Lorsque, dans la formule (77), on pose $\quad a = 2h, \quad x_0 = -h,$
$X = h,$ on obtient une équation donnée par M. Poisson dans le 19.ᵉ cahier du Journal
de l'École Polytechnique, savoir,

$$(169) \qquad f(x) = \frac{1}{2h}\int_{-h}^{h} f(\mu)\, d\mu + \frac{1}{h}\, \overset{n=\infty}{\underset{n=1}{S}}\int_{-h}^{h} \cos\frac{n\pi(x-\mu)}{h}\, f(\mu)\, d\mu \, .$$

Cette équation, qui subsiste entre les limites $\quad x = -h, \quad x = h,$ se déduit de la
formule (78), quand on y remplace la fonction $\quad f(x)$ par $f\!\left(\dfrac{hx}{\pi} - h\right)$, et les variables
x , μ par les binomes $\dfrac{\pi x}{h} + \pi, \dfrac{\pi\mu}{h} + \pi.$ Or, quoique la formule (77) paraisse
plus générale que l'équation (169), on peut néanmoins, en profitant des remarques
faites par M. Fourier dans le Mémoire que nous avons précédemment rappelé, tirer la
première de la seconde. Il suffit en effet, pour y parvenir, d'admettre que les quantités
x_0 , X sont comprises entre les limites $\quad -h = -\tfrac{1}{2}a, \quad +h = \tfrac{1}{2}a,$ puis de substituer à $f(x)$ une fonction de x qui soit constamment nulle hors des limites $x = x_0,$
$x = X,$ et constamment égale à $f(x)$ entre ces limites. Ainsi, la formule (77) est
renfermée implicitement dans l'équation (78). On prouverait de même que les formules
(109) et (110) peuvent être déduites des équations (114) et (115) données par Lagrange
et par Euler. Observons enfin qu'il suffit d'ajouter, membre à membre, les formules
(109) et (110), puis de remplacer a par $\tfrac{1}{2}a,$ pour reproduire l'équation (77). Seulement, lorsqu'on opère comme on vient de le dire, la formule (77) ne se trouve établie
que pour des valeurs de x comprises entre les limites $x = x_0, x = X < x_0 + \tfrac{1}{2}a.$

TABLE DES MATIÈRES.

Recherche des équations générales d'équilibre pour un système de points matériels assujettis à des liaisons quelconques 1

De la pression dans les fluides 25

Sur la détermination des constantes arbitraires renfermées dans les intégrales des équations différentielles linéaires 25

Sur quelques propriétés des polyèdres 38

De la pression ou tension dans un corps solide 42

Addition à l'article précédent 57

Sur la condensation et la dilatation des corps solides 60

Sur les mouvements que peut prendre un système invariable, libre ou assujetti à certaines conditions 70

Sur les diverses propriétés de la fonction $\Gamma(x) = \int_0^\infty z^{x-1} e^{-z} dz$ 91

Sur les moments d'inertie 93

Sur la force vive d'un corps solide ou d'un système invariable en mouvement 104

Sur les relations qui existent, dans l'état d'équilibre d'un corps solide ou fluide, entre les pressions ou tensions et les forces accélératrices 108

Sur la transformation des fonctions d'une seule variable en intégrales doubles 112

De la différenciation sous le signe $\int$ 125

Sur les fonctions réciproques 141

Sur la transformation des fonctions de plusieurs variables en intégrales multiples 157

Sur l'analogie des puissances et des différences 159

Addition à l'article précédent 193

Sur la transformation des fonctions qui représentent les intégrales générales des équations différentielles linéaires 210

Sur la convergence des séries 221

Sur la valeur de l'intégrale définie $\int_{-\infty}^{\infty} e^{-(ax^2 + bx + c)} dx$, a, b, c *désignant des constantes réelles ou imaginaires* 233

TABLE DES MATIÈRES.

Sur quelques propositions fondamentales du calcul des résidus 245

Sur le développement des fonctions d'une seule variable en fractions rationnelles 257

Usage du calcul des résidus pour la sommation ou la transformation des séries dont le terme général est une fonction paire du nombre qui représente le rang de ce terme 297

Sur un mémoire d'Euler, qui a pour titre Nova methodus fractiones quascumque rationales in fractiones simplices resolvendi 315

Méthode pour développer des fonctions d'une ou de plusieurs variables en séries composées de fonctions de même espèce 317

Sur les résidus des fonctions exprimées par des intégrales définies 341

ERRATA.

PAGES.	LIGNES.	FAUTES.	CORRECTIONS.
27	7	(1)	(12)
59	10	$C\cos\beta$	$D\cos\beta$
63	10	$B\cos\beta + C\cos\gamma$	$B\cos\beta + D\cos\gamma$
123	dernière	$\chi\left(\dfrac{1}{\varepsilon}\right)$	$\chi\left(p,\dfrac{1}{\varepsilon}\right)$
150	9	$\displaystyle\int_{\frac{2\pi}{\alpha}+\delta}^{\frac{2\pi}{\alpha}-\delta}\cdots\int_{\frac{4\pi}{\alpha}-\delta}^{\frac{4\pi}{\alpha}+\delta}$	$\displaystyle\int_{\frac{2\pi}{\alpha}+\delta}^{\frac{4\pi}{\alpha}-\delta}\cdots\int_{\frac{4\pi}{\alpha}+\delta}^{\frac{6\pi}{\alpha}-\delta}$
152	15	$\varphi(r)$	$\psi(r)$
156	2	$\dfrac{1}{2}\,e^{-a^2}$	$\dfrac{1}{2}+e^{-a^2}$
163	7	$\varphi(a)\,d\alpha$	$\varphi(x)\,d\alpha$
188	8	$\dfrac{1}{(D-\rho)^{m-1}}\cdots\dfrac{1}{(D-\rho)^{m}}$	$\dfrac{f(x)}{(D-\rho)^{m-1}}\cdots\dfrac{f(x)}{(D-\rho)^{m}}$
192	15	z_3	z_1
206	5	$\big]^{-\frac{x}{\cdot}}$	$\big]^{-\frac{x}{h}}$
207	dernière	$\big]^{\frac{x}{\cdot}-1}$	$\big]^{\frac{x}{h}-1}$
214	18	$(D-r_2)e^{r_2 x}=0,$	$(D-r_2)e^{r_2 x}=0,\ldots$

PAGES.	LIGNES.	FAUTES.	CORRECTIONS.
240	11	$e^{-\pi\cos\tau}$	$e^{-\pi\cos\tau}$
267	2	$\dfrac{\pi^5}{96}$	$\dfrac{\pi^5}{16 \cdot 96} = \dfrac{\pi^5}{1536}$
277	5	FONCTIONS RATIONNELLES	FRACTIONS RATIONNELLES
352	8	$+\,S$	$+\displaystyle\sum_{n=1}^{n=\infty}$